基礎からしっかり学べる Blender 3DCG入門講座

Benjamin著

バージョン4.x対応

はじめに

この度は、本書をお手に取っていただきありがとうございます。本書は、初めてBlenderに挑戦される方や以前に挑戦したけどよく解らなかった方など、3DCG制作初心者の方々向けにBlenderの使い方を解説した入門書になります。

映画やゲームなどありとあらゆる場面で活用され、身近になった3Dグラフィック。「自分でも制作してみたい」「その業界で働きたい」など、3DCGに興味を持たれる方々も多いはずです。

パソコンの性能も向上し、比較的安価で入手できるようになり、取り巻く環境も充実してきています。

3DCGのアプリケーションに関しては、プロフェッショナル向けの非常に高性能な統合3DCGソフトから特定の分野に特化したソフトまで、多岐にわたるものが販売されています。そこで初心者の方にもおすすめなのが、「Blender（ブレンダー）」です。

Blenderで何より特筆すべき点は“無料で利用できる”ことです。オープンソースソフトウェアとして配布されており、商用、非商用問わず無料で利用できるため、プロを目指す学生の方や趣味として3DCG制作に挑戦してみたい方など、気軽にBlenderを試すことができます。

オープンソースソフトウェアだからといって機能面でも何ら支障はなく、ハイエンドクラスのソフトと肩を並べるほどの高機能といえるでしょう。そのため、海外の大手ゲーム開発会社や国内のアニメ制作会社などからも支持されています。

高機能なBlenderには、当然ながら数多くの優れた機能が搭載されており、Blenderひとつあれば、プロ顔負けの作品を制作することも可能です。しかしその分、学習する機能や操作方法なども膨大な量となります。

本書では、3DCG制作を始めて間もない初心者の方でも、無理なくBlenderを学習していただくために、搭載されている機能の中から、よく使用するものをピックアップして解説しています。

また、本書のページ構成は、3DCG制作完成までの一連の工程に沿って、各機能をセクションごとに分けて掲載しているため、解らなくなって見返す際もとても便利です。

さらに、解説で使用したBlenderファイルやテクスチャ画像などは、ダウンロードで入手できます。本書の解説と合わせてご参照いただければ、より理解を深めていただけることと思います。

本書が、Blenderを使った3DCG制作へ挑戦する足掛かりとなり、一人でも多くの方のお役に立てれば幸いです。

2024年3月

Benjamin（ベンジャミン）

キャラクター紹介
Profile

好奇心旺盛な中学生
ミゾレちゃん
MIZOLE

Blenderの学習ナビゲーター
B-402

- 年齢：26歳
- 身長：80cm
- 体重：不明

ナビゲーターとして開発されたが、何でもこなす万能型ロボット。少しおっちょこちょいな性格。もちろん日本語にも対応。開発時は右利きだったが、最近、左利きに仕様変更された。

- 年齢：13歳
- 身長：149cm
- 体重：秘密

勉強よりは、体を動かすことが得意。どんなことにも興味を持つ好奇心旺盛な性格で、頑張り屋さん。少し空回りしがち。趣味はおしゃれ。フルCGで制作された劇場版アニメを観て感動し、自分でも3DCGのアニメーションを作ってみたいと思い、Blenderの学習を始める。

基礎からしっかり学べる Blender 3DCG 入門講座 バージョン 4.x 対応

CONTENTS

PART 1

Blenderの基本操作を覚えよう

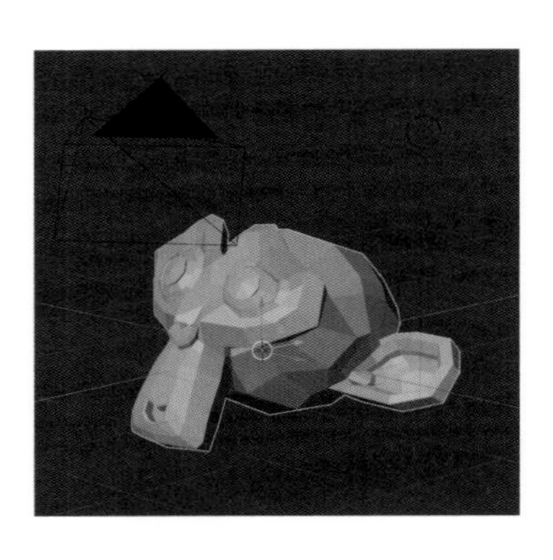

PART 2

モデリングの基礎知識を覚えよう

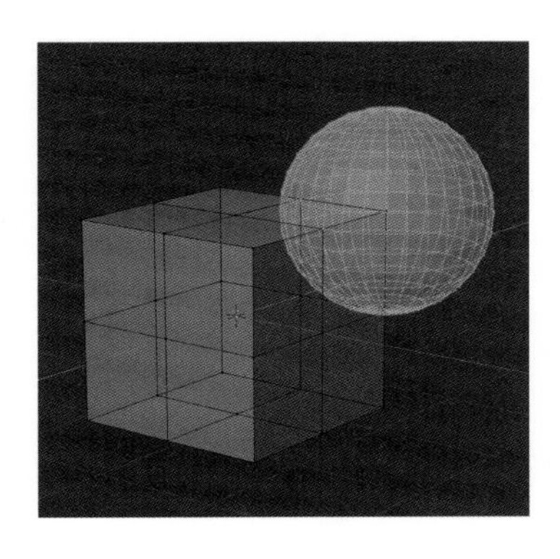

PART 3

モデリングをはじめよう

本書の使い方

本書は、Blenderのビギナーからステップアップを目指すユーザーを対象にしています。

作例の制作を実際に進めることで、Blenderの操作やテクニックをマスターすることができます。

□注意事項

Blenderはバージョンアップのサイクルが早く、本書で解説している各機能も改良が加えられています。最新版では機能の名称や設定方法が異なる場合や、機能自体が排除されている場合があります。あらかじめご了承ください。

□キーボードショートカットについて

本書のキーボードショートカットの記載は、Windowsによるものです。Macユーザーは、キー操作を次のように置き換えて読み進めてください。また、マウスはホイール付きで、ホイールがクリックできるタイプを使用してください。

また、巻末の「主に使用するショートカットキー」(252ページ)も併せてご参照ください。

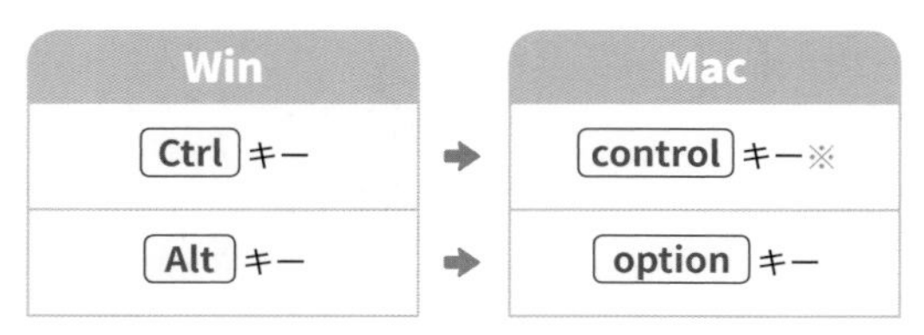

※ファイルの保存やアプリケーションの終了など、
一部の機能については command キー

Blenderについて

オープンソースのソフトウェアとして開発・無償配布されているBlenderの著作権は、Blender Foundation (http://www.blender.org/) が所有しています。Blenderの最新情報やインストーラーを入手する際にもお役立てください。

ソフトウェアの使用・複製・改変・再配布については、**GNU General Public License** (GPL) の規定にしたがう限りにおいて許可されています。GPLについての詳細は、「GNU オペレーティング・システム」(http://www.gnu.org/) を参照してください。

PART
1

Blenderの基本操作を覚えよう

高機能 3DCG ソフトウェア「Blender（ブレンダー）」には数多くの機能が搭載されています。そのためインターフェイスにはメニューやボタンなどが所狭しと並んでおり、情報量が非常に多いこともあり敬遠されがちですが、ポイントを押さえて基本的な操作から学習すれば、決して難しいことはありません。Blender の素晴らしさを知っていただくため、本章では 3DCG 制作を行うにあたって必要最低限の機能を紹介します。

Blender って画面にボタンやメニューがいっぱいあって、なんだか触るのがこわいなぁ…。

安心して。すべてを覚える必要はないヨ。
要点をおさえて学習すれば全然むずかしくないし、それだけでも十分な作品がつくれるヨ。

でも、海外のソフトだから英語表記だし…。やっぱり、むずかしそうだなぁ。

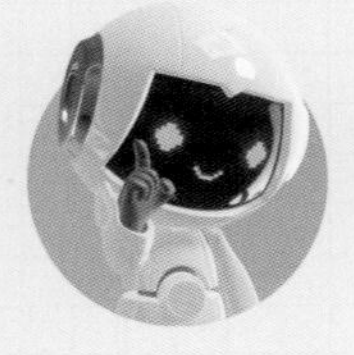

日本語表記にも変更可能だヨ。もちろん、それら導入についてもしっかり解説していくヨ。

それなら、気軽にはじめられそうだし、なんだか頑張れそうな気がしてきた！

Blender基礎知識　Blenderについて

\SECTION/
1.1 Blenderを知る

Blenderは無料にも関わらず、ハイエンドクラスの3DCGソフトにも負けない高機能なアプリです。ここでは、Blenderの凄さについて紹介します。

■ Blenderとは

Blenderは、モデリングやレンダリングなど基本的な機能の他にも、アニメーションやスカルプト、各種シミュレーションなどを搭載する本格的な高機能3DCGソフトウェアです。WindowsやmacOS、Linuxといった幅広いプラットフォームに対応しており、ほとんどの一般的なパソコンで使用できます。

また、GPLに基づくオープンソース・ソフトウェアとして開発・配布されているため、無料で使用することができ、商用／非商用に関わらず自由に利用することができます。

さらに、オープンソース・ソフトウェアのため世界中のプログラマにより日々改良が加えられるので、一般的なソフトウェアでは考えられないほどバージョンアップが早く、頻度も非常に高く、次々と新たな機能が搭載されていきます。

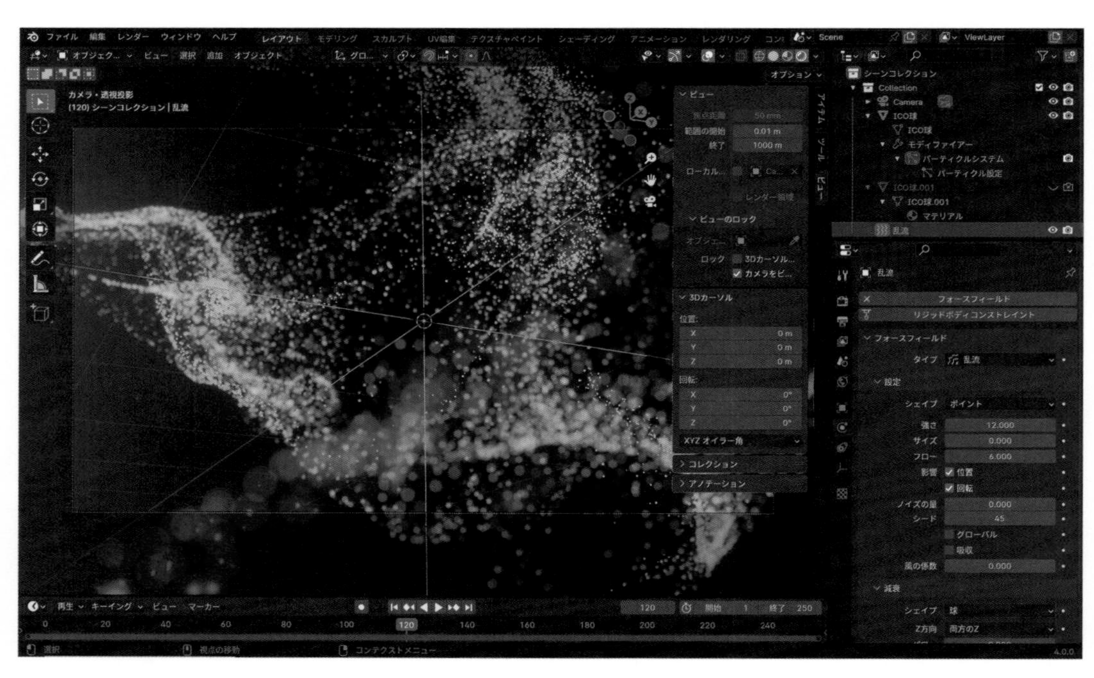

オープンソース・ソフトウェアは
無料で利用できるんだね。

■ Blenderでできること

統合3DCGソフトウェア「Blender」は、オープンソースとして無料で利用できるにも関わらず、すべてを使いこなすのは不可能と思わせるほど膨大な機能が搭載されています。

ここでは、その機能の中から代表的なものを紹介します。

□ モデリング（Modeling）

画面内の仮想3D空間で、モデル（物体）の形状を造り上げていく作業を**モデリング**といいます。

モデリングの方式としては、ポリゴンと呼ばれる三角形面あるいは四角形面を組み合わせて形状を造り上げていく現在最もポピュラーなポリゴンモデリングと、工業製品の設計などに用いられるスプライン曲線を利用して形状を造り上げるスプラインモデリングが主に挙げられ、Blenderではどちらの方式にも対応しています。

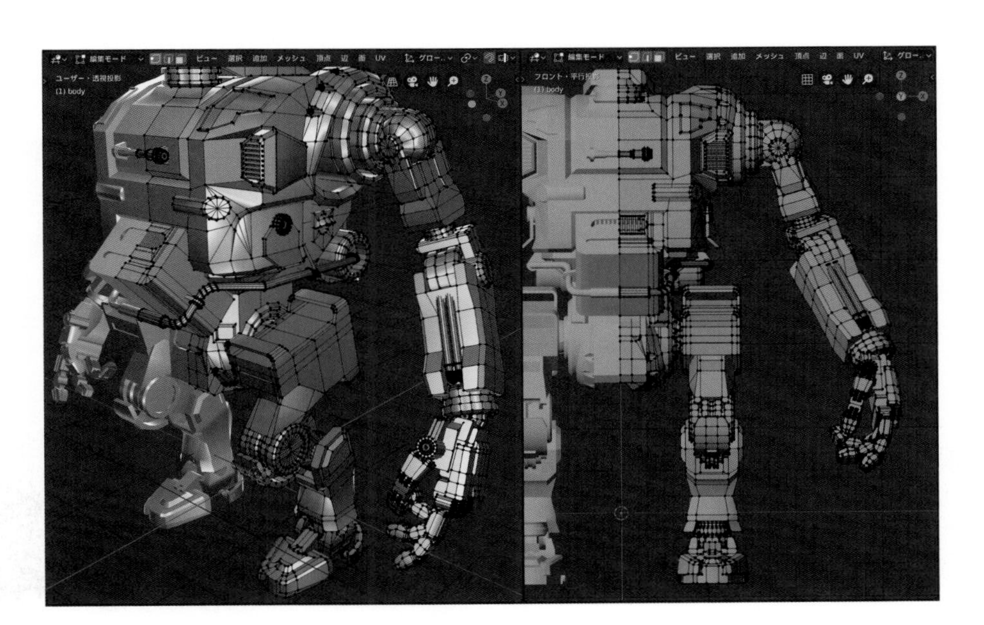

□ マテリアル（Material）

モデルに対して色や光沢など**表面材質（マテリアル）**を設定することが可能です。透明度や反射率、屈折率、自己発光など細かな設定が可能で、さまざまな材質を表現することができます。

さらに、フォトリアルな人間の肌や大理石といった半透明な物体を表現する**SSS**（サブ・サーフェイス・スキャッタリング）機能まで搭載されています。

□ テクスチャマッピング（Texture mapping）

マテリアルだけでは表現できない絵柄などは、画像を**テクスチャ**としてモデルに貼り付けることで、ディテールの作り込みを行うことができます。

さらに絵柄として画像を貼り付けるだけでなく、モデリングでは再現が難しい細かい凹凸を擬似的に表現したり、モデルを部分的に透明にしたり、光沢の有無を部分的にコントロールすることも可能です。

□ レンダリング（Rendering）

画面内の仮想3D空間で制作したモデルを、撮影するように画像として書き出すことを**レンダリング**といいます。実際の撮影と同じくカメラのアングルや画角、背景の処理など細かな設定を行うことができます。

また、作品の雰囲気やテイストなどを左右するライティングについても各種機能が搭載されています。

さらに、奥行き感のあるシーンを再現できる被写界深度の設定や、光があふれ出ているようなブルームエフェクトなど、さまざまな演出や効果を加えることができます。

□ アニメーション（Animation）

静止画だけでなく、移動や回転などによる**アニメーション**を動画として書き出すことも可能です。

移動や回転などの単純なアニメーションから、ラインに沿って移動するパスアニメーションや、マテリアルで設定した色を時間の経過とともに変化させるなど、さまざまなアニメーションを設定できます。

また、高速で移動する物体の残像を表示させるモーションブラーなど、アニメーションにエフェクトを加えることもできます。

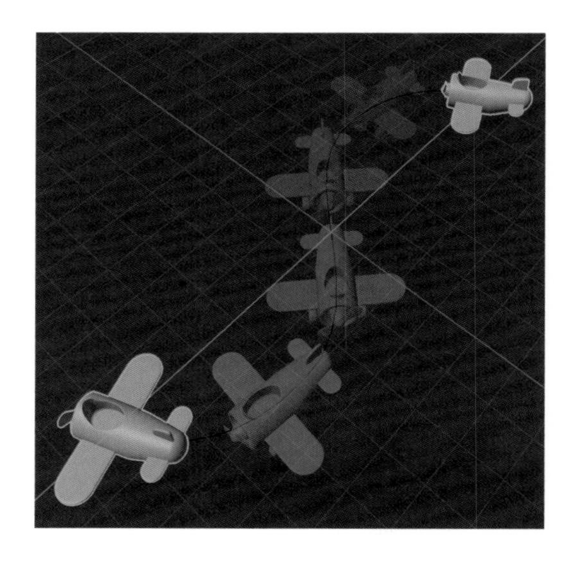

□ シミュレーション（Simulation）

本格的かつ商用のハイエンドクラスの3DCGソフトと同様に、力学を用いた流体や風、煙、重力、摩擦などの物理シミュレーションを行うことが可能です。物体の硬さや重さといった細かな設定を行うことで、非常にリアリティのある液体や布などを表現できます。

また、各種用意されているプリセットを利用すれば、難しい設定を行わず手軽に**シミュレーション**を試すことが可能です。

□ スカルプト（Sculpt）

スカルプトとはモデリング技法の一種で、粘土細工のようにモデルをマウスポインターでなぞることで凹凸を付け、造形を行う機能です。

球体などの単純な形状から人間などの複雑な形状を造形することも可能ですが、通常のモデリングでベースとなる形状を作成し、それに対してスカルプトでディテールの作り込みを行う手法もあります。

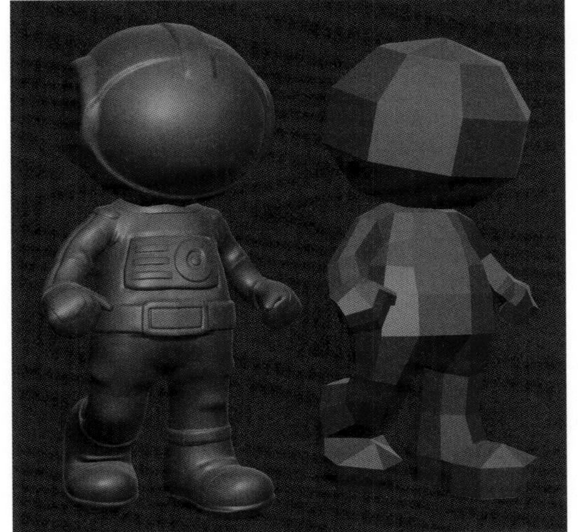

□ パーティクル（Particle）

パーティクルとは、発生源として設定したオブジェクトから大量の粒子を発生させることができる機能です。それら粒子の形状を変更することで群集を表現したり、粒子を連続的に発生させることで髪の毛を表現することができます。

さらにBlenderでは、パーティクルで生成した髪の毛をくしでとかして整えたり、カットして長さを調整したり、ヘアースタイリングを行うことができます。

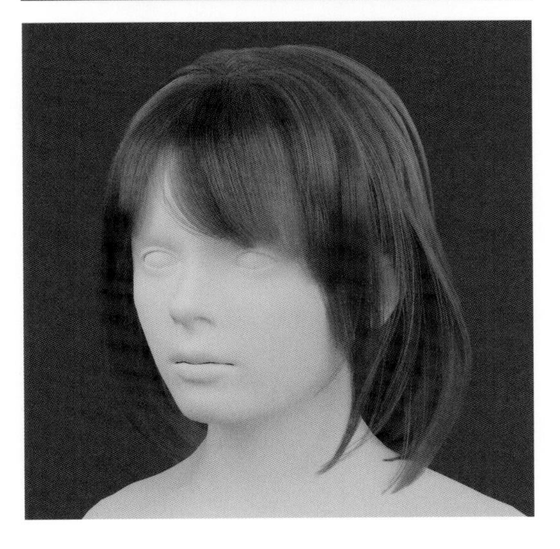

これらの機能の他にも、手描きによる2DアニメーションやVFX向けのデジタル合成および動画編集、アドオンによる機能拡張、Python APIでの柔軟なカスタマイズなど、オープンソース・ソフトウェアとしては考えられないような機能が、Blenderには多数搭載されています。

Blender基礎知識 ダウンロード＆インストール

\SECTION/ 1.2

Blenderを導入する

お使いのパソコンで実際にBlenderをご利用できるように、Blenderの入手方法からインストール、アプリの起動までを紹介します。

■ Blenderの動作環境

本書は、BlenderのWindows版、version 4.0.xを使用して解説を行います。バージョンによってインターフェイスや操作方法などが多少異なる場合があります。特に初心者など操作にまだ慣れていない方は、解説で使用したバージョンと同じBlenderを使用して、本書を読み進めていただくことをおすすめします。

Blender 4.0.xは、Windows 8.1/10/11、macOS 10.15 Intel以降・11.0 Apple Silicon以降、またglibc 2.28以降を実装のLinuxで利用できます。

Blender 4.0.xの動作環境は以下の通りです。また、発売から10年以内のハードウェアが推奨されています。

最低動作環境

CPU	64ビット 4コアプロセッサ（SSE4.2以上）
メモリ	8GB
ディスプレイ	1920×1080ピクセル
グラフィックス	OpenGL 4.3、2GBメモリ搭載

推奨動作環境

CPU	64ビット 8コアプロセッサ
メモリ	32GB
ディスプレイ	2560×1440ピクセル
グラフィックス	8GBメモリ搭載

■ インストーラーをダウンロードする

1 公式サイトにアクセスする

以下URLのBlender公式Webサイトにアクセスします。

https://www.blender.org/

2 ダウンロードページを表示する

ホームの [Download] をクリックしてダウンロードページへ進みます。

(!) 本書執筆時とはサイトのデザインやダウンロード方法が異なっている恐れがあります。

③ ダウンロードを実行する

[Download Blender 4.0.x] をクリックすると、インストーラーのダウンロードが開始されます。

ⓘ ダウンロードが完了すると「blender-4.0.x-windows-x64.msiはデバイスに問題を起こす可能性があります。このまま保持しますか？」と表示される場合があります。その際は、[保存] を選択してください。

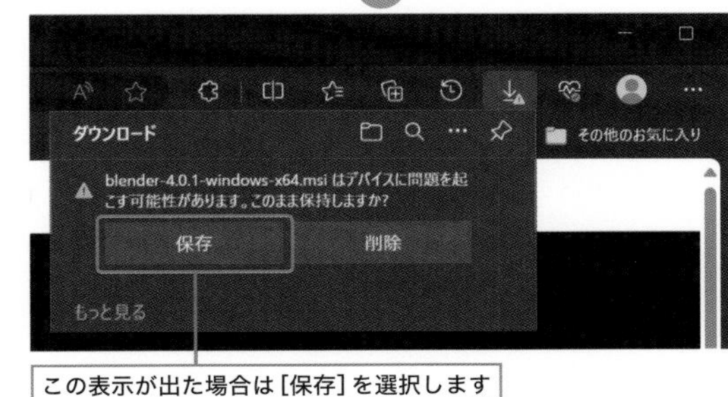

④ 過去のバージョンもダウンロードできます

本書では、執筆時の最新版 "**Version 4.0.x**" を使用して解説を行います。
過去のバージョンは、以下のURLよりダウンロードすることが可能です。

http://download.blender.org/release/

■ Blenderをインストールする

① インストーラーを実行する

ダウンロードしたインストーラーのアイコンをダブルクリックして、インストーラーを実行します。

ⓘ インストーラーを実行すると、「WindowsによってPCが保護されました」と記載されたウィンドウが表示される場合があります。その際は、[詳細情報] をクリックして [実行] を選択してください。

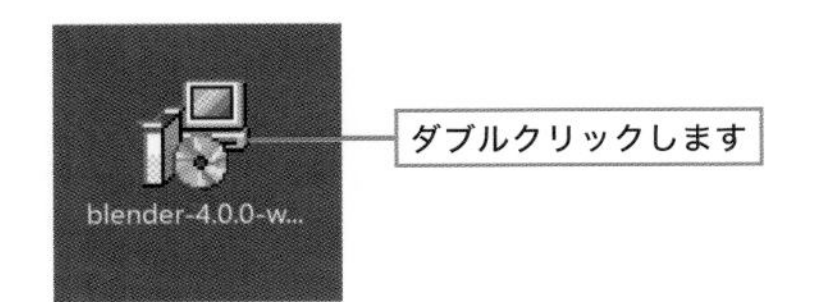

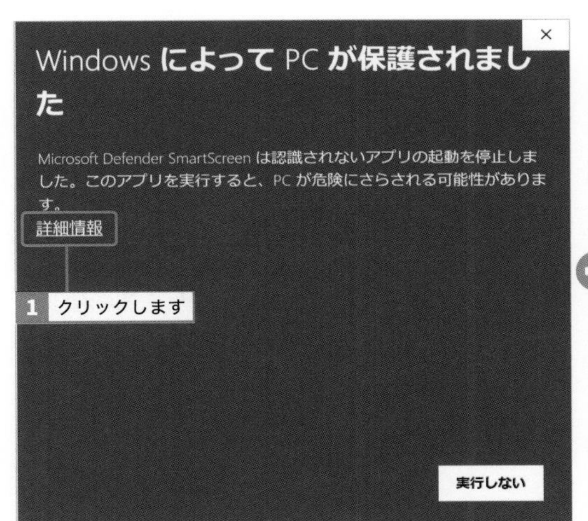

次ページ以降の手順は、
Mac版も基本的に一緒だヨ。

② インストーラーを実行する

「blender Setup」ウィンドウが開くので、**[Next]**をクリックします。

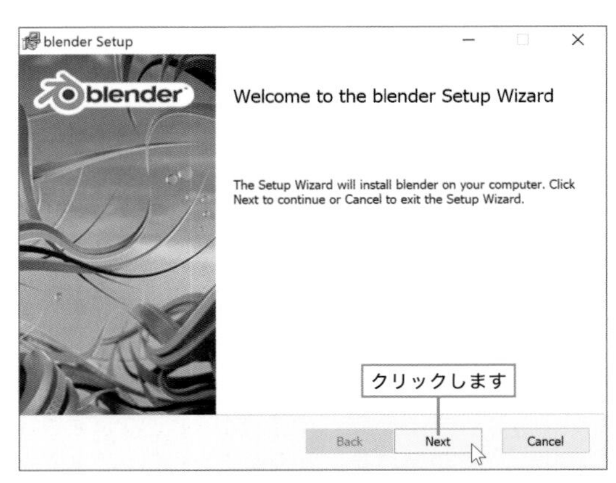

③ 利用許諾に同意する

ライセンスの利用許諾について、同意する場合は「I accept the terms in the License Agreement」にチェックを入れ、**[Next]**をクリックします。

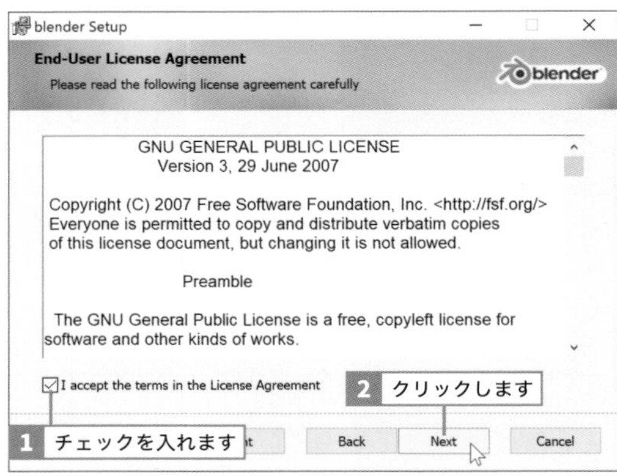

④ インストール先を確認する

Blenderがインストールされる階層が表示されるので確認し、**[Next]**をクリックします。
インストール先を変更する場合は、**[Browse]**をクリックして指定します。

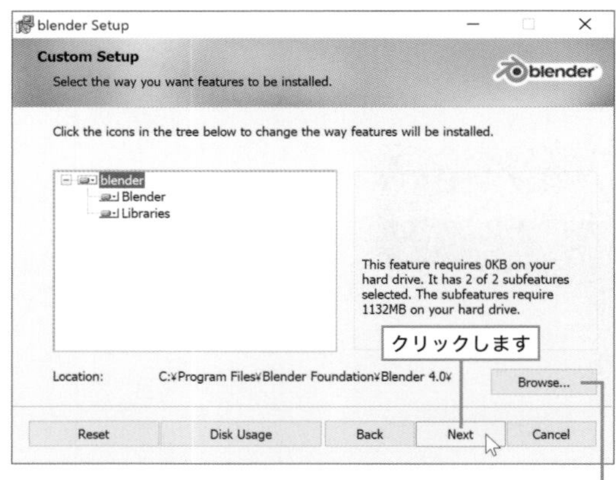

インストール先を変更する場合はクリックして指定します。

⑤ インストールを開始する

[Install]をクリックし、インストールを実行します。Blenderのインストールが開始されるので、完了するまで数分待ちます。

(!) インストーラーを実行する際に「このアプリがデバイスに変更を加えることを許可しますか？」と記載された「ユーザーアカウント制御」ウィンドウが表示される場合があります。その際は、[はい]を選択してインストールを続行してください。

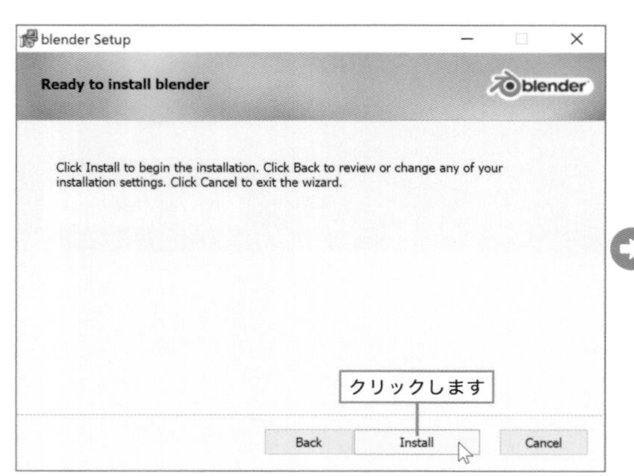

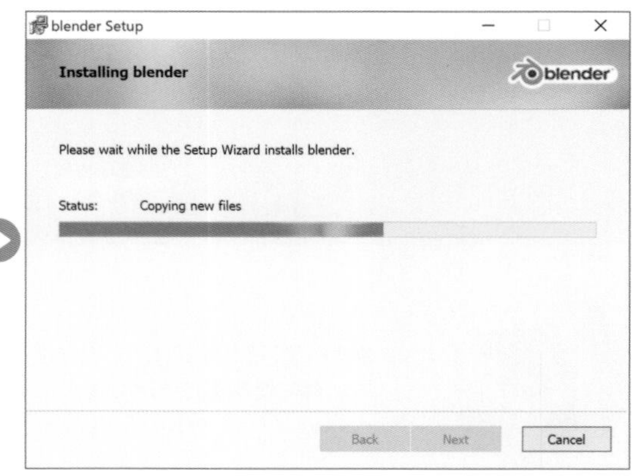

⑥ インストールを終了する

[Finish] をクリックして、インストールを終了します。
インストールが完了したら、インストーラーは削除してもかまいません。

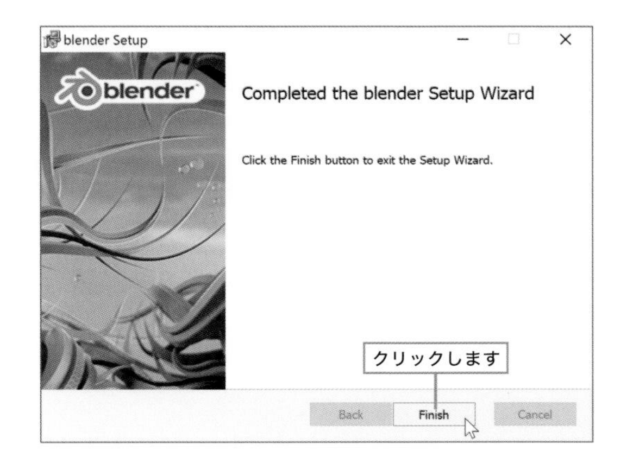

⑦ Blenderを起動する

指定したインストール先に生成された「Blender 4.0」フォルダ内にある"**blender.exe**"(または、デスクトップに追加されたショートカットアイコン)をダブルクリックすると、Blenderが起動します。

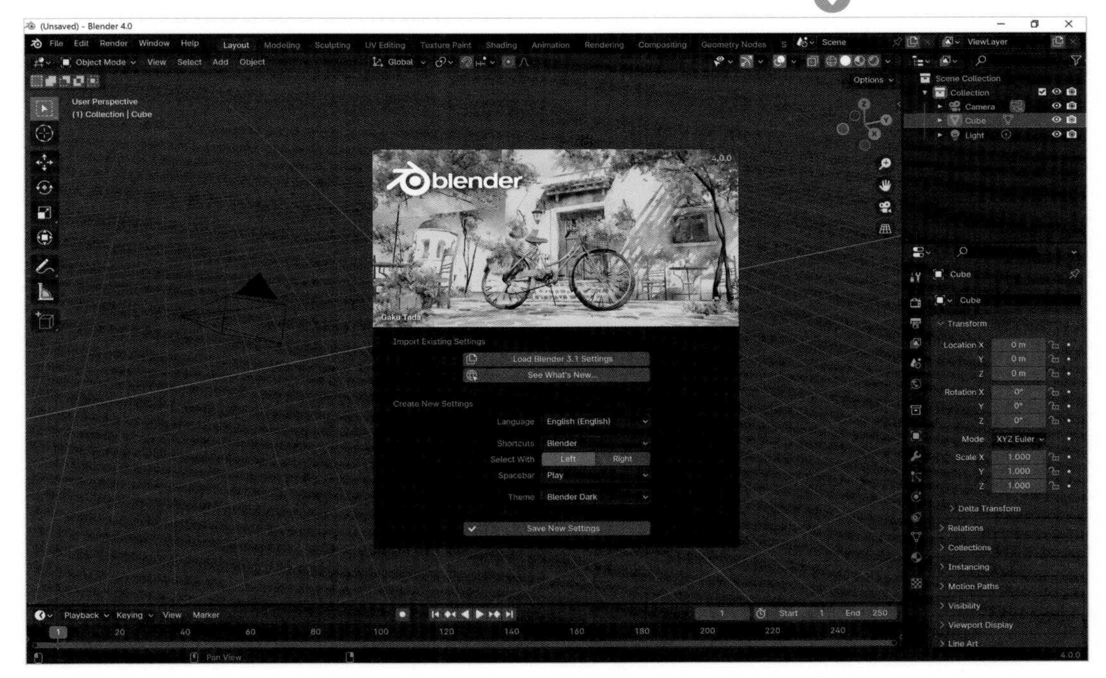

インストール直後のインターフェースは英語だけど、
次ページ以降で解説する環境設定で日本語にするので大丈夫だヨ!

\ SECTION /
1.3

Blender基礎知識 環境設定

環境に合わせて初期設定を行う

お使いのパソコンや環境、お好みに合わせた各種の初期設定を紹介します。よりスムーズに操作できるように、Blenderを最適化しましょう。

■ 日本語化する

① 「Blender Preferences」ウィンドウを開く

Blenderのインターフェイスはデフォルトでは英語表記となっていますが、日本語化することが可能です。本書では日本語化したBlenderで解説を進めます。
ヘッダーの **[Edit]** から **[Preferences]** を選択すると、「Blender Preferences」ウィンドウが開きます。

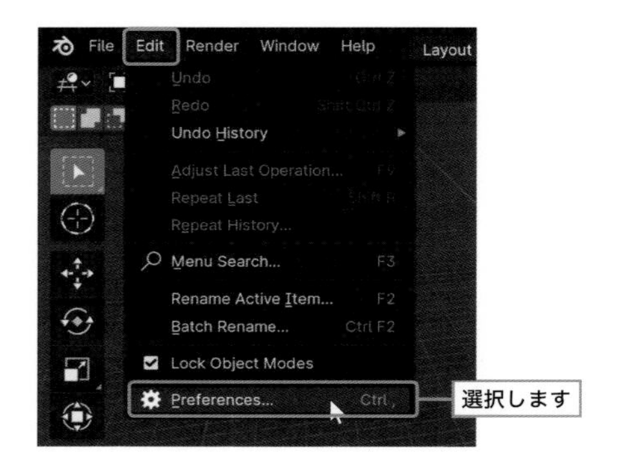

② 日本語を指定する

ウィンドウの左側にある **[Interface]** をクリックします。
「Translation」パネルの **[Language]** から **[Japanese（日本語）]** を選択すると、インターフェイスが日本語で表示されます。
[New Data（新規データ）] に関しては、有効にすると新規で作成したオブジェクトの名前が日本語で表示されます。同一ファイルを英語版で開くと文字化けを起こしてしまうので、ご注意ください。

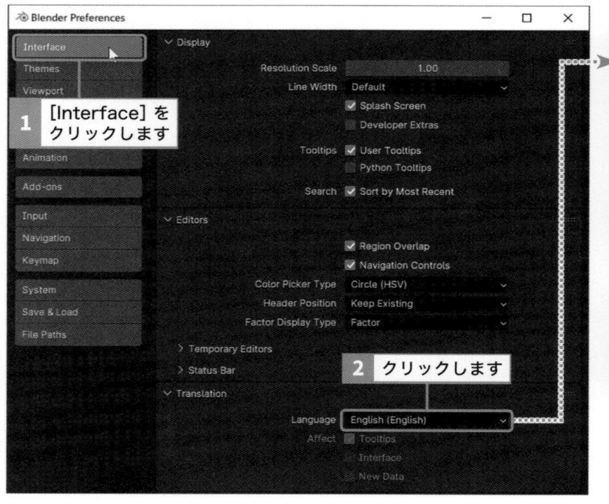

英語版Blenderでもファイルを開く可能性がある場合は、無効にします。

③ 設定を完了する

設定内容は自動的に保存されるため、Blenderを終了して再起動しても、日本語化された状態になります。

設定が完了したら右上にある☒をクリックして、「Blenderプリファレンス」ウィンドウを閉じます。

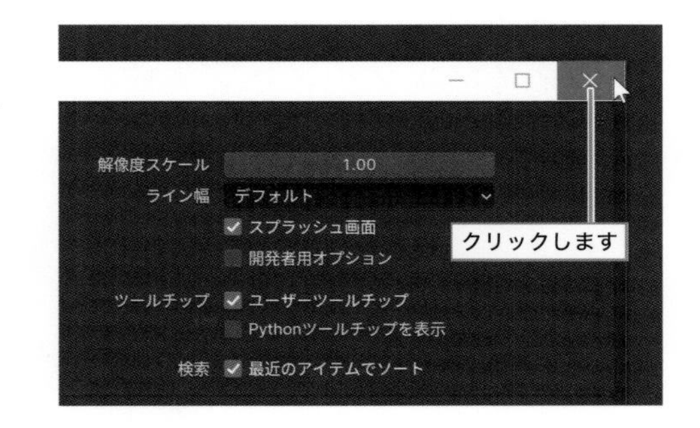

■ テンキーがない場合

頻繁に使用する視点変更のショートカットは、デフォルトでテンキーに割り当てられています。ノートパソコンなどテンキーがない場合は、テンキーをキーボード上部にある1〜0キーに割り当てることをおすすめします。

「Blenderプリファレンス」ウィンドウの左側にある**[入力]**をクリックし、「キーボード」パネルの**[テンキーを模倣]**にチェックを入れて有効にします。

これで、テンキーがキーボード上部にある1〜0キーに割り当てられるためスムーズな視点切り替えが可能となります。

Ⓘ 本書では、デフォルトのショートカットキーで表記しています。

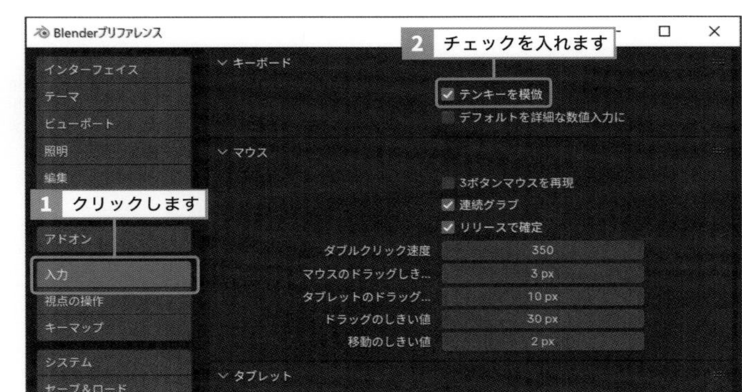

■ GPUを使用してレンダリングを行う

Blenderに対応のGPUが搭載されているパソコンをお使いの場合は、それを使用することでCyclesでのレンダリング処理速度が速くなります（レンダリングについての詳細は、173ページを参照してください）。

「Blenderプリファレンス」ウィンドウの左側にある**[システム]**をクリックします。搭載されているGPUがNVIDIA製の場合は、「Cyclesレンダーデバイス」パネルにある**[CUDA]**または**[OptiX]**を選択します。AMD製の場合は**[HIP]**、Intel製の場合は**[oneAPI]**を選択します。搭載されているGPUにチェックを入れて有効にすると、GPUによるレンダリングが可能になります。両方にチェックを入れて有効にすることで、CPUとGPUを併用することも可能です。

Ⓘ Blender対応のGPUについての詳細は公式マニュアル（英語）を参照してください。
https://docs.blender.org/manual/en/latest/render/cycles/gpu_rendering.html

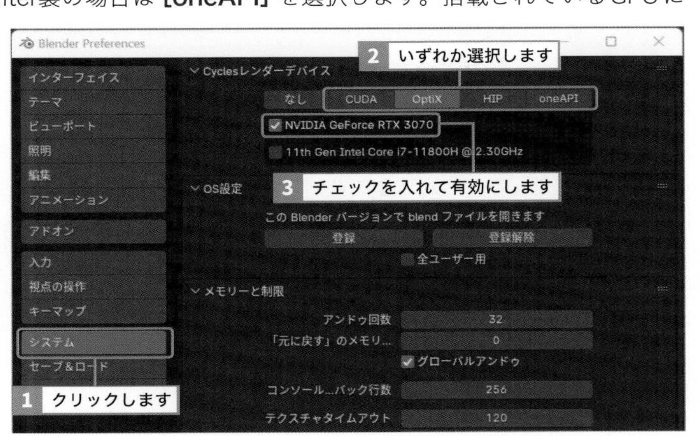

■ スプラッシュウィンドウを非表示にする

Blenderを起動すると、毎回、画面中央にスプラッシュウィンドウが表示されます。特に必要がなければ、非表示にすることができます。

「Blenderプリファレンス」ウィンドウの左側にある **[インターフェイス]** をクリックし、「表示」パネルの **[スプラッシュ画面]** のチェックを外して無効にします。

これで、次回起動時からスプラッシュウィンドウが表示されなくなります。

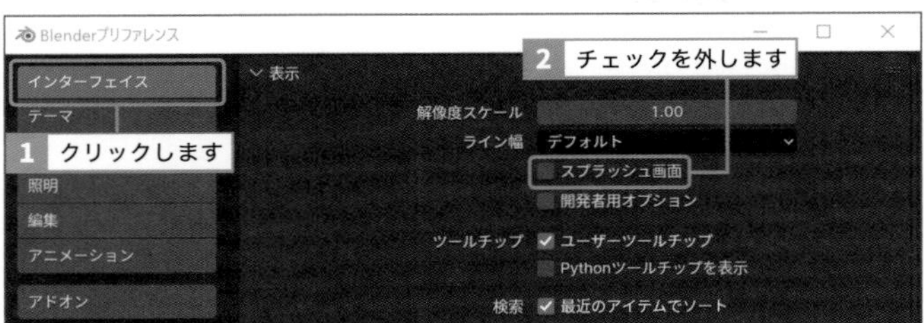

■ キーマップを変更する

① プリセットを選択する

Blender 2.7x以前や他の3DCGソフトでの操作に慣れている方は、それぞれのキー操作やショートカットキーに変更することができます。

「Blenderプリファレンス」ウィンドウの左側にある **[キーマップ]** をクリックし、上部のプリセットからデフォルトの **[Blender]** 以外に **[Blender 2.7x]** と **[業界互換]** が選択できます。

(!) 本書では、デフォルトのキーマップで表記しています。

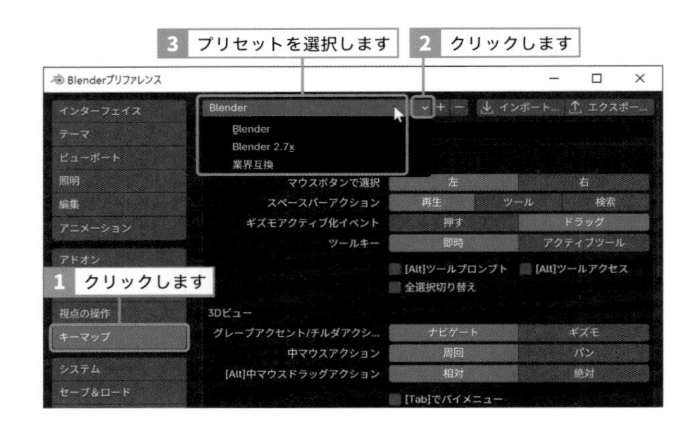

② さらなる変更を加える

さらに各パネルでは、キー操作やショートカットキーを個別に変更することができます。

ショートカットキーを変更する場合は、該当のショートカットキーをクリックし、新たに設定するショートカットキーを実際に入力します。☒をクリックすると該当のショートカットキーが削除（無効化）されます。デフォルトの状態に戻す場合は、**[リストア]** をクリックします。

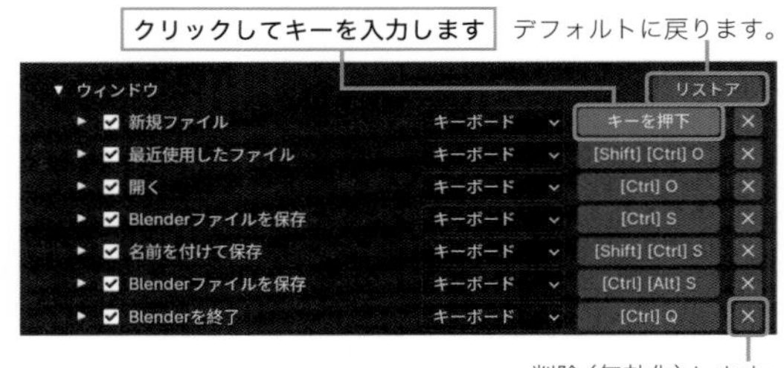

■ テーマを変更する

画面の配色や文字の大きさなどを見やすさ、使いやすさなど好みに合わせて変更することができます。

1 プリセットを選択する

「Blenderプリファレンス」ウィンドウの左側にある**[テーマ]**をクリックし、上部の**[プリセット]**からデフォルトの**[Blender Dark]**以外に数種類の画面配色が選択できます。

テーマのプリセットを選択できます。

Blender Lightを選択した画面

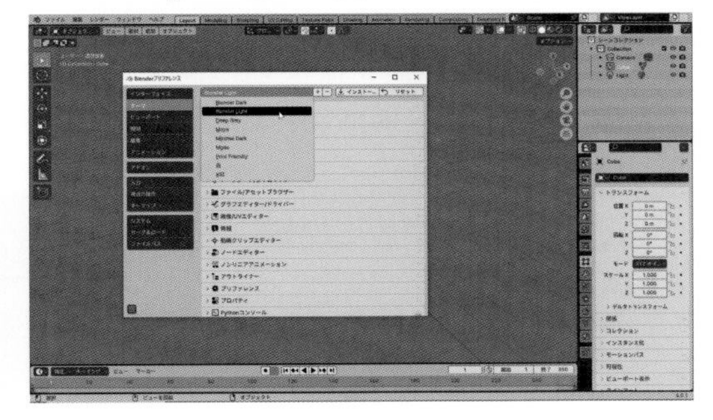

2 さらなる変更を加える

さらに各パネルでは、ボタンの色や文字の大きさなど個別に変更することができます。

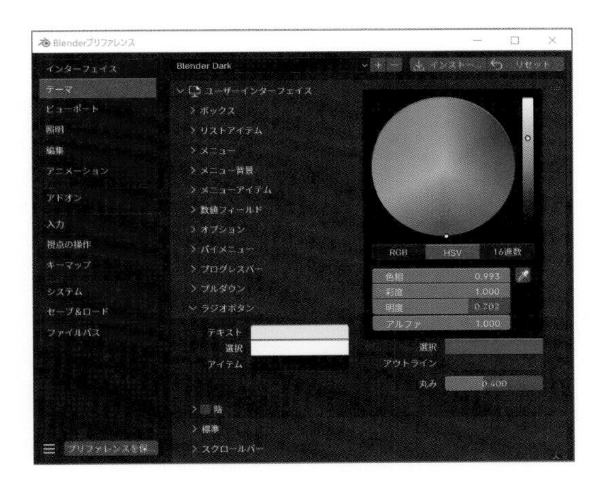

■ 設定をリセットする

1 デフォルトの設定を読み込む

各設定をデフォルトの状態に戻す場合は、「Blenderプリファレンス」ウィンドウの左下にあるメニュー☰から**[初期プリファレンスを読み込む]**を選択します（確認のダイアログが表示されます）。

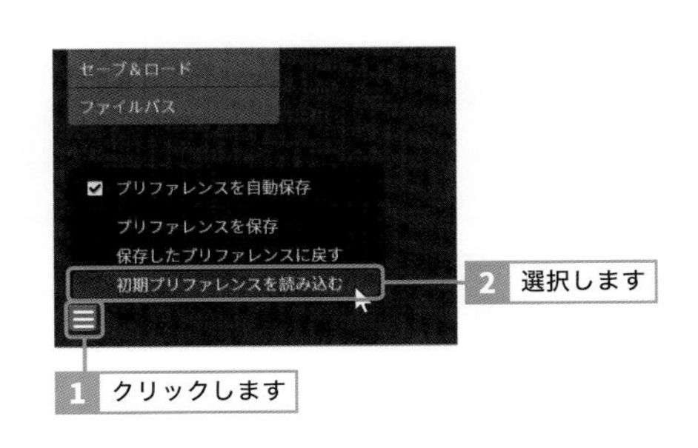

2 設定内容を保存する

通常、設定を変更すると自動的に保存されますが、今回のようにメニューの右側に**[Save Preferences*]**が表示された場合は、クリックして設定内容を保存する必要があります。

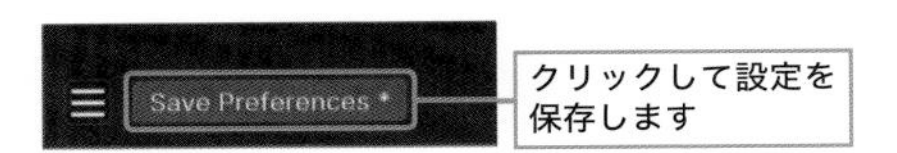

Blender基礎知識　インターフェイス

SECTION 1.4 インターフェイスを学ぶ

Blenderは膨大な機能が搭載されていることもあり、画面の情報量も多く敬遠されがちですが、各区画の役割を理解して要点を押さえ、基本的な操作を学習すれば、決して難しいことはありません。

■ 各区画の名称と役割

Blenderを起動すると表示される画面の各区画の名称と役割は、以下の通りです。

ヘッダーメニュー
ファイルの保存や外部ファイルの読み込み、レンダリングの実行といった基本的なメニューが用意されています。

ワークスペース切り替えタブ
各編集作業に適した画面レイアウト（ワークスペース）に切り替えることができます。

アウトライナー
すべてのオブジェクト、さらに各オブジェクトに設定されているマテリアルやテクスチャなどがツリー状に表示されています。

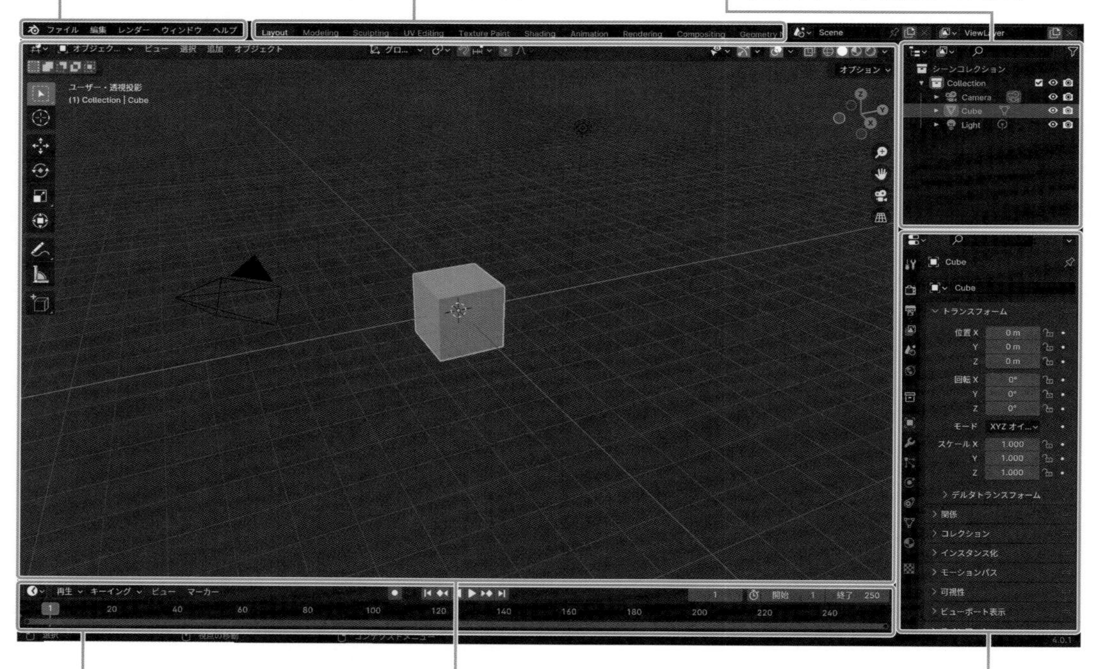

タイムライン
アニメーションの再生や再生時間の制御などアニメーションを制作する際に使用します。

3Dビューポート
モデリングやマテリアルのプレビューなど、3DCG制作でメインの作業区画です。

プロパティ
レンダリングや背景のプロパティ、各オブジェクトに設定されているマテリアルやテクスチャのプロパティなどを確認・変更することができます。

■ ヘッダーメニュー

ファイルの保存や外部ファイルの読み込み、レンダリングの実行といった基本的なメニューはヘッダーメニューに格納されており、「ファイル」「編集」「レンダー」「ウィンドウ」「ヘルプ」の5項目に分けられています。

□「ファイル」メニュー

新規ファイルや既存ファイルを開いたり、ファイルの保存やBlenderの終了などを行います。

別のBlenderファイルからデータを読み込む場合は「アペンド」、他の3DCGソフトなどで作成した異なる形式のファイルを読み込む場合は「インポート」を選択します。

また、Blender形式以外で書き出す場合は「エクスポート」を選択します。

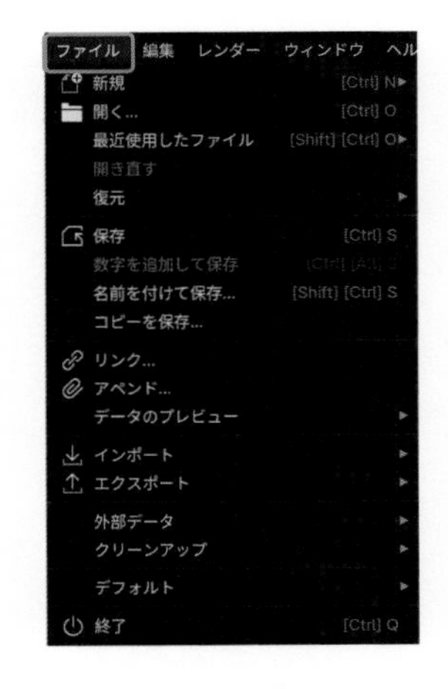

□「編集」メニュー

操作の取り消しや操作の繰り返しなどを行います。「操作履歴」を選択すると、これまでの操作の履歴が一覧表示され、希望の時点に戻ることができます。

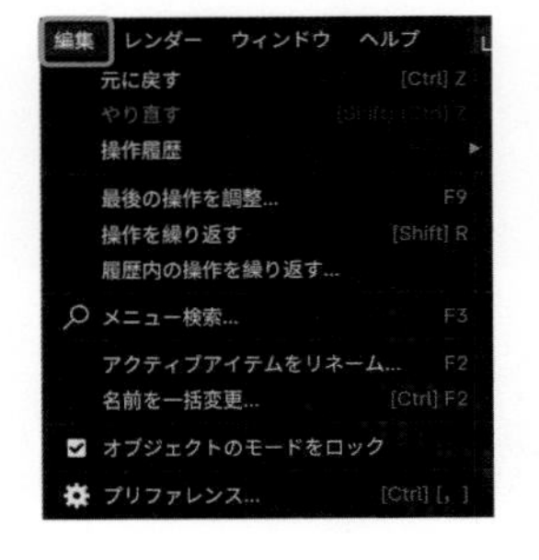

□「レンダー」メニュー

画像、アニメーションのレンダリング実行や、すでにレンダリングした画像やアニメーションの再度表示などを行います。「インターフェイスを固定」にチェックを入れて有効にすると、レンダリングの実行中はメモリの消費を防ぐため、操作ができなくなります（Escキーで中断できます）。

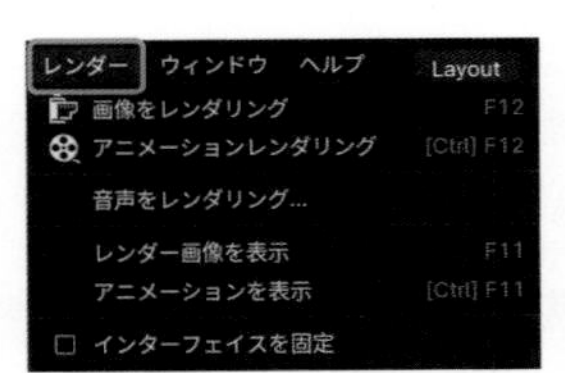

□「ウィンドウ」メニュー

新規ウィンドウの表示（同ファイルの別ウィンドウ表示）や全画面表示の切り替え、ワークスペースの切り替えなどを行います。また、画面のスクリーンショットを撮ることができます。

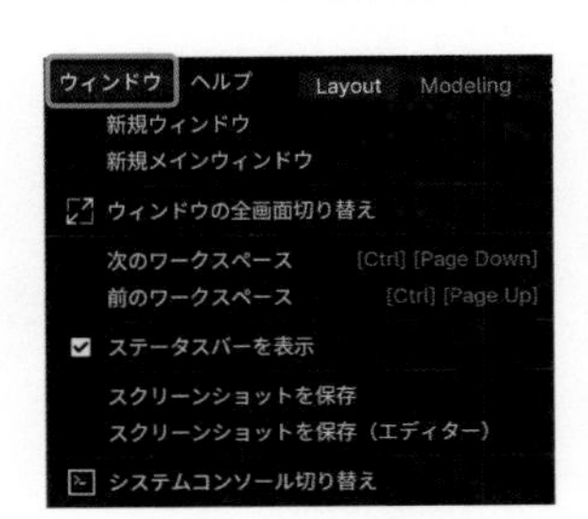

□「ヘルプ」メニュー

マニュアルサイトやBlender公式のサポートサイトなどへアクセスできます。

■ ワークスペース切り替えタブ

UVの展開・編集に適した「UV編集（UV Editing）」やマテリアル・テクスチャの編集に適した「シェーディング（Shading）」など、各編集作業に適した画面レイアウト（ワークスペース）に切り替えることができます。

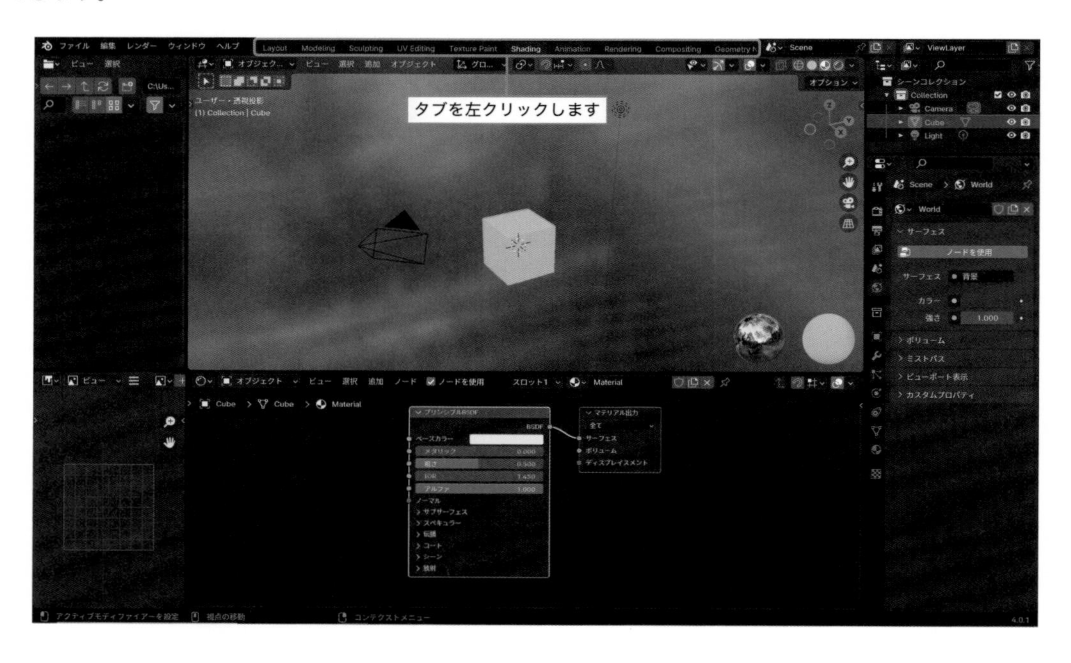

■ 3Dビューポート

モデリングやマテリアルのプレビューなど、3DCG制作でメインの作業エリアとなる3Dビューポートには、デフォルトでカメラとライト、立方体のオブジェクト「Cube」が配置されています。立方体は選択されている状態になっており、オレンジ色のアウトラインが表示されています。

また、原点（赤のラインと緑のラインが交差している部分）には3Dカーソルが表示されています。

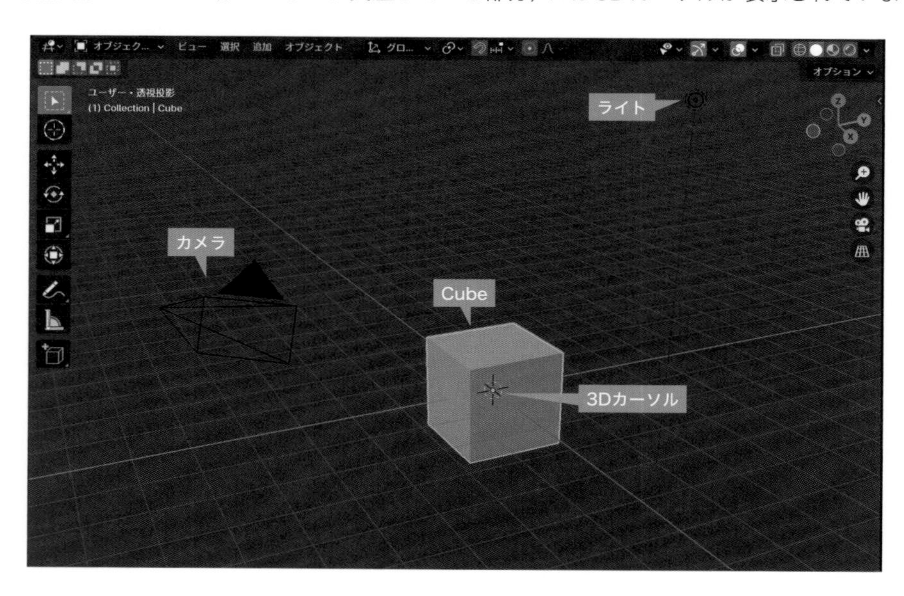

3Dビューポートの左側には「**ツールバー**」が表示されており、エディターのタイプやモードによって編集に便利なツールが格納されています。

デフォルトでは非表示になっていますが、右側には「**サイドバー**」があり、選択中のオブジェクトの位置や角度、3Dビューポートの画角など各種プロパティの確認および変更を行うことができます。

3Dビューポートのヘッダーにある**[ビュー]**から**[ツールバー]**（T キー）と**[サイドバー]**（N キー）を選択することで、それぞれ表示／非表示の切り替えができます。

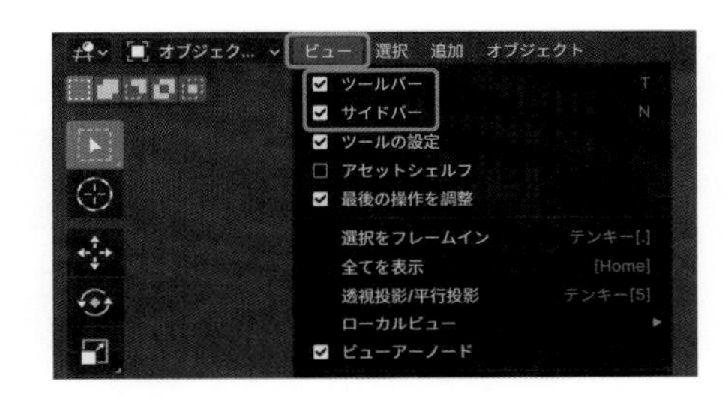

■ アウトライナー

アウトライナーには、すべてのオブジェクト、さらに各オブジェクトに設定されているマテリアルやテクスチャなどがツリー状に表示されています。

各オブジェクト名を左クリックすると選択できます。Shift キーを押しながら左クリックすると、複数のオブジェクトを同時に選択できます。

右上の「フィルター」アイコンを左クリックすると、**[制限の切り替え]**項目を追加できます。

各アイコンを左クリックして有効（青色）にするとアウトライナー上に表示され、制限の切り替えができるようになります。

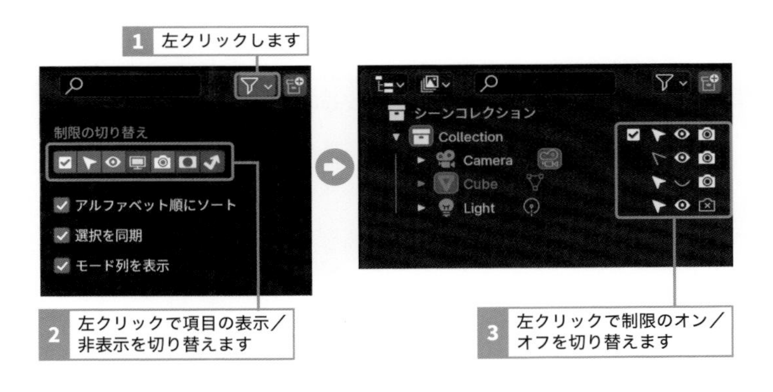

主に使用される**［制限の切り替え］**は、以下のとおりです。

「選択の可／不可」

誤って移動してしまわないようにオブジェクトをロックすることができます。

「3Dビュー上での表示／非表示」

モデリングの際、他のオブジェクトが邪魔で作業しづらい場合などに非表示にすると便利です。

「レンダリング時の表示／非表示」

テストレンダリングなど不要なオブジェクトを非表示にすることで、レンダリング時間の短縮になります。

■ プロパティ

レンダリングの画像サイズや保存形式などの設定項目、オブジェクトのマテリアルの色や光沢などの設定項目といった各種プロパティの確認および変更を行うことができます。

左側のアイコンを左クリックすることで、項目の切り替えができます。3Dビューポートと同様に、制作時によく使用するエディターです。

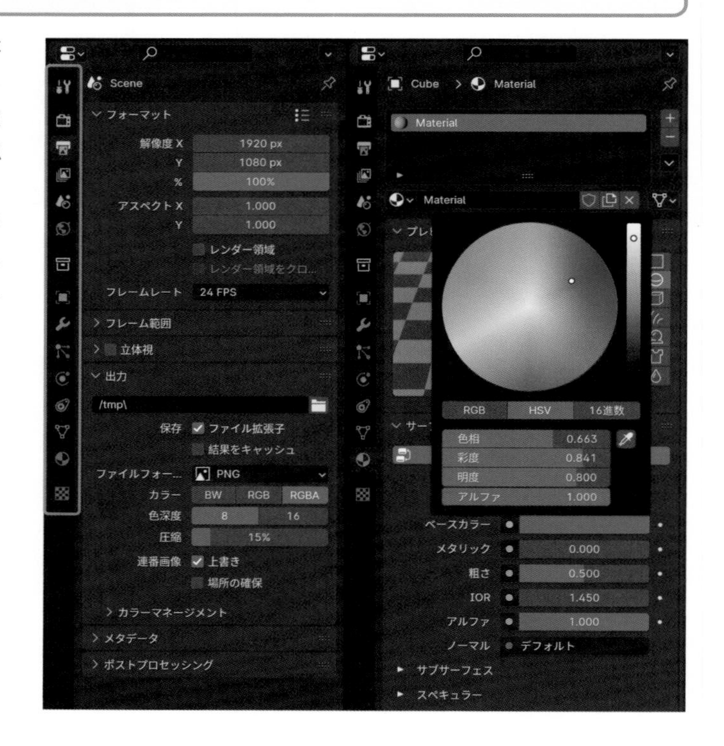

インターフェイスには、たくさんの情報が詰まっているけど、
これから学習する各機能と合わせて少しずつ覚えていけば問題ないヨ。
ここで完璧に覚える必要はないから安心してネ。

SECTION 1.5

Blender基礎知識 インターフェイス

インターフェイスをカスタマイズする

Blenderでは、編集内容やお好みに合わせて、表示するエディターや各区画の表示サイズなどをカスタマイズすることができます。使用しないエディターは非表示にするなど、画面スペースの確保や効率のよい操作ができるように、インターフェイスをカスタマイズしましょう。

■ エディタータイプを変更する

各エディターの左上には、エディタータイプメニューが設置されています。

デフォルトで表示されている「3Dビューポート」や「アウトライナー」などを別のエディターに切り替えることができます。

エディタータイプには、マテリアルの編集を行う「シェーダーエディター」や画像の管理・編集を行う「画像エディター」などがあります。編集内容に合わせて切り替えます。

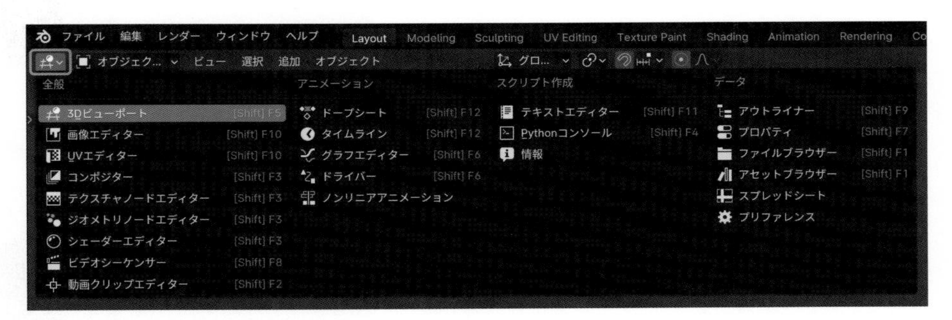

■ 画面配置を変更する

Blenderでは、インターフェイスの画面サイズや配置を使いやすいように自在に変更できます。

□サイズ変更

各エディターの境界にマウスポインターを合わせると、ポインターが「矢印」↕に変わります。

その状態でマウス左ボタンで垂直または水平方向にドラッグすると、サイズを変更できます。

サイズ変更などによって、ヘッダーに配置されている項目が隠れて見えなくなってしまった場合は、マウスポインターをヘッダーに合わせ、マウスホイールを回転することで横スクロールし、隠れている項目を表示させることができます。

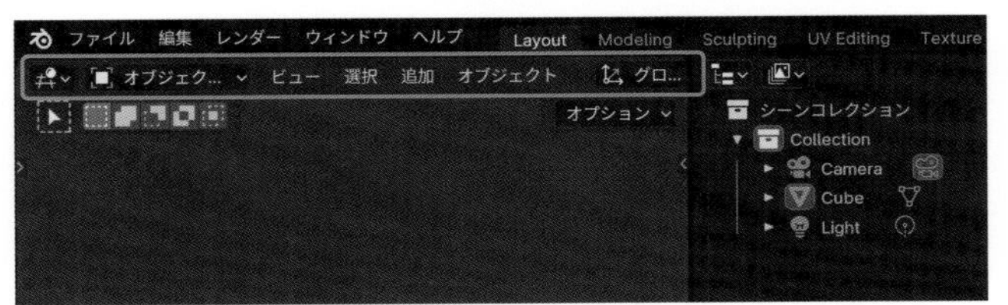

□ 分割

各エディターの四隅にマウスポインターを合わせると、ポインターが「十字」に変わります。
その状態で、マウス左ボタンで垂直または水平方向にドラッグすると、エディターを分割できます。

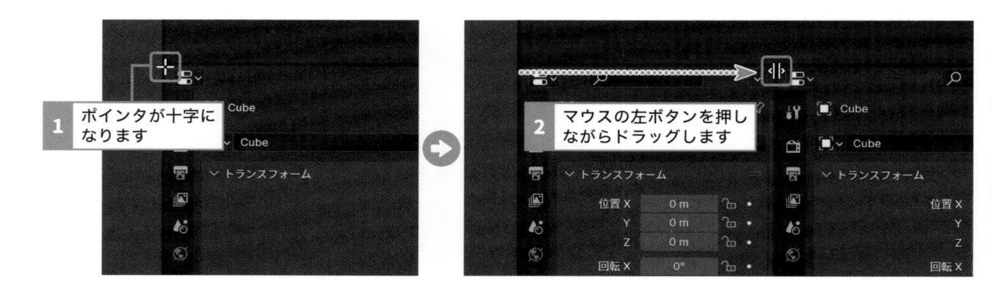

□ 統合

各エディターの四隅にマウスポインターを合わせると、ポインターが「十字」に変わります。

その状態で、マウス左ボタンで統合したいエディターの方向にドラッグすると矢印が表示されるので、どちらに統合するかを選択してボタンを放すと、2つのエディターが1つに統合されます。

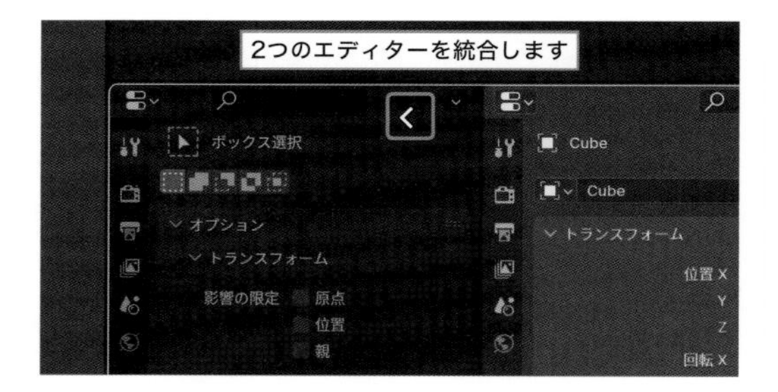

■ カスタマイズを保存する

カスタマイズしたインターフェイスを今後も使用したい場合は、ヘッダーの**[ファイル]➡[デフォルト]**から**[スタートアップファイルを保存]**を選択して保存します（確認のダイアログが表示されます）。

デフォルトの状態に戻す場合は、ヘッダーの**[ファイル]➡[デフォルト]**から**[初期設定を読み込む]**を選択し（確認のダイアログが表示されます）、続けて**[スタートアップファイルを保存（Save Startup File）]**を選択して保存します。

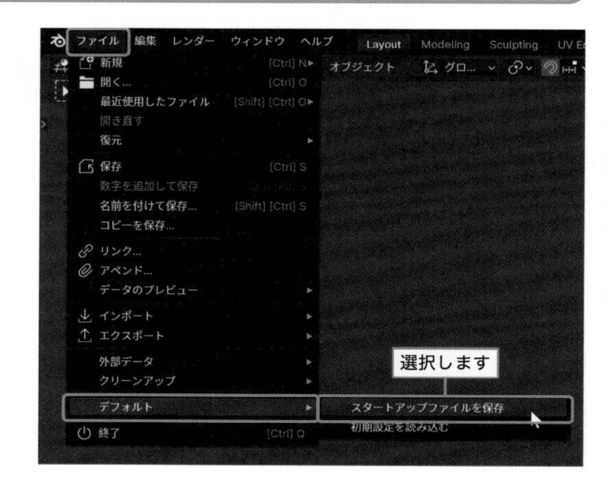

日本語化など事前に変更していた環境設定が一時的にデフォルトの状態になりますが、Blenderを再起動すると元に戻るので、再設定の必要はありません。

Blender基礎知識 3Dビューポート

\ SECTION /

1.6 視点を変更する

3DCG制作において、オブジェクトの位置や形状を把握するために欠かせないのが「視点変更」です。頻繁に行う視点変更をいかに思い通りに、スムーズに操作ができるかは非常に重要となります。

■ 視点を切り替える

3Dビューポートのヘッダーにある**[ビュー]**➡**[視点]**から**[フロント（前）]**や**[ライト（右）]**などを選択することで、正面からの視点や側面からの視点に切り替えることができます。**[カメラ]**を選択すると、カメラからの視点に切り替わります。

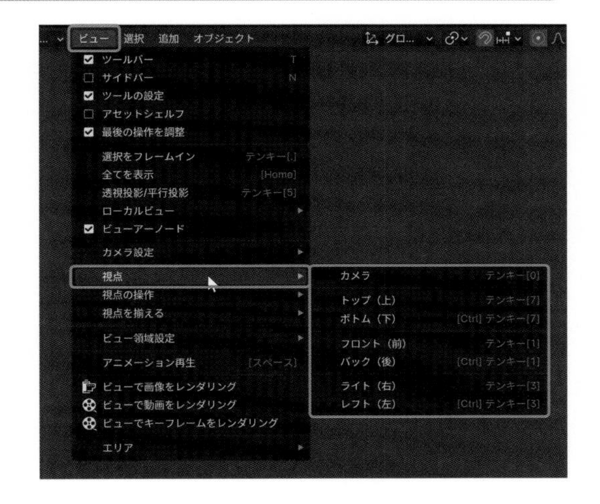

□ ショートカット

頻繁に行う視点切り替えは、ショートカットを使用すると、よりスムーズな操作が可能です。

ショートカットキー	操作内容
テンキー1	正面から見た視点（フロントビュー）に切り替えます。
テンキー3	右側から見た視点（ライトビュー）に切り替えます。
テンキー7	上から見た視点（トップビュー）に切り替えます。
Ctrl＋テンキー1	背面から見た視点（バックビュー）に切り替えます。
Ctrl＋テンキー3	左側から見た視点（レフトビュー）に切り替えます。
Ctrl＋テンキー7	下から見た視点（ボトムビュー）に切り替えます。
テンキー2	視点を下方向に15°単位で回転します。
テンキー4	視点を左方向に15°単位で回転します。
テンキー6	視点を右方向に15°単位で回転します。
テンキー8	視点を上方向に15°単位で回転します。
Ctrl＋テンキー2	視点を下方向に平行移動します。
Ctrl＋テンキー4	視点を左方向に平行移動します。

次ページへ続く

ショートカットキー	操作内容
Ctrl ＋テンキー 6	視点を右方向に平行移動します。
Ctrl ＋テンキー 8	視点を上方向に平行移動します。
Shift ＋テンキー 4	視点を反時計回りに回転します。
Shift ＋テンキー 6	視点を時計回りに回転します。
テンキー 0	カメラから見た視点（カメラビュー）に切り替えます。
テンキー .（ピリオド）	選択しているオブジェクトに視点を移動します。
テンキー 5	3Dビューでの投影方法（詳しくは32ページを参照）を透視投影と平行投影で切り替えます。
テンキー 9	現在の視点から見て反対側に切り替えます。

本書の巻末に「主に使用するショートカットキー」（252ページ）を掲載していますので、併せてご参照ください。

□テンキーによる操作

テンキーでは数字のキーによる視点変更のほかに、＋（プラス）や－（マイナス）キーでズームイン／ズームアウトすることができます。

2Dとは違って3Dはあらゆる角度から形状を確認する必要があるから、視点変更の操作は早く慣れるようにしようネ。

■ 視点を操作する

□回転

3Dビューポートでマウス中央ボタンのドラッグを行うと、視点を回転することができます。

視点の回転

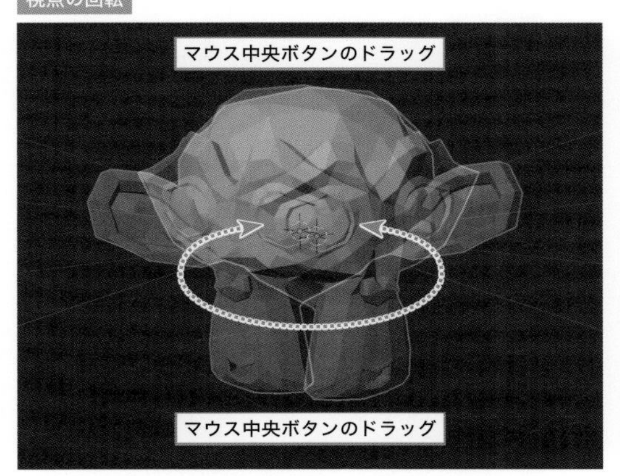

□ズームイン／ズームアウト

3Dビューポートでマウスホイールを回転すると、ズームイン／ズームアウトできます。

ズームイン／ズームアウト

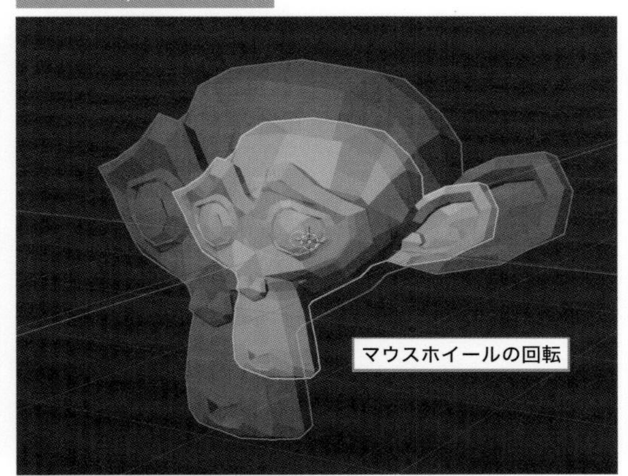

□平行移動

3Dビューポートで Shift キーを押しながらマウス中央ボタンのドラッグを行うと、視点の平行移動ができます。

視点の平行移動

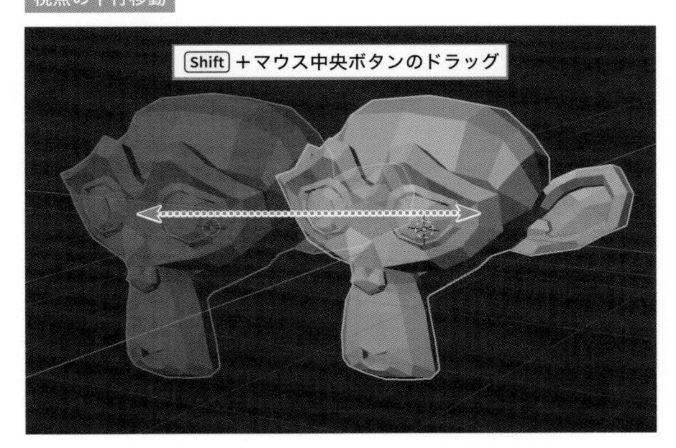

TIPS 視点回転の基点を変更

ヘッダーの［編集］から［プリファレンス］を選択すると、「Blenderプリファレンス」ウィンドウが開きます。ウィンドウの左側にある［視点の操作］を左クリックし、「周回とパン」パネルの［選択部分を中心に回転］にチェックを入れて有効にすると、視点回転の際の基点を変更することができます。

デフォルトでは、3Dビューポートの画面の中心が基点のため、該当のオブジェクトなどを画面の中心に視点移動する必要がありました。しかし、［選択部分を中心に回転］を有効にすると、視点移動する必要がなく選択するだけで、該当のオブジェクトを基点に視点回転ができるようになります。

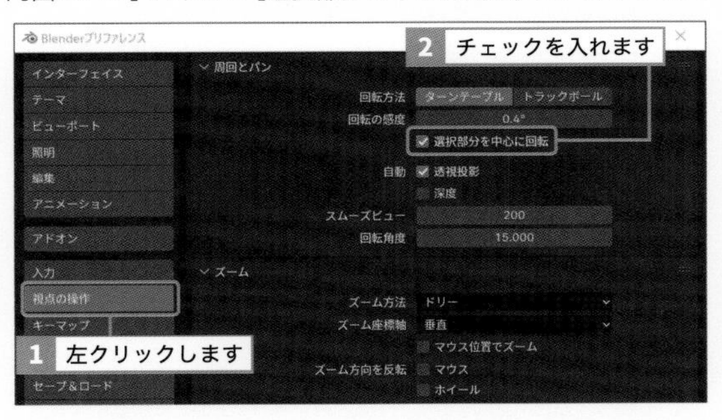

投影法を切り替える

3Dビューポートのヘッダーにある**[ビュー]**から**[透視投影/平行投影]**(テンキー5)を選択すると、投影法を切り替えることができます。

また、透視投影で視点切り替え(上下、前後、左右)を行うと自動的に平行投影へ切り替わります。

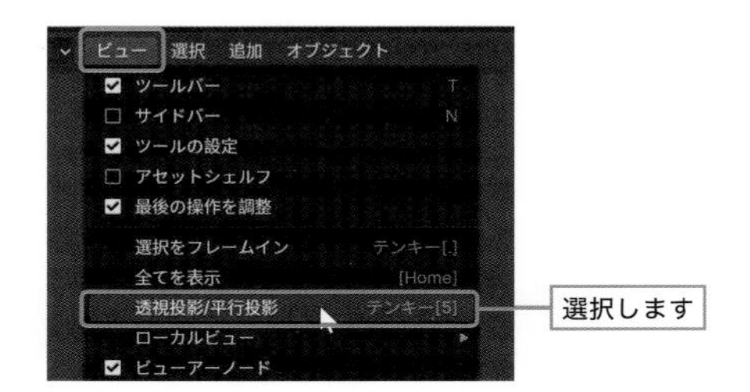

透視投影

透視投影とは、大きさが同じオブジェクトでも遠くにあるほど小さく見える遠近法で表示される投影法で、私たちが普段見慣れている肉眼と同様の見え方になります。

平行投影

平行投影とは、いくら遠くにあるオブジェクトでも表示される大きさは変わりません。

そのため、複数のオブジェクトを整列する場合や大きさを比較する場合などに役立ちます。

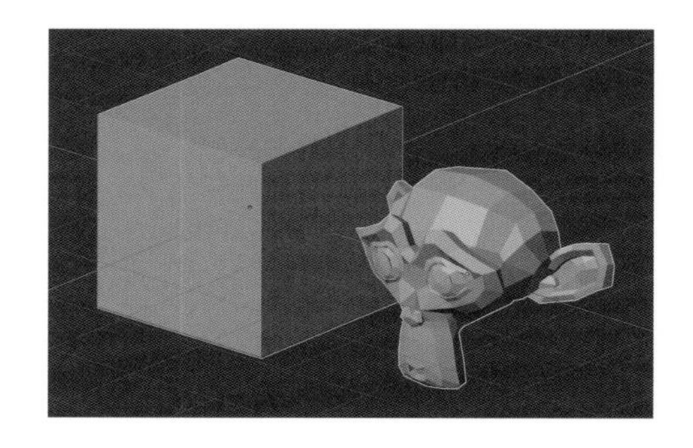

現在の投影法は、3Dビューポートの左上に表示されます。

Blender 基礎知識　オブジェクトの操作

\ SECTION /
1.7

オブジェクトを選択する

オブジェクトを移動したりオブジェクトに対して何らかの設定を行う場合には、まずは対象のオブジェクトを選択する必要があります。ここでは、オブジェクトの選択方法を紹介します。

■ クリック選択

オブジェクトにマウスポインターを合わせて**左クリック**すると選択できます。Shiftキーを押しながら左クリックすると、複数のオブジェクトを同時に選択できます。

選択した状態のオブジェクトは、オレンジ色のアウトラインで囲まれます。複数のオブジェクトを選択している場合、明るいオレンジ色の線で囲まれているオブジェクトが、最後に選択されたことを表しています。

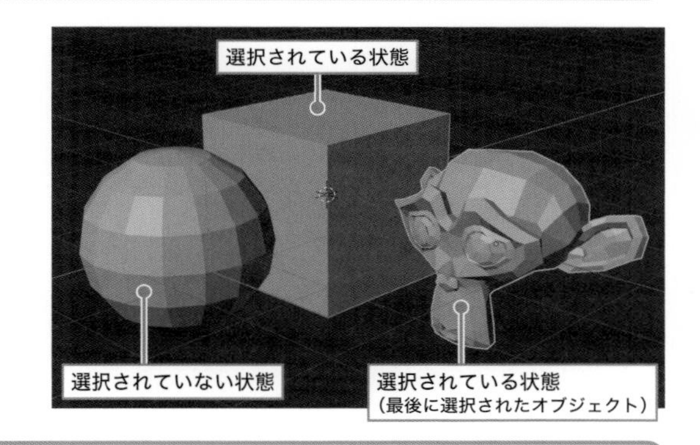

■ 全選択

3Dビューポートのヘッダーにある**[選択]**から**[すべて]**(Aキー)を選択すると、すべてのオブジェクトが選択されます。

すべての選択を解除する場合は、3Dビューポートのヘッダーにある**[選択]**から**[なし]**(Alt+Aキー)を選択します。

または、Aキーを素早く2回押すか、3Dビューポートの何もない部分を左クリックしても、すべての選択を解除できます。

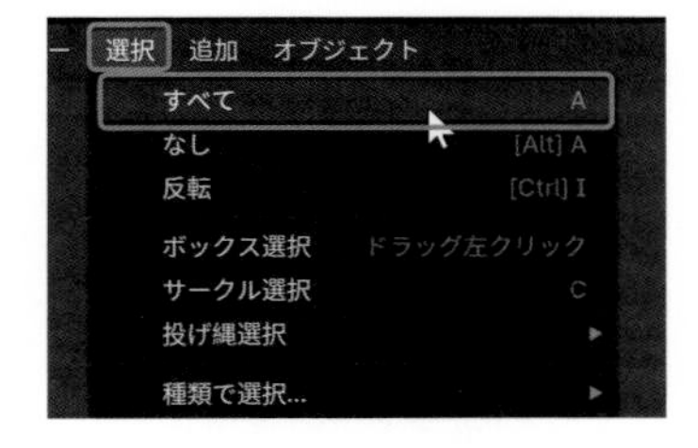

■ 選択範囲の反転

3Dビューポートのヘッダーにある**[選択]**から**[反転]**(Ctrl+Iキー)を選択すると選択範囲が反転され、選択されていたオブジェクトが選択解除になり、選択されていなかったオブジェクトが選択された状態になります。

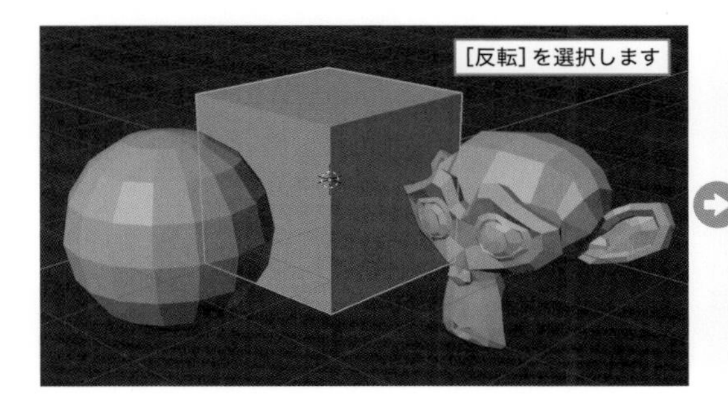

■ ボックス選択

3Dビューポートのヘッダーにある**[選択]**から**[ボックス選択]**（Bキー）を選択すると、マウスポインターを中心として十字に点線が表示されます。その状態でマウス左ボタンでドラッグすると、囲んだ矩形の内側に含まれるオブジェクトを選択できます。

左ボタンでドラッグして選択します

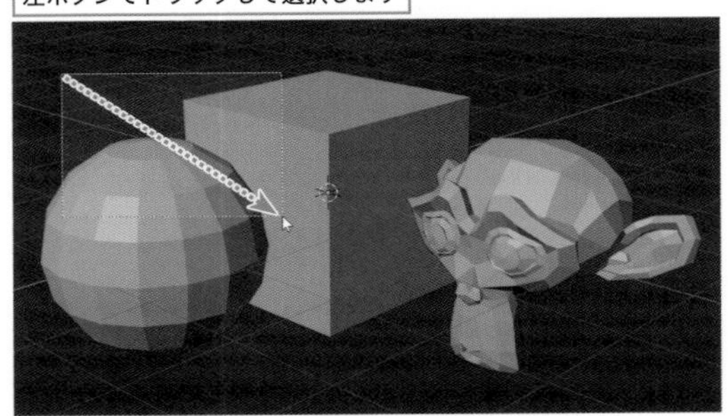

■ サークル選択

3Dビューポートのヘッダーにある**[選択]**から**[サークル選択]**（Cキー）を選択すると、マウスポインターを中心として円状に点線が表示されます。その状態でマウス左ボタンでドラッグすると、なぞったオブジェクトを選択できます（オブジェクトの原点とサークルが重なると選択状態となります）。

選択範囲となる円状の点線は、マウスホイールの回転で大きさを変更できます。

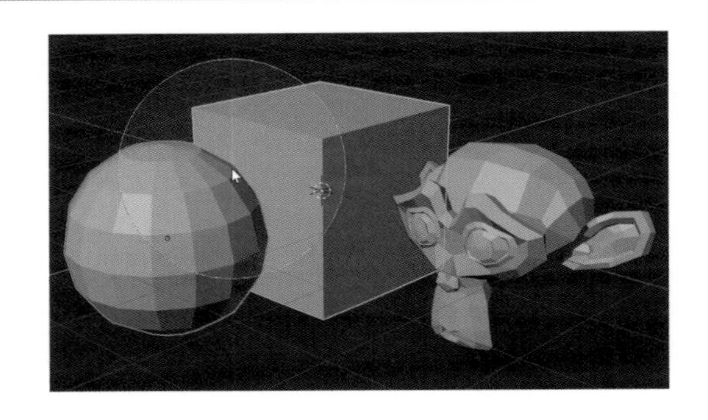

■ 投げ縄選択

3Dビューポートのヘッダーにある**[選択]**から**[投げ縄選択]** ➡ **[セット]**を選択し、マウス左ボタンのドラッグでオブジェクト（の原点）を囲むと選択できます。

また、**[拡張]**で追加選択、**[減算]**で一部選択解除などが可能です。

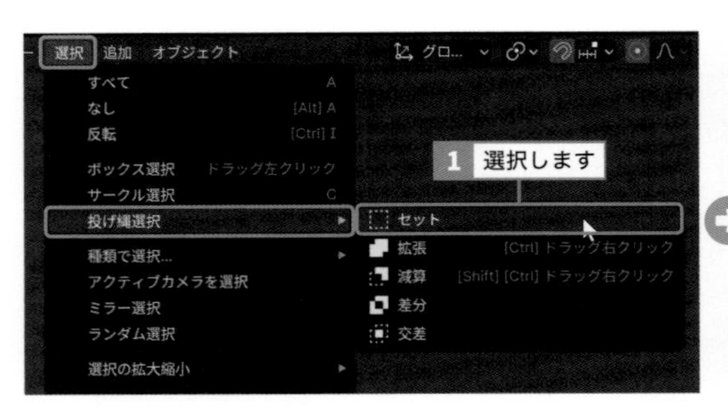

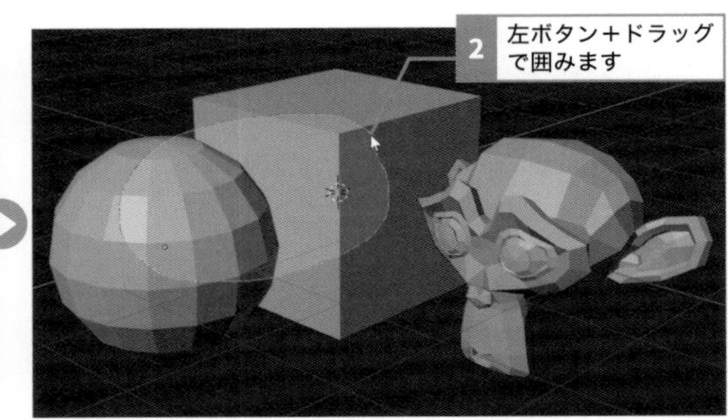

■ 選択ツール

選択ツールでも同様に、**「ボックス選択」「サークル選択」「投げ縄選択」**ができます。

選択ツールは、ツールバーの上部に格納されています。選択ツールにマウスポインターを合わせてマウス左ボタンを長押しすると、選択方式を変更することができます。

「長押し」ツールは、オブジェクトにマウスポインターを合わせてマウス左ボタンで長押しすると、そのままドラッグでオブジェクトを移動することができます。

□ 選択モード

選択ツールでは、3Dビューポートのヘッダーにある **[モード]** から選択モードを切り替えることができます。

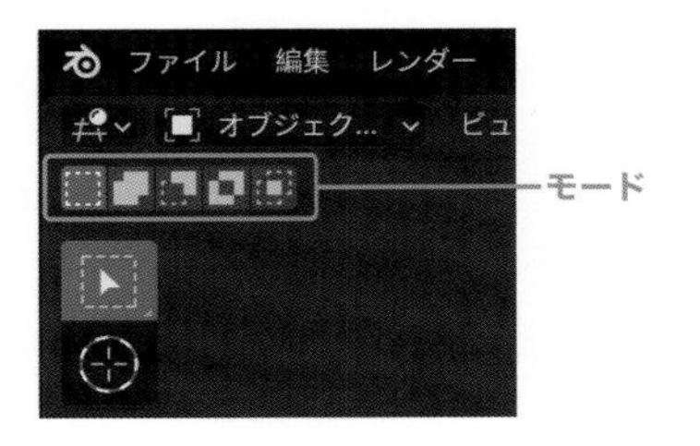

[セット] モード

指定した箇所のみを選択します。

[拡張] モード

すでに選択している箇所と合わせて指定した箇所を追加で選択します。

[減算] モード

すでに選択している箇所から指定した箇所の選択を解除します。

[差分] モード

指定した箇所の選択を反転します。

[交差] モード

すでに選択している箇所と指定した箇所の重複箇所を選択します。

編集など何をするにも、まずはオブジェクトの選択だから、早く操作に慣れるようにしようネ。

そのためにも、初めのうちは意識していろんな選択方法を試してみよう！

SECTION 1.8 オブジェクトを追加・削除する

モデリングのベースとなるメッシュ、その他ライトやカメラなどをまとめて「オブジェクト」と呼びます。ここでは、オブジェクトを3Dビューポートに新たに追加する方法と、その際の注意点などを紹介します。

■ 3Dカーソル

3Dビューポートにオブジェクトを追加する場合、3Dカーソルの位置に配置されます。そのため、基本的にオブジェクトを追加する際は、3Dカーソルが3Dビューポートの原点にあるか確認しましょう。

3Dカーソル

3Dカーソルが原点から外れている場合は、3Dビューポートのヘッダーにある**[オブジェクト]**から**[スナップ]➡[カーソル→ワールド原点]**を選択します（3Dカーソルの移動方法については、42ページを参照してください）。

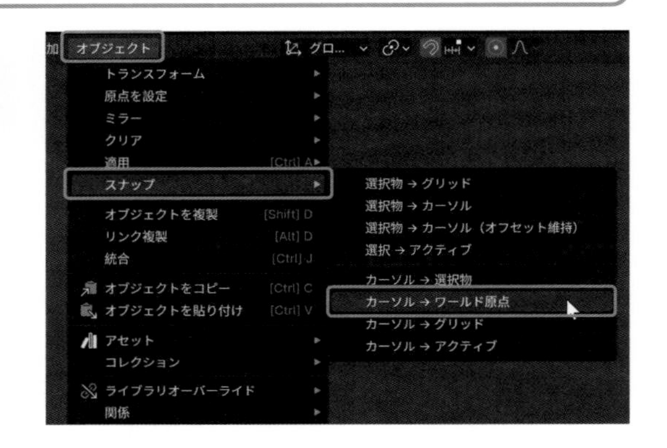

■ 追加する

3Dビューポートのヘッダーにある**[追加]**（Shift＋Aキー）からいずれかのオブジェクトを選択すると、3Dビューポート（の3Dカーソルの位置）に追加されます。

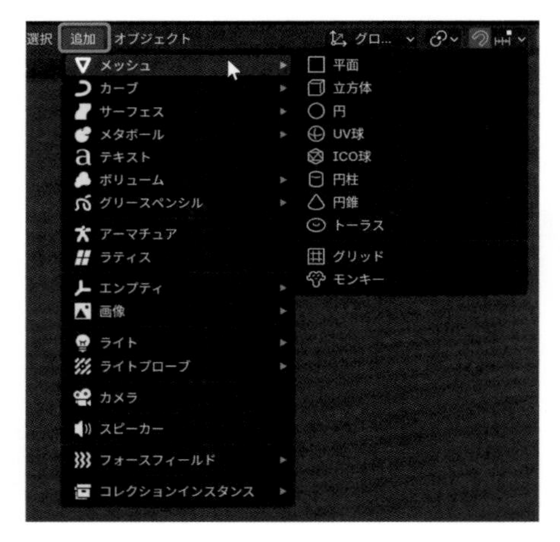

Blenderには立方体や円など基本的な形状がたくさん用意されているんだね。

プリミティブでもうまく組み合わせれば、色々なものがつくれるヨ。

追加した直後には、3Dビューポートの左下にパネルが表示されます（三角アイコン を左クリックすると、パネルを開閉することができます）。

このパネルでは、追加したオブジェクトの位置や角度が調整できます。メッシュオブジェクトの形状によっては、面の分割数などを変更することもできます。

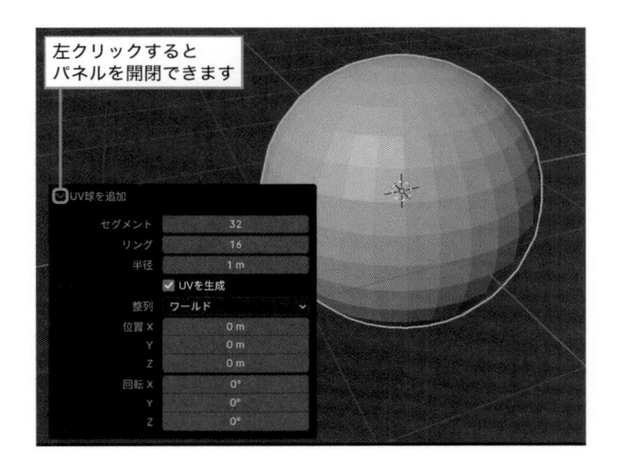

■ メッシュの種類

Blenderには、メッシュオブジェクトとして立方体や球体、円柱など数種類の基本的な形状が用意されています。これらのオブジェクトをベースに、モデリングを行うことになります。

1. 平面
2. 立方体
3. 円
4. UV球
5. ICO球
6. 円柱
7. 円錐
8. トーラス
9. グリッド
（メッシュがグリッド状に分割されている平面）
10. モンキー
（Blenderのマスコット**スザンヌ**）

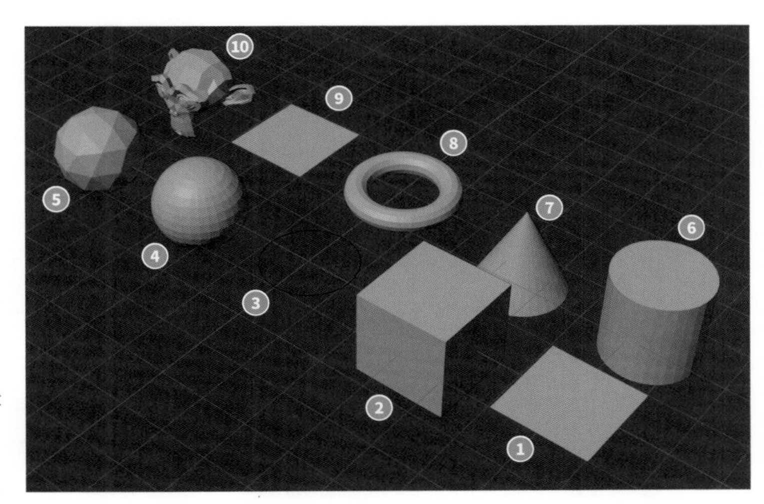

■ 削除する

オブジェクトを削除する場合は、オブジェクトを選択し、3Dビューポートのヘッダーにある**［オブジェクト］**から**［削除］**（X キー）を選択します。

ショートカットで操作した場合は削除確認のダイアログが表示されるので、**［削除］**を左クリックするか Enter キーを押すと削除が実行されます。

OK?
削除

X キー

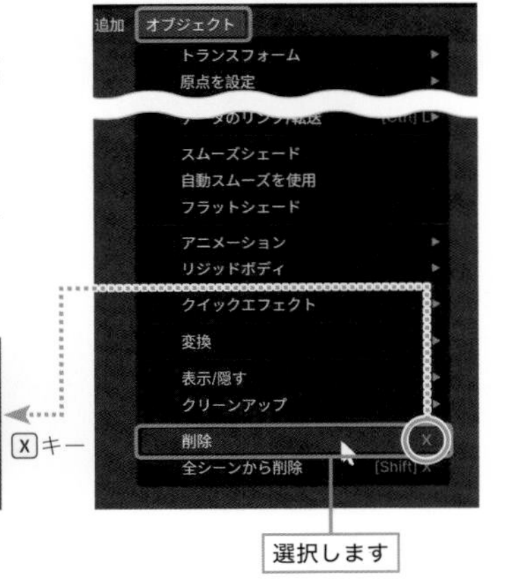

Blender基礎知識　オブジェクトの操作

\ SECTION /
1.9

オブジェクトを編集する

オブジェクトの移動や回転、拡大縮小についての操作方法を紹介します。同じ移動でも、操作方法は1つではありません。編集内容に応じて、使い分けましょう。

■ 座標系

オブジェクトを編集する際に覚えておきたいのが、「**グローバル座標**」と「**ローカル座標**」です。

Blenderでは、デフォルトでグローバル座標に設定されており、視点のフロント（前）から見て、左右がX軸、奥行きがY軸、上下がZ軸となります。

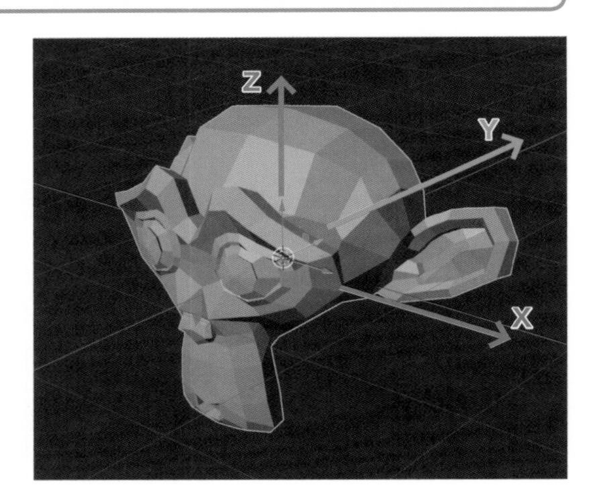

グローバル座標は、3Dビューポートの3D空間を基準とした座標となり、3Dビューポートにあるすべてのオブジェクトに対して共通です。対してローカル座標は、個々のオブジェクトを基準とした座標となり、オブジェクトを回転するとローカル座標も連動して変化します。

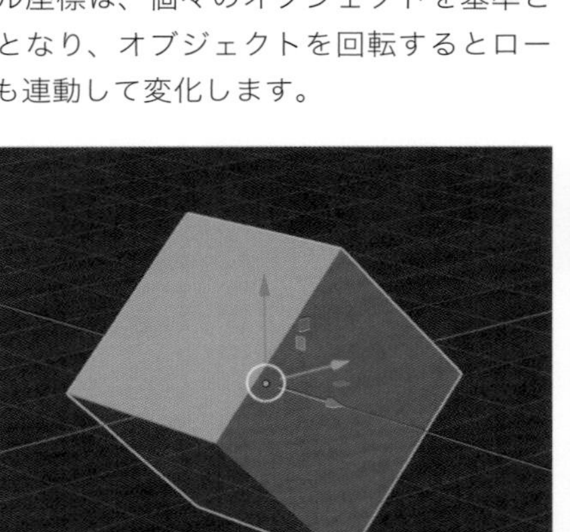
グローバル座標

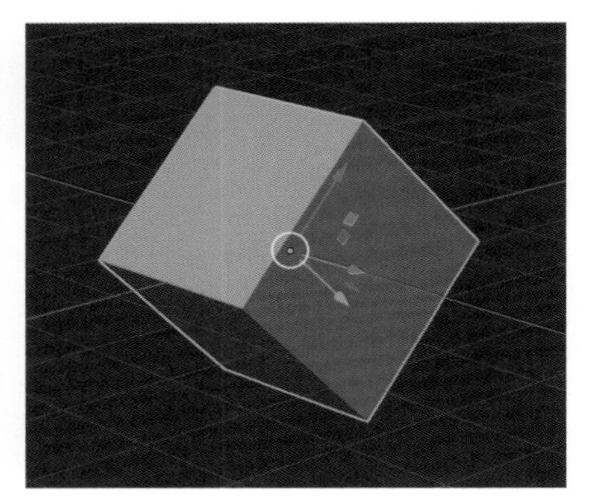
ローカル座標

座標系の切り替えは、3Dビューポートのヘッダーにある **[トランスフォーム座標系]** メニューで行うことができます。

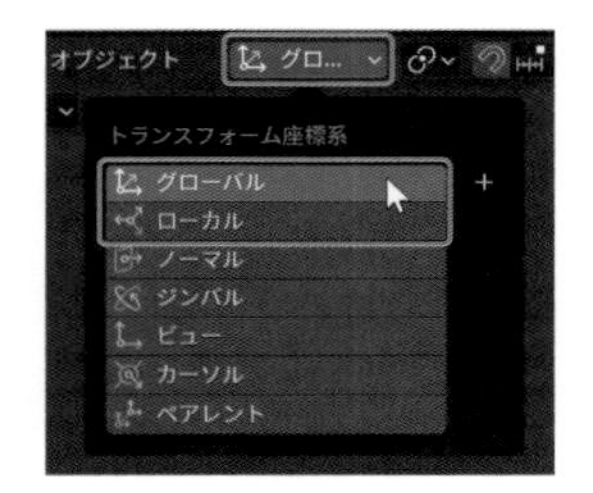

■ メニュー選択による編集

❶ 移動

オブジェクトを選択し、3Dビューポートのヘッダーにある**[オブジェクト]**から**[トランスフォーム]➡[移動]**(Gキー)を選択すると、マウスポインターに合わせてオブジェクトを移動することができます。

左クリックで決定、右クリックでキャンセルとなります。

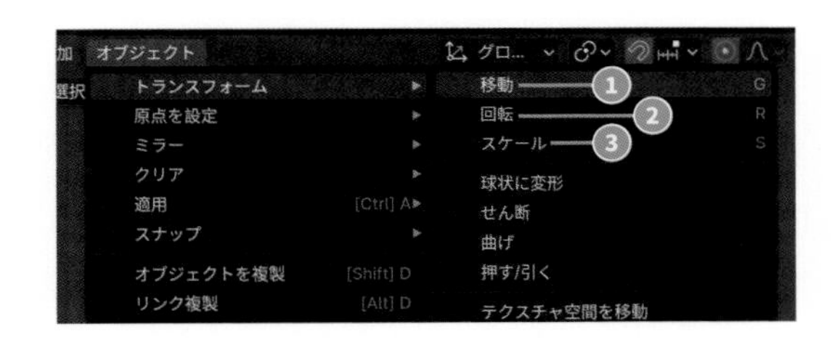

❷ 回転

オブジェクトを選択し、3Dビューポートのヘッダーにある**[オブジェクト]**から**[トランスフォーム]➡[回転]**(Rキー)を選択すると、マウスポインターに合わせてオブジェクトを回転することができます。現在の視点を軸に回転されます。

左クリックで決定、右クリックでキャンセルとなります。

❸ スケール

オブジェクトを選択し、3Dビューポートのヘッダーにある**[オブジェクト]**から**[トランスフォーム]➡[スケール]**(Sキー)を選択すると、マウスポインターに合わせてオブジェクトを拡大縮小することができます。

左クリックで決定、右クリックでキャンセルとなります。

□ 制限をかけた編集

それぞれ移動・回転・拡大縮小の操作を行う際に、X Y Zキーのいずれかを押すと、座標軸に合わせてラインが表示され、各軸方向のみに制限をかけることができます。

現在設定されている座標系がグローバル座標の場合は、1回押すとグローバル座標、2回押すとローカル座標、3回押すと制限の解除になります。

現在設定されている座標系がローカル座標の場合は、1回押すとローカル座標、2回押すとグローバル座標、3回押すと制限の解除になります。

Ctrlキーを押しながら操作すると、単位を制限しながら編集できます。移動は"**1m**"刻み、回転は"**5度**"刻み、拡大縮小は"**10%**"刻みになります。

Shiftキーを押しながら操作すると、変化量が減り、微調整が可能となります。

編集の操作中には、3Dビューポートの左上に移動距離・回転角度・スケールと制限をかけた軸方向が表示されます。

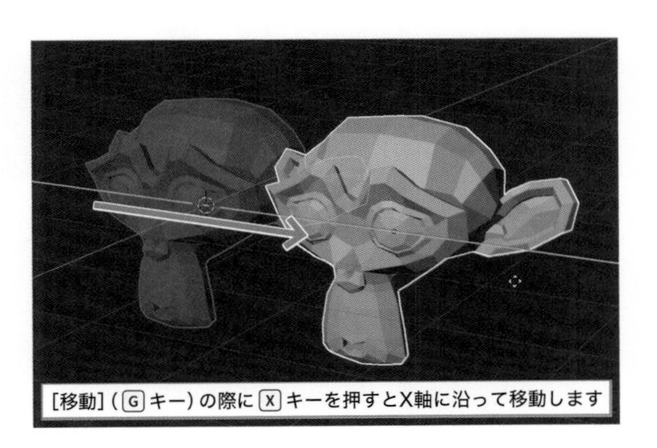

[移動](Gキー)の際にXキーを押すとX軸に沿って移動します

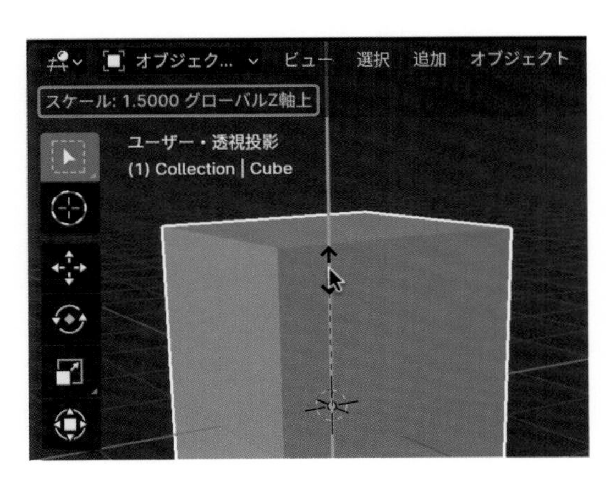

■ ツールによる編集

ツールバーには、**[移動]** ツール、**[回転]** ツール、**[スケール]** ツールが格納されています。

座標軸に合わせて赤色・緑色・青色のラインが表示され、マウス左ボタンのドラッグで各軸方向に制限をかけた編集を行うことができます。

[移動] ツール中央の白い円の内側で、マウス左ボタンのドラッグを行うと、現在の視点から見た平行移動ができます。

[回転] ツールの白い円の内側で、マウス左ボタンのドラッグを行うと、制限なくドラッグした方向に回転できます。白い円のフチでマウス左ボタンのドラッグを行うと、現在の視点を軸に回転できます。

[スケール] ツールの白い円の内側で、マウス左ボタンのドラッグを行うと、比率を変えずに拡大縮小できます。

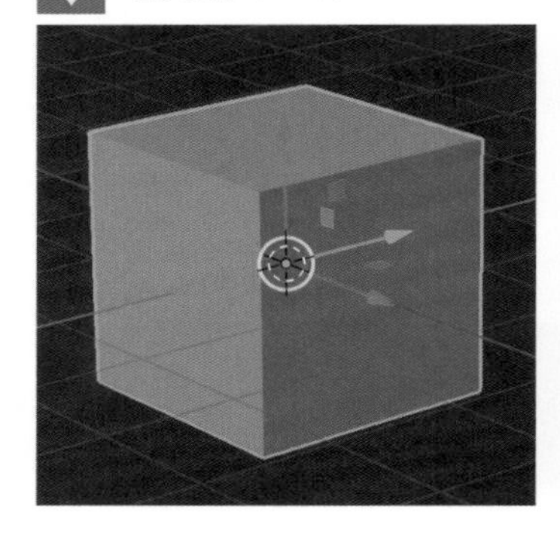

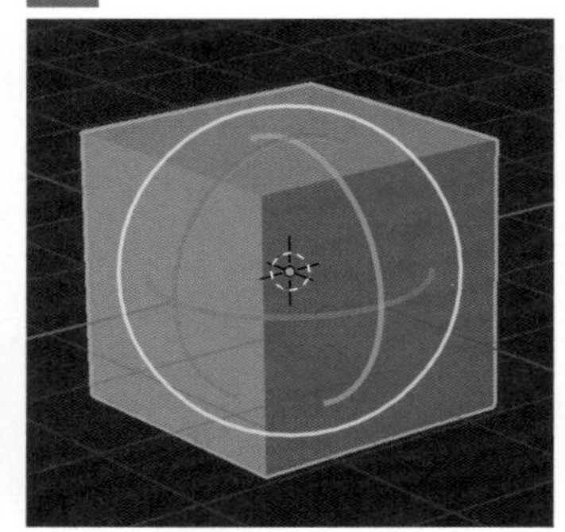

[スケール] ツール

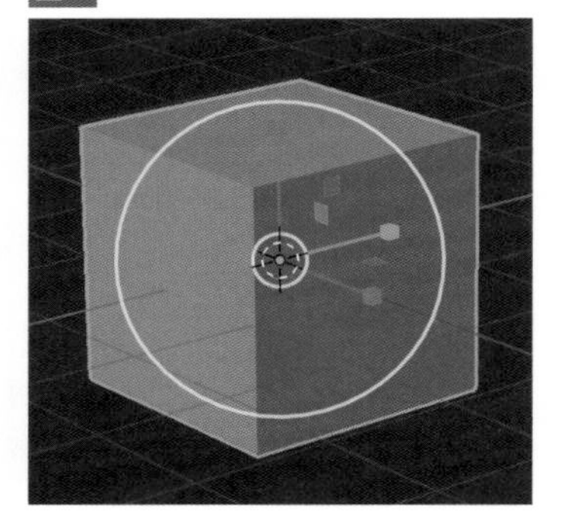

■ 数値入力による編集

3Dビューポートのヘッダーにある **[ビュー]** から **[サイドバー]**（N キー）を選択してサイドバーを開き、**[アイテム]** タブを左クリックすると「トランスフォーム」パネルが表示されます。

このパネルには、現在選択しているオブジェクトの配置位置（位置）、角度（回転）、拡大率（スケール）、寸法が表示されます。それぞれ数値を入力すると、グローバル座標を元に移動／回転／拡大縮小を行うことができます。

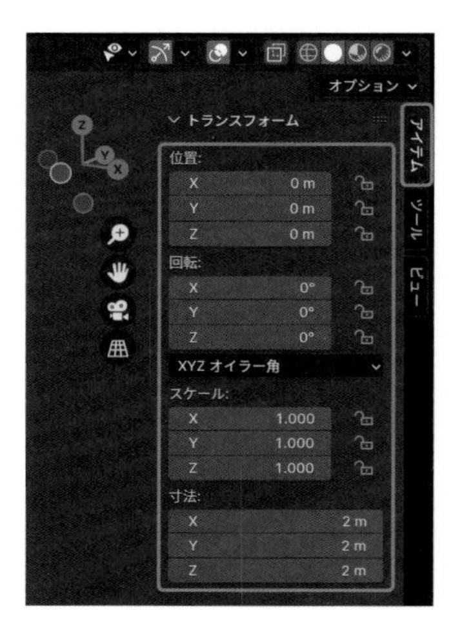

メニューやツールでの編集直後には、3Dビューポートの左下にパネルが表示にされます。このパネルでは、それぞれの編集後に数値で再調整できます（サイドバーの「トランスフォーム」パネルによる編集では、このパネルは表示されません）。

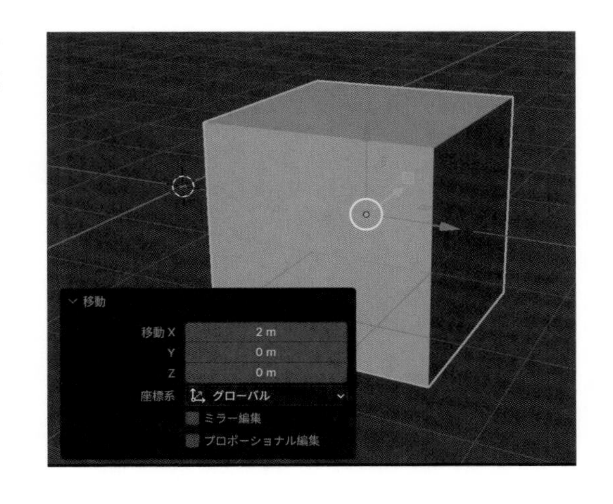

■ スナップ

スナップとは、オブジェクト同士を吸着させる機能です。メニューやショートカット、ツールによる移動の編集中にBキーを押すと、スナップ機能を使用することができます。

① Bキーを押す

移動の編集中にBキーを押します。

頂点のスナップ／四角

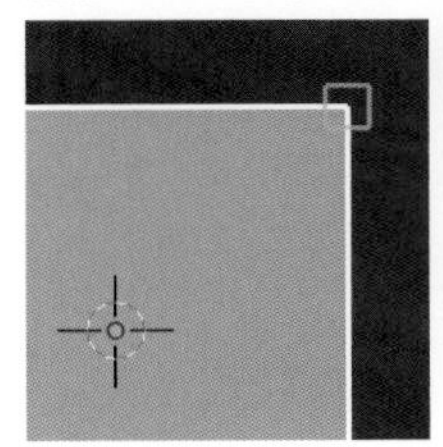

辺のスナップ／砂時計

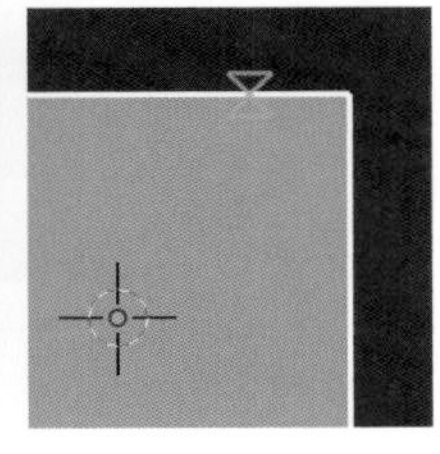

② スナップさせる要素を決める

スナップ（吸着）させる要素にマウスポインターを合わせるとアイコンが表示されるので、左クリックで決定します。

! メニューやツールによる編集では、要素を決定する際の操作方法が若干異なるため、ショートカットでの編集をおすすめします。

面のスナップ／円

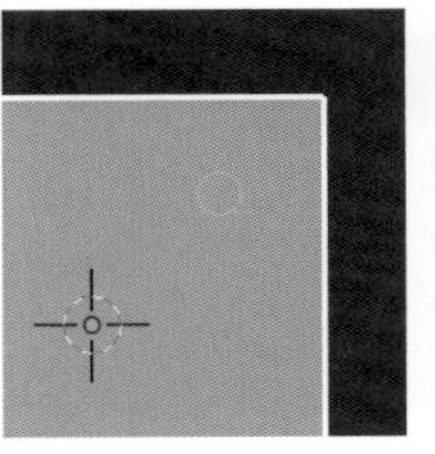

辺の中心のスナップ／三角形

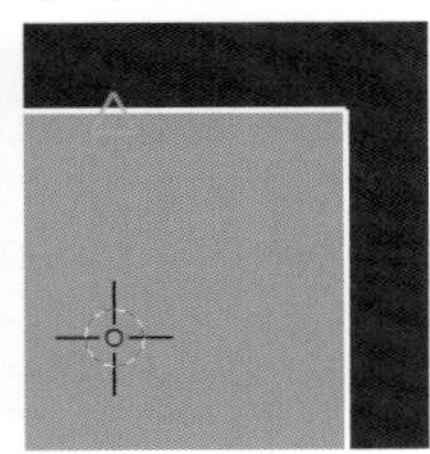

③ 左クリックで実行する

選択した要素に応じて、移動中にスナップします。編集が完了したら、左クリックで実行します。

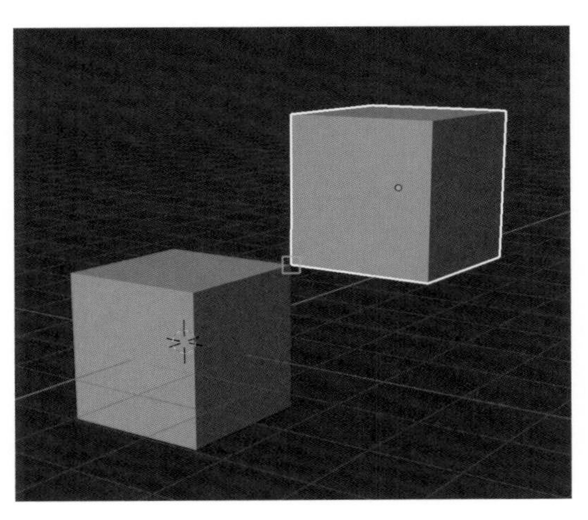

\SECTION/ 1.10

Blender基礎知識 3Dカーソル

3Dカーソルを使う

オブジェクトの回転や拡大縮小を行う場合、デフォルトではオブジェクトの原点が基点となりますが、基点を3Dカーソルの位置に変更することができます。

■ ピボットポイントを変更する

3Dビューポートのヘッダーにある**[ピボットポイント]**メニューで、デフォルトの**[中点]**から**[3Dカーソル]**に変更すると、オブジェクトの回転や拡大縮小の基点が3Dカーソルの位置になります。

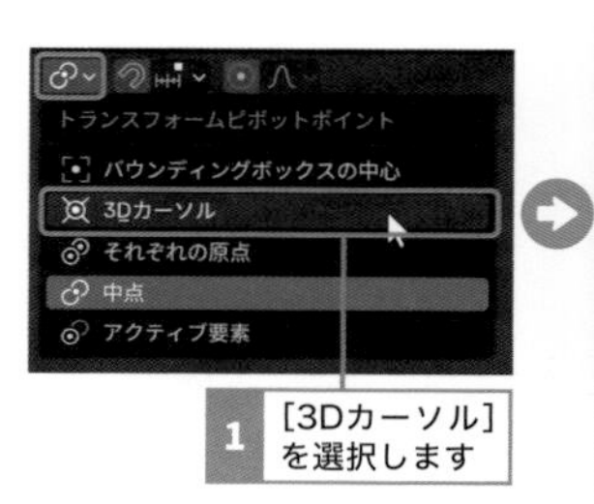

1 [3Dカーソル]を選択します

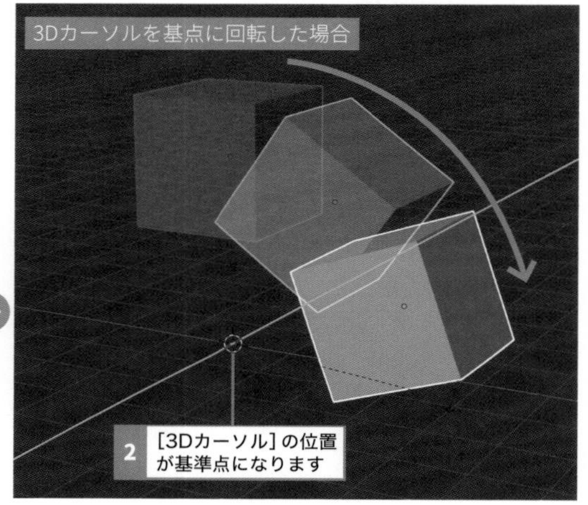

2 [3Dカーソル]の位置が基準点になります

■ 3Dカーソルの位置を変更する

3Dカーソルを移動する場合は、3Dビューポート左側にあるツールの**[カーソル]**を左クリックで有効にし、3Dビューポートの任意の位置を左クリックします。

また、3Dビューポートのヘッダーにある**[ビュー]**から**[サイドバー]**（Nキー）を選択してサイドバーを開き、**[ビュー]**タブを左クリックすると「3Dカーソル」パネルが表示されます。

このパネルには、3Dカーソルの現在の位置が表示されており、各座標軸ごとに数値で位置を指定することが可能です。

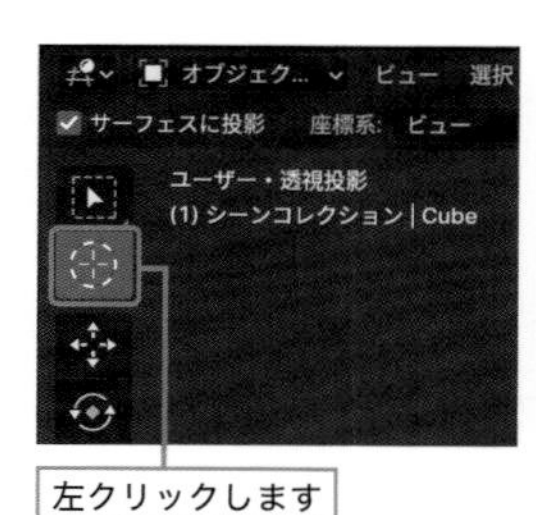

左クリックします

「ビュー」タブ

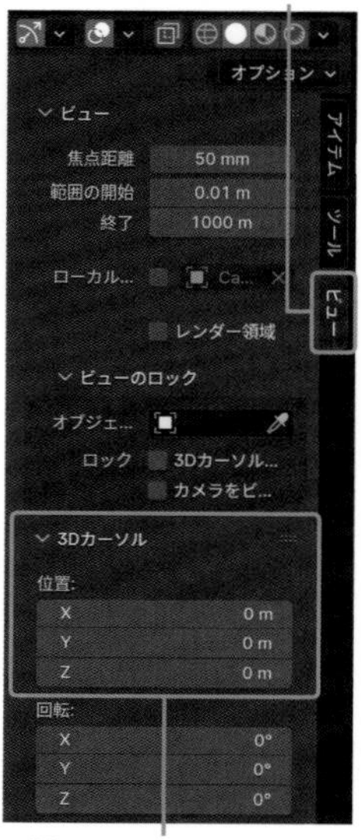

「3Dカーソル」パネル

さらに、3Dビューポートのヘッダーにある**［オブジェクト］**から**［スナップ］➡［カーソル→選択物］**を選択すると、3Dカーソルを選択中のオブジェクトの原点に移動できます。

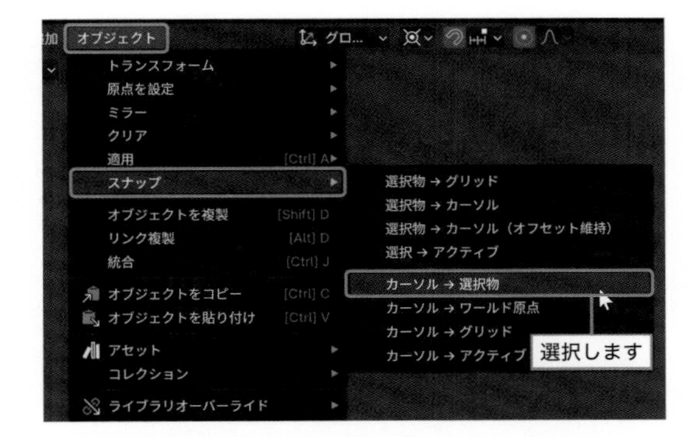

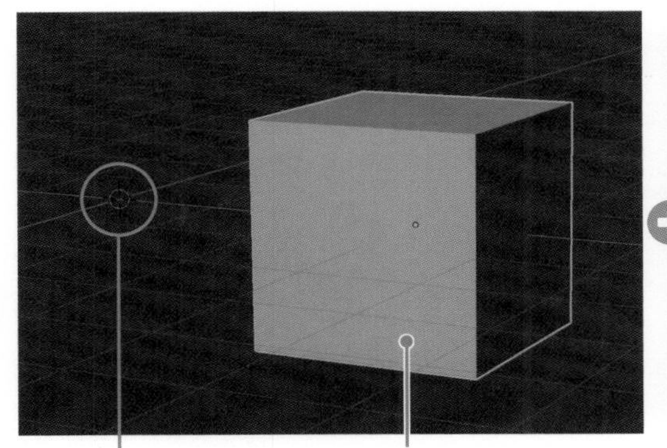

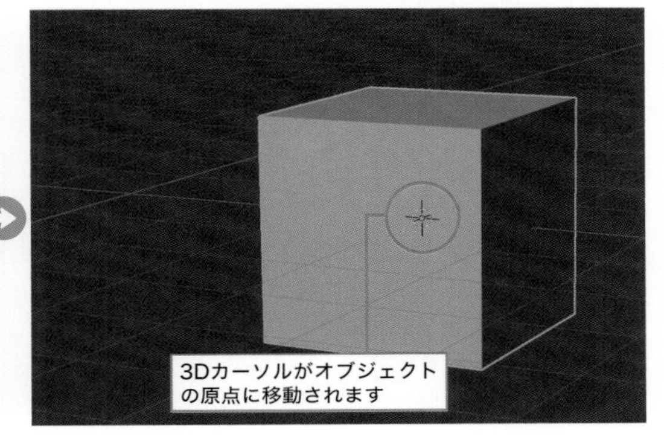

［カーソル→ワールド原点］を選択すると、3Dカーソルを3Dビューポートの原点に移動できます。

3Dカーソルは、新規で追加するオブジェクトの配置位置として使用されたり、オブジェクトの移動先として使用されたり、役割はいろいろあるヨ。

使い終わったら、3Dビューポートの原点に戻しておくことも忘れちゃダメだよね。

Blender基礎知識　ファイルの基本操作

\ SECTION /
1.11 ファイルを操作する

編集したBlenderファイルの保存や別ファイルからのデータ読み込みなど、ファイルに関する基本的な操作を紹介します。

■ ファイルを保存する

ファイルの保存を行う場合は、ヘッダーメニューの **[ファイル]** から **[保存]**（Ctrl＋Sキー）を選択します。

他にも **[名前を付けて保存]**（Shift＋Ctrl＋Sキー）や **[コピーを保存]**（Ctrl＋Alt＋Sキー）などがあります。

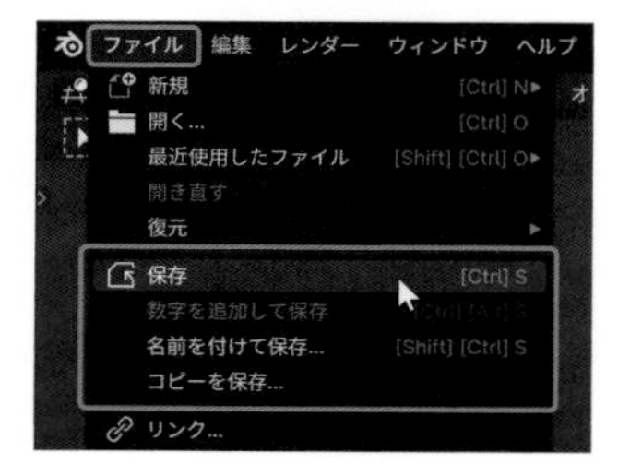

最初にファイルを保存する場合や、**[名前を付けて保存]** や **[コピーを保存]** を選択した場合は、**[Blenderファイルビュー]** が表示されるので、保存先とファイル名を指定し、**[Blenderファイルを保存]** を左クリックして保存を実行します。

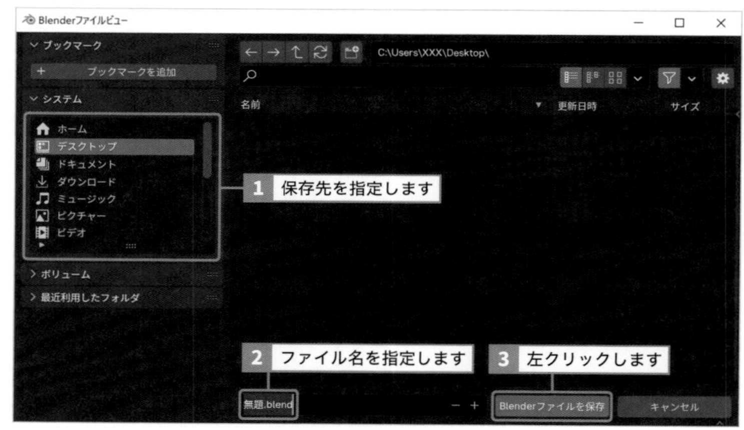

TIPS 「名前を付けて保存」と「コピーを保存」の違い

「名前を付けて保存」と「コピーを保存」でそれぞれファイルを保存した場合では、保存後に継続して開いているファイルが異なることになります。

例えば「**A**」という名前のファイルを編集後に「名前を付けて保存」で名前を「**B**」と付けた場合、保存後に名前が「**B**」のファイルが開いている状態になります。それに対して、同じ条件で「コピーを保存」で保存した場合は、保存後に名前が「**A**」のファイルが開いている状態になります。

□ バックアップ・ファイルについて

Blenderは、保存した「**.blend**」ファイルと同じ階層に「.blend1」というバックアップ・ファイルが自動生成されます。

もし、このバックアップ・ファイルを使用する場合は、末尾の数字を削除して拡張子を「.blend」に変更します。

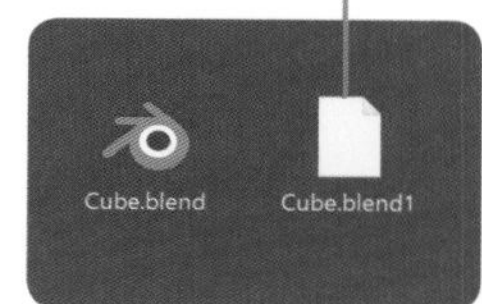

■ ファイルを開く

以前保存したBlenderファイルや他者が作成したBlenderファイルなど既存のファイルを開く場合は、ファイルのアイコンをマウス左ボタンでダブルクリックすると、Blenderが起動して該当のファイルが表示されます。

また、Blenderを起動してヘッダーメニューの**[ファイル]**から**[開く]**（Ctrl＋Oキー）を選択すると「Blenderファイルビュー」が表示されます。該当のファイルを選択して**[開く]**を左クリックすると、既存のファイルを開くことができます。

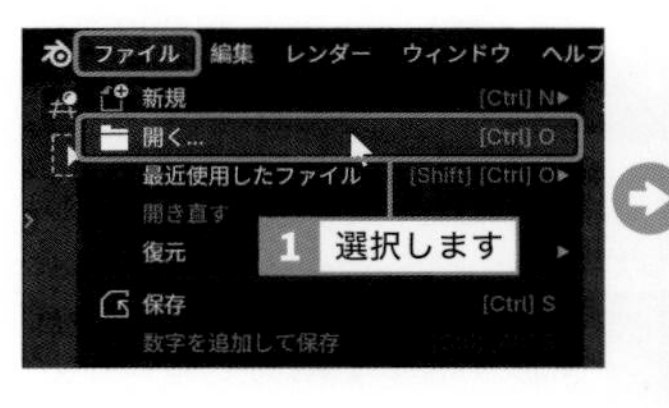

ヘッダーメニューから［開く］を選択すると、「保存」ダイアログが表示されます。
Blenderを起動した直後など保存する必要がない場合は［保存しない］を左クリックします。もし編集中に別の既存ファイルを開く場合は、［保存］を左クリックします。

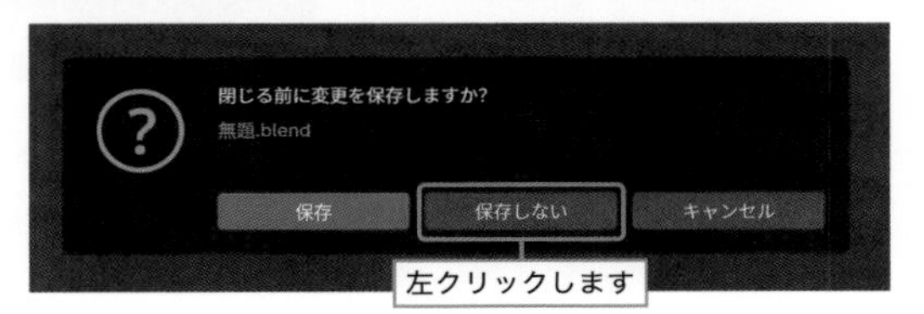

■ アペンド／リンク

別のBlenderファイルからオブジェクトなどのデータを現在開いているファイルに読み込む場合は、ヘッダーメニューの**[ファイル]**から**[アペンド]**を選択します。

「Blenderファイルビュー」が表示されるので、該当するファイルおよび項目を選択して**[アペンド]**を左クリックします。オブジェクトだけでなく、マテリアルの情報なども読み込むことが可能です。

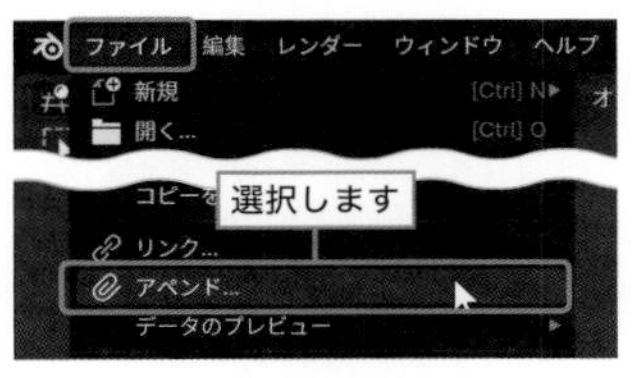

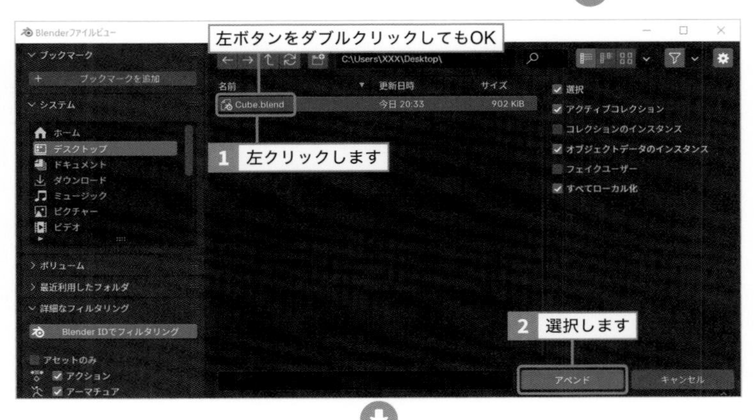

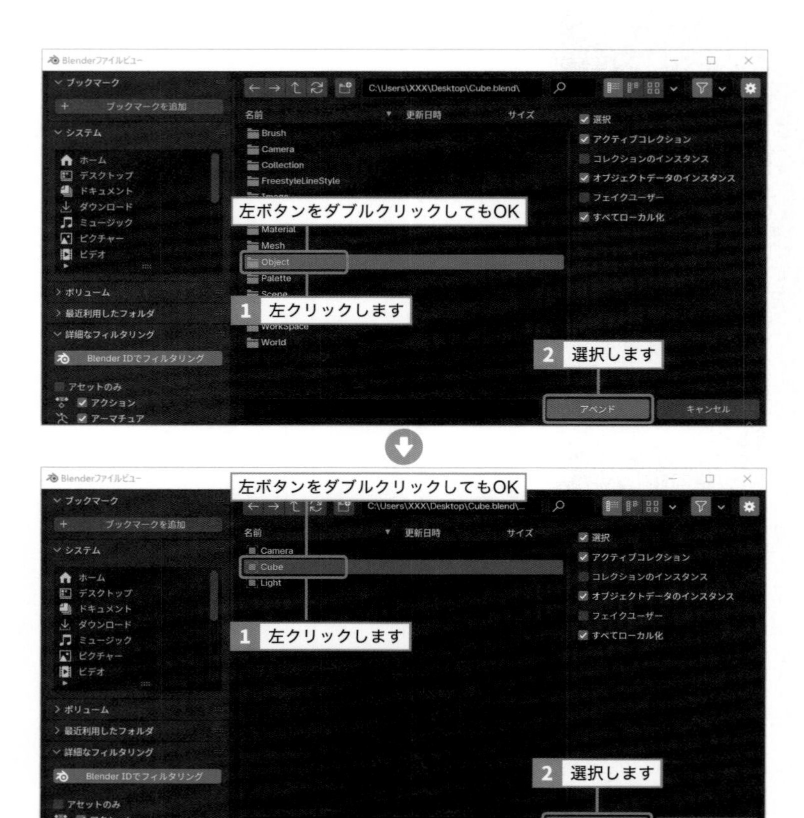

ヘッダーメニューの**[ファイル]**から**[リンク]**を選択してデータを読み込むと、元データとリンクした状態になっているので、元データを編集すると読み込んだデータも同様に編集した状態に変更されます。

また、リンクとして読み込んだデータは、編集することができません。

■ Blenderを終了する

Blenderを終了する場合は、ヘッダーメニューの**[ファイル]**から**[終了]**（Ctrl＋Qキー）を選択します。

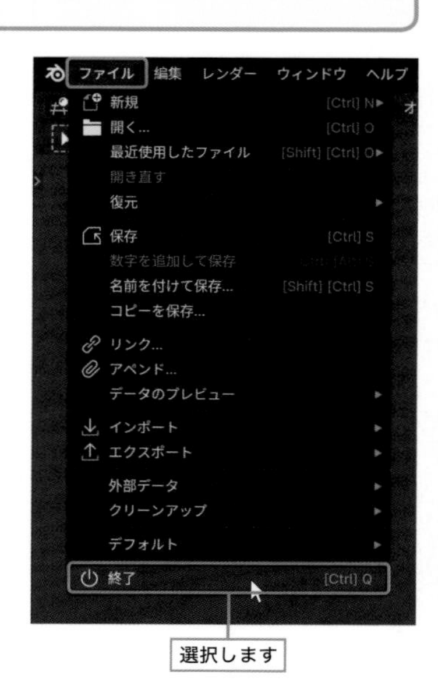

編集を加えてからファイルの保存を行っていない状態でヘッダーメニューから［終了］を選択すると、「保存」ダイアログが表示されます。
必要に応じて、ファイルを保存しましょう。

PART 2

モデリングの基礎知識を覚えよう

モデリングは、3DCG 制作における最初の工程でありながら、覚える機能や実践で身に付けることなど、学習内容が他の作業と比べて非常にボリュームのある工程といえます。本章ではまず、モデリングをはじめるにあたって、覚えておいた方がよい基礎知識を紹介します。

3DCG 制作、特にモデリングに関しては、上達するうえで経験がとても大事と言えるヨ。

そうか…。絵を描くのと同じで、上手くなるために近道はないんだね。

その通りだヨ。だからこそ、絵の具や筆などの使い方と同じように、まずは、モデリングの基礎をしっかり覚えようネ。

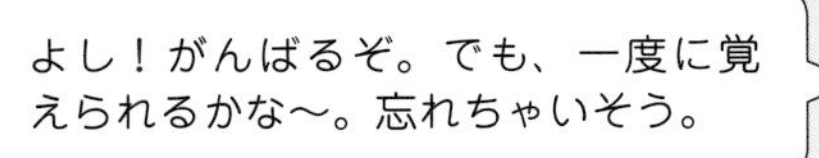

そんなときは、何度も読み返してネ。本書では、機能ごとに分類しているから、読み返しにも便利だヨ。

モデリング基礎知識　オブジェクトについて

SECTION 2.1

オブジェクトの種類を知る

モデリングでは、用途や形状などによって、扱うオブジェクトが異なります。ここでは、Blenderで扱うことのできる5種類のオブジェクトについてそれぞれの特徴を紹介します。

■ オブジェクトの種類

Blenderでは、モデリングで使用するオブジェクトとして **[メッシュ] [カーブ] [サーフェス] [メタボール] [テキスト]** の5種類が用意されています。オブジェクトは、モデリングで制作するモノの用途や形状によって使い分けます。

本書では、一般的に最も多く用いられているメッシュ（ポリゴンメッシュ）を扱って解説を行います。

□ メッシュ

点（バーテックス）、辺（エッジ）、面（フェイス）の3つの要素で構成されているメッシュは、扱いやすく一般的にモデリングで最も多く用いられているオブジェクトです。

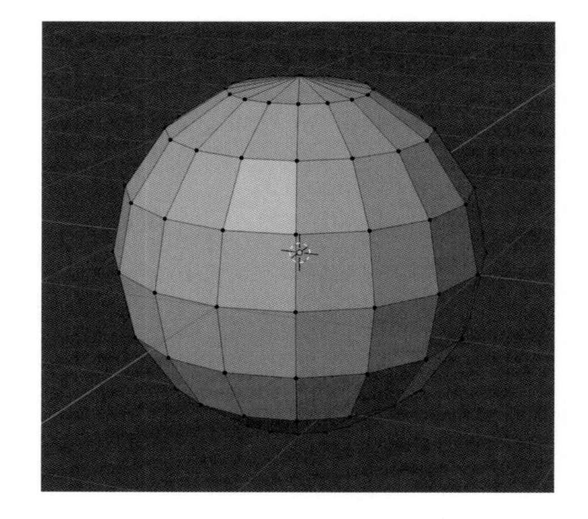

□ カーブ

曲面が滑らかで正確な形状を作成できるため、工業製品のモデリングによく用いられます。

カーブには**ベジェ**（図：左）と**NURBSカーブ**（図：右）の2種類があり、それぞれ制御する方法が異なります。

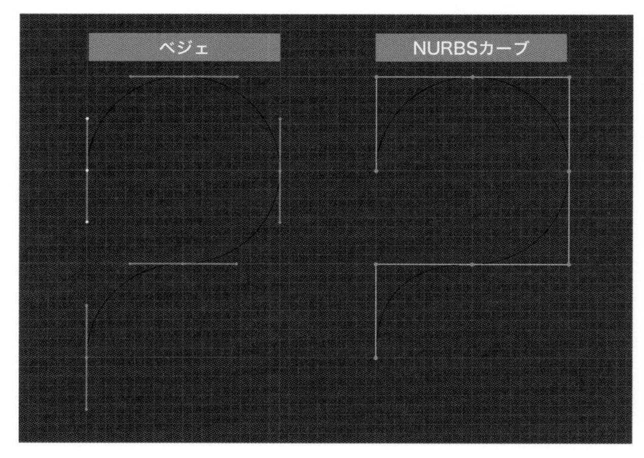

□ サーフェス

カーブオブジェクトのNURBSカーブを用いて面形状を作成できます。小さいデータ容量できれいな曲面を扱うことができます。

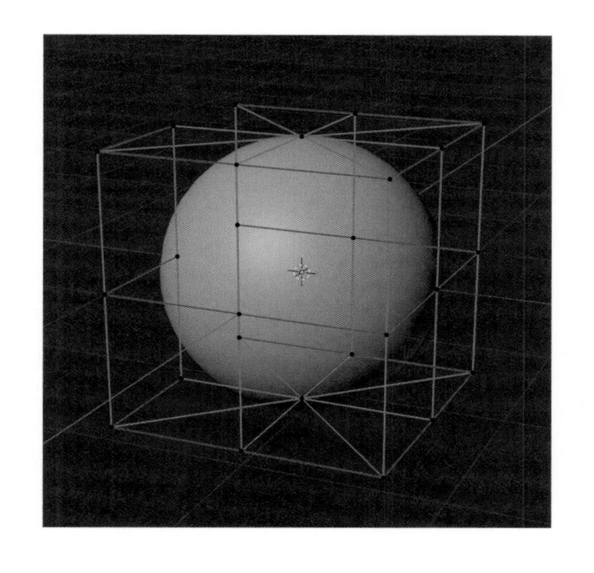

□ メタボール

隣接するオブジェクトが互いに引き合って融合します。融合箇所が滑らかなので、液体の表現などによく用いられます。

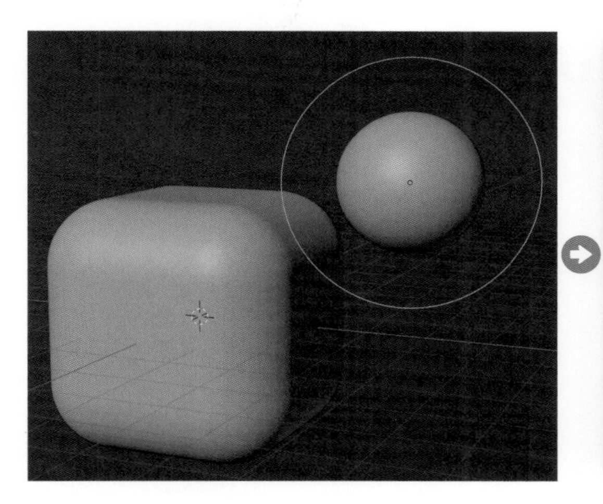

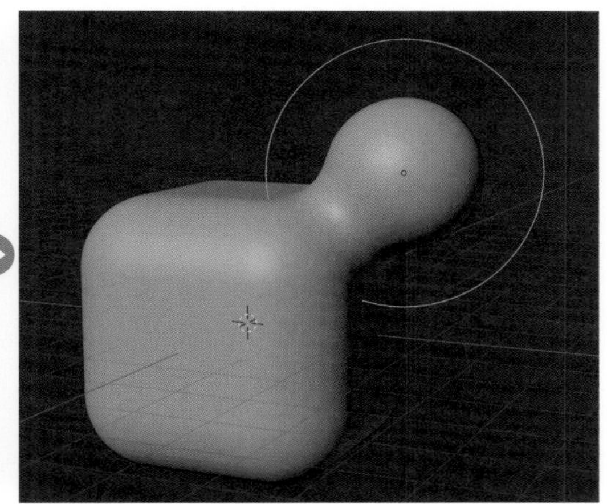

□ テキスト

入力した文字に対して、書体の変更以外にも厚さや面取りなどの設定を行うことで、立体的な文字を作成できます。

モデリング基礎知識　編集モード

\ SECTION /
2.2 編集モードを学ぶ

Blenderのモデリングでは、オブジェクトモードと編集モードの2つのモードが要となり、頻繁にモードの切り替えを行うことになります。切り替え方法はもちろん、それぞれのモードの特徴をしっかり理解しましょう。

■ モードを切り替える

編集を行うオブジェクトを左クリックで選択します。オブジェクトが選択された状態で、3Dビューポートのヘッダーにあるモード切り替えメニューから **[編集モード]** を選択すると、編集モードに切り替わります。また、マウスポインターを3Dビューポートに合わせてTabキーを押して、編集モードに切り替えることもできます。再度Tabキーを押すとオブジェクトモードに戻ります。

また、Shift＋左クリックで複数のオブジェクトを選択した状態で編集モードに切り替えると、複数のオブジェクトを同時に編集できます。

オブジェクトモード

編集モード

主にオブジェクトモードでは、複数のオブジェクトの位置関係を調整したり、大きさを整えたりするヨ。

編集モードは、選んだオブジェクトの形状を作り込んでいくモードってことだね！

■ モードの違い

オブジェクトモードは、カメラやライトも含めて、3Dビューポートに配置されているすべてのオブジェクトの位置や角度、サイズなどを調整することができます。オブジェクトモードでは、オブジェクトがひと固まりとして扱われるため、形状を部分的に編集することはできません。

編集モードは、特定のオブジェクトの頂点や辺、面を個々に取り扱うことが可能で、部分的な編集ができるため、オブジェクトの形状や構造を自由に変更することができます。

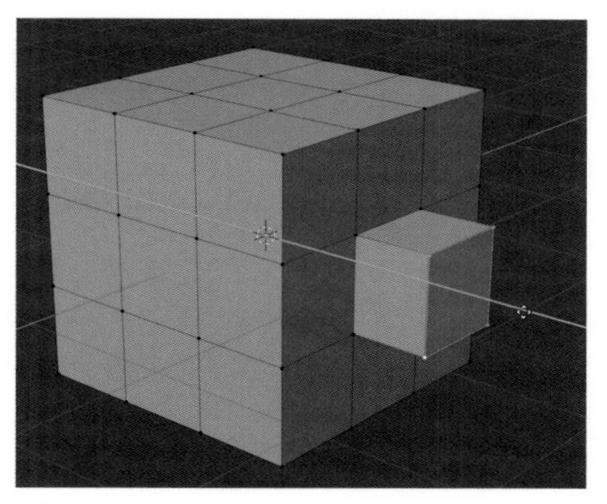

編集モードでは、頂点や辺、面を部分的に編集できます。

オブジェクトモードと編集モードの2つのモードは行ったり来たりするから、ショートカットキーによる切り替えがおすすめだヨ。

オブジェクトモードで移動や回転などの編集を行った場合、その情報は記録されており、元に戻すことができます。

サイドバー（N キー）の**[アイテム]**タブを左クリックすると表示される「トランスフォーム」パネルで編集後の情報を確認でき、さらに編集を加えることができます。

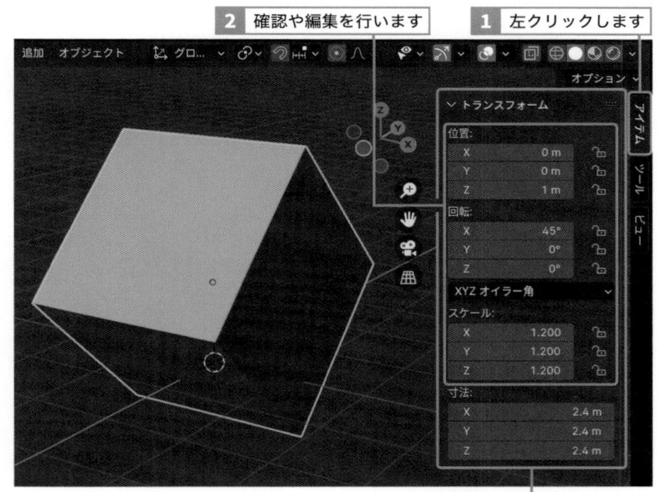

「トランスフォーム」パネル

編集された値は、3Dビューポートのヘッダーにある**[オブジェクト]**から**[適用]**（Ctrl ＋ A キー）を選択すると、位置や回転、拡大縮小のそれぞれをデフォルト値として適用できます。

デフォルト値として適用すると、「トランスフォーム」パネルの値（位置、回転、拡大縮小）が"**0**"にリセットされます。

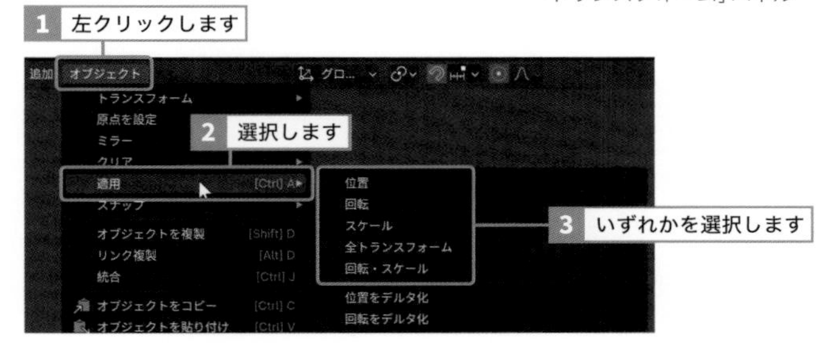

それに対して、編集モードで移動や回転などの編集を行った場合は、デフォルト値を直接編集していることになるため、「トランスフォーム」パネルの値（位置、回転、拡大縮小）に変化はありません。

モデリング基礎知識　シェーディング

SECTION 2.3

シェーディングを切り替える

シェーディング（Shading）とは、「陰影処理」とも呼ばれ、3次元コンピュータグラフィックス（3DCG）における光源の位置や強さによって物体表面に色の濃淡や陰影を付けて、より立体的に表示させる技法のことです。ここでは、シェーディングの種類と切り替え方法を紹介します。

■ シェーディングの種類

モデリングに限らず、様々な編集の結果を3Dビューポートでプレビューするためには、それぞれの編集に適したシェーディングを使い分ける必要があります。

Blenderでは、以下の4種類のシェーディングが用意されています。

ワイヤーフレーム

面が非表示となり、オブジェクトが辺のみで表示されます。「透過表示」（54ページ参照）がデフォルトで有効になっており、本来は隠れて見えない裏側の辺も表示されます。

ソリッド

オブジェクトは面で覆われて陰影が表示された状態になります。オブジェクトの凹凸が認識しやすくなります。

マテリアルプレビュー

「ソリッド」では表示されなかった、設定しているマテリアルやテクスチャが表示されます。

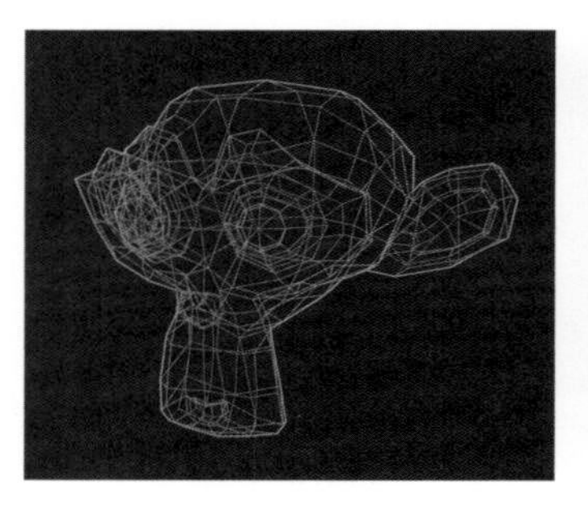

レンダー

レンダリングと同様の環境でリアルタイム表示されます。

編集を行いながらでもレンダリングと同様の結果が表示されて非常に便利ですが、PCのスペックによっては動作が鈍くなる場合があります。また、レンダリングと同様の環境での表示になるため、事前にライティングなどの設定が必要となります。

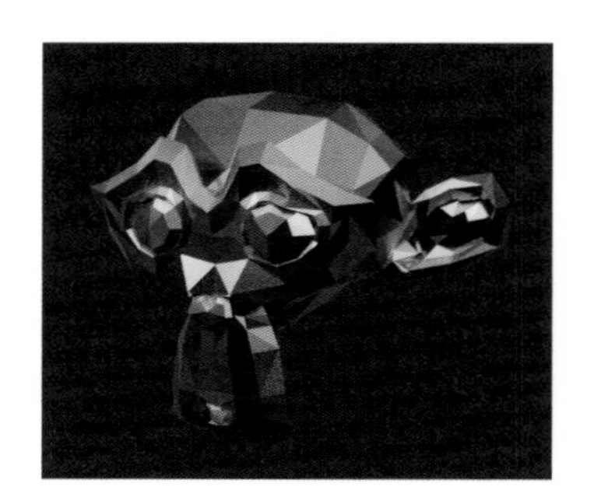

■ シェーディングを切り替える

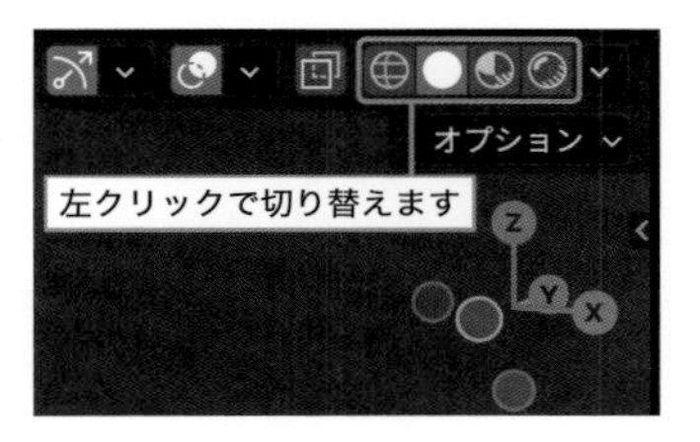

デフォルトのシェーディングは、「ソリッド」が設定されています。

3Dビューポートのヘッダーにある **[シェーディング切り替え]** アイコンを左クリックすることで切り替えることができます。

□「ソリッド」のオプション

シェーディングの「ソリッド」を有効にして、右側のプルダウンメニューを開くと、面の裏側が表示されなくなる **[裏面を非表示]** やオブジェクトが半透明になる **[透過]**、エッジが強調される **[キャビティ]** など、各種オプションを設定することができます。

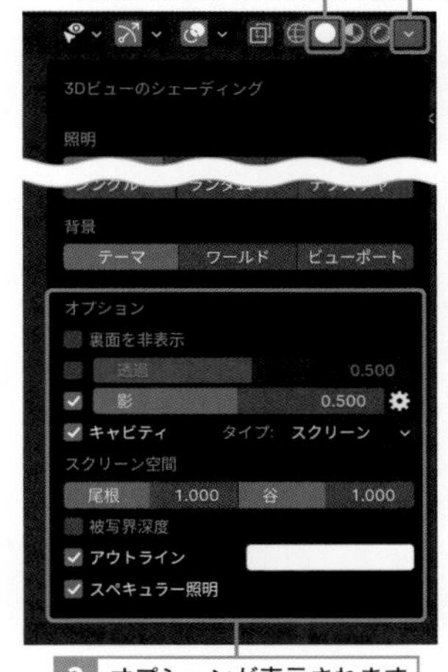

[キャビティ]で表示

□ MatCap (Material Capture)

シェーディングの「ソリッド」を有効にして、右側のプルダウンメニューから **[MatCap]** を選択すると、3Dビューポート表示専用のマテリアルが設定されます。

サムネイルを左クリックすると、数種類のプリセットから **[MatCap]** を切り替えることができます。レンダリングには反映されませんが、マテリアルの設定を行わなくても、プレビュー用として簡易的にプリセットから設定できます。

凹凸などが認識しやすくなるので、より仕上がりに近い状態でモデリングなどの編集を行うことができます。

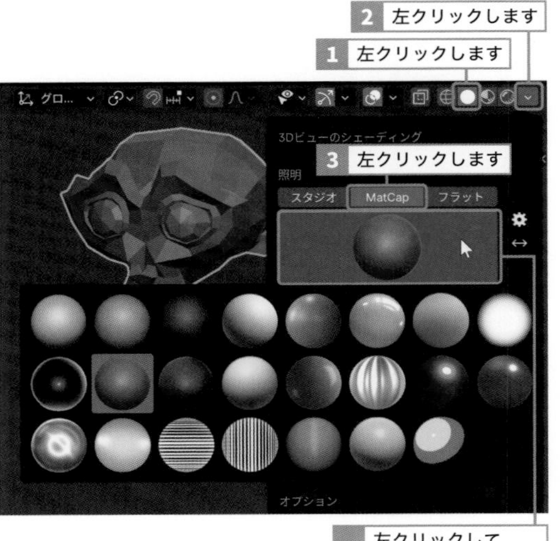

□ ライティング環境

シェーディングの「マテリアルプレビュー」を有効にすると、HDRIを用いたライティング環境が反映されます。右側のプルダウンメニューを開いてサムネイルを左クリックすると、数種類のプリセットから「ライティング環境」を切り替えることができます。レンダリングには反映されませんが、ライティングなどの設定を行わなくても、プレビュー用として簡易的にプリセットから設定できます。

TIPS ハイダイナミックレンジイメージ（HDRI）

階調の精度が高いファイル形式「ハイダイナミックレンジイメージ（HDRI）」の画像（.hdr）は、JPEG形式などでは白飛びするような明るい部分や黒つぶれするような暗い部分も、より広い領域の輝度や明度を画像データに記録することができるため、より自然でリアルな描写が可能となります。

IBL（Image Based Lighting）という手法では、そのHDRIの広い領域の輝度や明度を活かしてライティングとして用いることで、鏡面反射する金属などに映り込む周囲の環境を擬似的に表現でき、高精細なレンダリングを高速処理で実現できます。この手法は、リアルタイムレンダリングを行うゲームなどの制作に用いられます。

■ 透過表示

3Dビューポートのヘッダーにある「透過表示」（Alt＋Zキー）を左クリックで有効にすると、裏側で隠れていたメッシュが表示されて、選択できるようになります。シェーディングを「ワイヤーフレーム」に切り替えると、自動的に「透過表示」が有効になります。

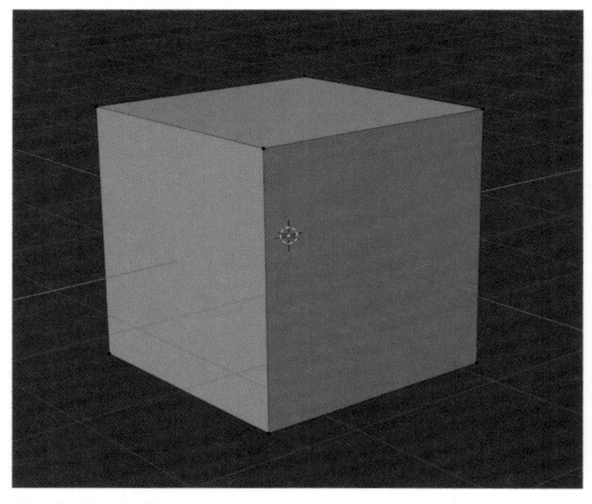
透過表示：無効

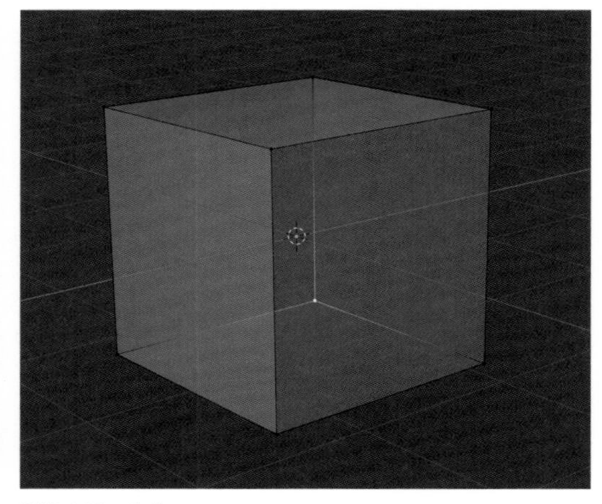
透過表示：有効

モデリング基礎知識　メッシュの操作

\SECTION/
2.4 メッシュを選択する

オブジェクトの選択については前章で紹介しましたが、編集モードでは頂点や面などメッシュを部分的に選択して編集することができます。ここでは、スムーズな操作には欠かせない便利な選択方法を紹介します。

■ 選択モード

オブジェクトモードではオブジェクトごとの選択となりますが、編集モードでは頂点や辺、面といった部分的な選択が可能となります。

3Dビューポートのヘッダーにある **[選択モード切り替え]** を左クリックで有効にすると、(左から) 頂点 (1キー)、辺 (2キー)、面 (3キー) それぞれの選択モードに切り替わります。

[選択モード切り替え] を Shift ＋左クリックで複数選択すると、すべての要素を同時に選択することができます。

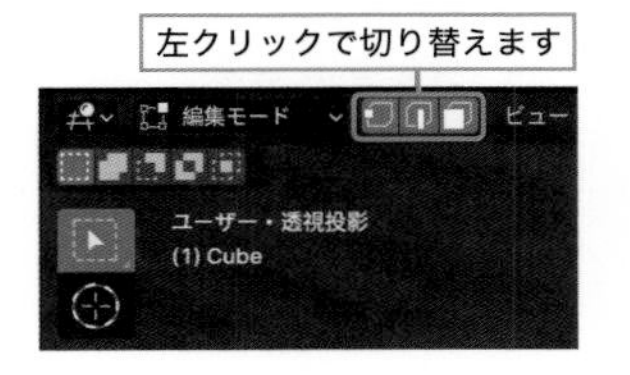

「頂点選択」モード

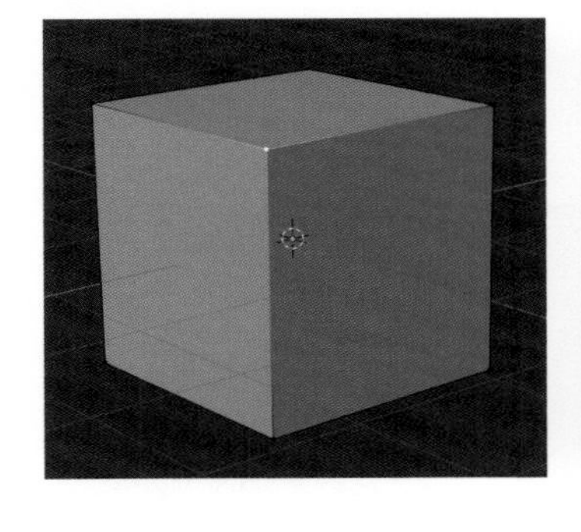

「辺選択」モード

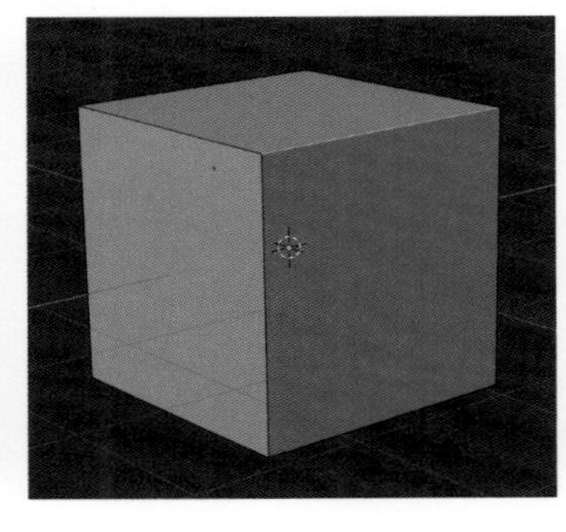

「面選択」モード

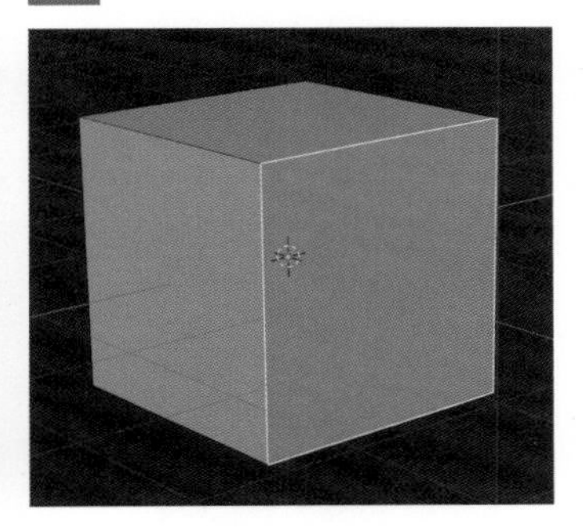

[頂点選択] モードでも隣接する2つの頂点を選択すると、辺を選択できます。**[頂点選択]** モード (または **[辺選択]** モード) で面を囲むように頂点 (または辺) を選択すると、面を選択できます。

■ 選択範囲の拡大縮小

3Dビューポートのヘッダーにある **[選択]** から **[選択の拡大縮小]** ➡ **[拡大]**（または **[縮小]**）を選択すると、現在の選択範囲を拡大（または縮小）することができます。

■ ループ選択

一列につながった2つ以上の頂点またはいずれか一辺を選択した状態で、3Dビューポートのヘッダーにある **[選択]** から **[ループ選択]** ➡ **[辺ループ]** を選択すると、縦または横一列のループ状に選択されます。

また、Alt キーを押しながら左クリックすると、同様の選択が可能です。Shift ＋ Alt キーを押しながら左クリックすると、複数の列を同時に選択できます。

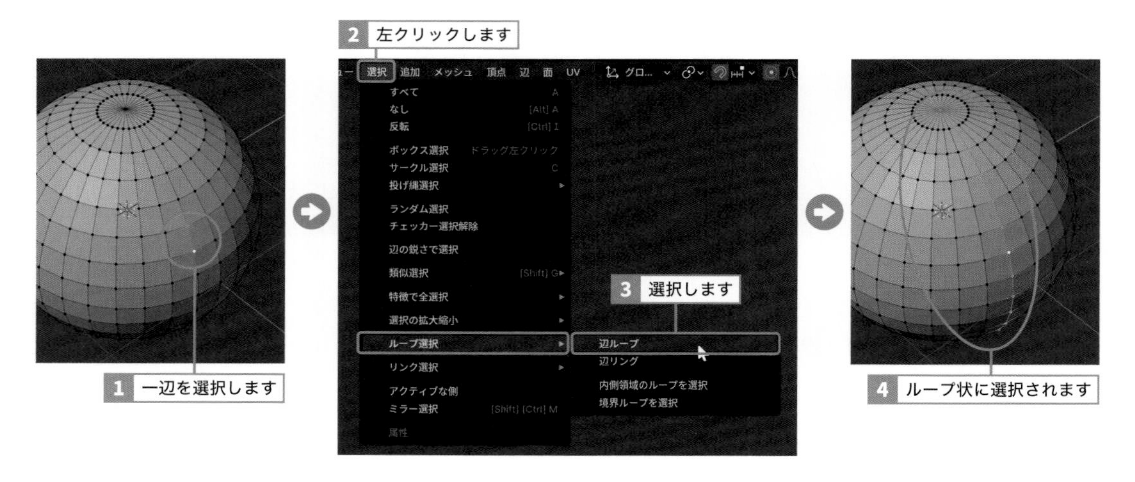

メッシュの途中に「三角面」や「5つ以上の辺が集結している頂点」が含まれると、その時点でループ選択が遮断されます。

■ リンク選択

メッシュのいずれかを選択した状態で3Dビューポートのヘッダーにある **[選択]** から **[リンク選択]** ➡ **[リンク]**（Ctrl＋Lキー）を選択すると、選択箇所とつながったすべてのメッシュが選択されます。重なっているメッシュを選択するときに便利です。

また、マウスポインターを合わせてLキーを押すと、同様の選択が可能です。

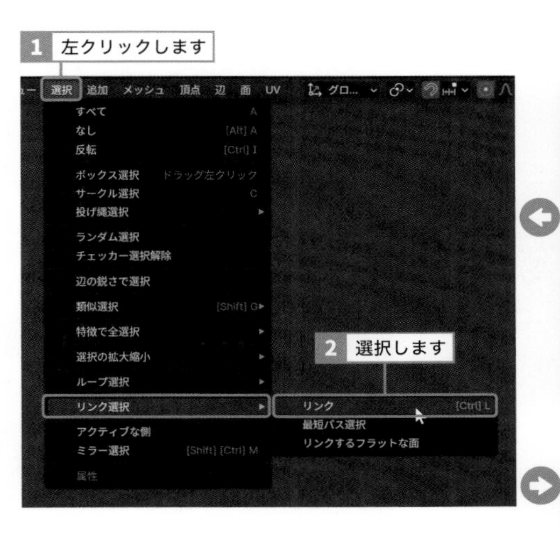

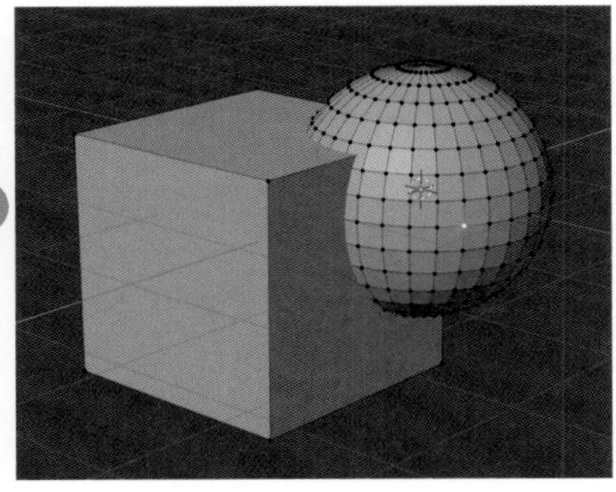

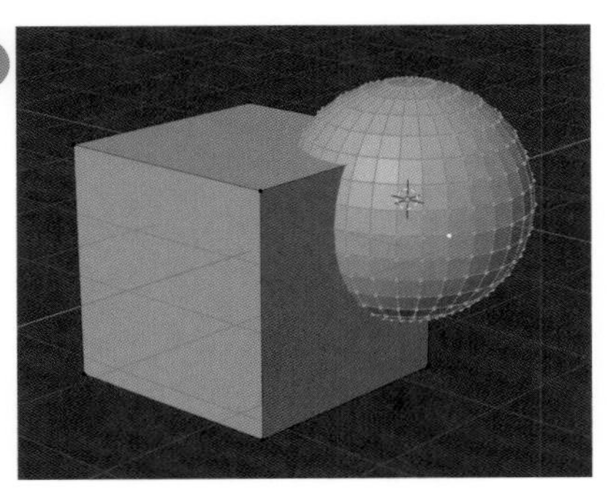

■ ミラー選択

3Dビューポートのヘッダーにある **[選択]** から **[ミラー選択]**（Shift＋Ctrl＋Mキー）を選択すると、現在選択している箇所が選択解除され、左右対称のメッシュが選択されます。左右対称のメッシュのみ有効です。

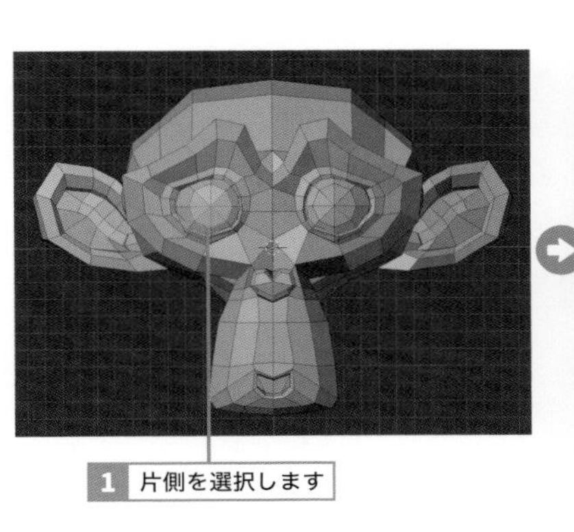

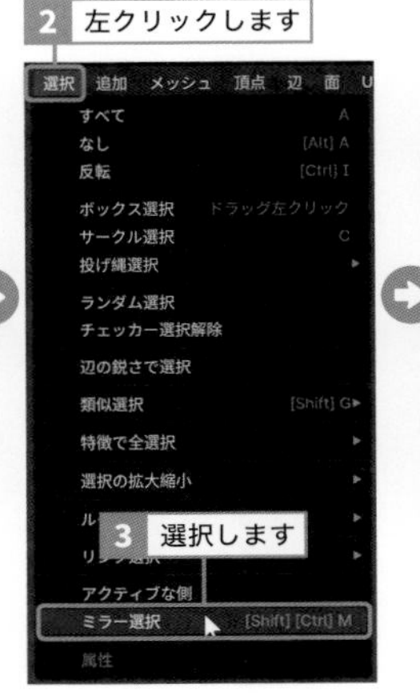

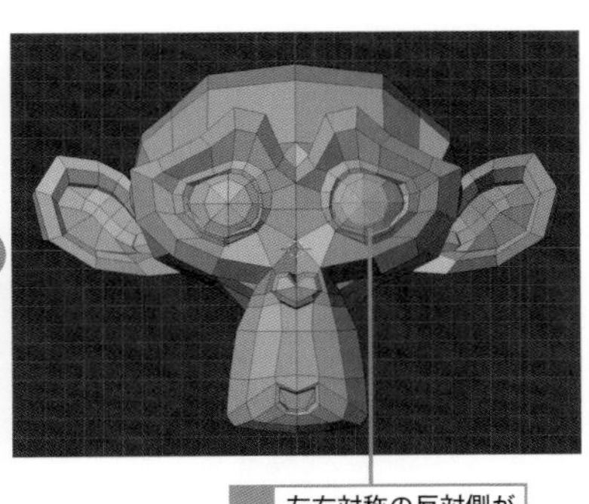

SECTION 2.5

モデリング基礎知識 メッシュの操作

メッシュを削除する・隠す

不要なメッシュを部分的に削除する方法やモデリングなど編集で邪魔なメッシュを部分的に非表示にする方法を紹介します。

■ メッシュを削除する

メッシュを削除する場合は、編集モードで該当部分のメッシュを選択して3Dビューポートのヘッダーにある **[メッシュ]** ➡ **[削除]**（X キー）から各項目を選択します。

□ 頂点の削除

[頂点] を選択すると、選択した頂点と隣接している辺や面も併せて削除します。

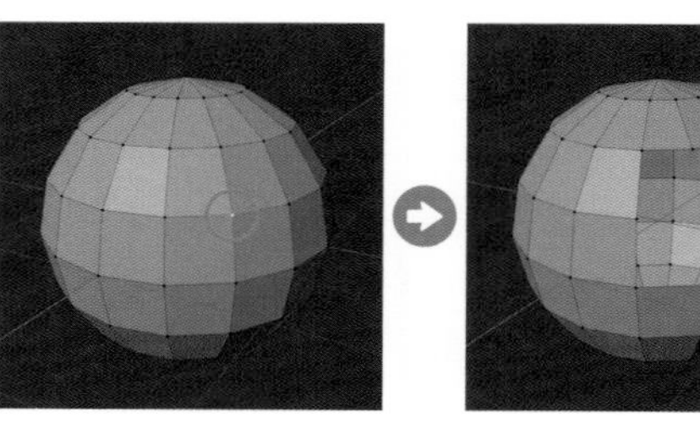

□ 辺の削除

[辺] を選択すると、選択した辺と隣接している面も併せて削除します。頂点のみを選択した場合は、効果がありません。

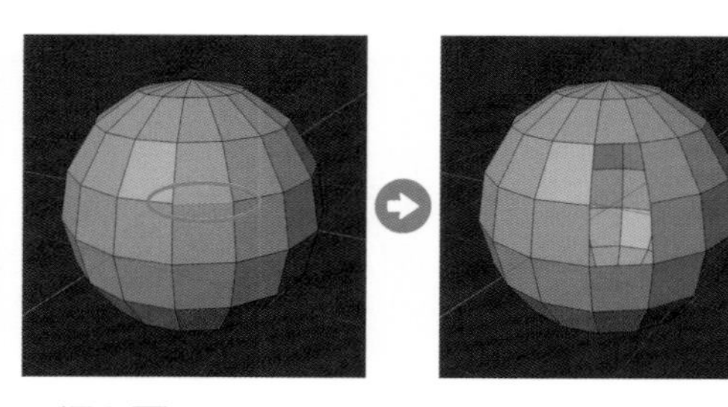

□ 面の削除

[面] を選択すると、選択した面が削除されます。頂点や辺のみを選択した場合は、効果がありません。

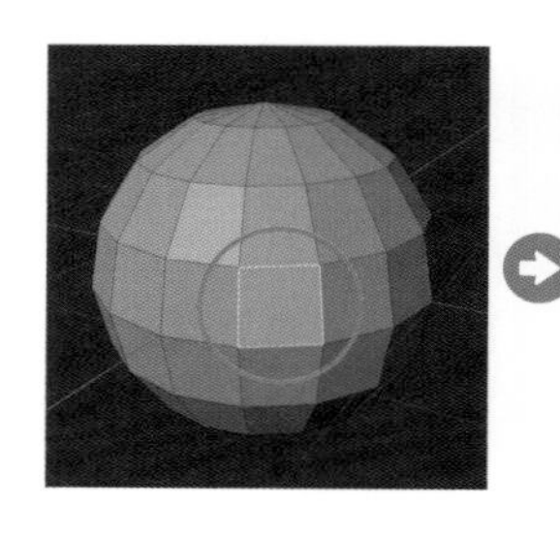

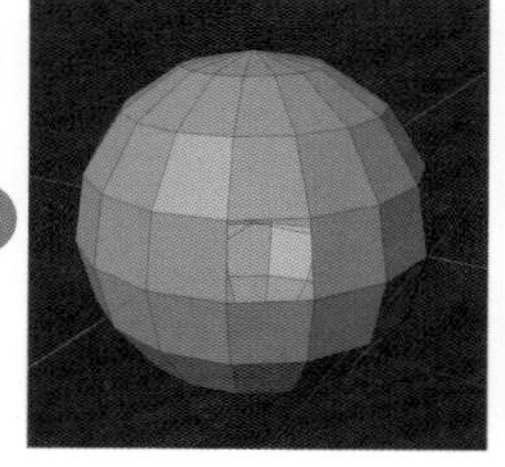

□ 辺と面のみ

[辺と面のみ] を選択すると、選択範囲と隣接している辺と面のみが削除され、頂点はすべて残った状態になります。

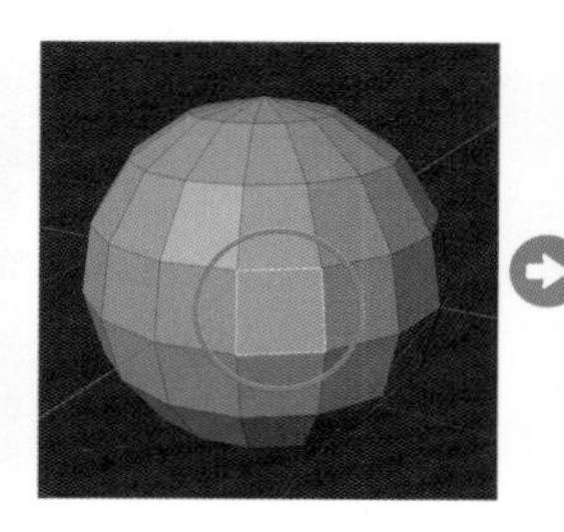

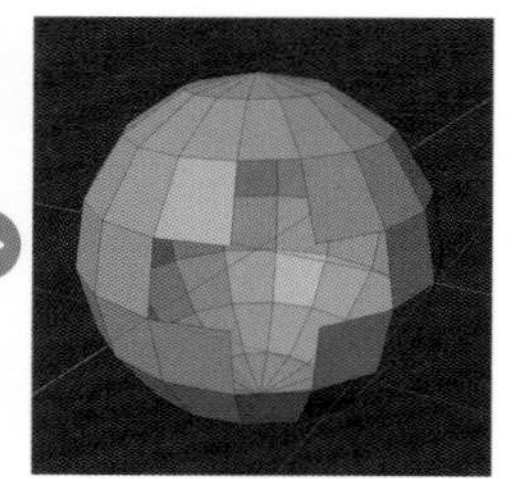

□ 面だけ

[面だけ] を選択すると、選択範囲の面だけが削除され、頂点と辺はすべて残った状態になります。

□ 溶解

[〜を溶解] を選択すると、それぞれ頂点、辺、面が削除され、削除した箇所の面が統合されます。

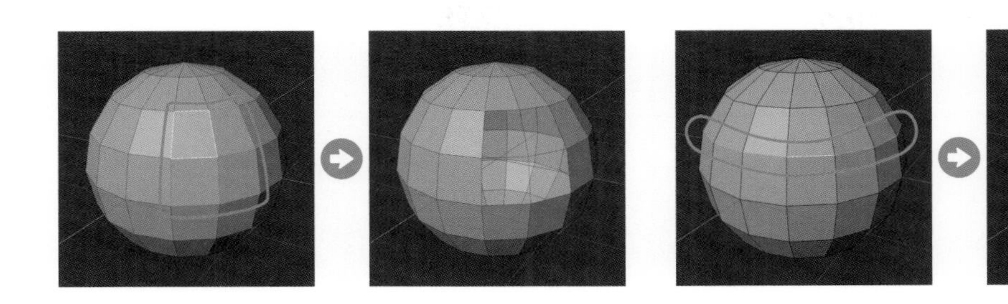

■ 表示/隠す

編集モードでメッシュを選択して、3Dビューポートのヘッダーにある **[メッシュ]** から **[表示/隠す]** ➡ **[選択物を隠す]**（H キー）を選択すると、メッシュが非表示になります。
「頂点の削除」と同様に、隣接している辺や面も併せて非表示になります。

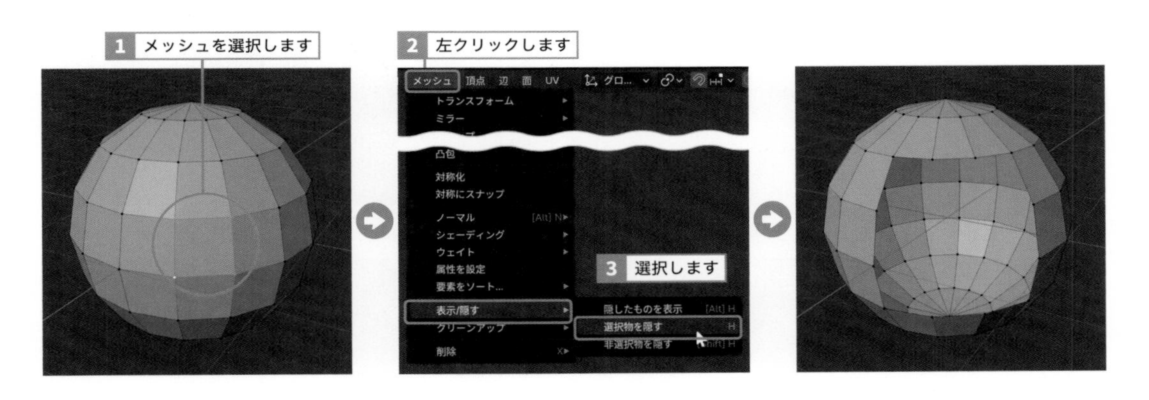

再度表示させる場合は、3Dビューポートのヘッダーにある **[メッシュ]** から **[表示/隠す]** ➡ **[隠したものを表示]**（Alt ＋ H キー）を選択します。

モデリング基礎知識 メッシュの操作

SECTION 2.6

メッシュを編集する

面の作成や分割など、モデリングでは欠かせないメッシュの各種編集方法を紹介します。

■ メッシュを作成する

□ 頂点を作成する

[編集モード] に切り替えてメッシュが何も選択されていない状態で Ctrl ＋右クリックすると、クリックした位置に頂点が作成されます。

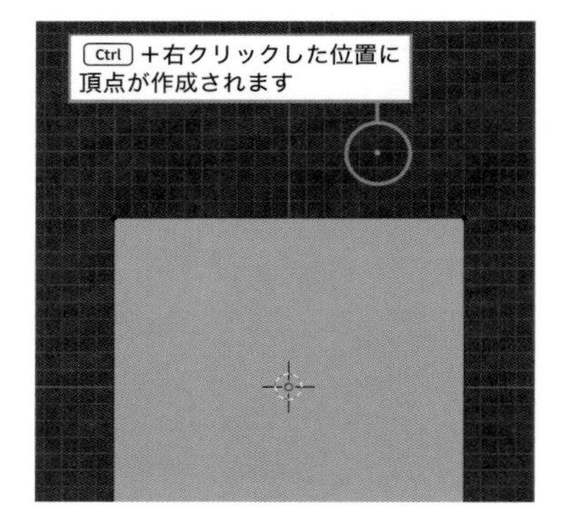

頂点や辺、面が選択された状態で Ctrl ＋右クリックすると、それらのメッシュとつながった状態で新たにメッシュが作成されます（68ページで紹介している**押し出し**と同様の効果になります）。

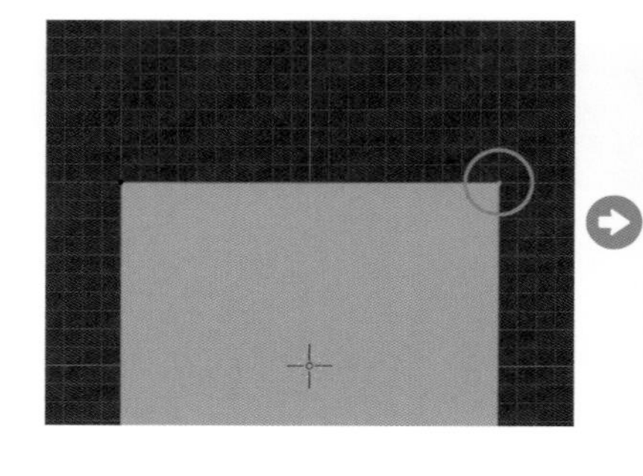

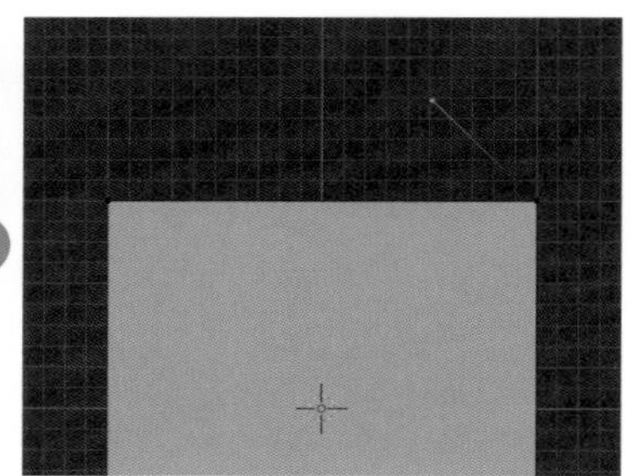

□ メッシュを複製する

立方体や球体など閉じられたメッシュが選択された状態で Ctrl ＋右クリックすると、それらのメッシュが複製されます。

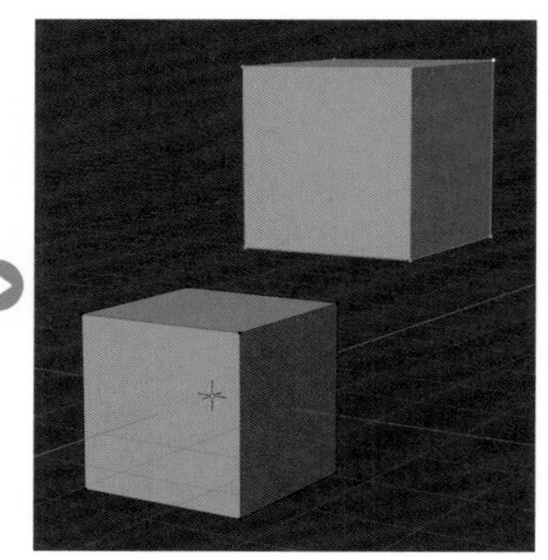

□辺を作成する

[編集モード] で2点の頂点を選択し、3Dビューポートのヘッダーにある **[頂点]** から **[頂点から新規辺/面作成]**（F キー）を選択すると、2点の頂点をつなぐ辺が作成されます。

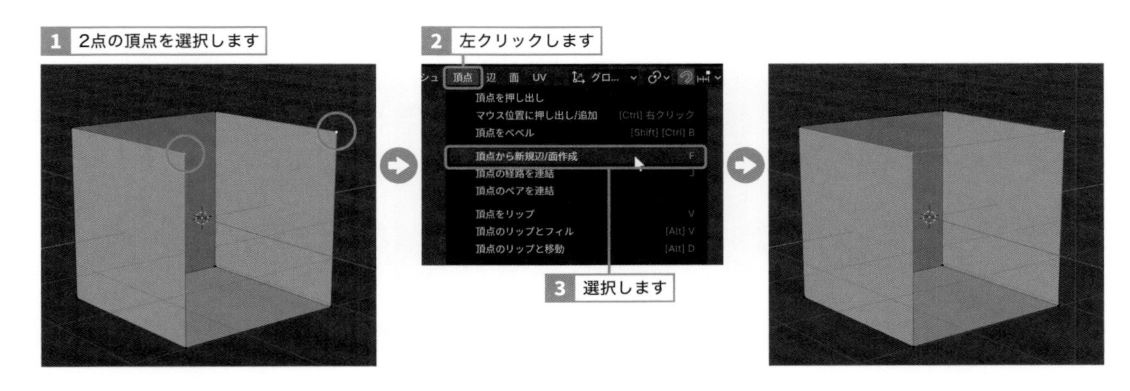

□面を作成する

[編集モード] で3点以上の頂点または複数の辺を選択し、3Dビューポートのヘッダーにある **[頂点]** から **[頂点から新規辺/面作成]**（F キー）を選択すると、選択しているメッシュの内側に面が張られます。

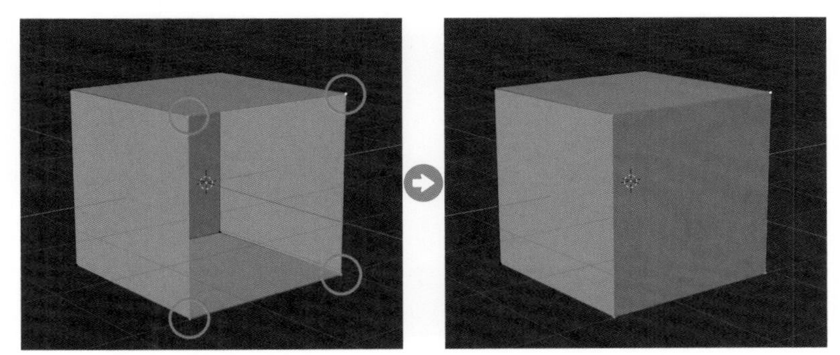

■ 細分化

辺または面を選択して、3Dビューポートのヘッダーにある **[辺]** から **[細分化]** を選択すると、メッシュが均等に分割されます。

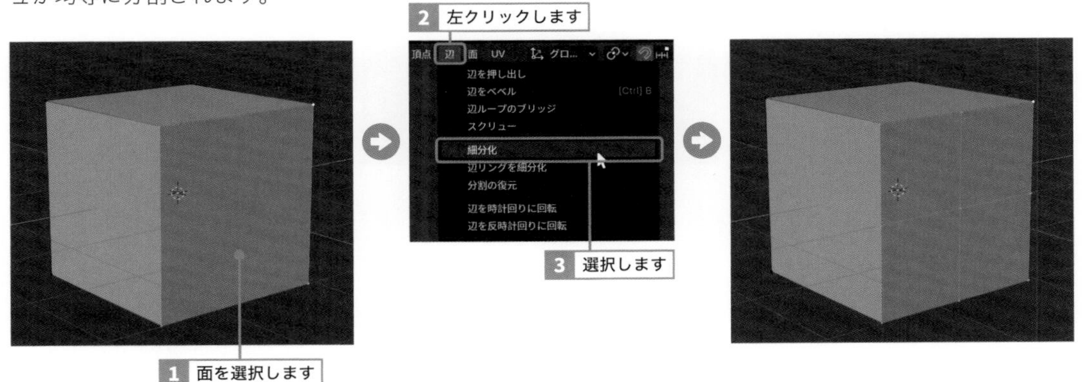

■ マージ

メッシュを選択し、3Dビューポートのヘッダーにある**[メッシュ]➡[マージ]**（Mキー）から該当する項目を選択すると、指定した箇所で頂点が結合されます。

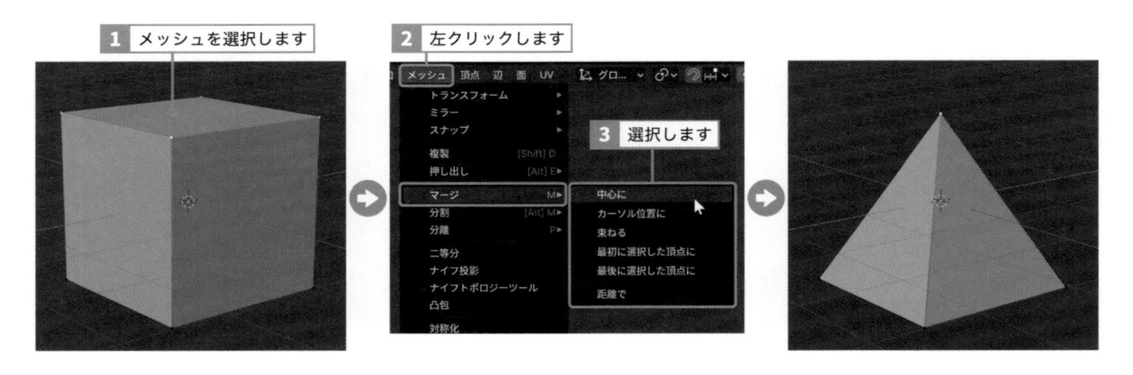

[束ねる]を選択すると、隣接している頂点ごとにそれぞれの中心で結合されます。

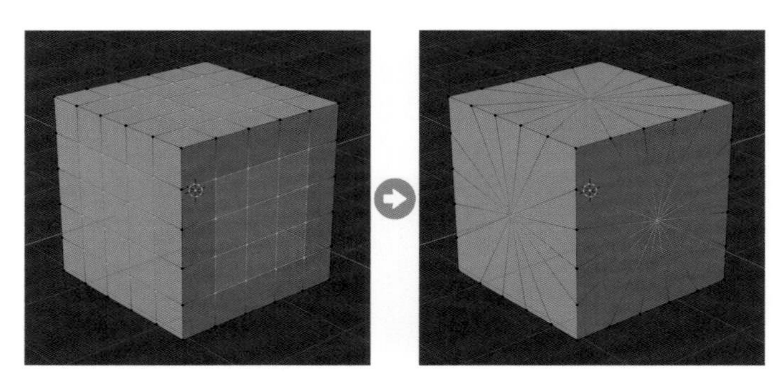

■ 分割

メッシュを選択し、3Dビューポートのヘッダーにある**[メッシュ]**から**[分割]➡[選択]**（Yキー）を選択すると、元の形状から切り離されます。

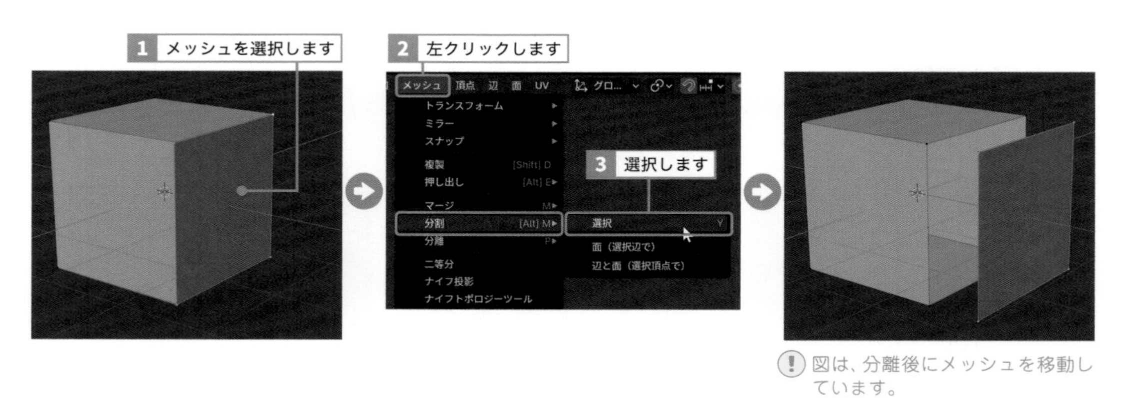

! 図は、分離後にメッシュを移動しています。

■ 分離

メッシュを選択し、3Dビューポートのヘッダーにある**［メッシュ］**から**［分離］**（P キー）➡**［選択］**を選択すると、現在のオブジェクトから分離され、別オブジェクトとして扱われるようになります。

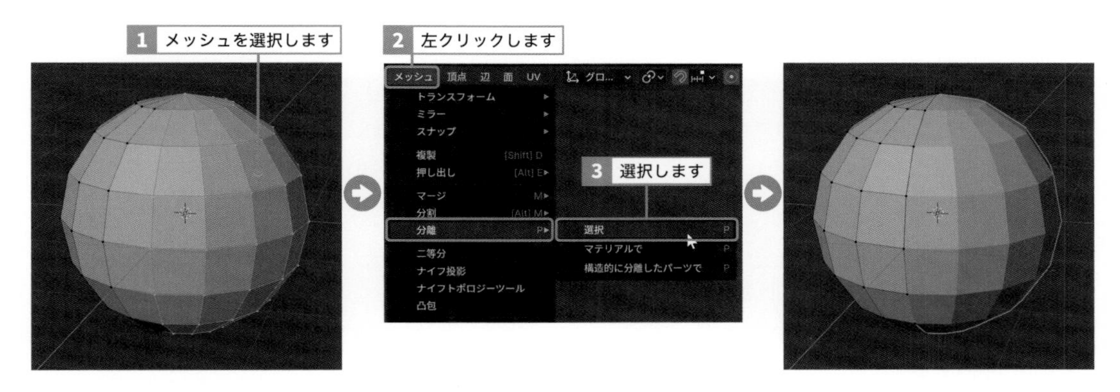

一旦、別オブジェクトになったメッシュは、編集できなくなります。編集するには、オブジェクトモードに切り替え、分離で別オブジェクトになったメッシュを選択して編集モードに切り替える必要があります。

■ 移動／回転／拡大縮小／スナップ

メッシュの移動や回転、拡大縮小、さらにスナップによる編集は、基本的にオブジェクトの場合と操作方法は同じです（38ページ参照）。

スナップに関して、Blenderには別のスナップ機能も搭載されています。

3Dビューポートのヘッダーにある磁石アイコンを左クリックすると、スナップ機能が有効（Shift＋Tab キー）になります。スナップ（吸着）させる要素は、「スナップ」メニューから指定できます。

スナップの対象物は、編集中のオブジェクト以外のオブジェクト（カメラやライト以外）も含まれます。

上記のスナップ機能は、メッシュだけでなくオブジェクトの編集でも使用することができます。

＼SECTION／
2.7

モデリング基礎知識　下絵

下絵を設定する

事前に用意した三面図やラフスケッチなどを3Dビューポートの背景に下絵として貼り付けることができます。下絵を参考にモデリングを行うことで、全体的なバランスの把握やスムーズな編集作業が可能となります。

■ 下絵を配置する

① 視点を揃える

下絵を配置するにあたり、事前に下絵と同じ視点に切り替える必要があります。
正面の下絵を配置する場合はフロントビュー（テンキー1）に、側面の下絵を配置する場合はライトビュー（テンキー3）またはレフトビュー（Ctrl＋テンキー3）に切り替えます。

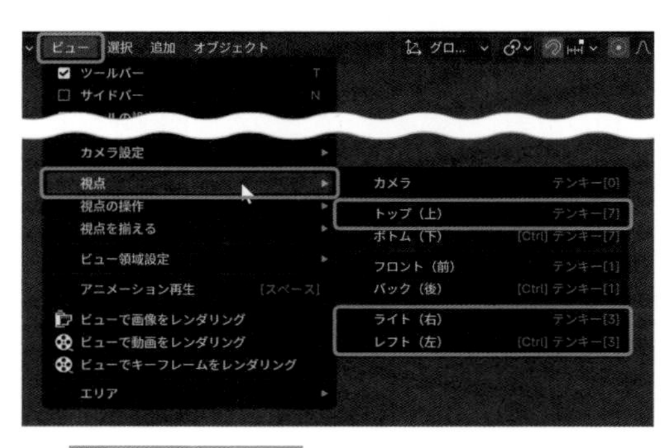

② 画像を読み込む

3Dカーソルが原点にあることを確認して、3Dビューポートのヘッダーにある**［追加］**（Shift＋Aキー）から**［画像］➡［参照］**を選択します。
3Dカーソルが原点から外れている場合は、3Dビューポートのヘッダーにある**［オブジェクト］**から**［スナップ］➡［カーソル→ワールド原点］**を選択します。

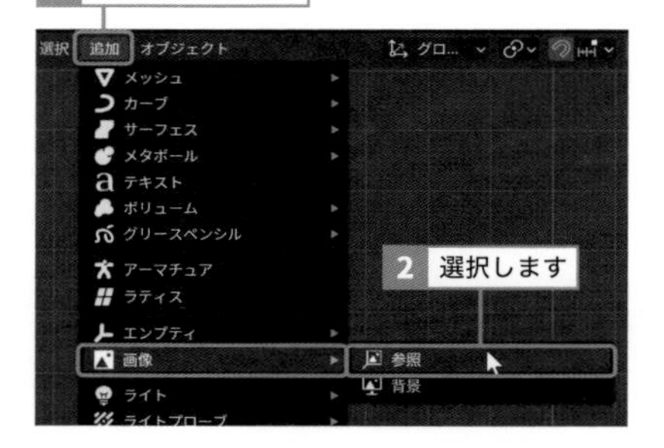

③ 画像を指定する

「Blenderファイルビュー」が開くので、**［視点に揃える］**が有効になっていることを確認します。
続けて、下絵の画像を選択して**［参照画像を読込］**を左クリックすると、シーンに読み込んだ画像が表示されます。

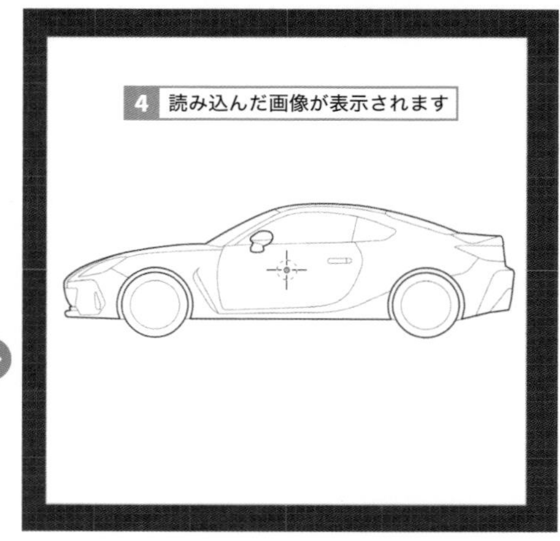

サイズと位置を調整する

❶ サイズを調整する

プロパティの **[データ]** を左クリックすると「エンプティ」パネルが表示されます。
「エンプティ」パネルにある「サイズ」の数値を変更すると、配置した下絵のサイズを変更できます。

❷ 位置を調整する

「エンプティ」パネルにある「オフセット」の数値を変更すると、X で左右、Y で上下の位置を変更できます。

下絵の設定

❶ 深度を調整する

「エンプティ」パネルにある「深度」の **[前]** を左クリックで有効にすると、その他のオブジェクトよりも常に手前に表示するようになります。**[後]** を左クリックで有効にすると、その他のオブジェクトよりも常に後ろに表示するようになります。**[デフォルト]** は、通常のオブジェクト同様に配置位置によって、手前にある方が表示されます。

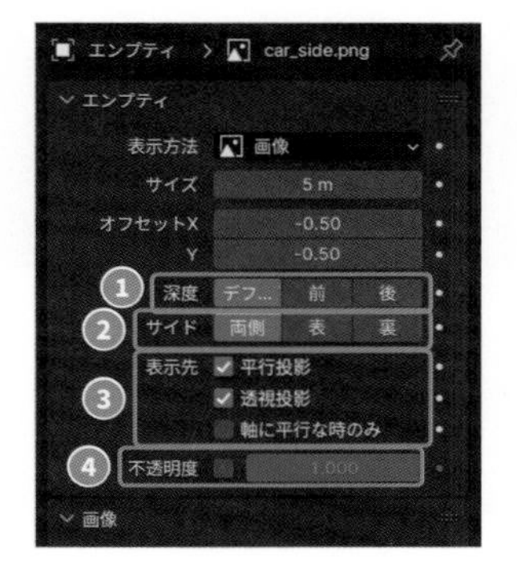

❷ 裏表の表示を設定する

「エンプティ」パネルにある「サイド」の **[前]** を左クリックで有効にすると、裏側は透明（非表示）になります。**[後]** を左クリックで有効にすると、表側は透明（非表示）になります。**[両方]** は、裏表どちらも表示されます。

❸ 投影法による表示を設定する

「エンプティ」パネルにある「表示先」の **[平行投影]** にチェックを入れて有効にすると、平行投影時に下絵が表示されます。**[透視投影]** にチェックを入れて有効にすると、透視投影時に下絵が表示されます。**[軸に平行な時のみ]** にチェックを入れて有効にすると、フロントビュー（テンキー 1）やライトビュー（テンキー 3）など座標軸に平行な視点の時に下絵が表示されます（機能させるには **[平行投影]** を有効にする必要があります）。

❹ 透明度を調整する

「エンプティ」パネルにある **[不透明度]** にチェックを入れて有効にすると、下絵が半透明になり下絵より奥側のオブジェクトが透けて見えます。右側の数値で、透明度を設定します。

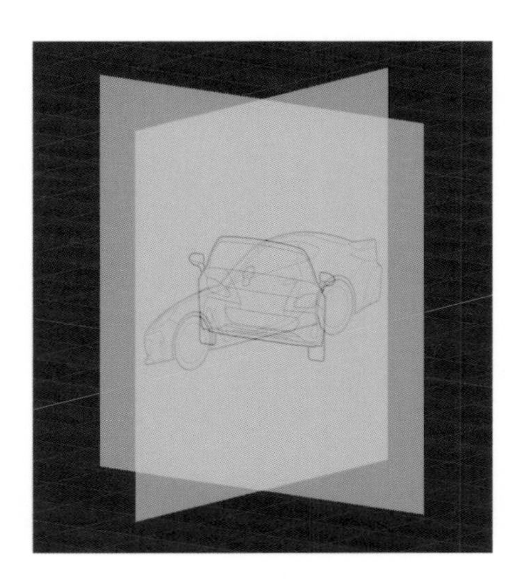

TIPS 下絵の注意点

自動車などの三面図を元にモデリングする場合は、特に問題はありませんが、人物の顔写真などを下絵として使用する場合は、注意が必要です。
カメラで撮影された顔写真は、正面から撮影されていたとしても、パースがかかっているため、3Dビューポートの透視投影と同じく、遠近感によって手前のものは大きく、奥のものは小さく表示されています。そのような画像を下絵として、3Dビューポートの平行投影でトレースするように忠実にモデリングを行うと、当然ながら仕上がりに違和感が出てしまいます。

人物の顔写真などを下絵として使用する場合は、それにあまり頼りすぎずに参考程度に考え、さまざまな視点から形状を確認しながら、モデリングするようにしましょう。

人物など普段見慣れているものは、少しの違いでも違和感が出てしまうから注意しようネ。

PART
3

モデリングをはじめよう

Blender には、優れたモデリング機能が多数搭載されています。その中でもよく使用される機能を、初めて 3DCG 制作に挑戦する方にもわかりやすく、丁寧に紹介します。
さらに巻末では、それらの機能を駆使して、クマのキャラクターのモデリングを実践します。

人物や動物のキャラクター、それから色々な小物…。作りたいものがいっぱい！

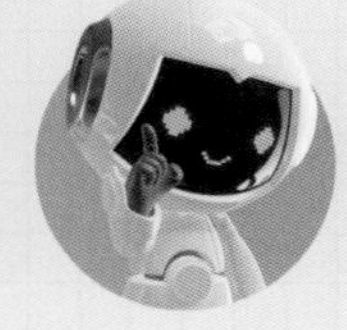

そう！ 3DCG制作で大事なのは、その創作意欲だネ。

とはいえ、モデリングだけでも色々な機能があってチンプンカンプン。

ここでは、その中でもよく使用される機能に的を絞って紹介するから安心して！

でも、初めてだし、使いこなせるか自信ないなぁ…。

本の最後には実践編を用意しているので、実際の作品作りを通して、より理解が深まるヨ。

モデリングの実践 モデリングツール

\ SECTION /
3.1
メッシュを押し出す

選択したメッシュを押し出して新たなメッシュを生成します。編集する方向によっては、窪みを生成することもできます。

■ [押し出し(領域)] ツールでメッシュを押し出す

① モードを変更する

オブジェクトを選択して、3Dビューポートのヘッダーにあるモード切り替えメニューから **[編集モード]**（Tab キー）を選択します。

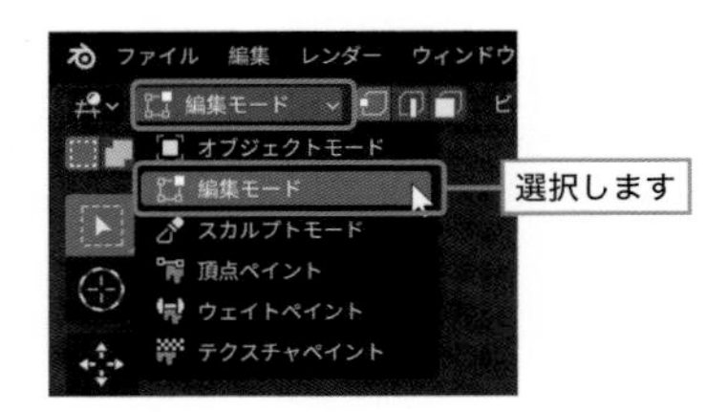

② メッシュを選択する

押し出しを行う部分の頂点や辺、面を選択します。

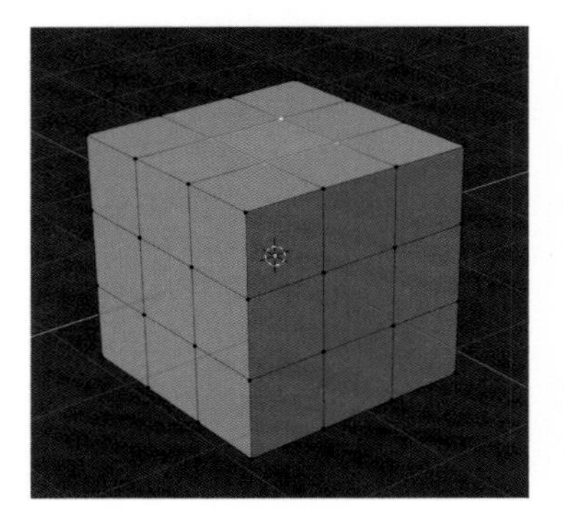

③ [押し出し(領域)] ツールを有効にする

3Dビューポートの左側にあるツールバーから **[押し出し (領域)]** ツールを左クリックして有効にします。

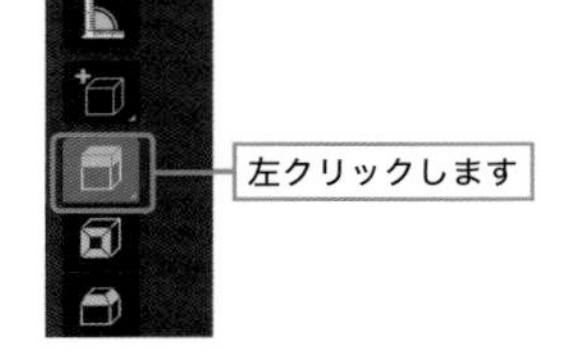

④ 押し出す方向にドラッグする

表示された白い円の内側でマウス左ボタンのドラッグを行うと、ドラッグした方向にメッシュを押し出すことができます。

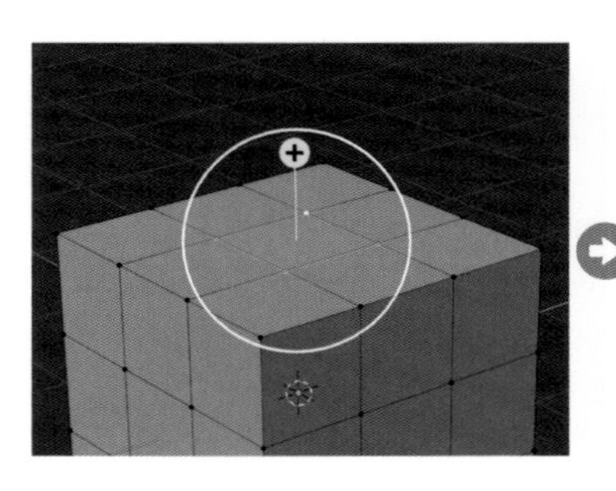

■ 方向に制限をかけてメッシュを押し出す

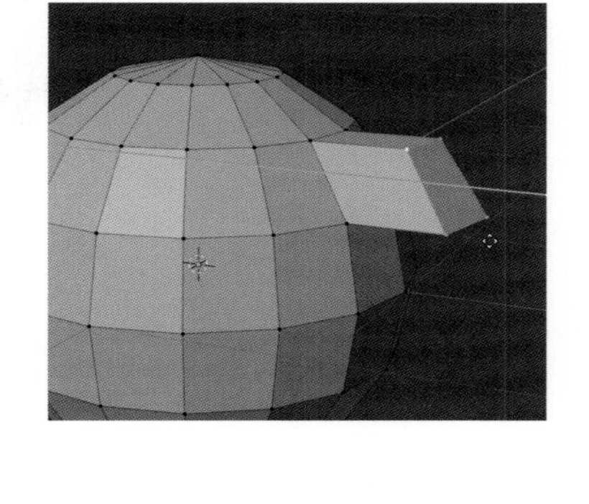

□ 座標軸方向に制限をかける

ドラッグ中に X Y Z キーのいずれかを押すと、それぞれの座標軸方向に制限をかけて押し出すことができます。制限をかけると、座標軸にラインが表示されます。

1度押すと「グローバル座標」、2度押すと「ローカル座標」、3度押すと制限の解除となります。

□ 法線方向に制限をかける

ライン先端にある ＋ アイコンをマウス左ボタンでドラッグすると、ラインの方向（法線方向）にメッシュを押し出すことができます（法線方向については、91 ページを参照してください）。

メッシュを選択して E キーを押すことで、同様の操作を行うことができます。

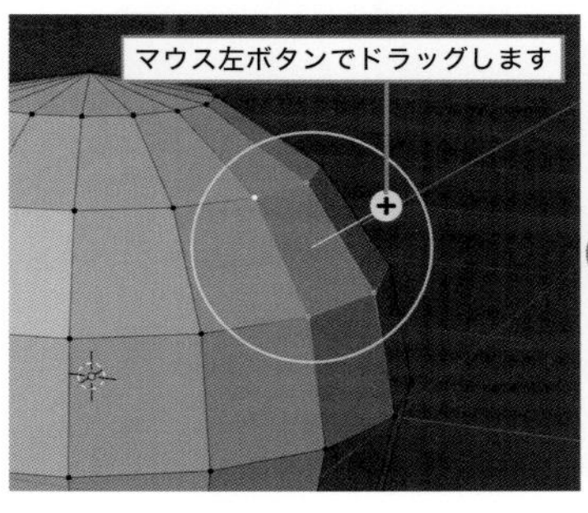

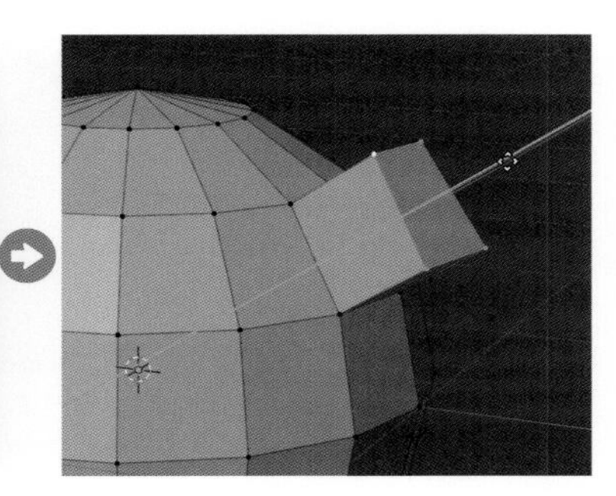

■ その他の押し出しツールの紹介

［押し出し（領域）］ ツール をマウス左ボタンで長押しすると、押し出す方式を変更できます。

2 押し出す方式を選択します

1 長押しします

押し出し（領域）

多様体を押し出し

押し出し（法線方向）

押し出し（個別）

押し出し（カーソル方...

［多様体を押し出し］ツール

内側に押し出した際、重なったメッシュを自動的に分割して削除します。

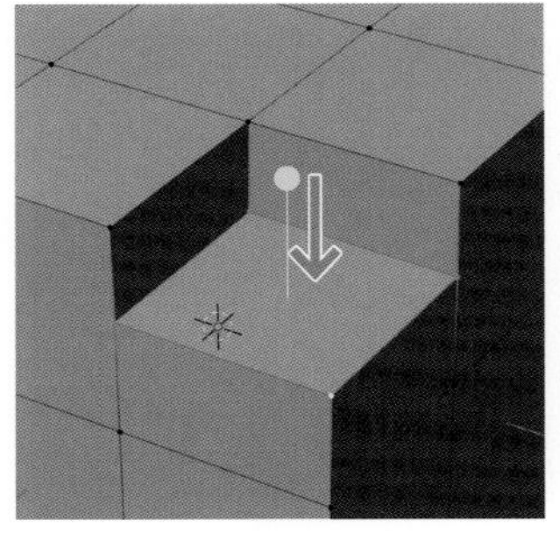

［多様体を押し出し］の場合

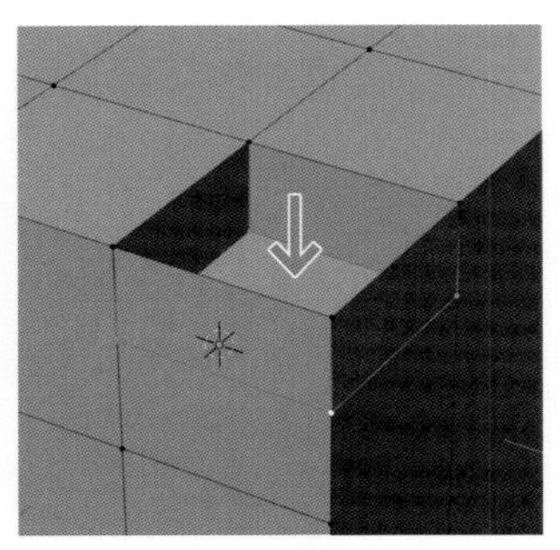

［押し出し（領域）］の場合

モデリングをはじめよう　3　1　メッシュを押し出す

[押し出し(法線方向)]ツール

法線方向に膨張(または収縮)しながらメッシュを押し出します。

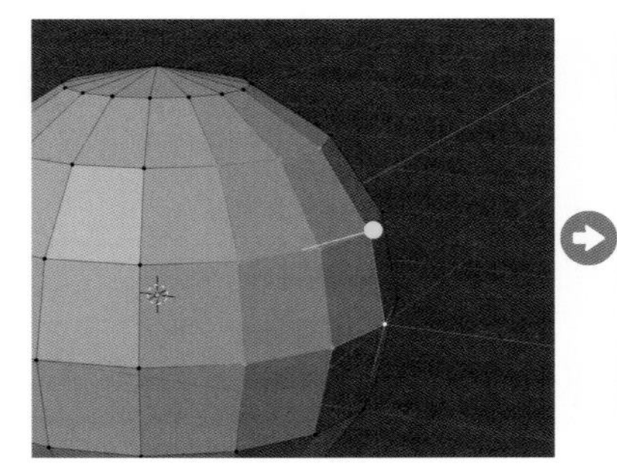

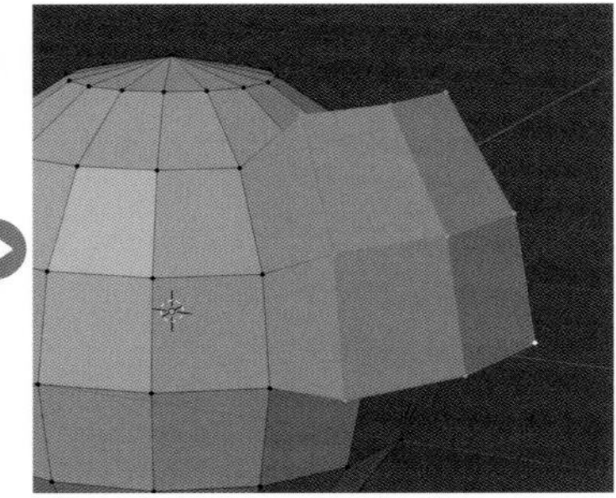

[押し出し(個別)]ツール

選択したメッシュそれぞれの法線方向に個別に押し出します。

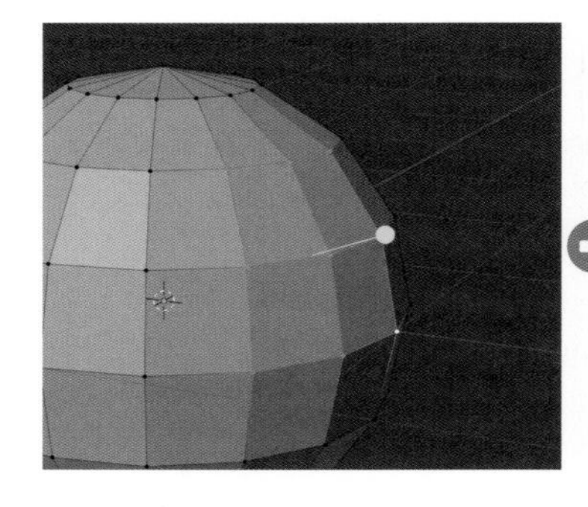

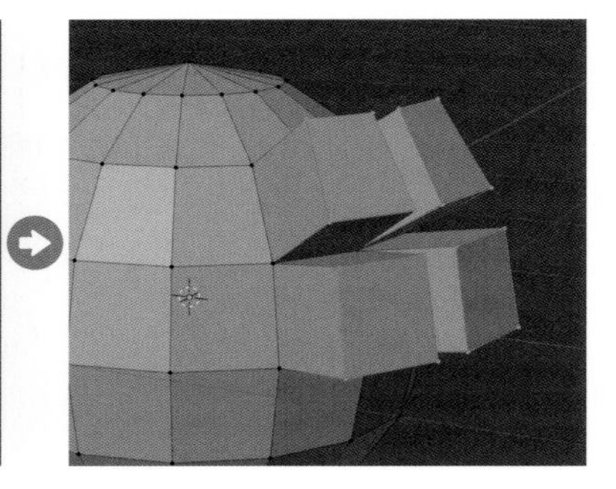

[押し出し(カーソル方向)]ツール

左クリックした位置に向かってメッシュを押し出します。既存のメッシュも含めて滑らかになるように角度が補正されます。

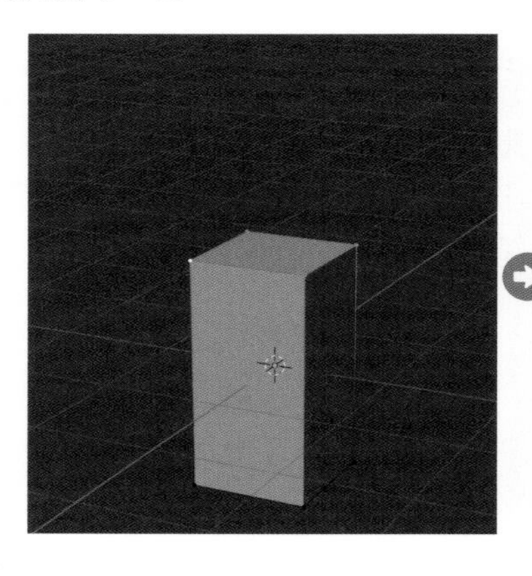

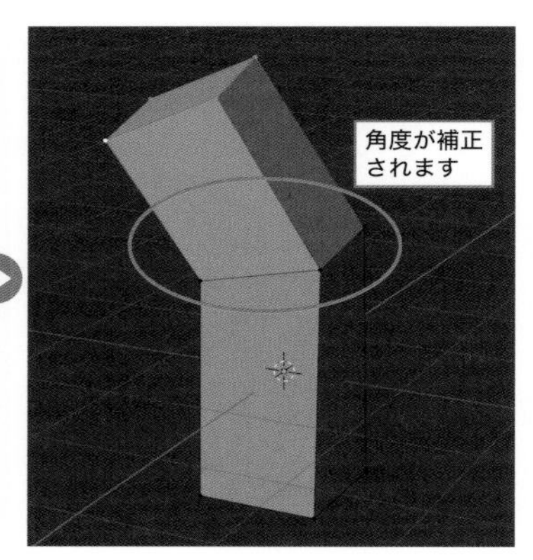

モデリングの実践 モデリングツール

\ SECTION /
3.2

面を差し込む

選択した面と同一平面状の内側に同一形状の面を新たに生成します。複数の面を同時に編集することもできます。

■ [面を差し込む] ツールで内側に新たな面を差し込む

1 モードを変更する

オブジェクトを選択して、3Dビューポートのヘッダーにあるモード切り替えメニューから **[編集モード]**（Tab キー）を選択します。

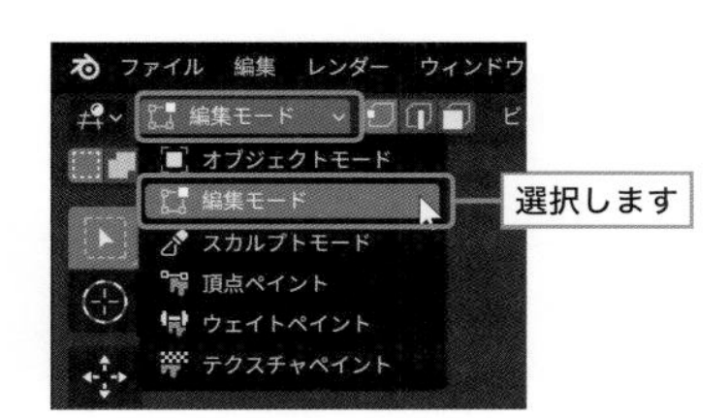

2 メッシュを選択する

新たな面を差し込む部分の面を選択します。複数の面を選択することも可能です。

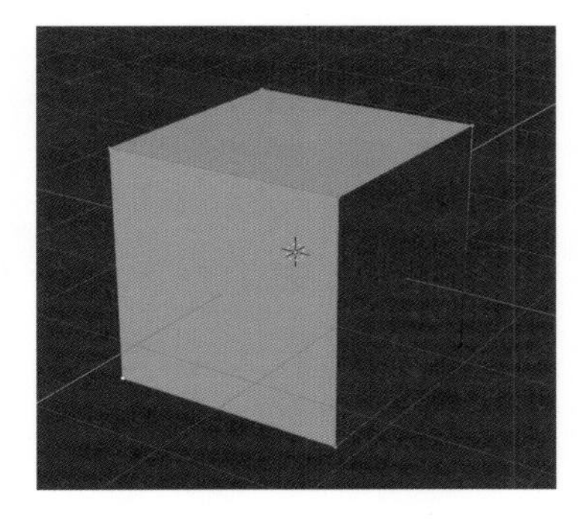

3 [面を差し込む] ツールを有効にする

3Dビューポートの左側にあるツールバーから **[面を差し込む]** ツールを左クリックして有効にします。

4 ドラッグして面を差し込む

表示された黄色い円の内側で（円のフチから中心に向かって）マウス左ボタンのドラッグを行うと、選択した面の内側に新たな面を差し込むことができます。ショートカット I キーでも、同様の操作が行えます。

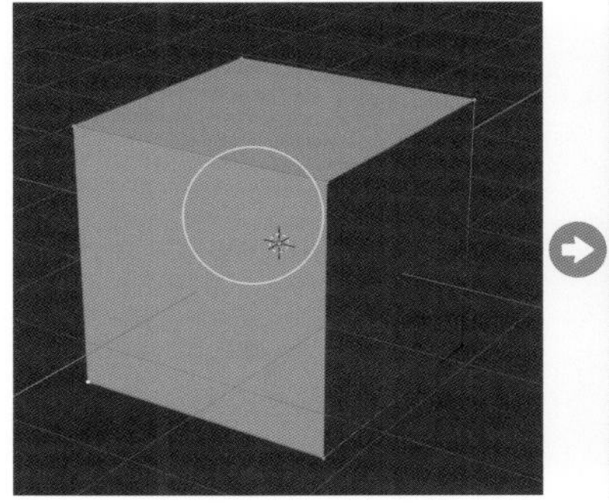

■ 面の外側に面を差し込む

デフォルトでは内側に面を差し込みますが、ドラッグ中に O キーを押すと、選択した面の外側に新たな面を差し込むことができます。

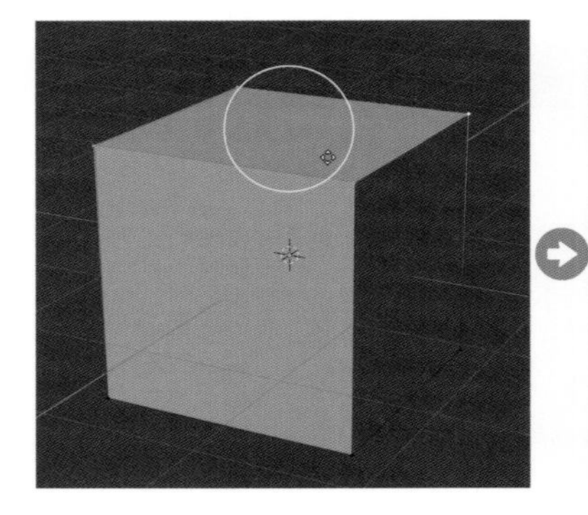

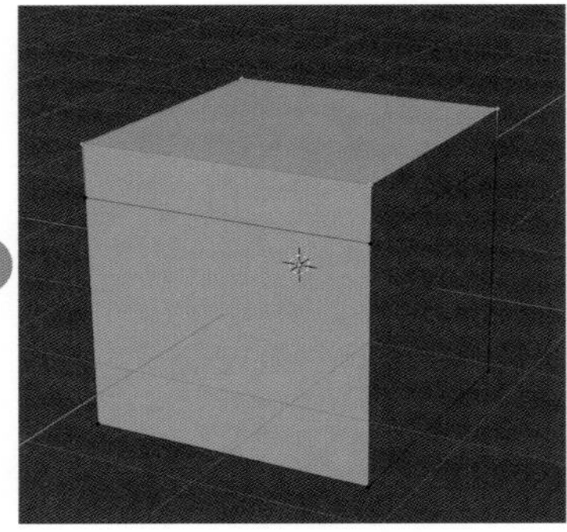

■ 個別に面を差し込む

複数の面を同時に編集する場合、ドラッグ中に I キーを押すと、個別に面を差し込むことができます。

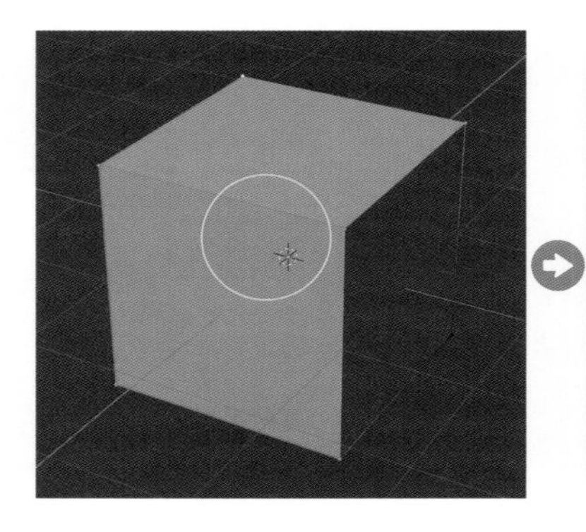

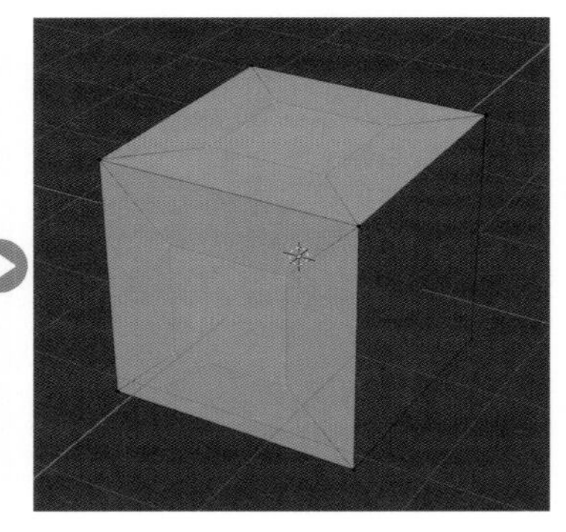

個別に面を差し込む編集は、タイル状の表面やビルの窓ガラスなどのモデリングでとっても役立つヨ。

モデリングの実践 モデリングツール

SECTION 3.3

面取りをする

選択した辺を分割して、面取り加工を施すことができます。単純な面取りだけでなく、分割数を増やして角に丸みを持たせた滑らかな面取りを行うこともできます。

■ [ベベル]ツールで面取りをする

1 モードを変更する

オブジェクトを選択して、3Dビューポートのヘッダーにあるモード切り替えメニューから **[編集モード]**（Tab キー）を選択します。

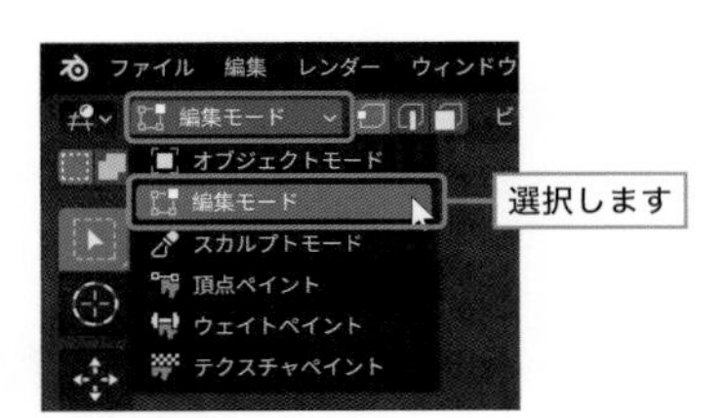

2 メッシュを選択する

面取りを行う部分の辺を選択します。複数の辺を選択することも可能です。

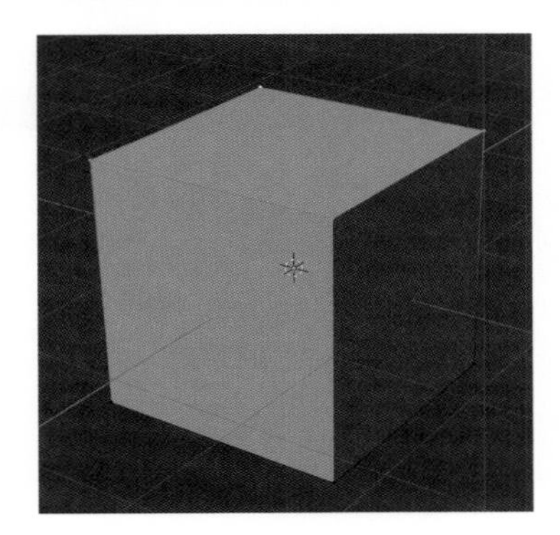

3 [ベベル]ツールを有効にする

3Dビューポートの左側にあるツールバーから **[ベベル]** ツールを左クリックして有効にします。

4 ドラッグして面取りをする

ライン先端の黄色い丸をマウス左ボタンでドラッグすると、選択した辺を分割して面取りをすることができます。ショートカット Ctrl ＋ B キーでも同様の操作が行えます。

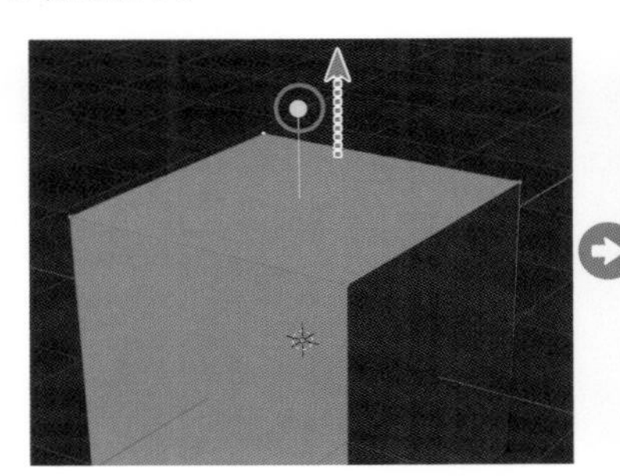

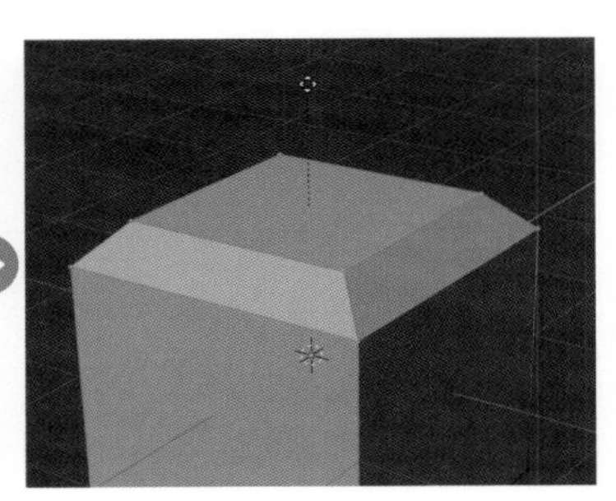

■ 面取りの分割数や形状を変更する

□ 面取りの分割数を変更する

[ベベル] ツールを有効にすると、3Dビューポートのヘッダーにベベルの設定項目が表示されます。**[セグメント]** の数値を変更すると、面取りの分割数を調整できます。

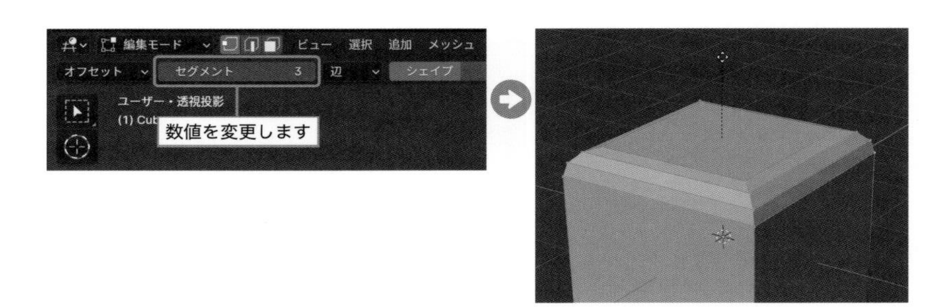

□ 編集箇所を切り替える

「影響」メニューから **[頂点]** を選択すると、面取りする箇所が辺から頂点に変更されます。

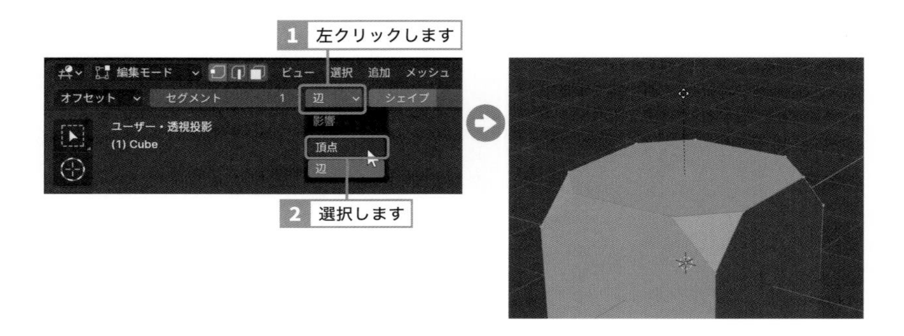

□ 面取りの形状を変更する

[シェイプ] の数値を調整すると、面取りの形状を変更できます。"**0.5**"で円形、"**0.25**"で直線、それ以下で反るように変形されます。

[シェイプ] で形状を変形するには、**[セグメント]** で分割数を増やす必要があります。

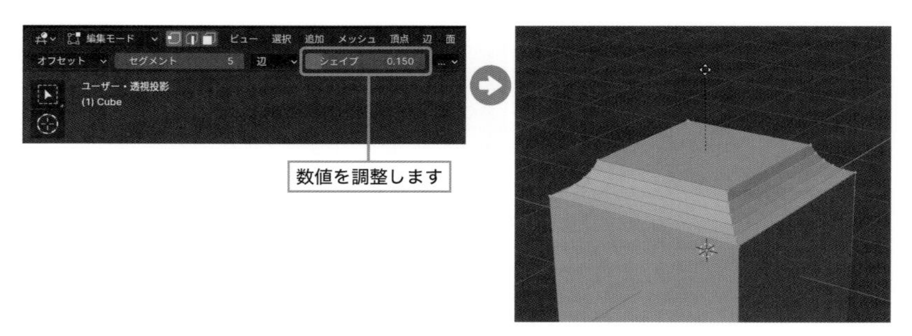

[セグメント]：5、
[シェイプ]：0.15の場合

モデリングの実践　モデリングツール

＼SECTION／ 3.4

メッシュをループカットする

辺の垂直方向にループ状に新規の辺を追加して、メッシュを分割します。途中に三角面があると、ループが中断されます。

■ [ループカット]ツールで分割する

① モードを変更する

オブジェクトを選択して、3Dビューポートのヘッダーにあるモード切り替えメニューから **[編集モード]**（Tab キー）を選択します。

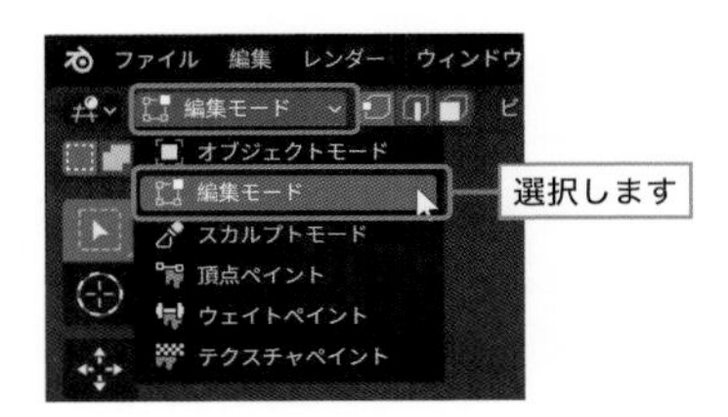

② [ループカット]ツールを有効にする

3Dビューポートの左側にあるツールバーから **[ループカット]** ツールを左クリックして有効にします。

③ カットする方向を表示する

マウスポインターを辺に合わせると、カットする方向が黄色のラインで表示されます。

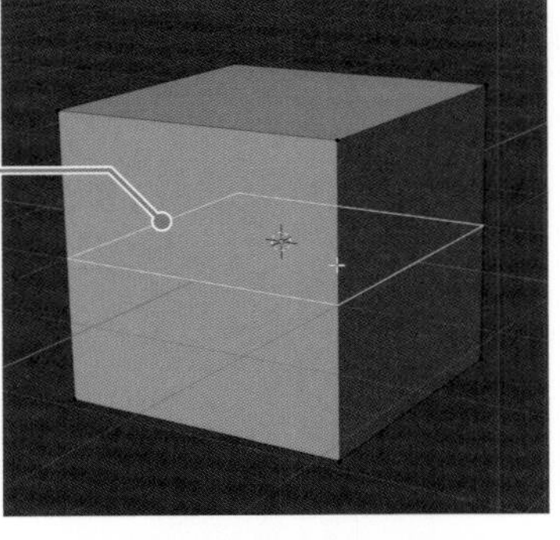

④ カットする位置を決定する

黄色のラインが表示された状態で左クリックすると、辺の中心でループカットされます。左クリックではなく、マウス左ボタンのドラッグでスライドすることでカットする位置を調整できます。
ショートカット Ctrl + R キーでも、同様の操作が行えます（ショートカットの場合、辺の中心でのカットは右クリックで実行となります）。

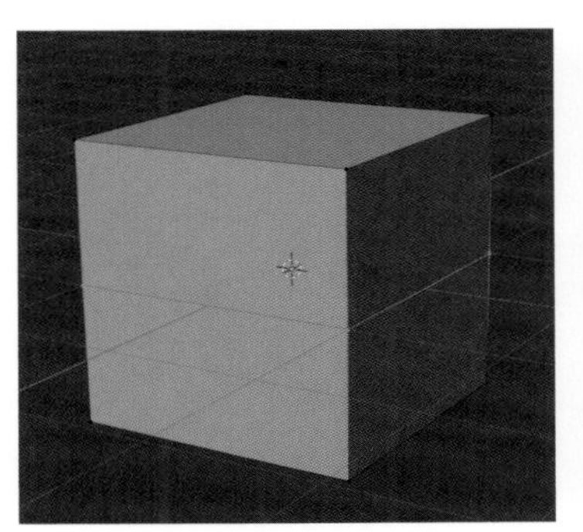

左クリック：辺の中心でカット

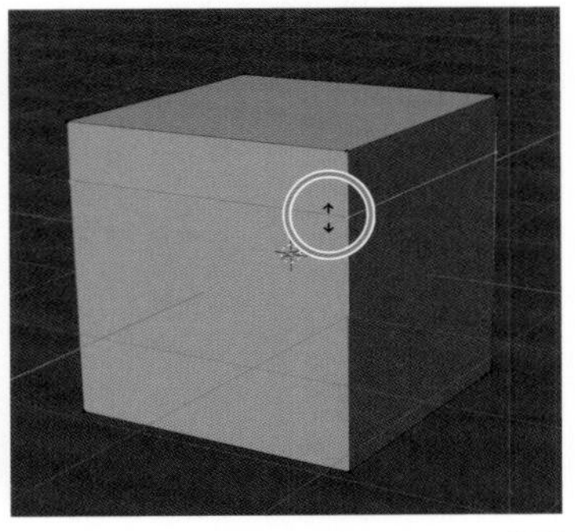

マウス左ボタンのドラッグ：カットする位置を調整できる

■ ループカットの分割数を変更する

[ループカット] ツール を有効にすると、3Dビューポートのヘッダーに **[分割数]** が表示されます。数値を変更すると、ループカットの分割数を調整できます。

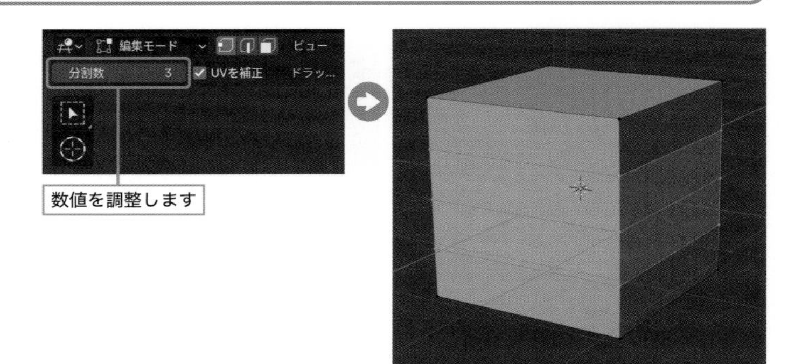

■ [オフセット辺ループカット]ツールで分割する

[ループカット] ツール をマウス左ボタンで長押しすると、**[オフセット辺ループカット]** ツールに変更できます。

辺を選択してから **[オフセット辺ループカット]** ツール を有効にします。マウス左ボタンのドラッグで選択した辺を中心として、両側に辺を追加できます。

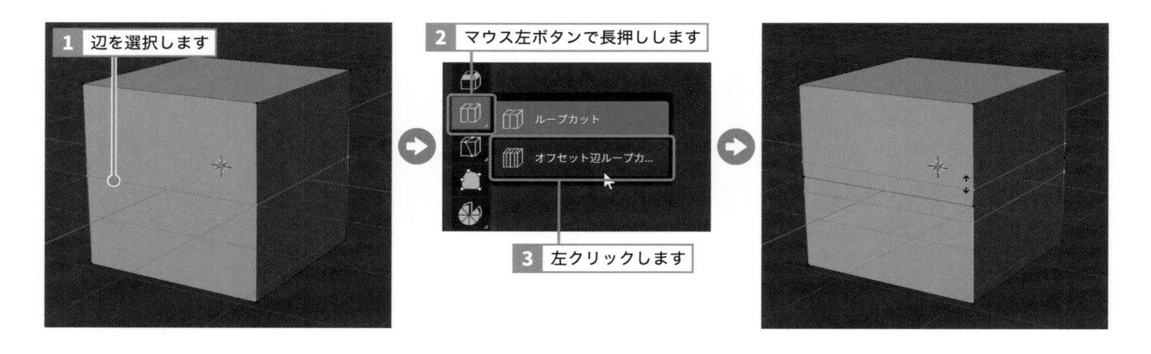

モデリングの実践 モデリングツール

\ SECTION /
3.5

メッシュをナイフで分割する

文字通りナイフのようにメッシュを分割します。位置や角度など自在にカットできる反面、多角形ができやすく表面のシワの原因になるので注意しましょう。

■ [ナイフ] ツールで分割する

① モードを変更する

オブジェクトを選択して、3Dビューポートのヘッダーにあるモード切り替えメニューから **[編集モード]** (Tab キー) を選択します。

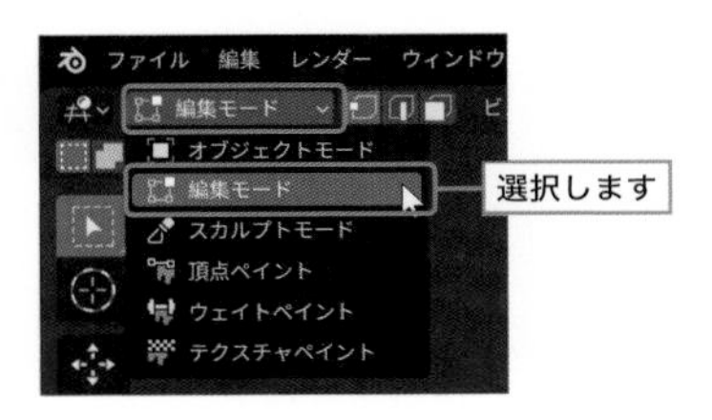

② [ナイフ] ツールを有効にする

3Dビューポートの左側にあるツールバーから **[ナイフ]** ツール を左クリックして有効にします。

③ ラインを引く

左クリックでポイントを打ちながらラインを引くことで、そのラインと交差する辺、面を分割できます。右クリックでラインを引くのを中断できます。

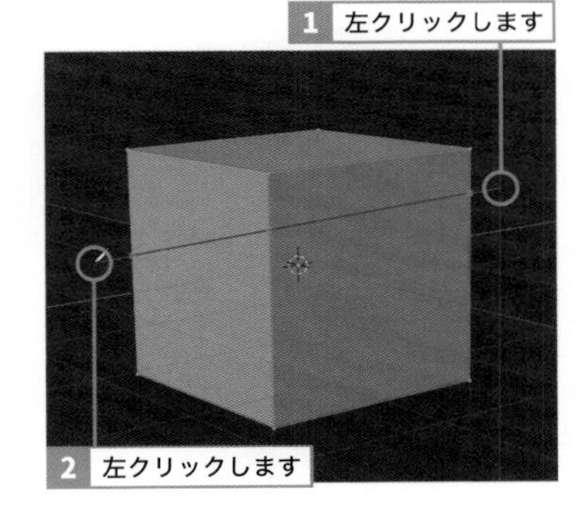

④ 分割を実行する

Enter キーを押すと分割が実行されます。Esc キーでキャンセルとなります。ショートカット K キーでも同様の操作が行えます。

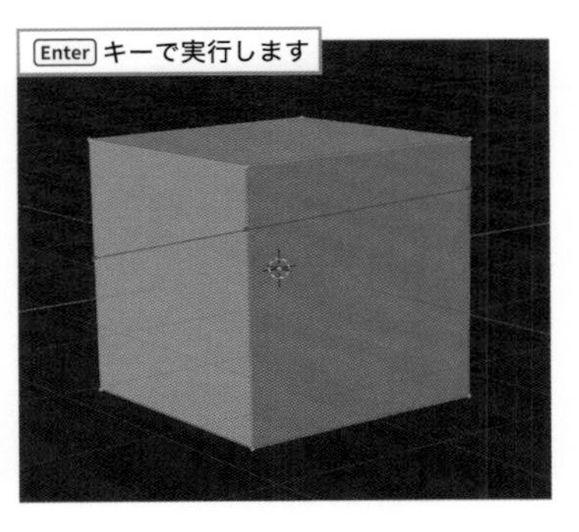

■ 分割方式を変更する

□ 隠れているメッシュを分割する

［ナイフ］ツール を有効にすると、3Dビューポートのヘッダーにナイフの設定項目が表示されます。**［ジオメトリを塞ぐ］**のチェックを外して無効にすると、裏側の隠れているメッシュも同時に分割されます。

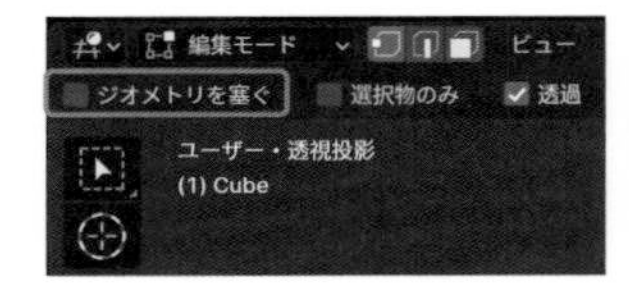

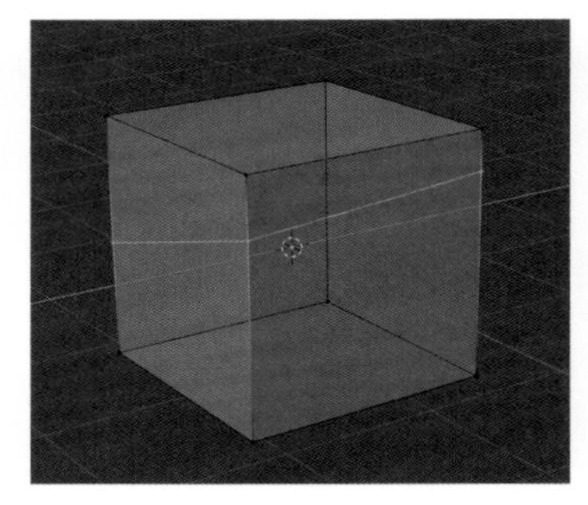

［ジオメトリを塞ぐ］有効

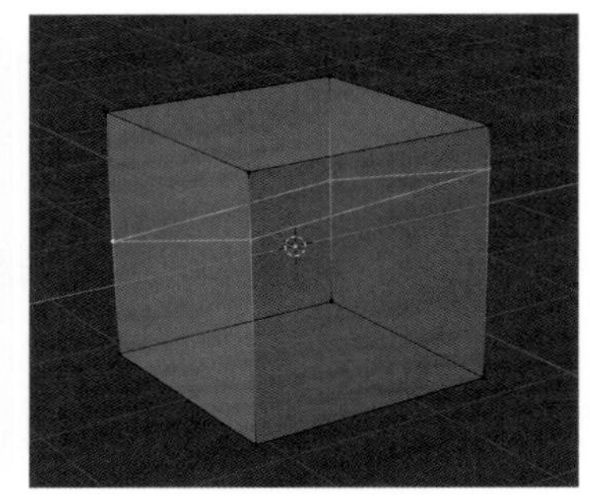

［ジオメトリを塞ぐ］無効

□ 選択しているメッシュのみ分割する

［選択物のみ］のチェックを入れて有効にすると、選択しているメッシュのみ分割され、選択していないメッシュは無効化されます。

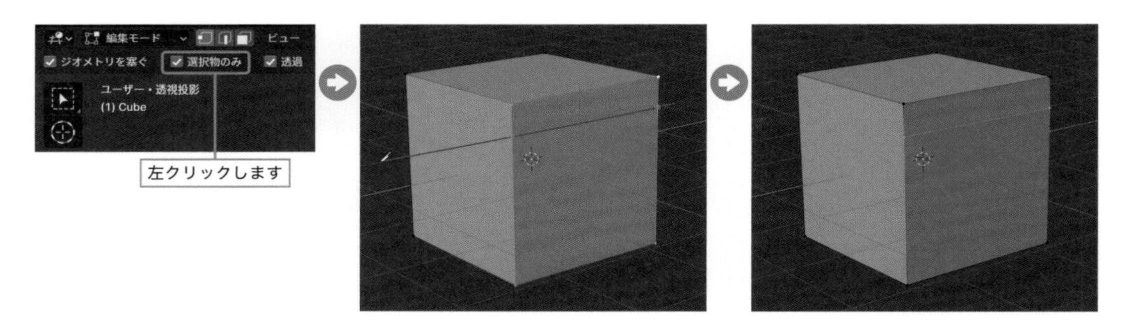

□ 編集中のラインを透過しないようにする

［ナイフ］ツール で分割するラインを引く際、編集中に視点変更すると裏側に回ったラインは透過して表示されます。**［透過］**のチェックを外して無効にすると、裏側に回ったラインは透過しなくなります。

［透過］有効

［透過］無効

□ 辺の中心で分割する

ラインを引く際（1つ目のポイントを打った後）Shiftキーを押しながら左クリックすると、各辺の中央でカットされます。

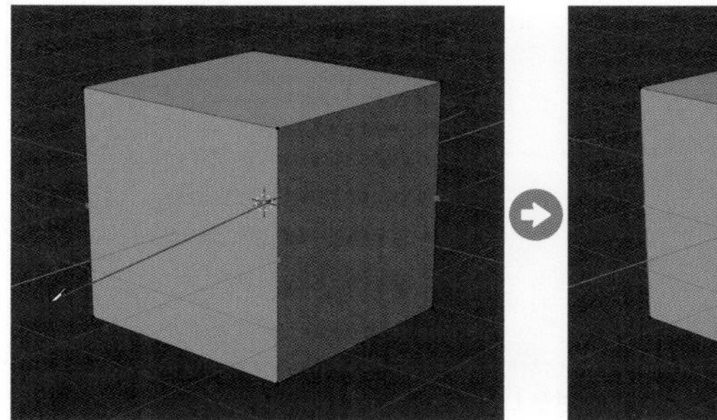

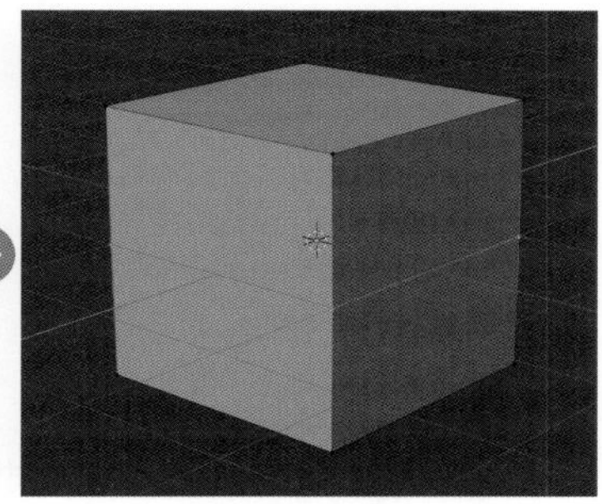

□ 角度を制限する

ラインを引く際（1つ目のポイントを打った後）Aキーを押すと、カットする角度が（現在の視点から見て）30度刻みに制限されます。もう一度Aキーを押すと、制限が解除されます。

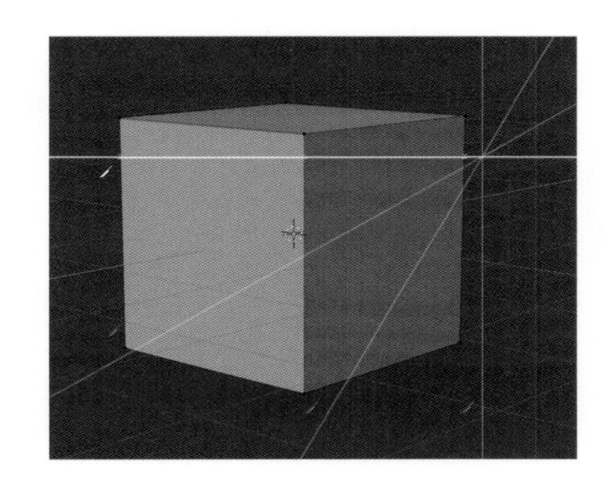

辺を追加して面を分割するにも、方法はひとつじゃないんだね。

そうだネ。同じ結果でもアプローチはいろいろあるヨ。形状などによって向き不向きもあるから、慣れないうちはひと通り試してみるのもイイかもネ。

\SECTION/ 3.6

メッシュを円状に押し出す

3Dカーソルを基点として、回転するように円状にメッシュを押し出します。断面となるメッシュから回転体を作成することもできます。

■ [スピン]ツールで円状に押し出す

1 モードを変更する

オブジェクトを選択して、3Dビューポートのヘッダーにあるモード切り替えメニューから **[編集モード]**（Tab キー）を選択します。

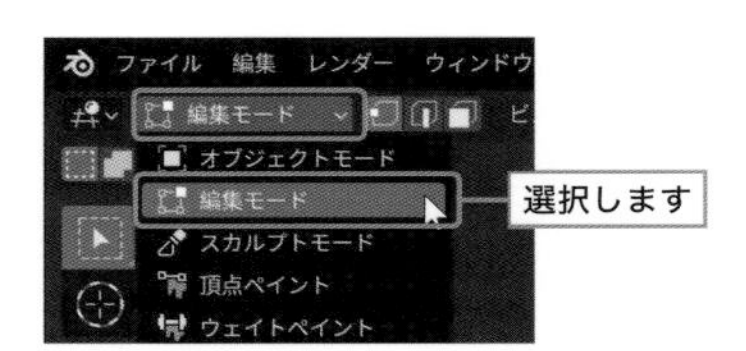

2 メッシュを選択する

押し出しを行う部分の頂点や辺、面を選択します。

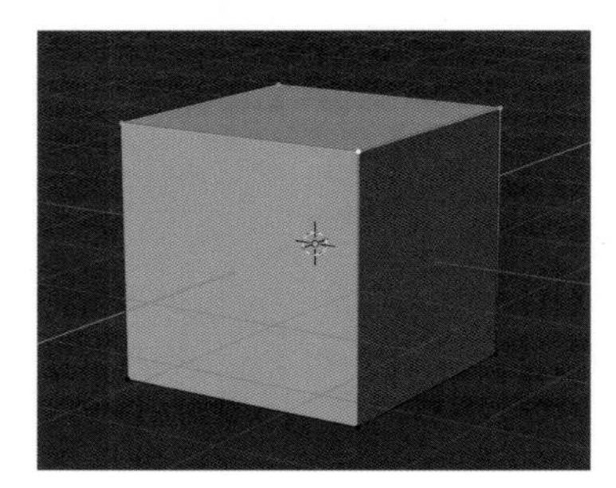

3 [スピン]ツールを有効にする

3Dビューポートの左側にあるツールバーから **[スピン]** ツール を左クリックして有効にします。

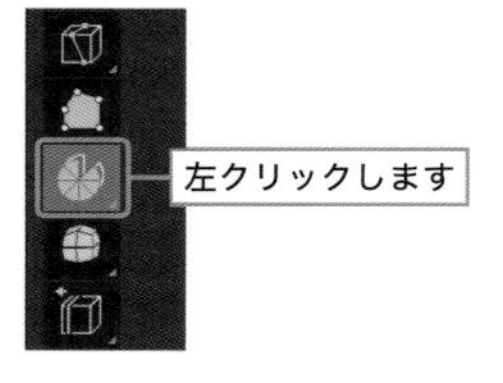

4 押し出す方向を設定する

[スピン] ツールを有効にすると、3Dビューポートのヘッダーに **[X] [Y] [Z]** が表示されます。押し出す方向の座標軸を左クリックで有効にします。

3Dビューポートに表示されているツールも、設定した座標軸に併せて変化します。

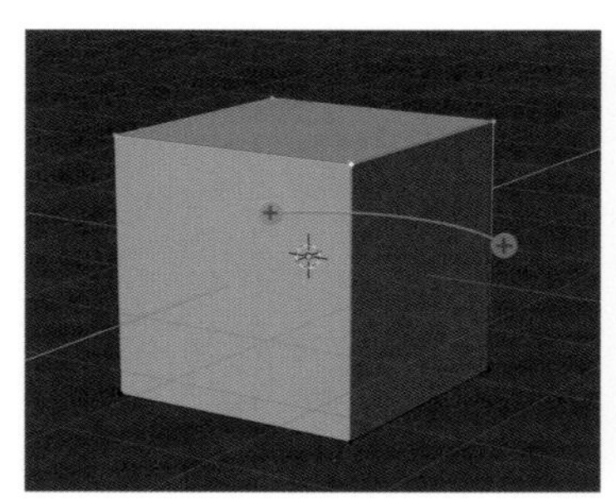
[Z]有効

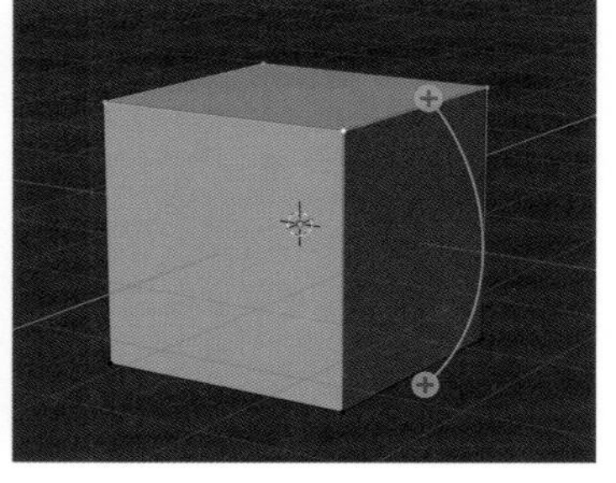
[Y]有効

⑤ 3Dカーソルを移動する

円状にメッシュを押し出す際の基点となる位置に、3Dカーソルを移動します。ツールの表示位置も連動して変化します。

❗ 3Dカーソルの位置変更については、42ページを参照してください。

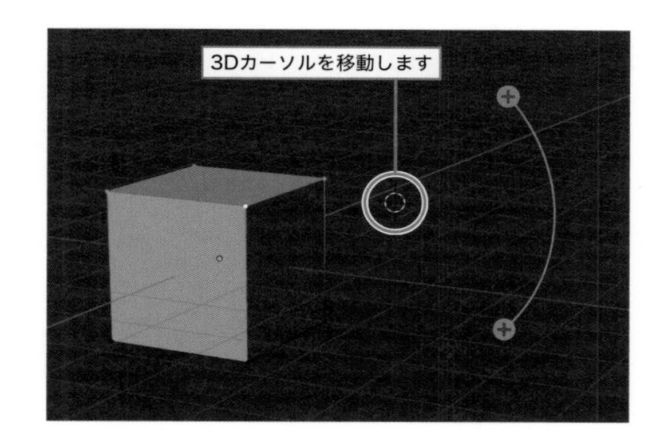

⑥ ドラッグしてメッシュを押し出す

ライン先端の ⊕ をマウス左ボタンでドラッグすると、3Dカーソルを中心とした円に沿ってメッシュが連続的に押し出されます。

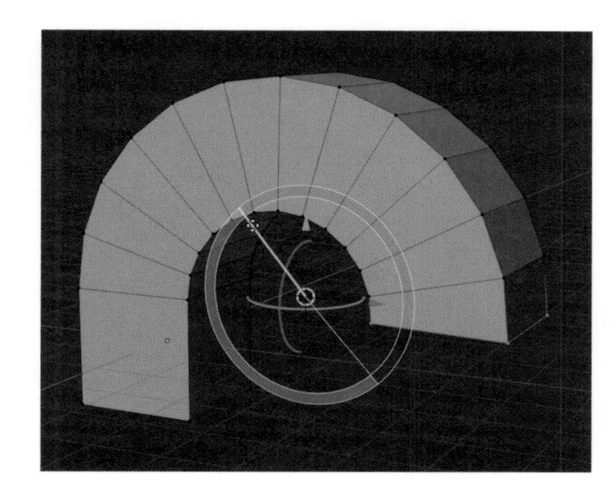

■ スピンの分割数や角度を変更する

[スピン] ツール での編集直後、3Dビューポートの左下にパネルが表示されます（三角アイコン を左クリックするとパネルの開閉を行うことができます）。

パネルの **[ステップ]** で連続して押し出す回数、**[角度]** で押し出す角度を調整することができます。

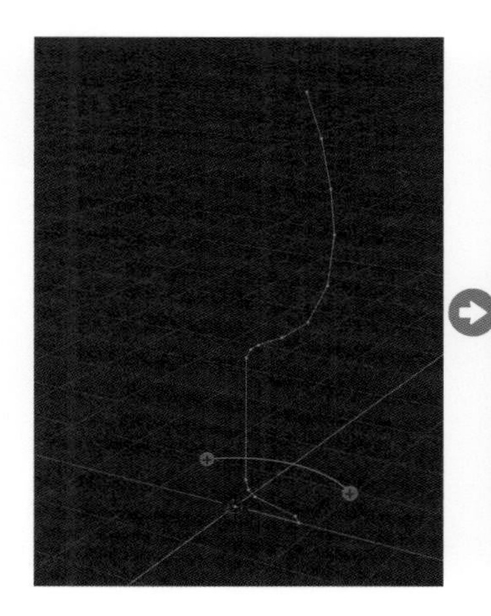

■ メッシュを円状に複製する

パネルの **[複製を使用]** にチェックを入れて有効にすると、つながったメッシュではなく、**[ステップ]** で設定した回数分メッシュが複製されます。

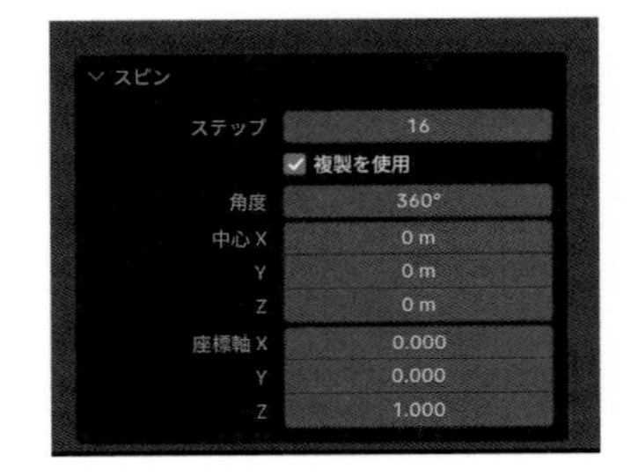

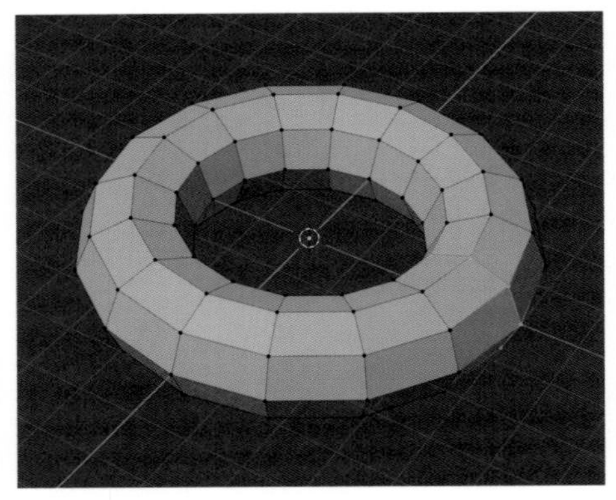

[複製を使用] 無効

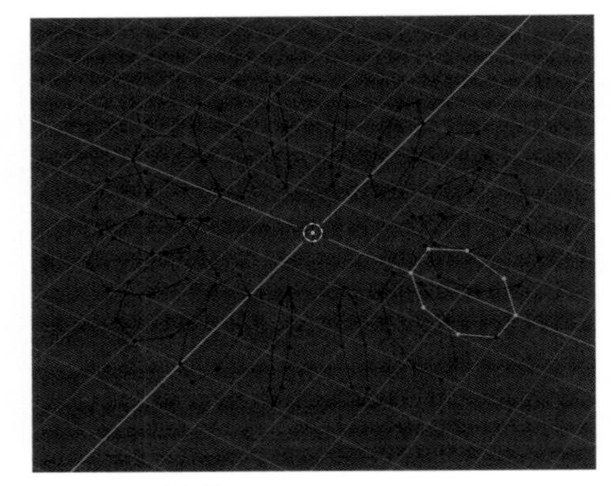

[複製を使用] 有効

閉じられたメッシュを選択した場合は、**[複製を使用]** の設定に限らずメッシュが複製されます。

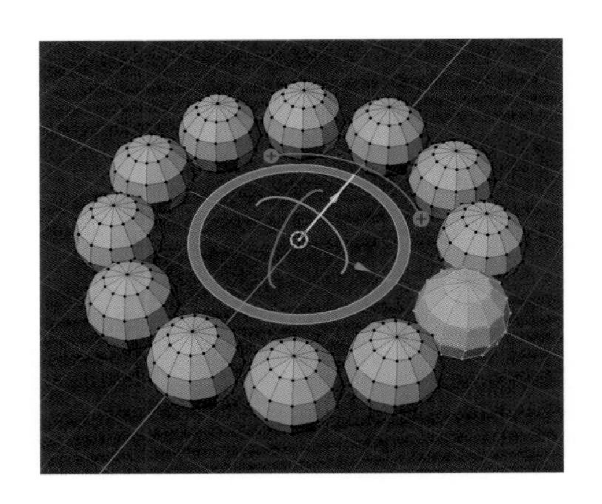

モデリングの実践　モデリングメニュー

\ SECTION /
3.7

メッシュを変形する

Blenderには、モデリングで役立つシンプルな変形メニューがいくつか用意されており、簡単な操作で編集が可能です。ここでは、主な変形メニューを紹介します。

■ 球体に変形する

① メッシュを分割する

変形させるためには、メッシュをある程度分割する必要があります。ここでは、**[細分化]** を用いてメッシュを分割します。
編集モードで分割するメッシュを選択して、3Dビューポートのヘッダーにある **[辺]** から **[細分化]** を選択します。

② 分割数を増やす

3Dビューポートの左下に表示されたパネルで **[分割数]** を変更して、メッシュをさらに分割します。

③ メニューを選択する

メッシュが選択された状態で3Dビューポートのヘッダーにある **[メッシュ]** から **[トランスフォーム]** ➡ **[球体に変形]**（Shift ＋ Alt ＋ S キー）を選択します。

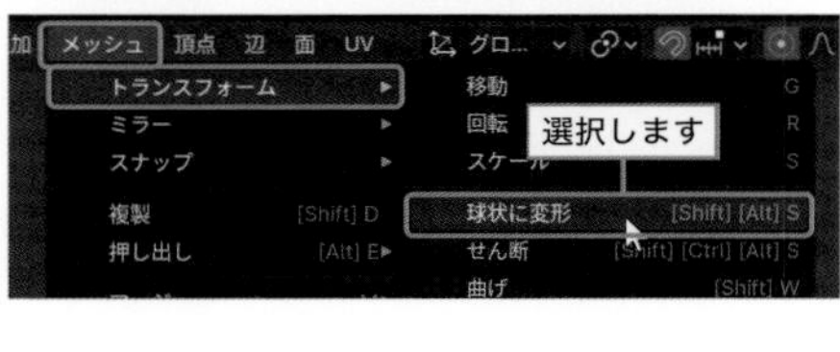

④ メッシュを変形する

マウスを左から右へドラッグすると、メッシュが球体に変形します。左クリックで決定（右クリックでキャンセル）します。

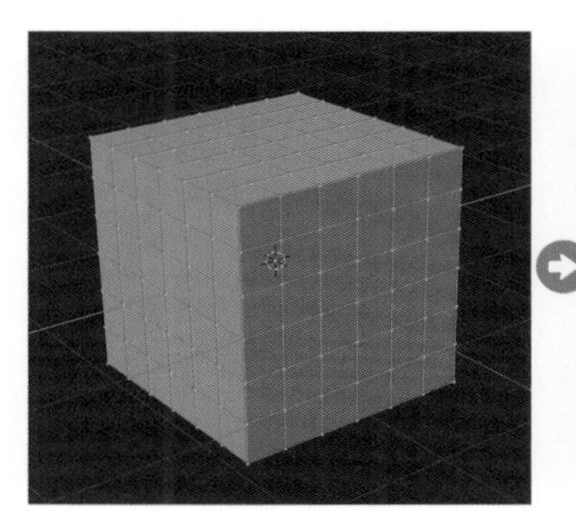

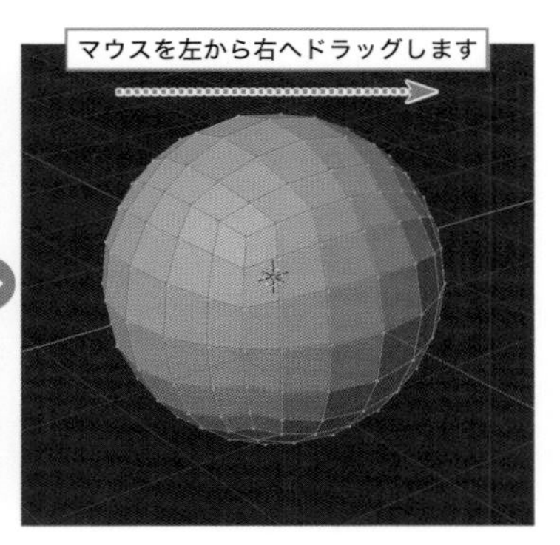

5 円形に変形する

平らなメッシュを編集すると、円形に変形することができます。

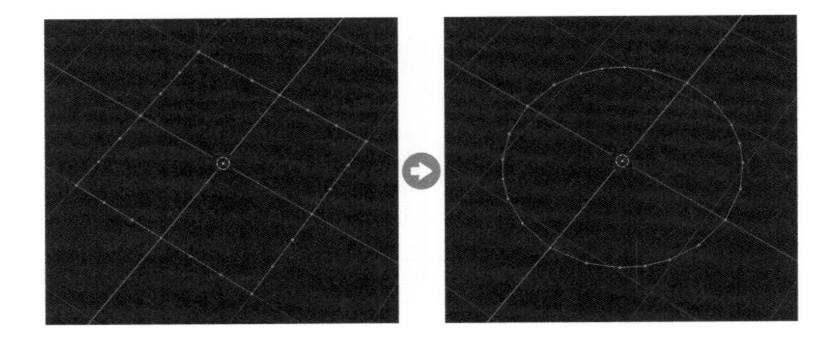

■ メッシュを傾ける

1 視点を変更する

これから行う編集は、現在の視点から見て平行に変形されます。そのため、編集前に視点を変更する必要があります。ここでは、正面から見て平行にメッシュを傾けるので、視点をフロント（テンキー1）に切り替えます。

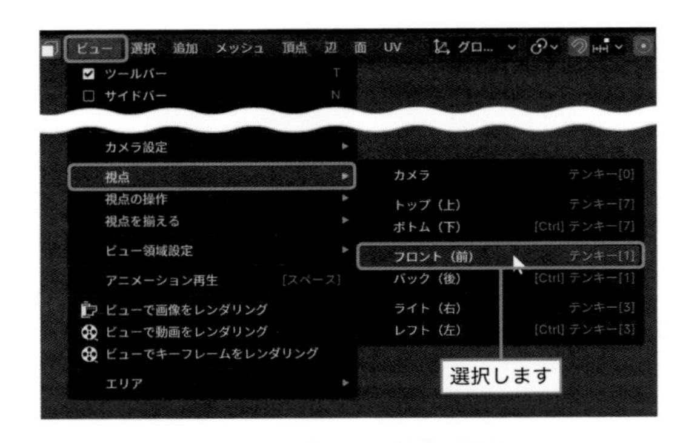

2 メニューを選択する

編集モードで、変形する部分のメッシュを選択して、3Dビューポートのヘッダーにある**[メッシュ]**から**[トランスフォーム]➡[せん断]**（Shift＋Ctrl＋Alt＋Sキー）を選択します。

3 メッシュを変形する

マウスを左右のいずれかにドラッグすると、ドラッグした方向にメッシュを傾けるように変形できます。

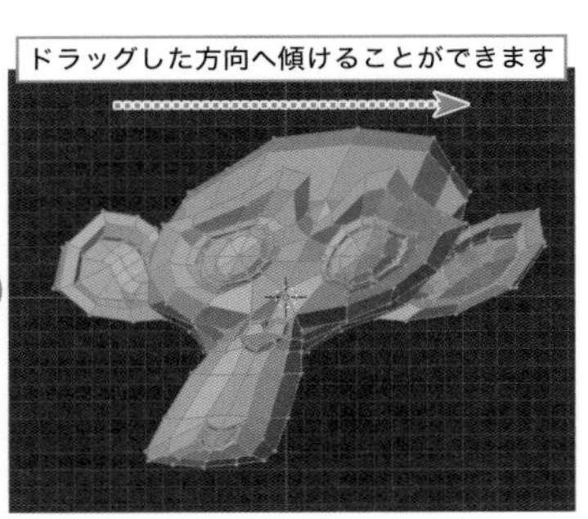

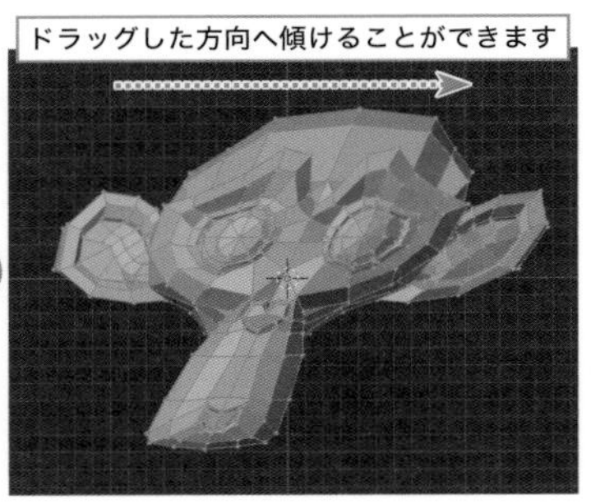

4 上下に傾ける

左右ではなく上下に傾ける場合は、3Dビューポートの視点を90度回転してから同様の操作を行います。3Dビューポートのヘッダーにある**[ビュー]**から**[視点の操作]➡[左にロール]**（Shift＋テンキー4）または**[右にロール]**（Shift＋テンキー6）を選択します。1回に15度回転するので、計6回同じ操作を繰り返すと視点を90度回転できます。

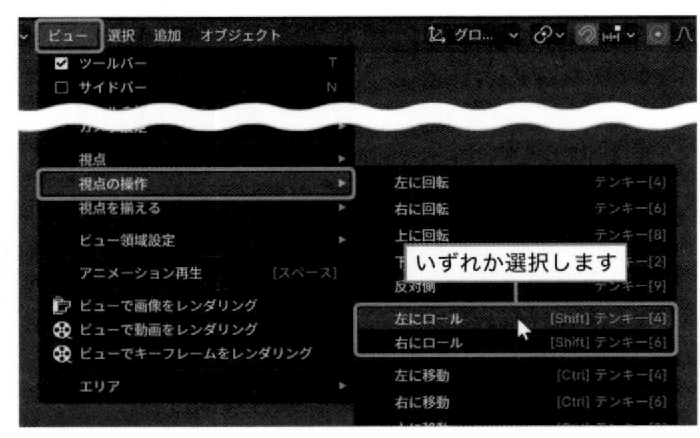

■ メッシュを曲げる

① メニューを選択する

変形するには、メッシュをある程度分割する必要があります。また、**[せん断]** と同じく現在の視点から見て平行に変形されるので、事前に視点を変更する必要があります。
編集モードで変形する部分のメッシュを選択して、3Dビューポートのヘッダーにある **[メッシュ]** から **[トランスフォーム]** ➡ **[曲げ]**（Shift + W キー）を選択します。

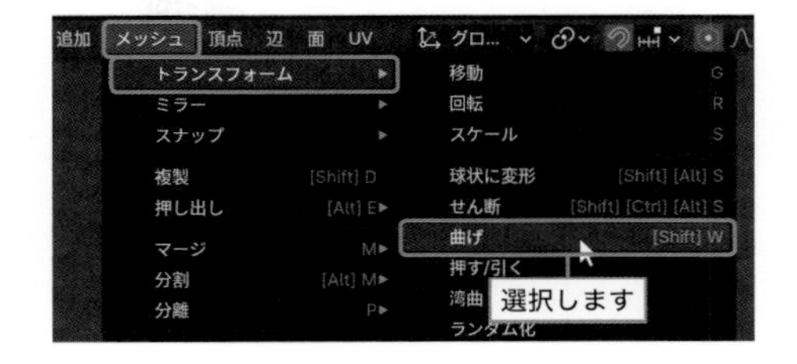

② メッシュを変形する

マウスをドラッグすると、3Dカーソルを基点としてメッシュを曲げるように変形できます。
ドラッグする距離や3Dカーソルとマウスポインターの位置関係によって、変形される形状が変化します。
ショートカットでの操作では、3Dカーソルとマウスポインターの間に点線が表示されるので、編集がしやすくおすすめです。

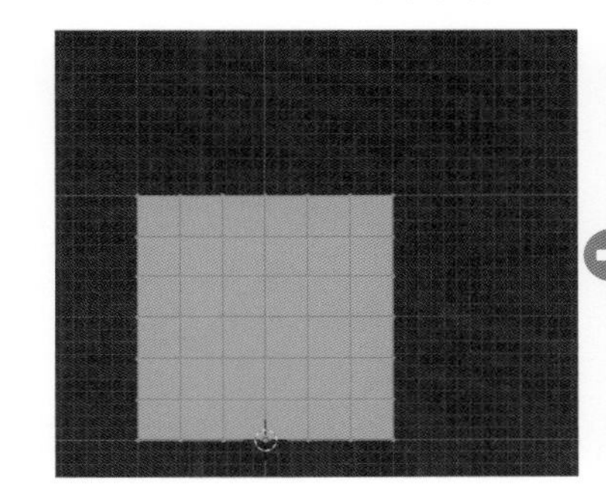

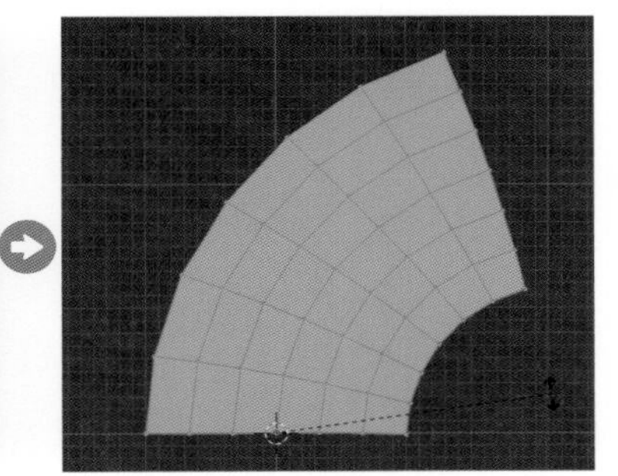

■ メッシュを膨張させる

① メニューを選択する

編集モードで、変形する部分のメッシュを選択して、3Dビューポートのヘッダーにある **[メッシュ]** から **[トランスフォーム]** ➡ **[収縮／膨張]**（Alt + S キー）を選択します。

② メッシュを変形する

マウスを上下にドラッグすると、各メッシュの法線方向に向かって、拡大・縮小することができます。
上に向かってドラッグすると膨張、下に向かってドラッグすると収縮します。

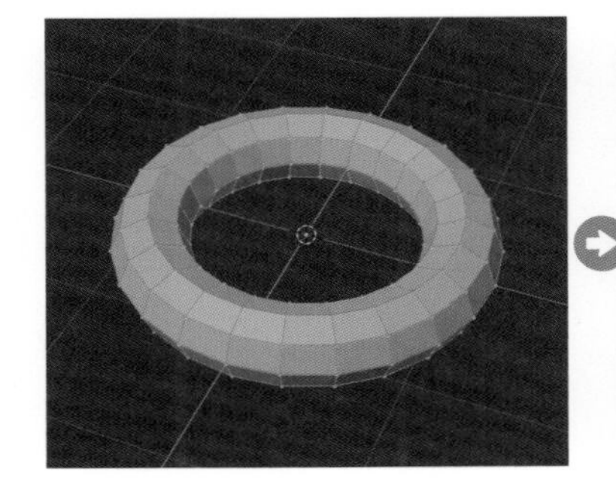

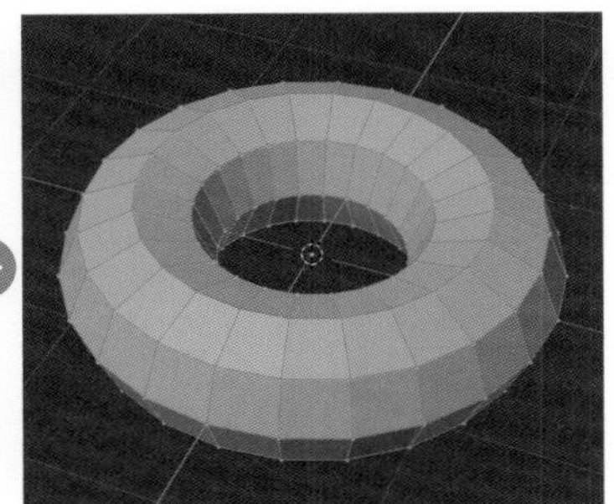

\SECTION/ 3.8

モデリングの実践　モデリングメニュー

メッシュを生成する

隙間を埋めるようにメッシュを生成する方法を2つ紹介します。周辺のメッシュ構造に合わせて新たなメッシュを自動的に生成することができます。

■ 二組の辺をつなぐ

① メッシュを分割する

編集モードで、つなぎ合わせる二組の辺を選択します。選択する二組の辺の頂点数が揃っていると、整ったメッシュが生成されます。

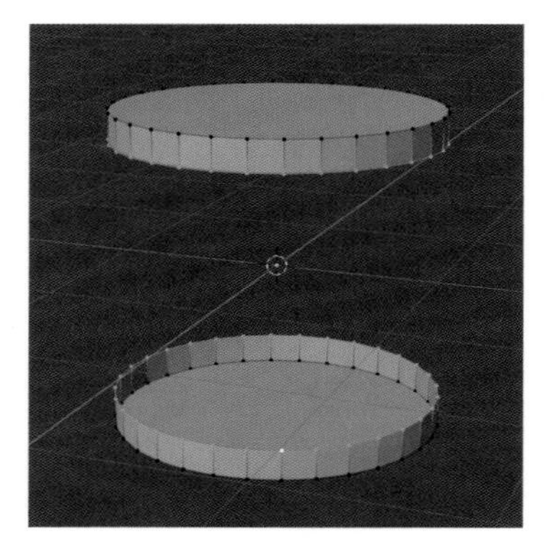

② メッシュを生成する

3Dビューポートのヘッダーにある**［辺］**から**［辺ループのブリッジ］**を選択すると、辺の間に面が生成されます。

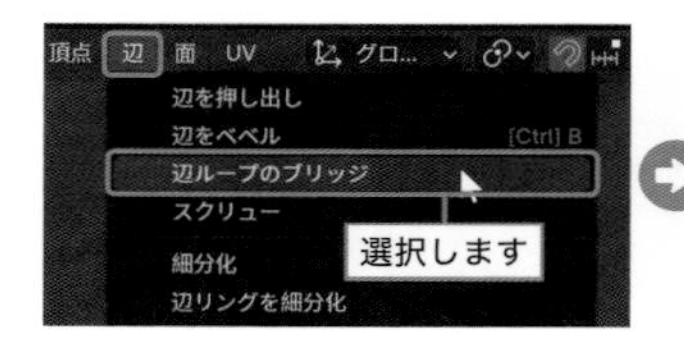

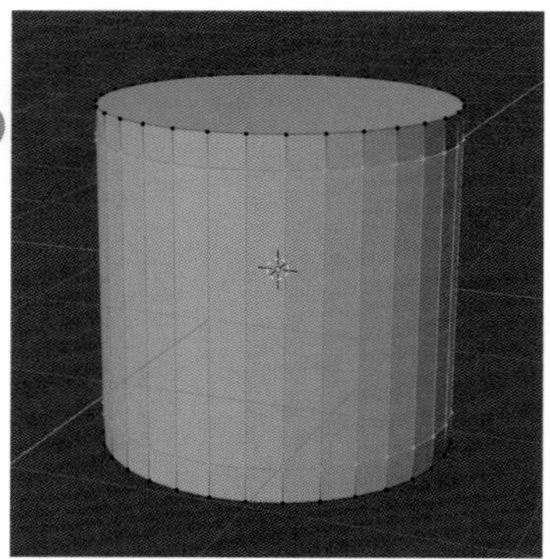

③ メッシュを編集する

3Dビューポートの左下に表示されるパネルでは、接続方法や分割数などを調整することができます。

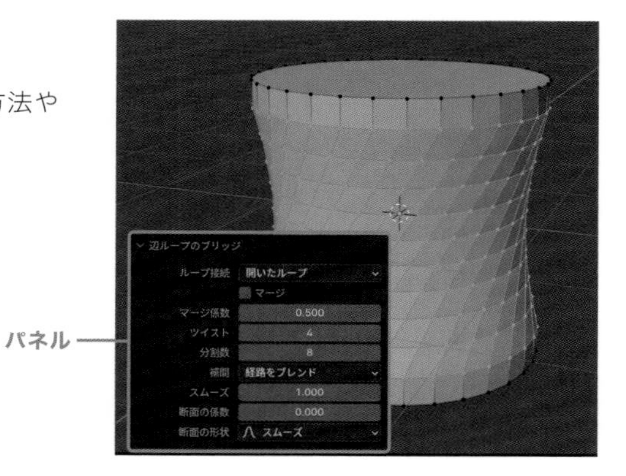

■ グリッド状に面を貼る

① メッシュを選択する

編集モードで、向かい合う辺の頂点数が同じメッシュをループ状に選択します。選択する際は、四隅のいずれかの頂点を最後に選択します（最後に選択した頂点は白色で表示されます）。

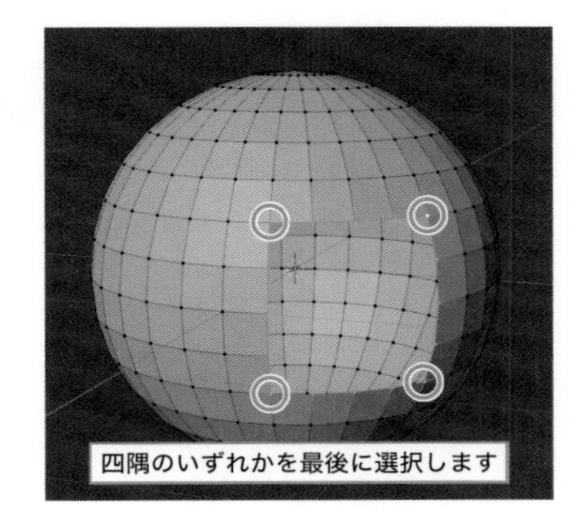

② メッシュを生成する

3Dビューポートのヘッダーにある **[面]** から **[グッドフィル]** を選択すると、周囲の形状に合わせてグリッド状の面が生成されます。

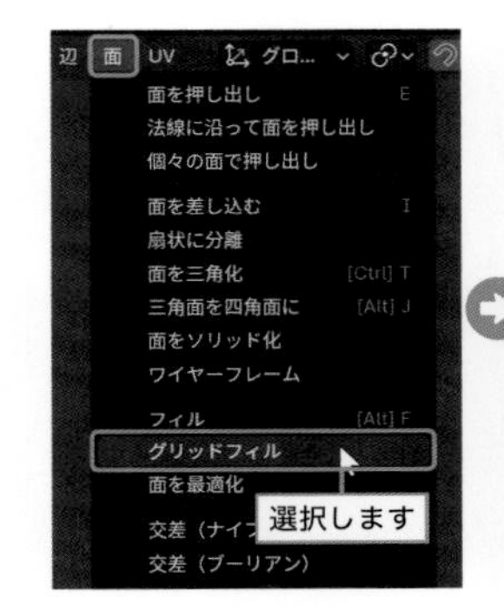

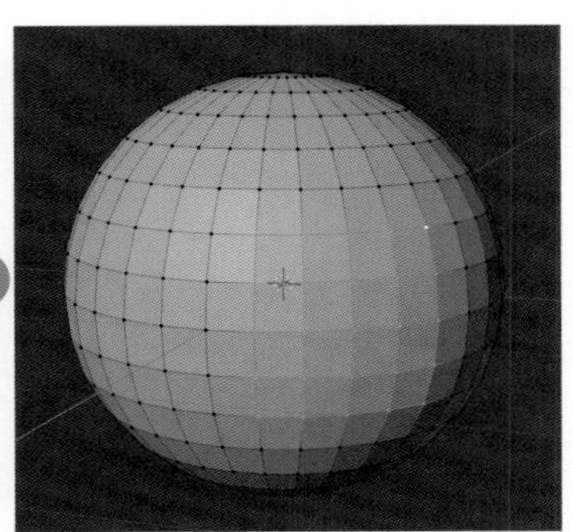

モデリングをする場合、グリッド状の穴を残すように作業を進めていくと、［グッドフィル］で穴を埋められるから効率的だヨ。

モデリングの実践　モデリングメニュー

SECTION 3.9

表面を滑らかに表示する

デフォルトでは、それぞれの面がフラットに表示されてエッジが際立っていますが、メッシュ構造をそのままに表面を滑らかに表示することができます。

■ オブジェクト全体の表面を滑らかにする

□スムーズシェードを設定する

オブジェクトモードでオブジェクトを選択し、3Dビューポートのヘッダーにある **[オブジェクト]** から **[スムーズシェード]** を選択すると、表面が滑らかに表示されます。

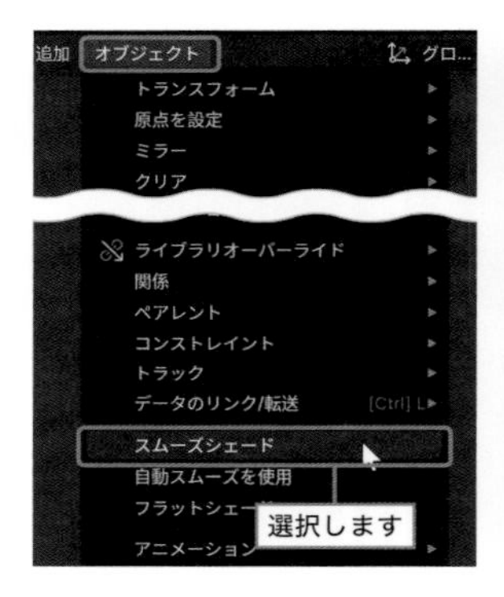

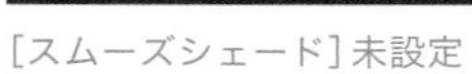
[スムーズシェード]未設定

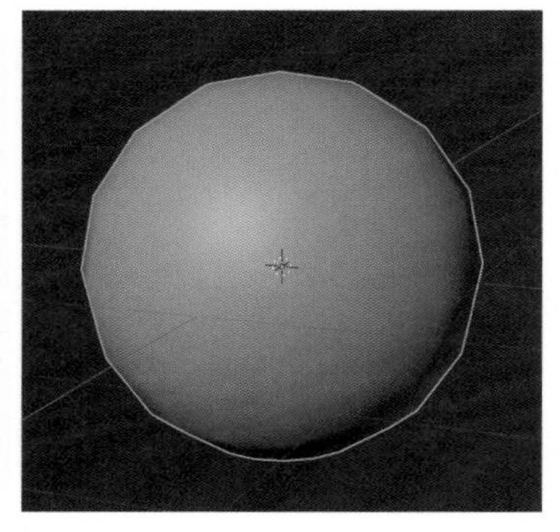
[スムーズシェード]設定

■ 角度によってエッジを際立たせる

① 「ノーマル」パネルを開く

[スムーズシェード] を設定したオブジェクトをオブジェクトモードで選択し、プロパティの「データ」を左クリックして「ノーマル」パネルを表示します。

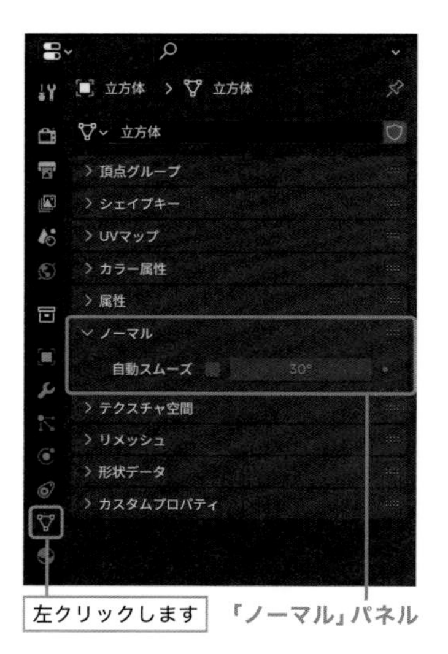

② 自動スムーズを設定する

「ノーマル」パネルの **[自動スムーズ]** にチェックを入れて有効にします。隣接する2つの面の法線方向の角度が30度より大きい部分のエッジのみがシャープに表示されます。

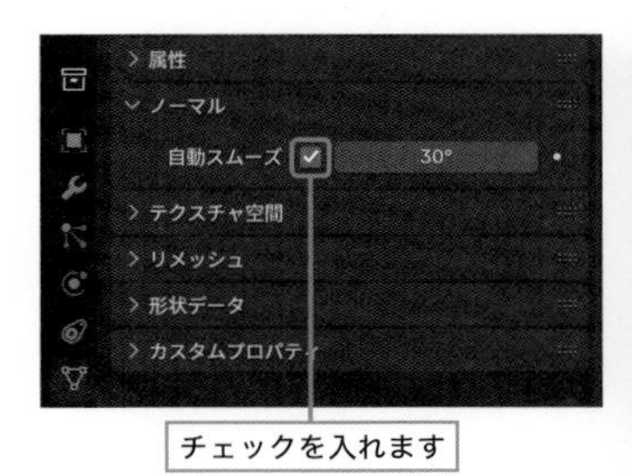

[自動スムーズ（30°）] 無効

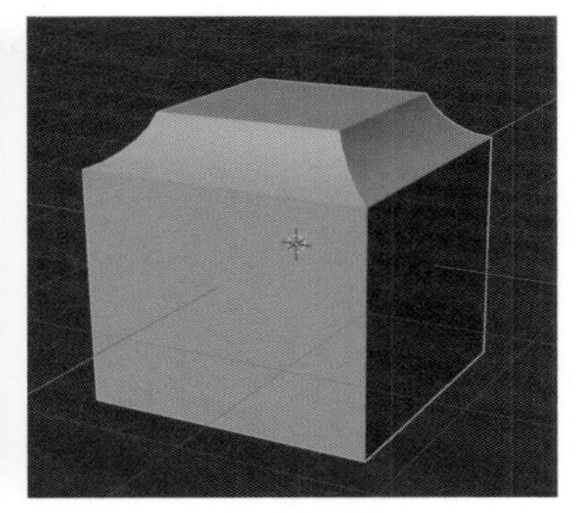

[自動スムーズ（30°）] 有効

③ 自動スムーズを使用する

[スムーズシェード] を設定する際に、3Dビューポートのヘッダーにある **[オブジェクト]** から **[自動スムーズを使用]** を選択すると、別途 **[自動スムーズ]** の設定は必要なく、**[スムーズシェード]** の設定と併せて **[自動スムーズ]** が有効になります。

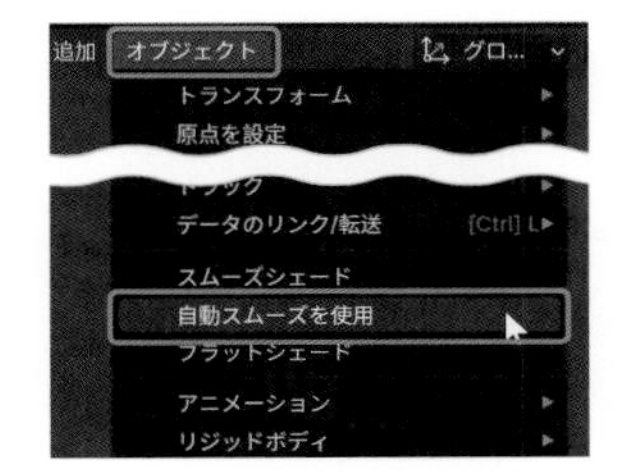

■ 特定の面のみを滑らかにする

① メッシュを選択する

[スムーズシェード] がまだ設定されていないオブジェクトを選択して編集モード（Tab キー）に切り替え、特定の面を選択します。

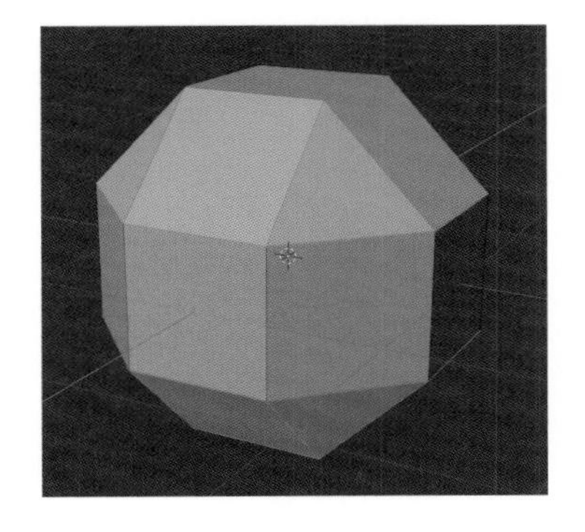

❗ [スムーズシェード] を無効にする場合は、オブジェクトモードでオブジェクトを選択し、3Dビューポートのヘッダーにある [オブジェクト] から [フラットシェード] を選択します。

② スムーズシェードを設定する

3Dビューポートのヘッダーにある **[メッシュ]** から **[シェーディング]** ➡ **[面をスムーズに]** を選択すると、選択した面のみを滑らかに表示することができます。

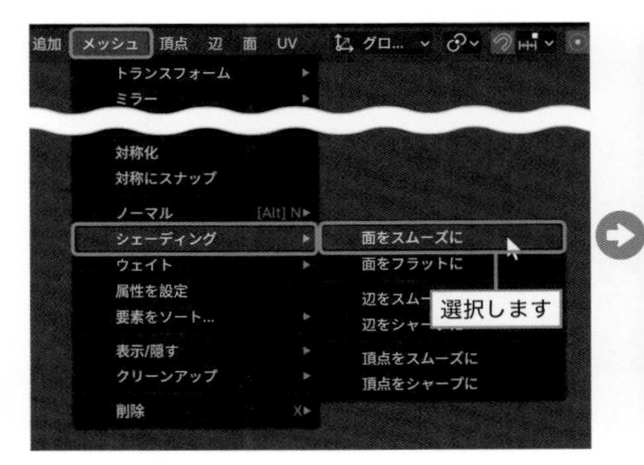

■ 特定のエッジを際立たせる

① メッシュを選択する

[スムーズシェード] を設定したオブジェクトを選択して編集モード（Tab キー）に切り替え、特定の辺を選択します。

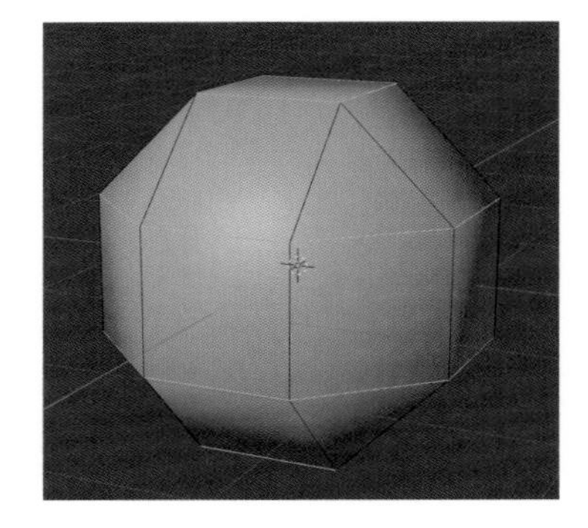

② シャープを設定する

3D ビューポートのヘッダーにある **[辺]** から **[シャープをマーク]** を選択します。**[シャープ]** として設定された辺は、水色で表示されます。

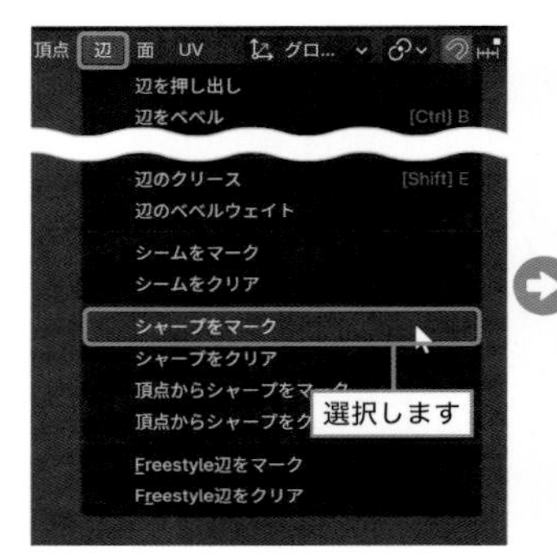

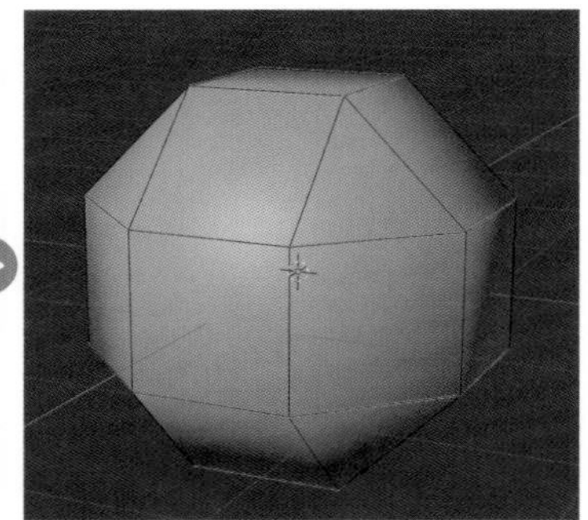

③ 自動スムーズを設定する

プロパティの「データ」を左クリックし、「ノーマル」パネルの **[自動スムーズ]** にチェックを入れて有効にします。

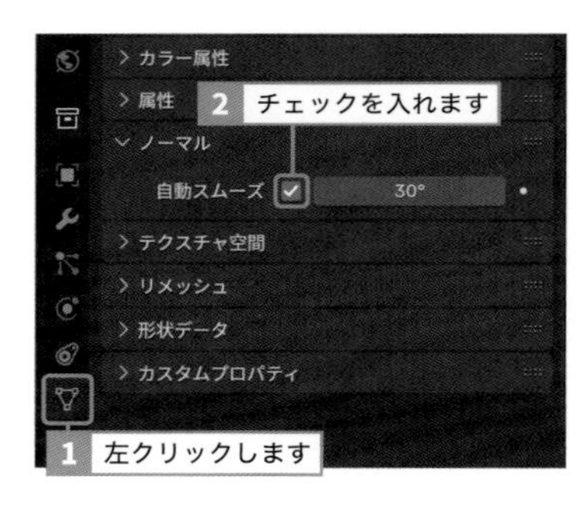

④ 角度を設定する

[自動スムーズ] の右側の“**30°**”を“**180°**”に変更します。本来、180 度に設定するとすべてのメッシュが滑らかに表示されますが、**[シャープ]** を設定するとそのエッジのみシャープに表示されるようになります。

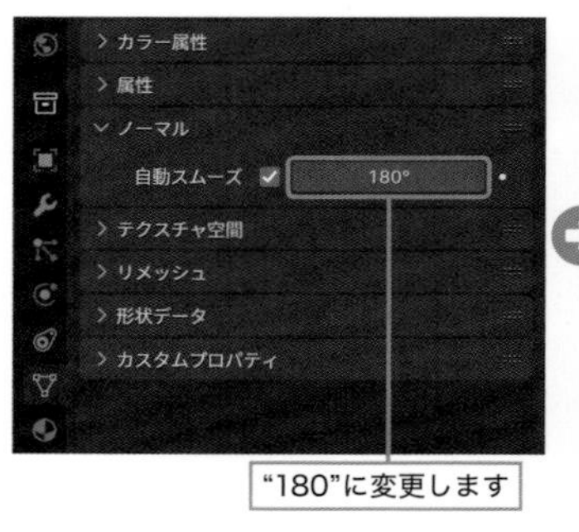

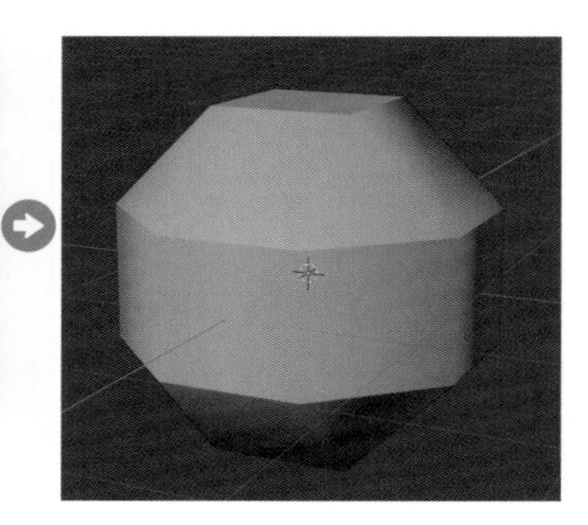

SECTION 3.10

モデリングの実践 モデリングメニュー

面の裏表を揃える

ポリゴンの面には表と裏が存在します。オブジェクトの面の裏表が揃っていないと、さまざまな不具合が生じる場合があります。ここでは、面の裏表の確認方法と変更方法を紹介します。

■ 法線方向とは

ポリゴンの面には表と裏があり、表側から垂直方向を「**法線方向**」といいます。法線方向は3Dオブジェクトを画面に表示するための重要な処理情報となります。通常、モデリングでは特に意識することなく編集を行うこともできますが、法線方向(面の裏表)が揃っていないと、さまざまな不具合が生じる場合があります。

モデリングの仕上げの際には、この法線方向が揃っているか確認するようにしましょう。

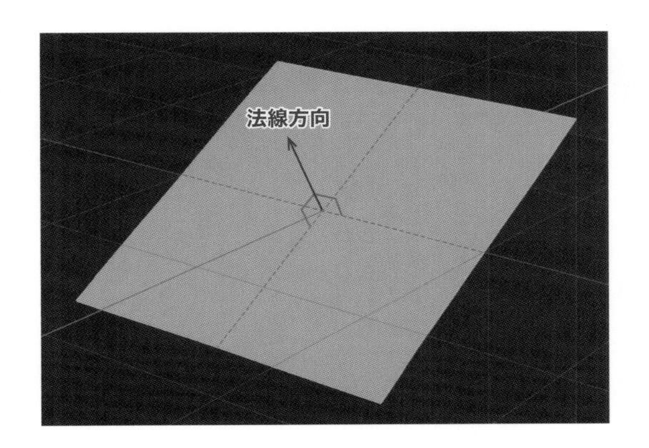

■ 法線方向を色分けで判別する

① 面の向きを表示する

オブジェクトモードで、3Dビューポートのヘッダーにある「ビューポートオーバーレイ」メニューを開き、**[面の向き]** にチェックを入れて有効にします。

② 面の向きを確認する

青色で表示された面は「表」、赤色で表示された面は「裏」を示しています。

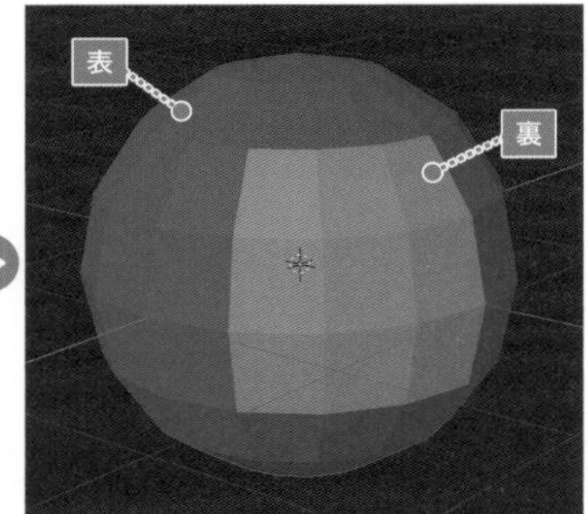

■ 法線方向をライン表示で判別する

① モードを変更する

オブジェクトを選択して、3Dビューポートのヘッダーにあるモード切り替えメニューから **[編集モード]**（Tab キー）を選択します。

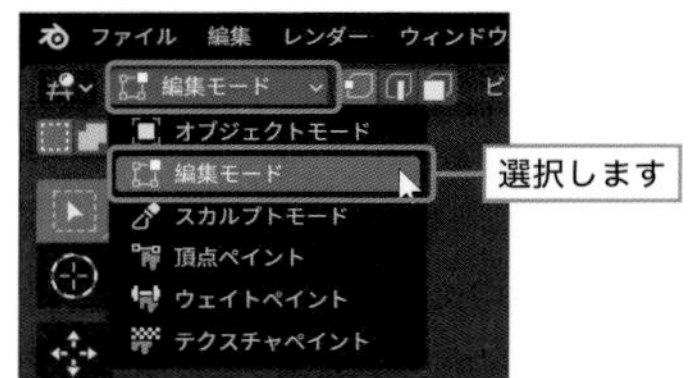

② 面の向きを表示する

3Dビューポートのヘッダーにある「メッシュ編集モードオーバーレイ」メニューを開き、「ノーマル」の **[法線を表示]** アイコンを左クリックで有効にします。

③ 面の向きを確認する

水色のラインが表示されている方向が面の「表」となります。

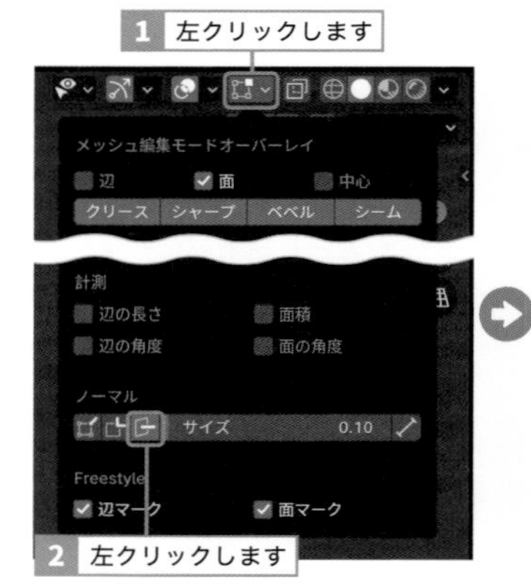

■ 法線方向を変更する

① メッシュを選択する

編集モードで、すべてのメッシュを選択（A キー）します。

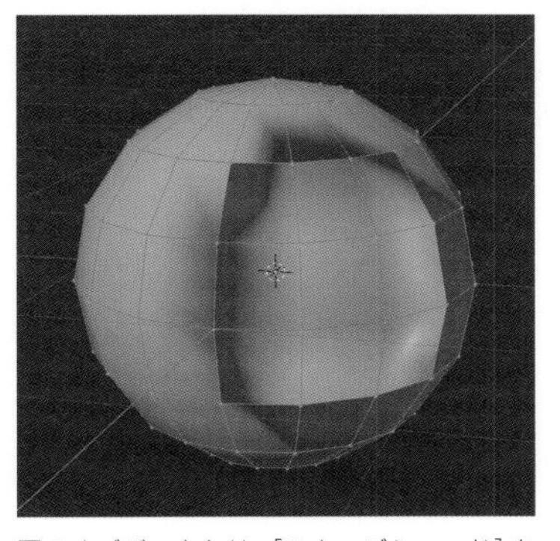

図のオブジェクトは、[スムーズシェード]を設定しています。

② 法線方向を揃える

3Dビューポートのヘッダーにある **[メッシュ]** から **[ノーマル]** ➡ **[面の向きを外側に揃える]**（Shift ＋ N キー）を選択すると、法線方向が自動的に揃います。

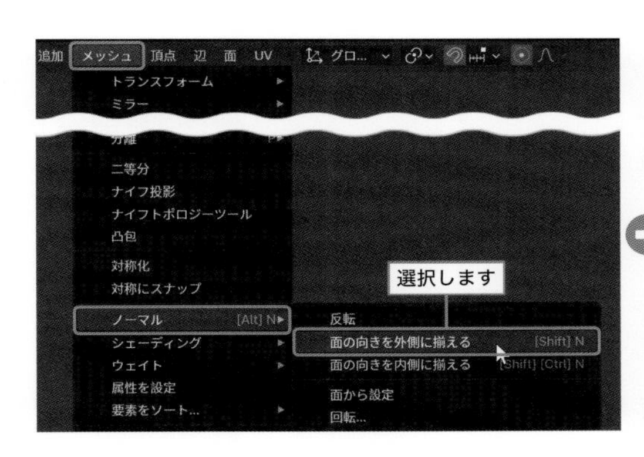

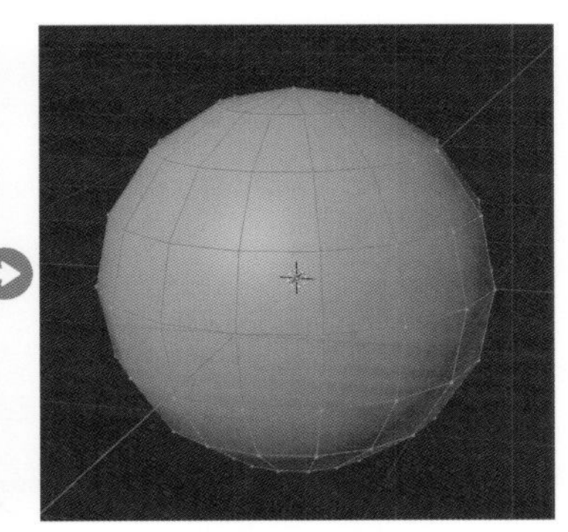

■ 法線方向を反転する

① メッシュを選択する

板状のメッシュなど **[面の向きを外側に揃える]** が上手く機能しない場合は、個別にメッシュを選択して法線方向を変更します。編集モードで、該当の面のみを選択します。

図のオブジェクトは、[スムーズシェード]を設定しています。

② 法線方向を揃える

3Dビューポートのヘッダーにある **[メッシュ]** から **[ノーマル]** ➡ **[反転]** を選択すると、選択した面のみ法線方向が反転されます。

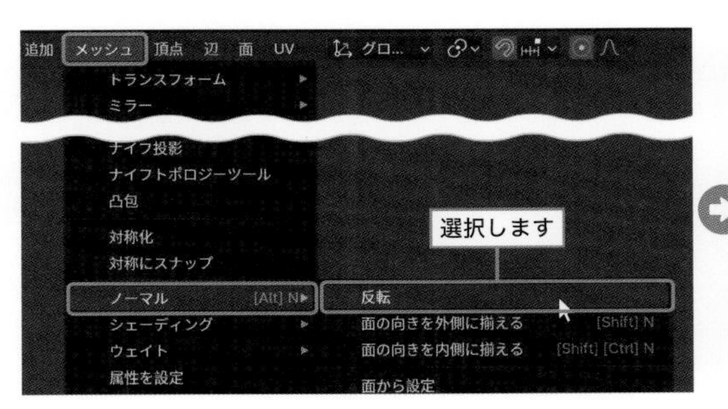

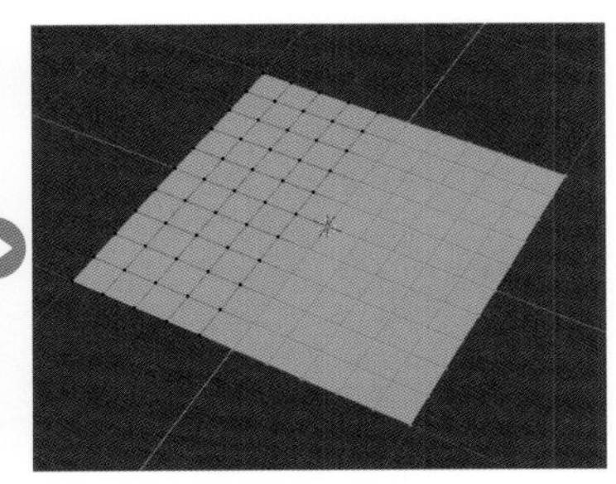

モデリングの実践　モデリングメニュー

\ SECTION /
3.11 メッシュをまとめて編集する

プロポーショナル編集とは、選択したメッシュと合わせて、その周辺のメッシュも同時にまとめて編集できる機能です。有機体など曲線で構成された形状を編集する際に有効です。

■ プロポーショナル編集を行う

① プロポーショナル編集を有効にする

編集モード（Tabキー）で、3Dビューポートのヘッダーにある「プロポーショナル編集」アイコンを左クリックで有効（Oキー）にします。

② メッシュを編集する

いずれかのメッシュを選択して編集します。ここでは、上方向に移動（Gキー）します。
マウスポインターを中心とした円が表示され、選択しているメッシュと合わせて円の内側のメッシュも同時に編集されます。

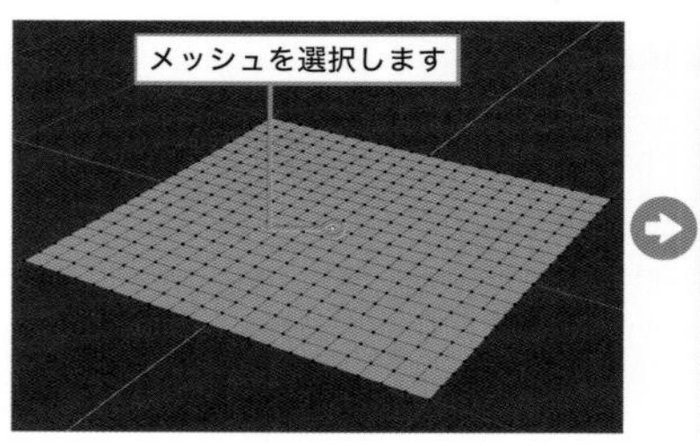

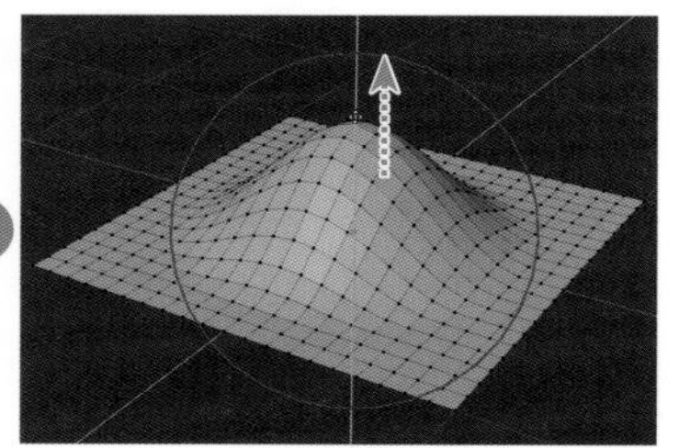

③ 影響範囲の変更

円の内側のメッシュは、編集の影響を受けることになります。影響力は円の中心から外側に向かって弱まります。
編集中にマウスホイールを回転すると、影響範囲となる円のサイズを変更することができます。

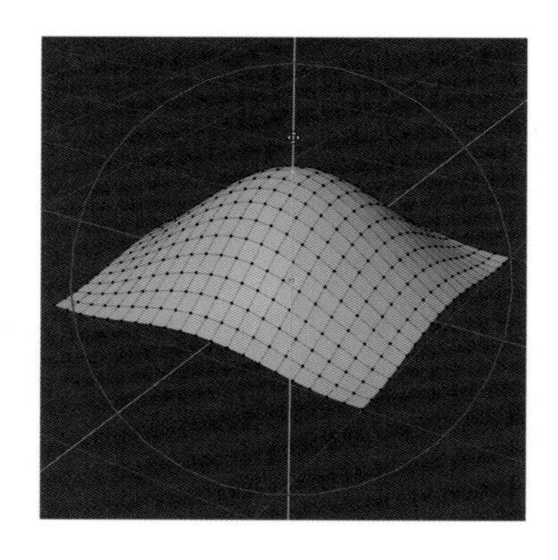

■ 減衰タイプを変更する

「プロポーショナル編集の減衰タイプ」メニューでは、編集する際の影響の与え方を変化させることができます。

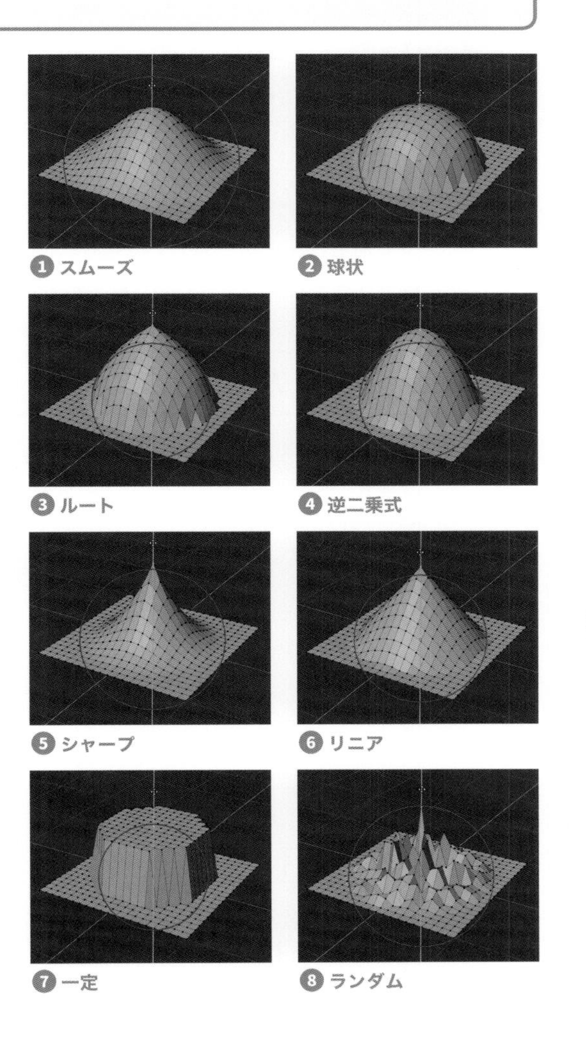

■ つながったメッシュのみ編集する

「プロポーショナル編集の減衰タイプ」メニューの **[接続のみ]** にチェックを入れて有効にすると、選択したメッシュとつながっていない部分は影響範囲内でも影響を受けなくなります。

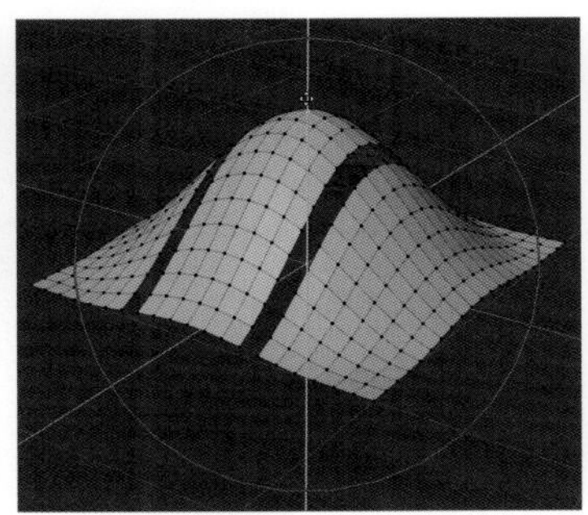

[接続のみ] 無効

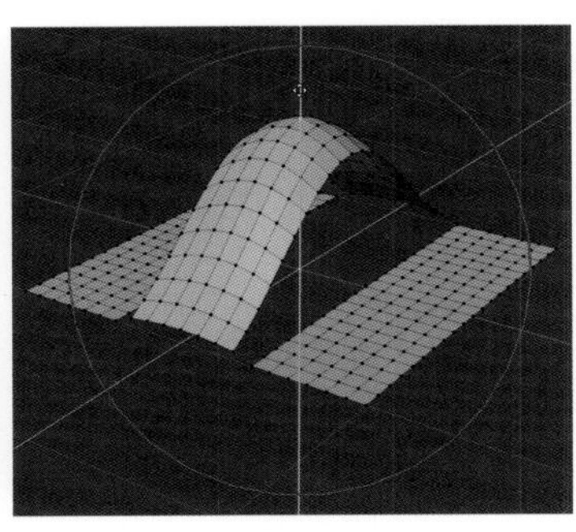

[接続のみ] 有効

モデリングの実践　モデイファイアー

\SECTION/ 3.12

モディファイアーを設定する

オブジェクトの形状を変形させたり、新たな構造を付加したりすることができるモディファイアーは、モデリングでも非常に活躍してくれる機能です。

■ モディファイアーを追加する

左右対称にメッシュを自動的に生成させたり、メッシュの分割数を増やして面を滑らかに表示させたりと、Blenderには各種モディファイアーが用意されています。

モディファイアーを設定する場合は、オブジェクトを選択してプロパティの「モディファイアー」🔧を左クリックし、「モディファイアー」の設定画面に切り替えます。「モディファイアーを追加」を左クリックしてモディファイアーを選択します。

モデリングでは、主に［生成］のモディファイアーを使用します。

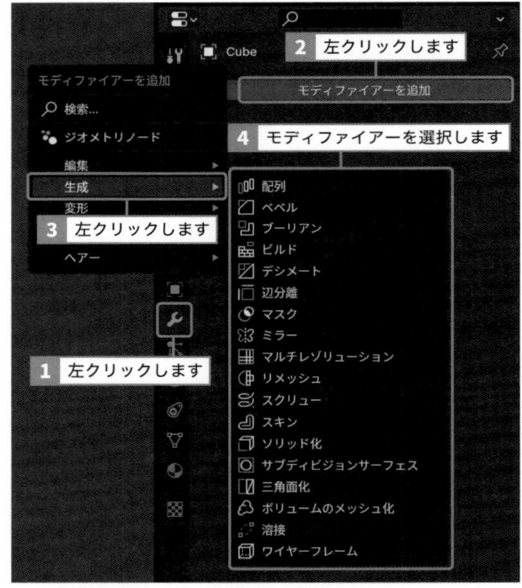

モディファイアーパネル上部の右側にある☒アイコンを左クリックすると、モディファイアーを削除できます。削除すると、モディファイアー設定前の状態に戻ります。

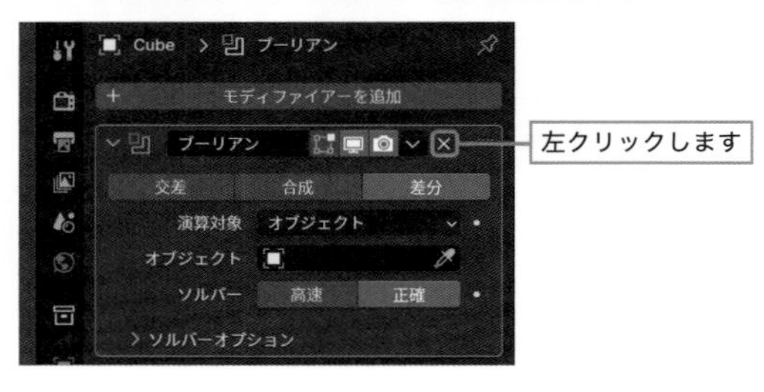

■ モディファイアーの有効／無効を切り替える

モディファイアーは、オブジェクト元々の形状は保持されており、いつでも有効／無効の切り替えが可能です。モディファイアーパネル上部のアイコンを左クリックすると、各モードごとに有効／無効の切り替えができます。

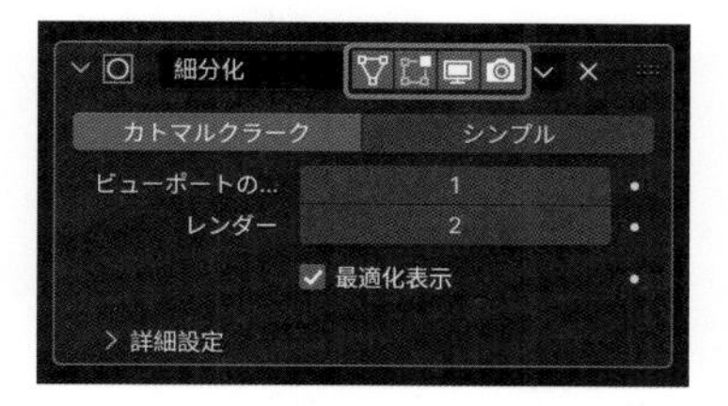

 編集モードでのワイヤーフレーム表示の有効／無効

 編集モード表示の有効／無効

 3Dビューポート表示の有効／無効

 レンダリングでの有効／無効

■ モディファイアーの順番を変更する

1つのオブジェクトに対して複数のモディファイアーを設定することも可能です。

順番の変更は、モディファイアーパネルの右上 をマウス左ボタンでドラッグしてモディファイアーパネルを上下に移動します。

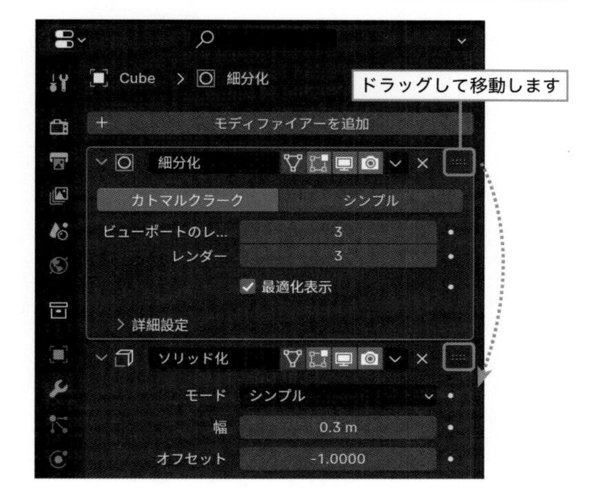

TIPS 設定順による効果の変化

1つのオブジェクトに対して、複数のモディファイアーを設定することは可能ですが、モディファイアーによっては設定する順番で効果が異なる場合があるので注意しましょう。
例えば、上面を削除した立方体のオブジェクトに対して、メッシュの表面を滑らかにする「サブディビジョンサーフェス（細分化）」と厚み付けをする「ソリッド化」を設定するとします。

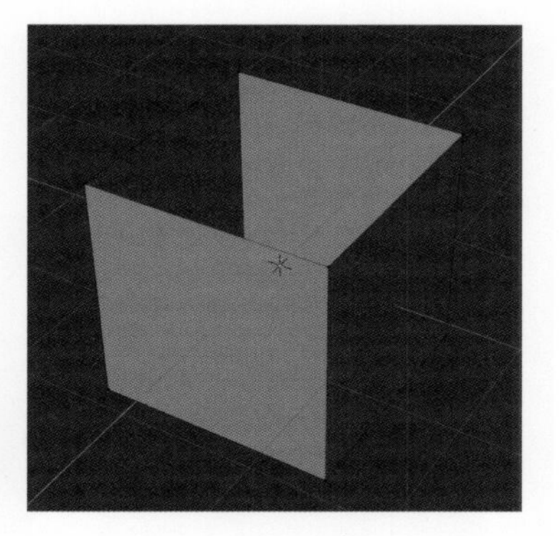

2つ目以降、追加したモディファイアーは
一番下に配置されるヨ。
それを踏まえて、順番には注意してネ。

次ページへつづく

このような場合、上から順に各効果を与えていきます。「サブディビジョンサーフェス（細分化）」が上の場合は、細分化の効果を与えてから厚み付けの効果を与えるため、厚み部分のエッジがシャープになります。

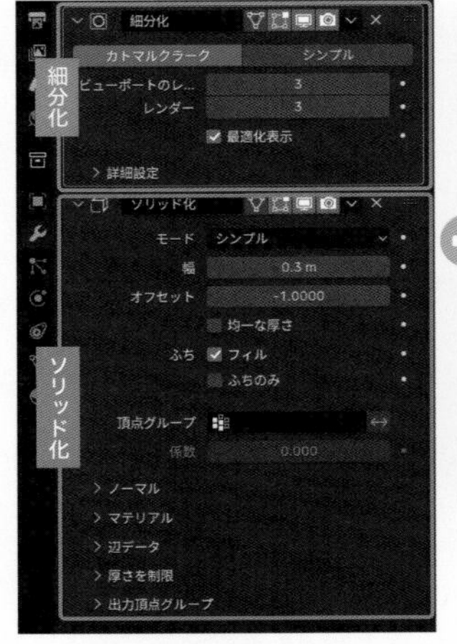

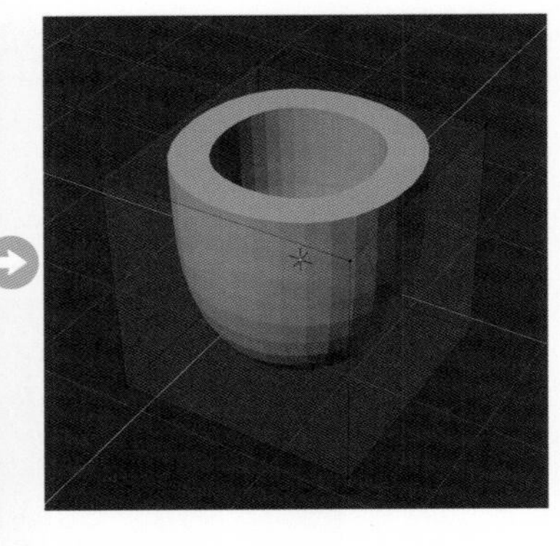

逆に「ソリッド化」が上の場合は、厚み付けの効果を与えてから細分化の効果を与えるため、全体的にエッジが滑らかになります。

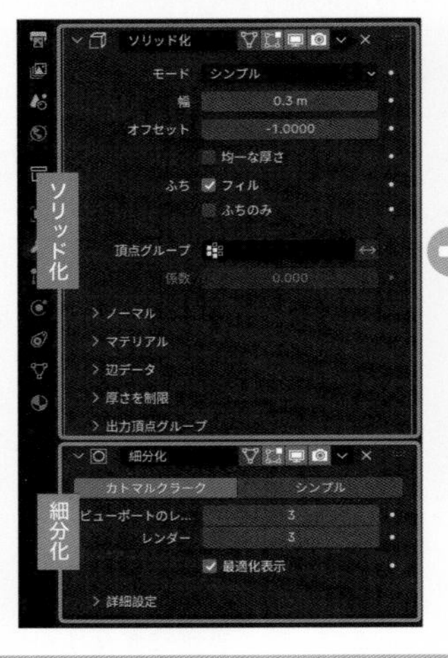

■ モディファイアーを適用する

モディファイアーによって生成されている形状は擬似的に表示されているため、元々のメッシュ構造は維持されており、いつでも元の形状に戻すことが可能です。

モディファイアーを適用することで、擬似的なメッシュ構造を実体化することができ、さらなるメッシュの編集が可能となります。

適用の方法は、**オブジェクトモード**でモディファイアーパネル上部のメニューから**［適用］**を選択します（編集モードでは**［適用］**を選択できません）。**［適用］**を実行すると、元の形状に戻すことができなくなるので注意しましょう。

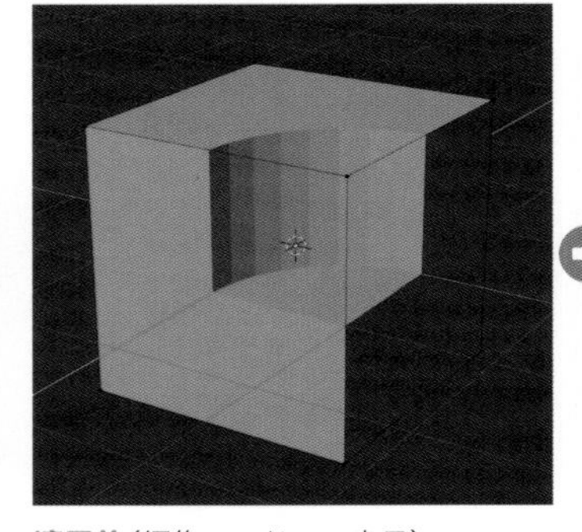

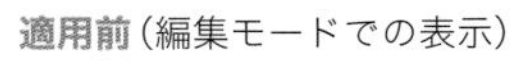
適用前（編集モードでの表示）

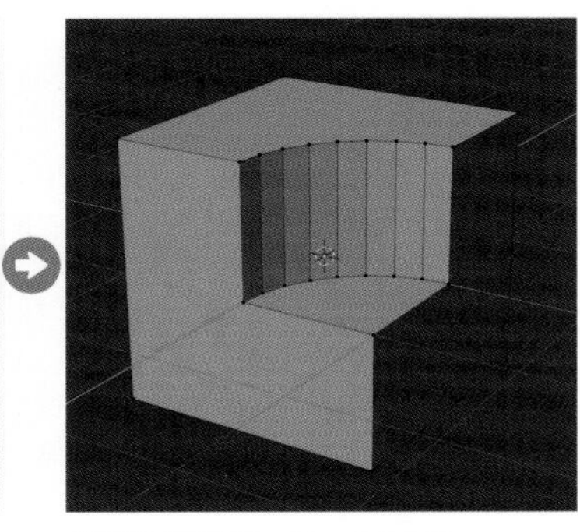

適用後（編集モードでの表示）

\SECTION/
3.13

モデリングの実践　モディファイアー

オブジェクトを融合する・部分的に取り除く

ここからはモデリングで使用する主なモディファイアーを紹介します。
指定した別オブジェクトとの重なった部分を融合したり、取り除いたりして、1つの複合オブジェクトを生成します。

■「ブーリアン」モディファイアーを設定する

① 別オブジェクトを用意する

モディファイアーを設定するオブジェクト（ここでは立方体）とは別に、複合するためのオブジェクト（ここでは円柱）を用意し、2つのオブジェクトの重なり具合を調整します。

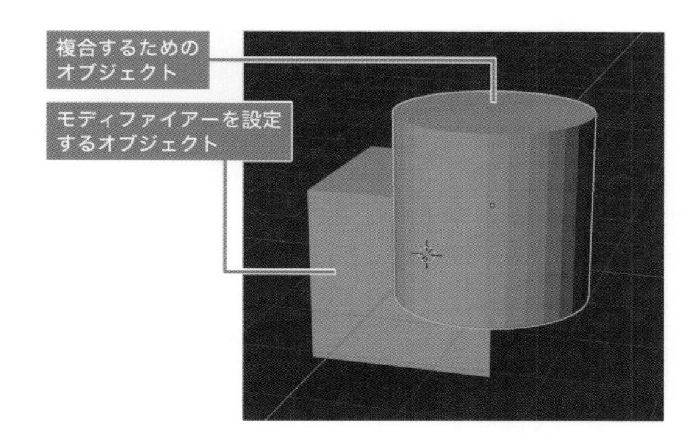

② オブジェクトを隠す

複合するために用意したオブジェクト（モディファイアーを設定しない方）を選択し、3Dビューポートのヘッダーにある**［オブジェクト］**から**［表示／隠す］➡［選択物を隠す］**（Hキー）を選択してオブジェクトを非表示にします。

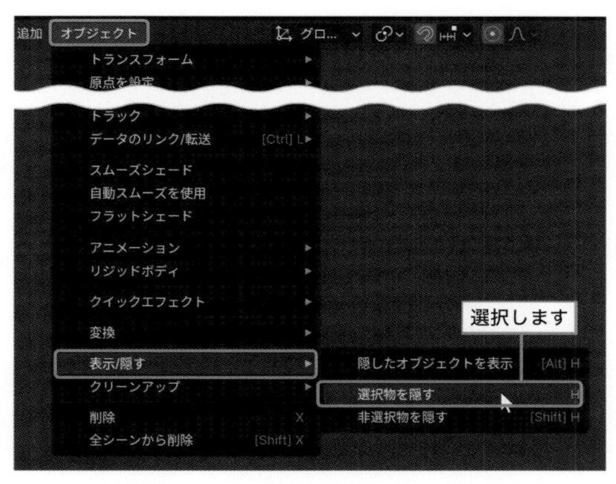

③ モディファイアーを追加する

モディファイアーを設定するオブジェクトを選択し、プロパティの「モディファイアー」を左クリックします。「モディファイアーを追加」を左クリックして**［生成］**から**［ブーリアン］**を選択します。

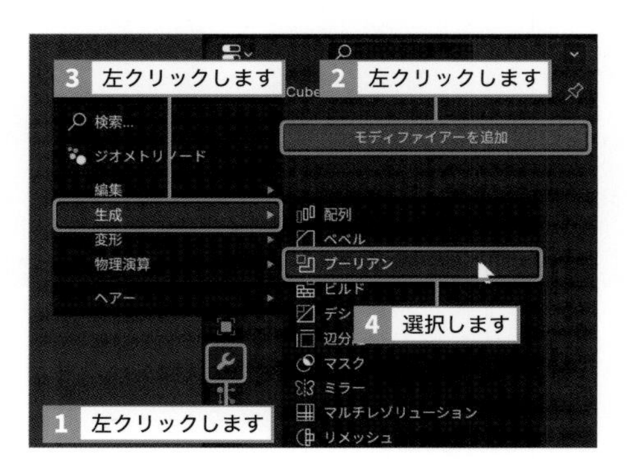

④ オブジェクトを指定する

モディファイアーパネルにある「オブジェクト」のフォームを左クリックして、複合するために用意したオブジェクトを選択します。「スポイト」アイコン を左クリックしてアウトライナーから選択することもできます。

方法1

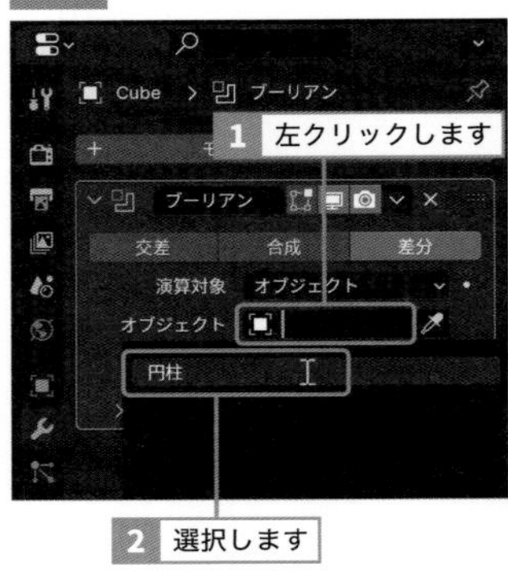

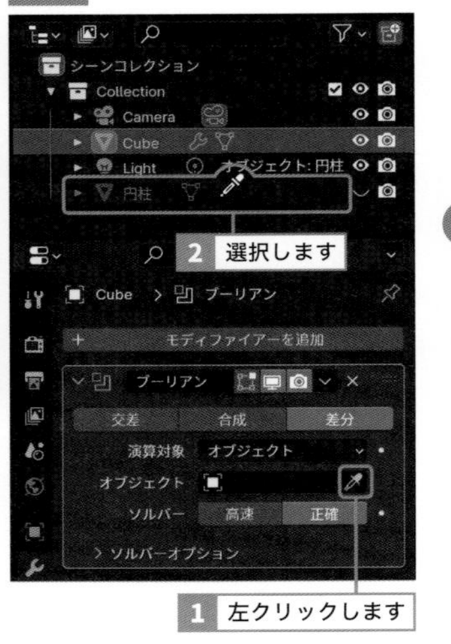

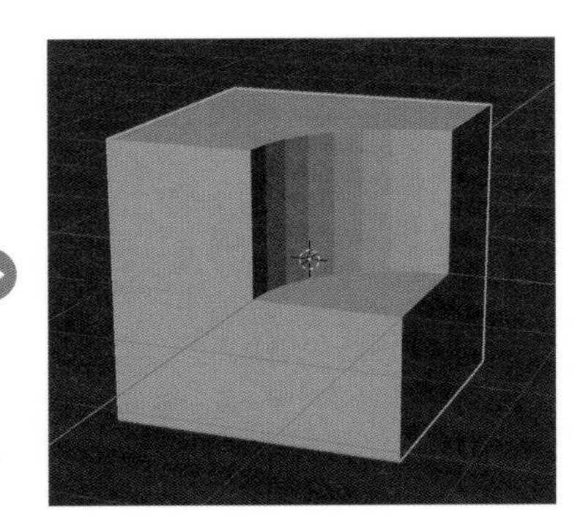

■ 演算方式を変更する

モディファイアーパネル上部から演算方式を変更することができます。

□ 交差

2つのオブジェクトの重なった部分の形状が生成されます。

□ 合成

2つのオブジェクトが結合した形状が生成されます。

2つのオブジェクトの重なった部分が取り除かれた形状が生成されます。

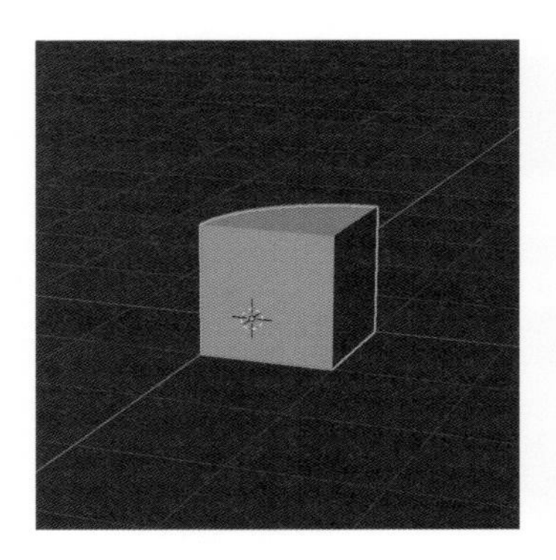

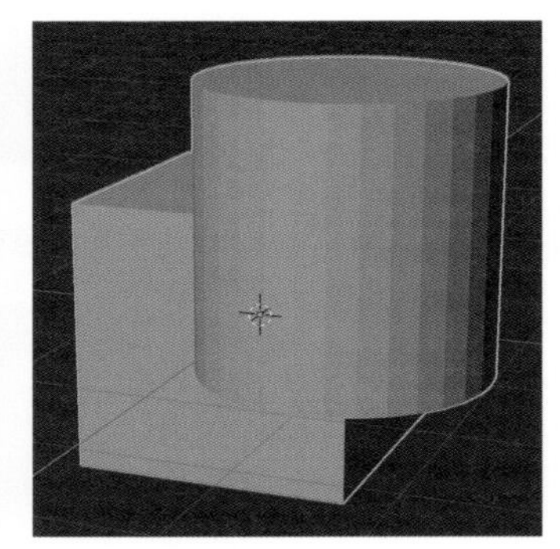

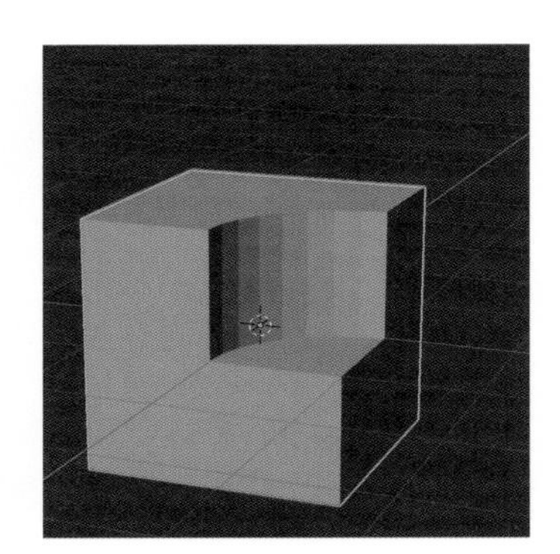

モデリングの実践 モデディファイアー

\SECTION/ 3.14

オブジェクトを左右対称に編集する

オブジェクトの原点を基点として、指定した座標軸に沿って自動的に鏡像を生成します。左右対称のモデルを制作する際に便利です。

■「ミラー」モディファイアーを設定する

① メッシュを分割する

「ミラー」モディファイアーを設定する場合は基本的に、鏡像とメッシュが重複しないように、オブジェクトの原点から片側半分のメッシュを事前に削除する必要があります。
メッシュが半分に分割されていない場合は、編集モードで細分化やループカットなどを使って、対称の境界線となる部分に辺を追加します。

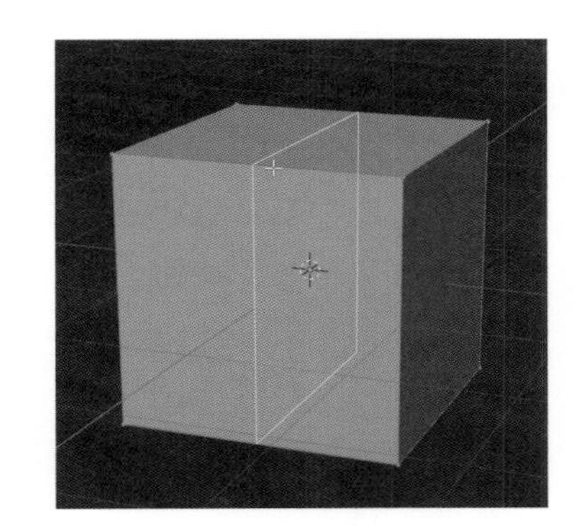

② メッシュの半分を削除する

オブジェクトの原点を中心として、片側半分のメッシュを削除します。

左右対称のモデルを制作する場合は向かって左側半分、前後が対称のモデルを制作する場合は前方半分、上下が対称のモデルを制作する場合は下側半分を削除します。

上記とは反対側のメッシュを削除することも可能ですが、後述の「二等分」や「逆転」が通常どおり機能しなくなるので注意しましょう。

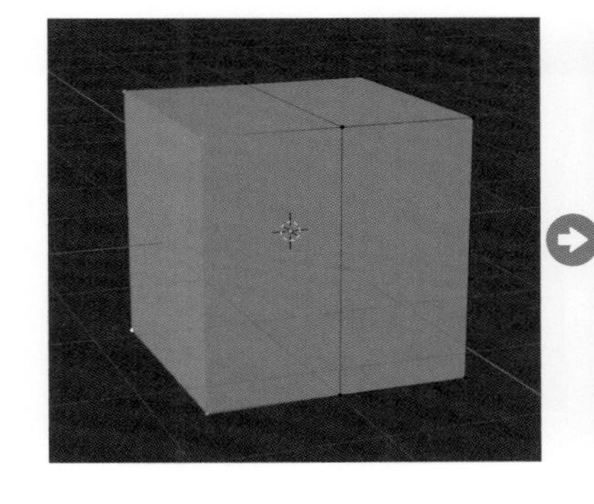

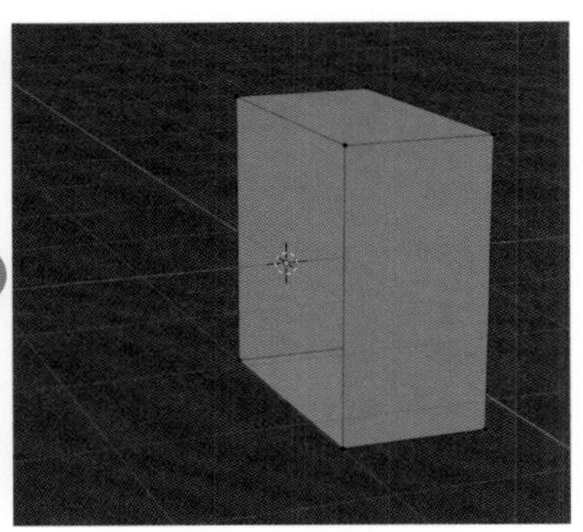

③ モディファイアーを追加する

プロパティの「モディファイアー」を左クリックします。「モディファイアーを追加」を左クリックして、**[生成]** から **[ミラー]** を選択します。

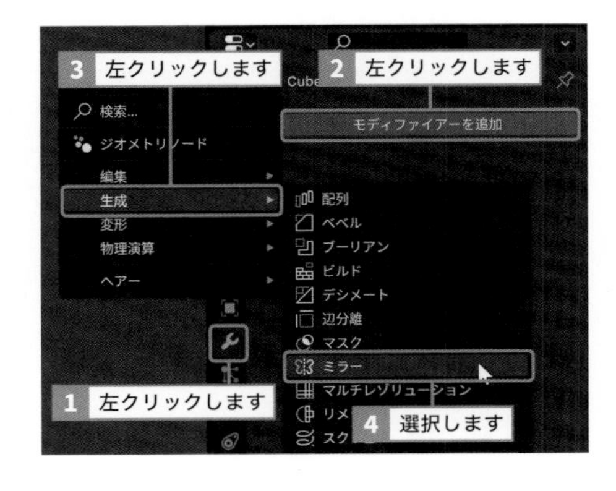

④ 座標軸を指定する

モディファイアーパネルの「座標軸」で **[X] [Y] [Z]** のいずれかを左クリックで有効にします。
左右対称のモデルを制作する場合は **[X]**、前後が対称のモデルを制作する場合は **[Y]**、上下が対称のモデルを制作する場合は **[Z]** を指定します。

⑤ 形状を編集する

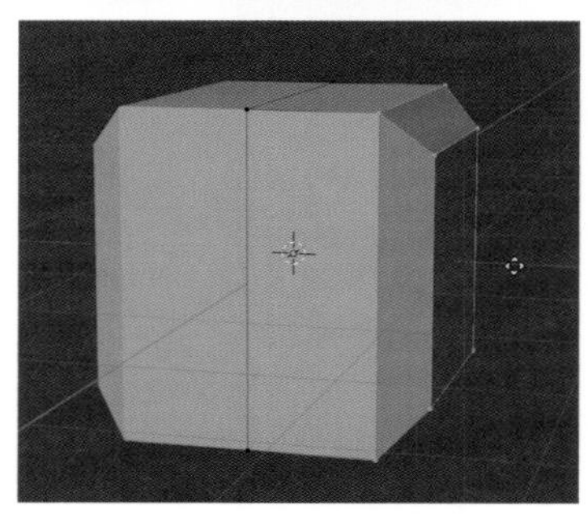

「ミラー」モディファイアーが設定されたことで、メッシュを編集すると反対側のメッシュも連動するようになります。

■ はみ出たメッシュを削除する

モディファイアーパネルの「二等分」で、「座標軸」で指定したものと同じものを指定すると、対称の境界線からメッシュがはみ出ると、自動的に削除します。

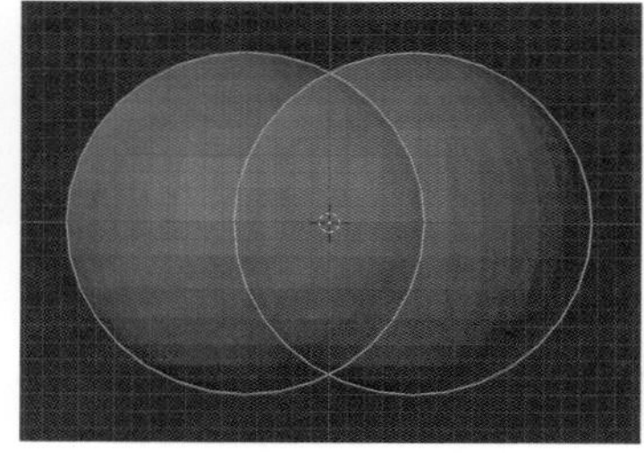
「二等分」無効

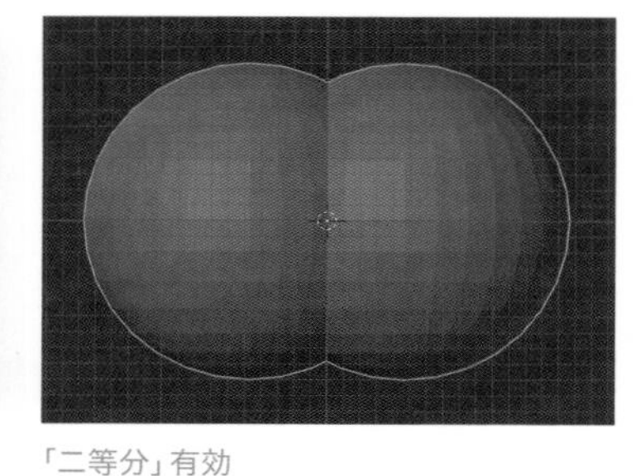
「二等分」有効

さらに「逆転」で同じものを指定すると、削除する範囲が反転されます。

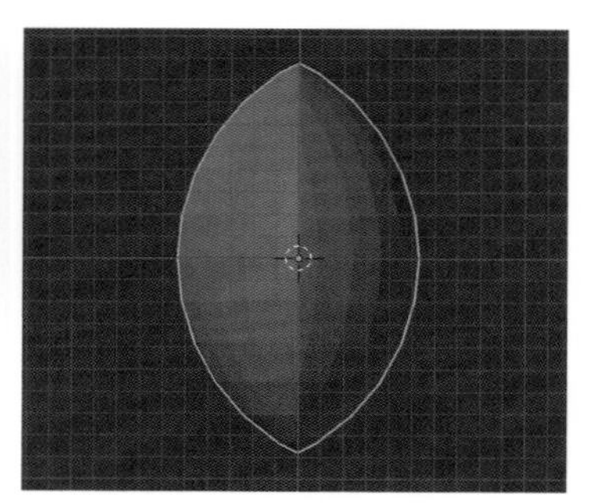

■ クリッピングを有効にする

モディファイアーパネルの **[クリッピング]** にチェックを入れて有効にすると、編集の際にメッシュが対称の境界線を超えないようになります。また、境界線上にあるメッシュは、境界線上で固定されます。

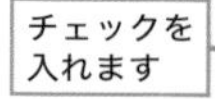

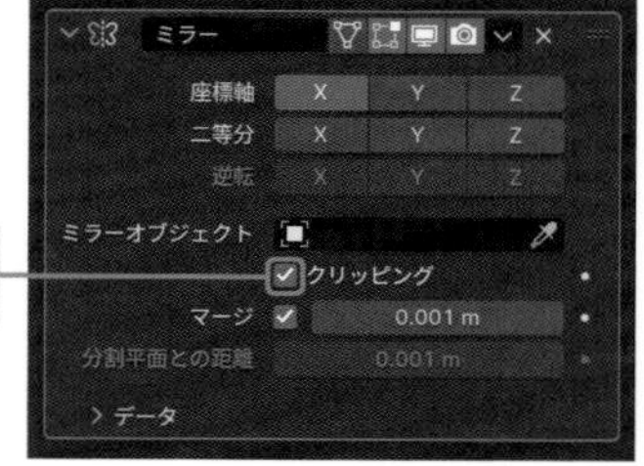

モデリングの実践　モデファイアー

\SECTION/ 3.15

オブジェクトに厚みをつける

厚みのないメッシュに対して、メッシュ構造を破壊することなく立体的に厚みを付けます。

■「ソリッド化」モディファイアーを設定する

① モディファイアーを追加する

オブジェクトを選択してプロパティの「モディファイアー」を左クリックします。「モディファイアーを追加」を左クリックして **[生成]** から **[ソリッド化]** を選択します。

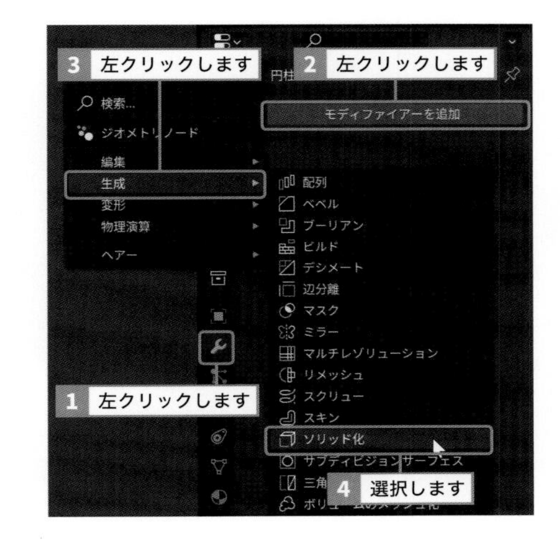

② 厚みを設定する

モディファイアーパネルの「幅」で、生成されるメッシュの厚みを設定します。

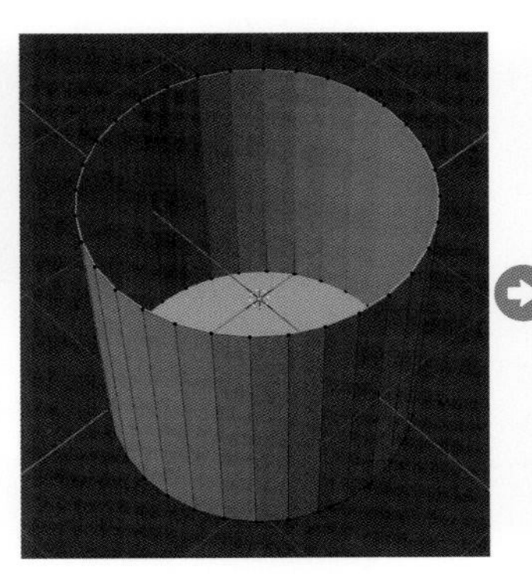

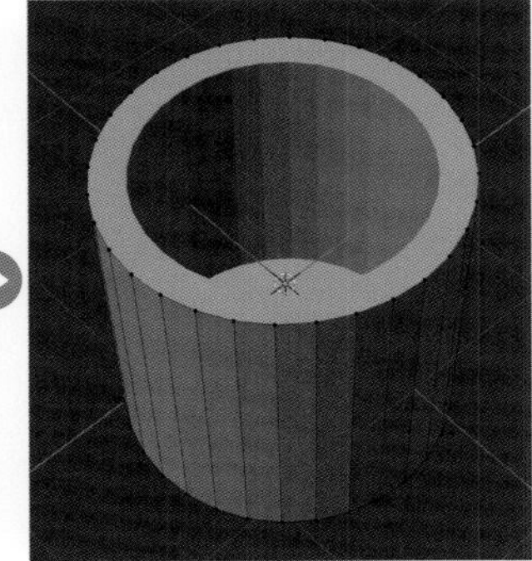

③ メッシュの生成される方向を設定する

モディファイアーパネルの「オフセット」で、内側に向かってメッシュを生成するか、外側に向かってメッシュを生成するか設定します。
"0"で元のメッシュを中心に両側に向かってメッシュを生成します。
"0"より小さいと内側、"0"より大きいと外側に向かってメッシュを生成します。

オフセット：-1.0000

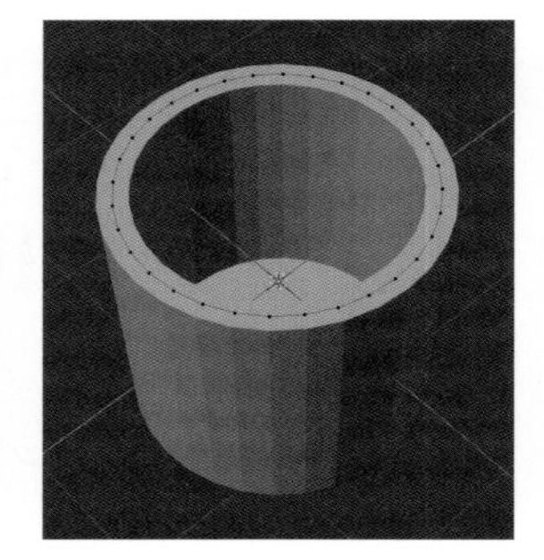

オフセット：0.0000

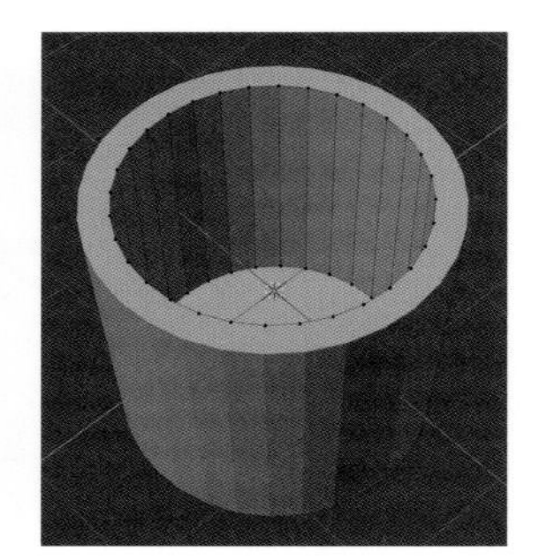

オフセット：1.0000

■ 厚さを均一にする

モディファイアーパネルの **[均一な厚さ]** にチェックを入れて有効にすると、生成されるメッシュの厚さが均一になります。

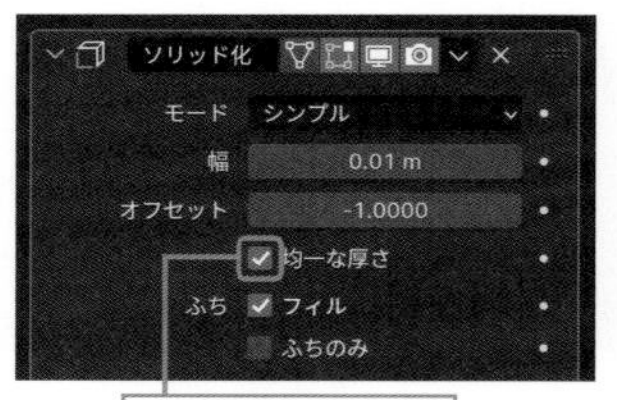

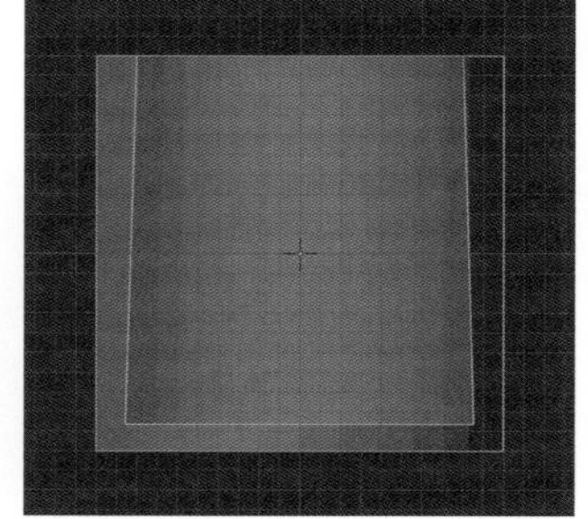

[均一な厚さ] 無効

[均一な厚さ] 有効

■ ふちのメッシュの生成を設定する

モディファイアーパネルの「ふち」で **[フィル]** のチェックを外して無効にすると、元のメッシュとモディファイアーで生成されるメッシュの間にメッシュが生成されなくなります。

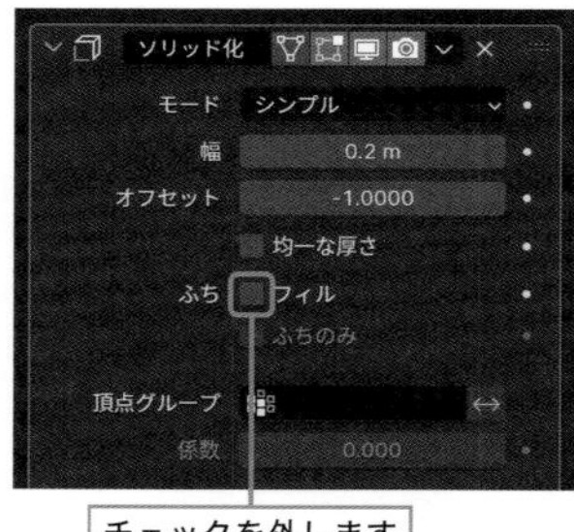

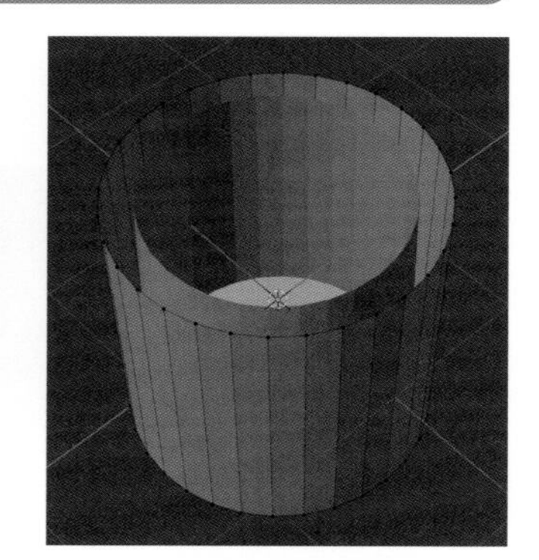

[フィル] と **[ふちのみ]** の両方にチェックを入れて有効にすると、厚みとなるメッシュは生成されず、ふちのみにメッシュが生成されます。

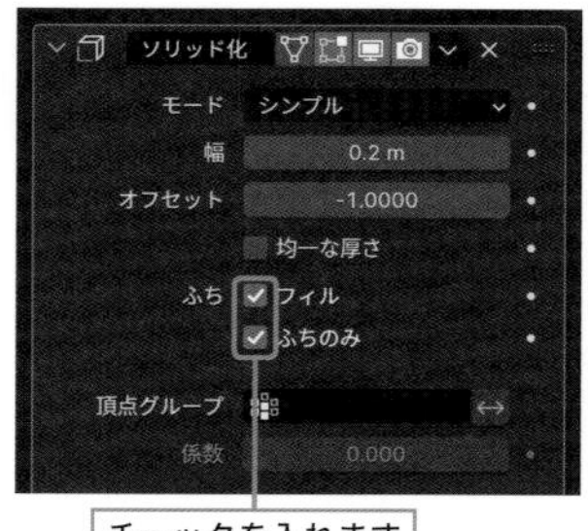

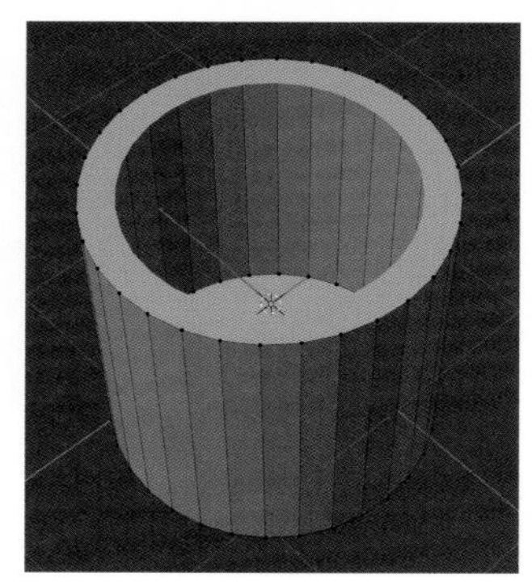

SECTION 3.16

モデリングの実践 モディファイアー

オブジェクトを細分化する

メッシュを細分化して、表面を滑らかに表示します。［スムーズシェード］と併用すると、より効果的です。

■「サブディビジョンサーフェス」モディファイアーを設定する

① モディファイアーを追加する

オブジェクトを選択してプロパティの「モディファイアー」を左クリックします。「モディファイアーを追加」を左クリックして **［生成］** から **［サブディビジョンサーフェス］** を選択します。

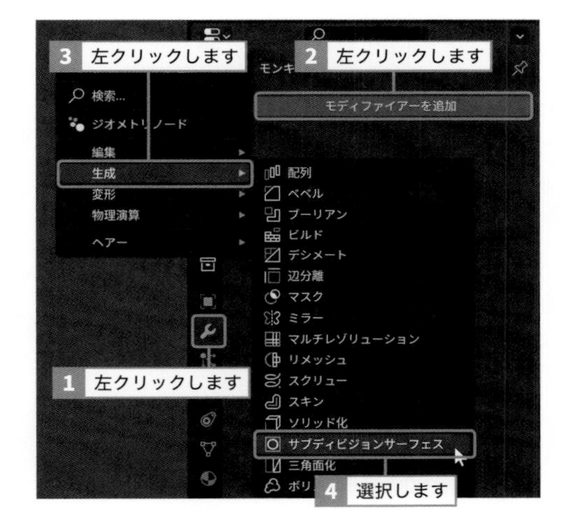

② 細分化レベルを設定する

モディファイアーパネルの「ビューポートのレベル数」と「レンダー」で、3Dビューポート、レンダリングそれぞれの細分化の度合いを設定します。数値が大きいほどより細かく分割されて、表面が滑らかになりますが、その分処理が重くなります。

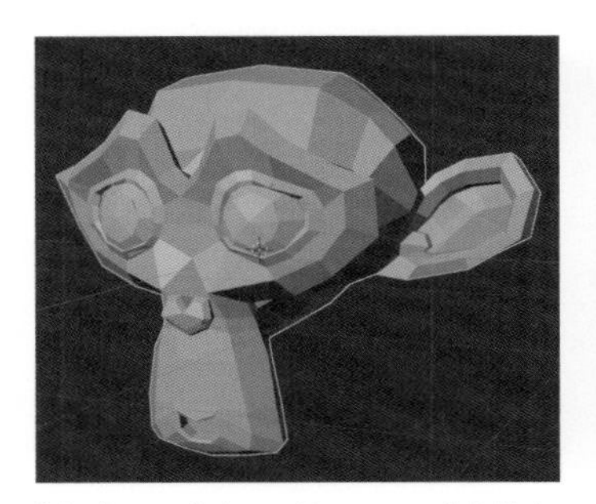
［サブディビジョンサーフェス］未設定

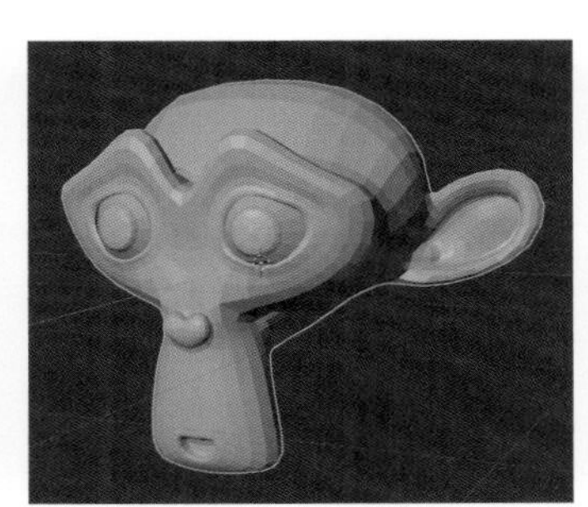
レベル数：1

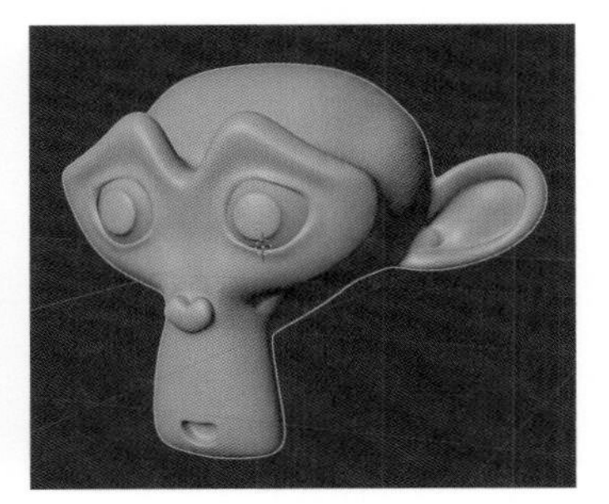
レベル数：3

③ スムーズシェードを設定する

より表面を滑らかに表示するには、「スムーズシェード」(88ページ参照)を併用するのが効果的です。

3Dビューポートのヘッダーにある **[オブジェクト]** から **[スムーズシェード]** を選択すると、エッジが目立たなくなり、表面が滑らかに表示されます。

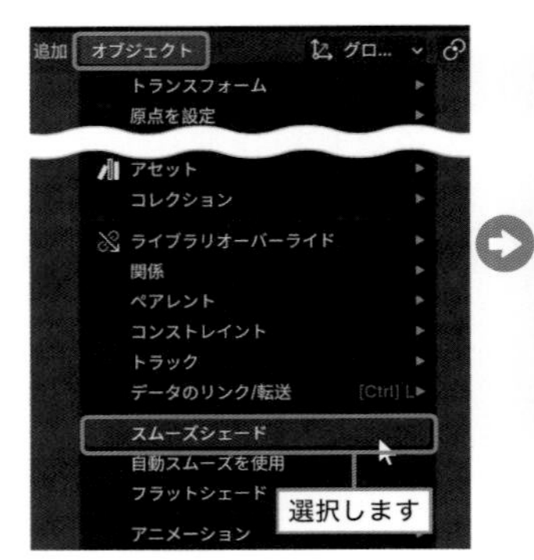

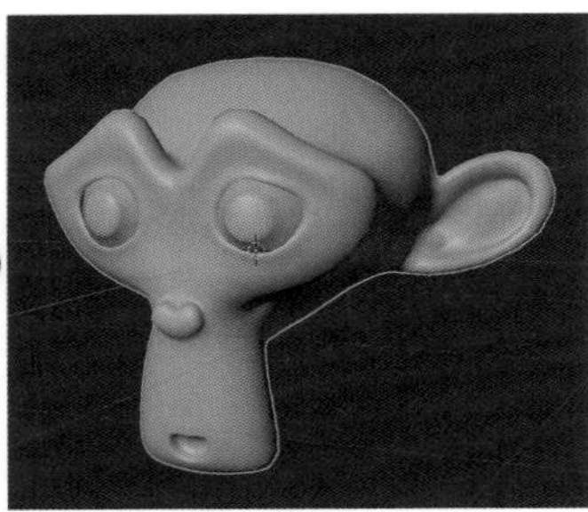

レベル数：1に対して
[スムーズシェード]を設定

TIPS オブジェクトが消えてしまう不具合について

「サブディビジョンサーフェス（細分化）」モディファイアーを設定するとオブジェクトが消えてしまう不具合が発生した場合は、以下のように環境設定を変更することで、解消する場合があります。

ヘッダーの［編集］から［プリファレンス］を選択して「Blenderプリファレンス」ウィンドウを開きます。
「Blenderプリファレンス」ウィンドウの左側にある［ビューポート］を左クリックし、「細分化」パネルの［GPUサブディビジョン］のチェックを外して無効にします。

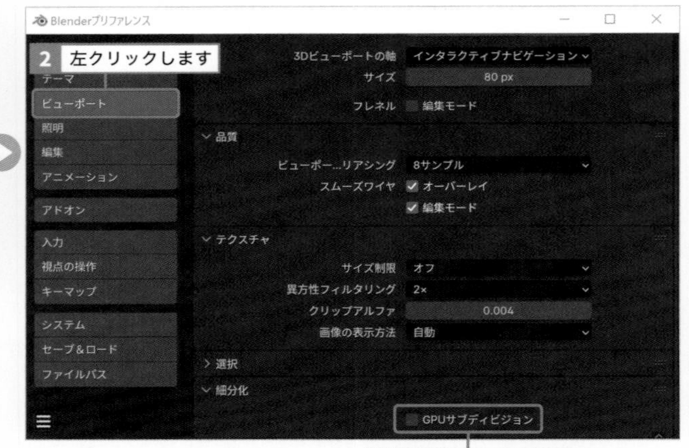

「GPUサブディビジョン」が有効だと処理が高速化されるので、対応しているGPU搭載のパソコンを使用している人は、チェックを入れたままにしておくのがおすすめだヨ。

■ 部分的にエッジを際立たせる

「サブディビジョンサーフェス（細分化）」モディファイアーを設定すると、全体的に表面が滑らかになります。

ここでは、部分的にエッジをシャープに設定する方法を3種類紹介します。

図のような「サブディビジョンサーフェス」モディファイアー（レベル数"**2**"）と併せて、**[スムーズシェード]**を設定した立方体のオブジェクトを使用してシャープなエッジを設定します。

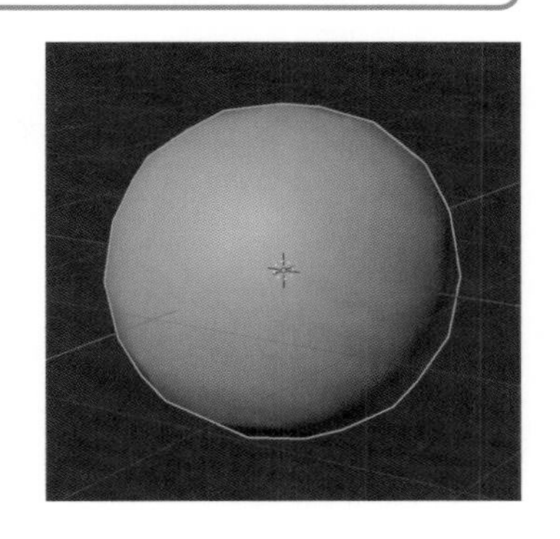

□ メッシュを追加する

メッシュの間隔の狭い箇所は、シャープなエッジになります。**[編集モード]**（Tabキー）に切り替えて、ベベルツールやループカットツールなどでメッシュを追加すれば、メッシュの間隔が狭くなり、その部分はシャープなエッジになります。

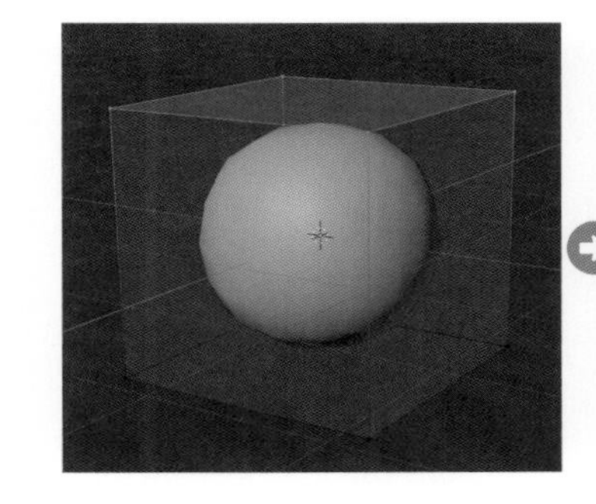

□ クリースを設定する

① 辺を選択する

[編集モード]（Tabキー）に切り替えて、辺を選択します。

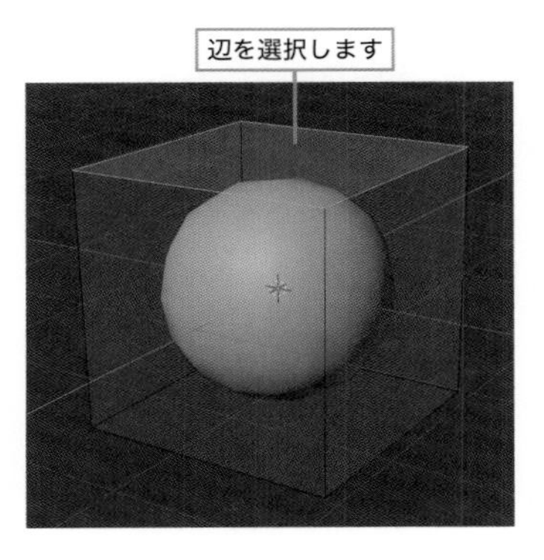

② クリースの数値を変更する

サイドバー（Nキー）を開いて「アイテム」タブを左クリックし、**[平均クリース※]**を"**1.00**"に設定します。クリースはメッシュの構造を変更しなくても、シャープなエッジを部分的に設定することができます。

※選択している辺が一辺の場合は、[クリース]と表示されます。

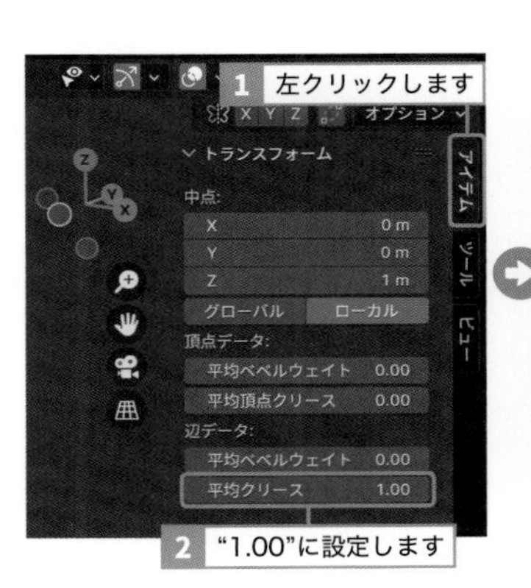

□「ベベル」モディファイアーを設定する

① 辺を選択する

[編集モード]（Tab キー）に切り替えて、辺を選択します。

② ベベルウェイトの数値を変更する

サイドバー（N キー）を開いて「アイテム」タブを左クリックし、**[平均ベベルウェイト]** を"**1.00**"に設定します。この時点ではオブジェクトに変化はありません。

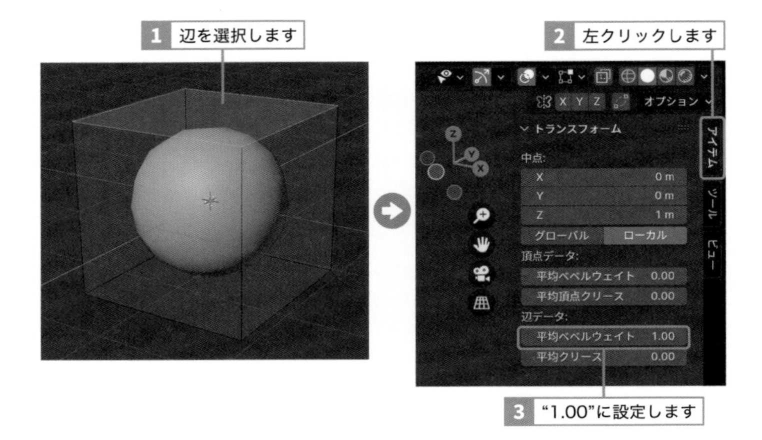

③ モディファイアーを追加する

プロパティの「モディファイアー」を左クリックします。「モディファイアーを追加」を左クリックして **[生成]** から **[ベベル]** を選択します。

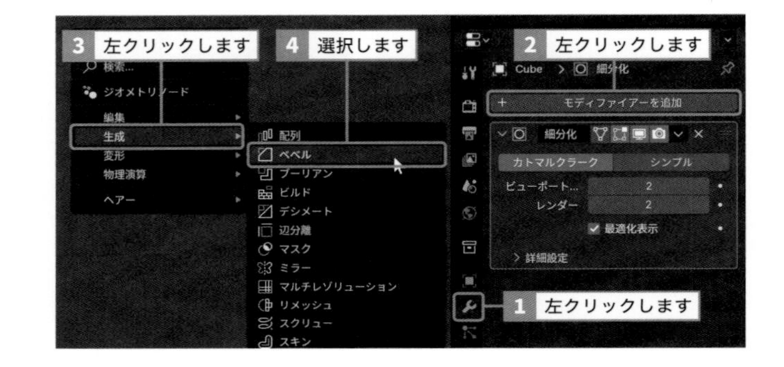

④ モディファイアーの順番を変更する

「ベベル」モディファイアーパネルの右上 ▦ をマウス左ボタンでドラッグして、「サブディビジョンサーフェス（細分化）」の上に「ベベル」を移動すると、オブジェクトの辺が全体的に少しシャープになります。

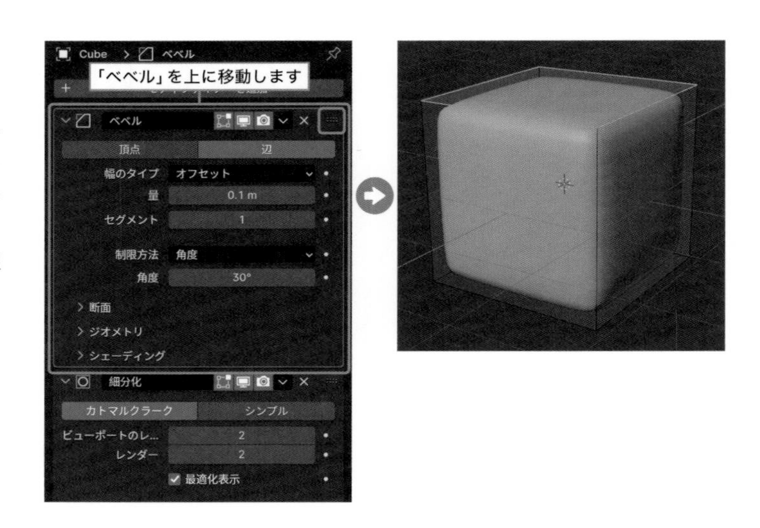

5 「制限方法」を変更する

「制限方法」から **[ウェイト]** を選択すると、ベベルウェイトを設定した辺のみがシャープに表示されます。

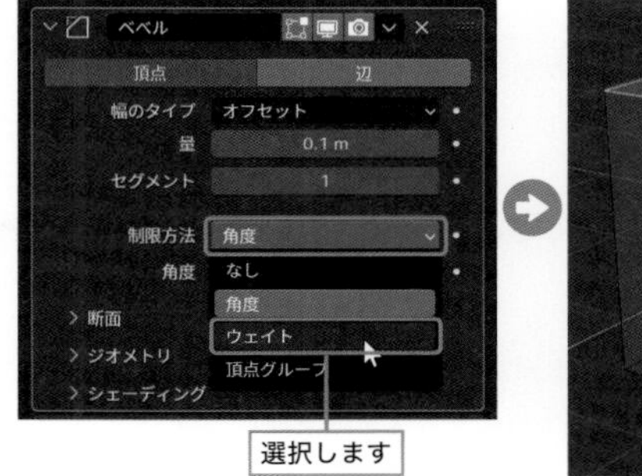

6 エッジの形状を調整する

「量」と「セグメント」を変更すると、エッジの鋭角具合など形状を調整することができます。

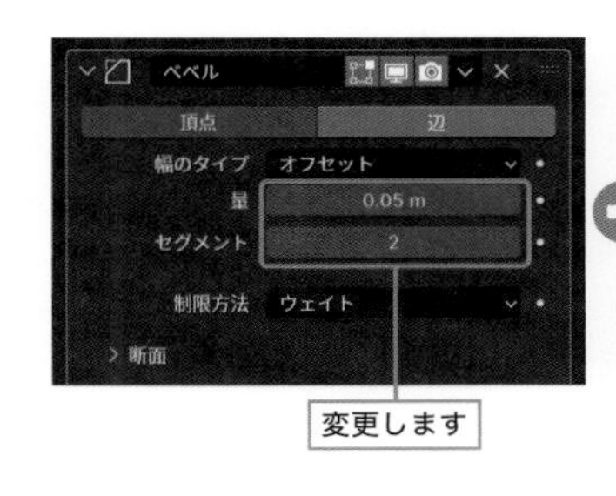

■ 細分化の方式を変更する

「サブディビジョンサーフェス（細分化）」モディファイアーパネルで細分化の方式を2種類から選択することができます。

デフォルトの **[カトマルクラーク]** では、細分化によって表面が滑らかになりますが、**[シンプル]** では、形状をそのままにメッシュを細分化します。

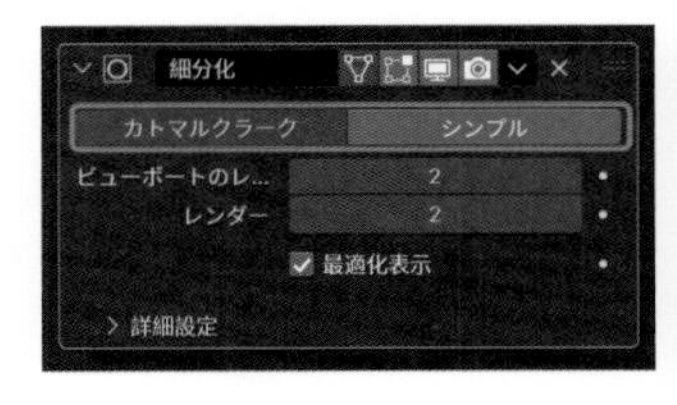

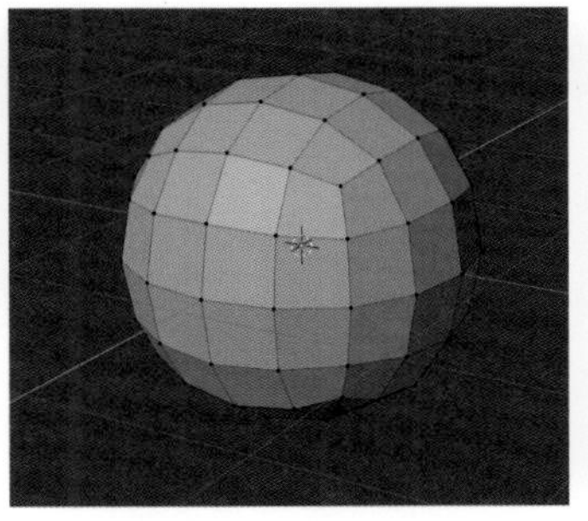

立方体に［カトマルクラーク］を設定してモディファイアーを適用した場合

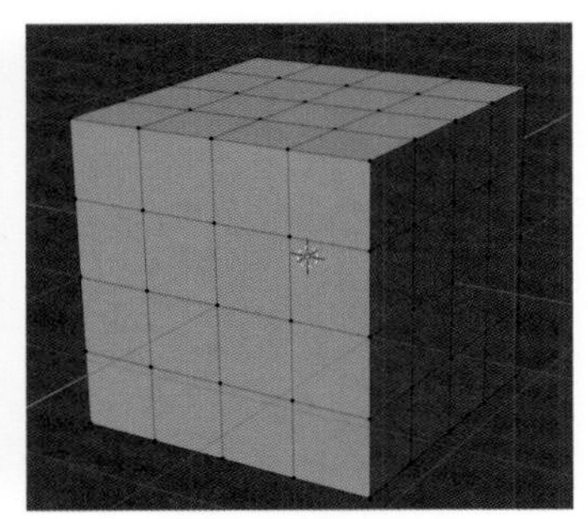

立方体に［シンプル］を設定してモディファイアーを適用した場合

TIPS 3DCGデザイナーにデッサン力は必要か？

本書の読者の中には、「これから3Dグラフィックを学び、いずれは3DCGデザイナーとして働きたい！」と思っている人もいらっしゃると思います。
ここでは、3DCGデザイナーを目指す多くの方々が抱く疑問「**3DCGデザイナーにデッサン力は必要か？**」について考えてみましょう。

この疑問については、さまざまな意見があります。もちろん、デッサン力があるに越したことはありません。これは間違いないでしょう。3DCGデザイナーを目指す方々が通う学校でも、デッサンの授業を取り入れているところも多く見受けられます。

しかし、デッサン力が必須の能力かと言われると、個人的にはそうは思いません。一言に**3DCGデザイナー**と言っても、作品に登場するキャラクターや背景の造形を行う「**モデラー**」、キャラクターなどに動くをつける「**アニメーター**」、爆発など演出や視覚効果を加える「**エフェクター**」など、仕事の内容は多岐にわたります。
ひとりですべてを熟してしまう非常に優れた方もいらっしゃいますが、基本的には多くの工程を複数の人間で分担し、ひとつの作品を作り上げていきます。大きな制作会社では、それらの役割はさらに細分化されます。

そもそも、**デッサン力**とは何でしょう？　絵を上手く描くことなのか、それとも物の形状を正確に把握することなのか。少なくともモデリングする上では形状を正確に把握する「観察力」は重要と言えます。そういう意味では、モデラーという職種はデッサン力が必要になります。
しかし、自分にはデッサン力がないからといって、諦めるのは早すぎます。学習やトレーニングを通じて、そのスキルを向上させることは可能です。Blenderでより多くのものをモデリングすることで、観察力を養うこともできるでしょう。

多くの人と関わり作品を作り上げるためのコミュニケーション力、度重なる修正作業にも挫けない持続力や精神力、当たり前ですが3DCGソフトを使いこなすスキル、3DCGデザイナーに必要な能力は、デッサン力だけではありません。
どのような職種に進みたいか、どのような職種が向いているのかを考えた上で、自分の得意分野をさらに伸ばしながら、苦手分野の克服にチャレンジしてみましょう。

PART 4

マテリアルを設定しよう

オブジェクトに対して色や光沢など、表面の材質を設定する「マテリアル」機能について解説します。色や光沢だけでなく透明度や屈折率を設定することで、同じ形状のオブジェクトでも金属や布、プラスチックなど硬い質感や柔らかい質感といったさまざまな材質を表現することができます。

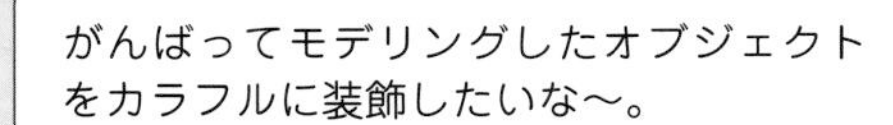

色はもちろん、Blenderでは光沢や透明度などさまざまな設定が可能だヨ。

鏡面反射を設定して金属を表現したり、透明度や屈折率を設定して宝石を表現したり、色々な設定を組み合わせることで、様々な材質を表現できるヨ。

…ということは、もしかして設定が複雑なの？　急に不安になってきちゃった…。

大丈夫！　設定した内容は、画面でタイムリーに確認できるから、色々試せるヨ。

色だけじゃなくて、いろんな材質の表現も挑戦してみようかな！

マテリアル設定　マテリアル基礎知識

\SECTION/ 4.1

マテリアルを作成する

オブジェクトに対してマテリアルを追加すると、色や光沢など表面の材質を自在に設定することができます。

■ シェーディングを切り替える

マテリアルを設定する前に、3Dビューポートにマテリアルが表示されるようにします。デフォルトのシェーディング「ソリッド」では、オブジェクトに設定したマテリアルは表示されません。

3Dビューポートのヘッダーにある **[シェーディング切り替え]** アイコンを左クリックして、シェーディングを **[マテリアルプレビュー]** に切り替えると、設定したマテリアルをリアルタイムにプレビューすることができます。マテリアルの編集を行う場合は、必ずシェーディングを **[マテリアルプレビュー]** に切り替えるようにしましょう。

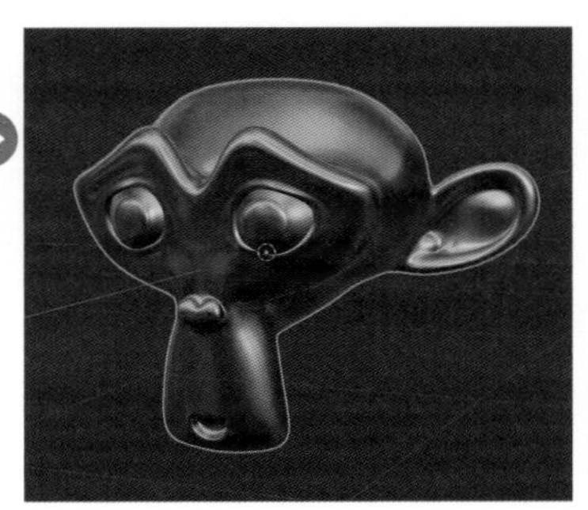

■ スロットにマテリアルを追加する

① プロパティを切り替える

デフォルトで配置されている立方体には、既にマテリアルが設定済みですが、その他のオブジェクトに表面材質を設定する場合は、マテリアルを新規で追加する必要があります。
オブジェクトを選択し、プロパティの左側にある「マテリアル」を左クリックします。

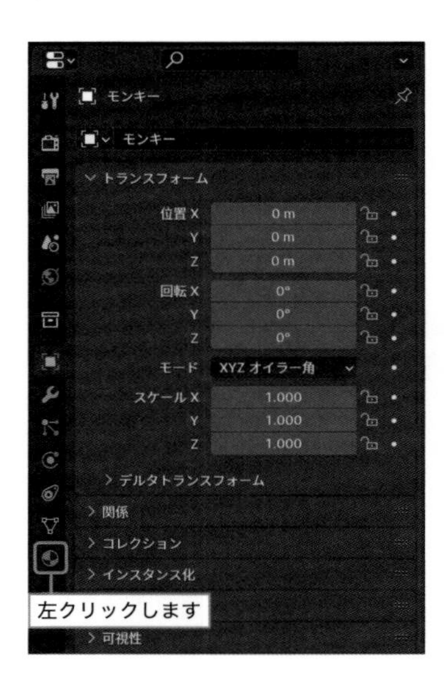

② マテリアルを新規で追加する

[新規] を左クリックすると、マテリアルスロットにマテリアルが新規で追加されます。

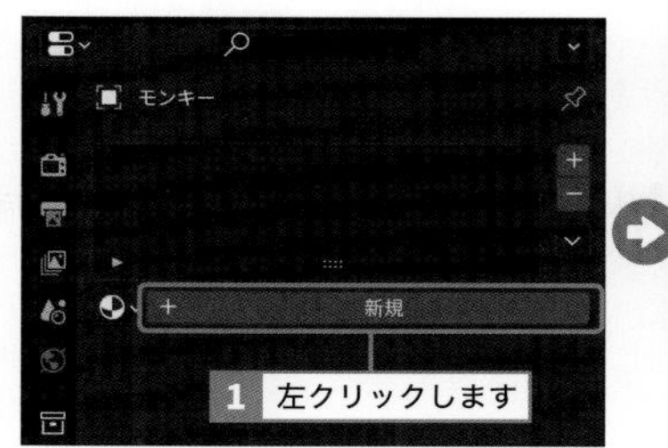

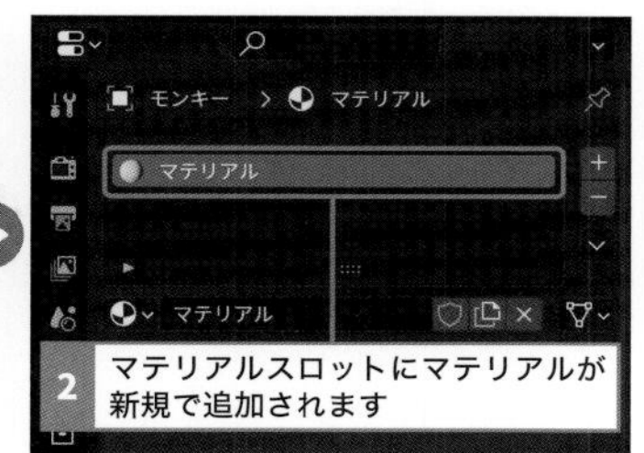

③ マテリアル名を入力する

複数のマテリアルが設定されても管理できるように、入力欄を左クリックしてマテリアル名を入力します。

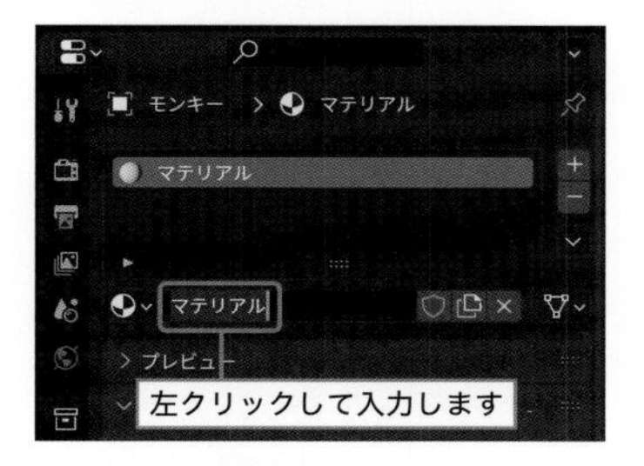

④ マテリアルを削除する

☒を左クリックすると、マテリアルは削除され、空のマテリアルスロットが残った状態になります。
⊟を左クリックすると、マテリアルスロットごと削除することができます。

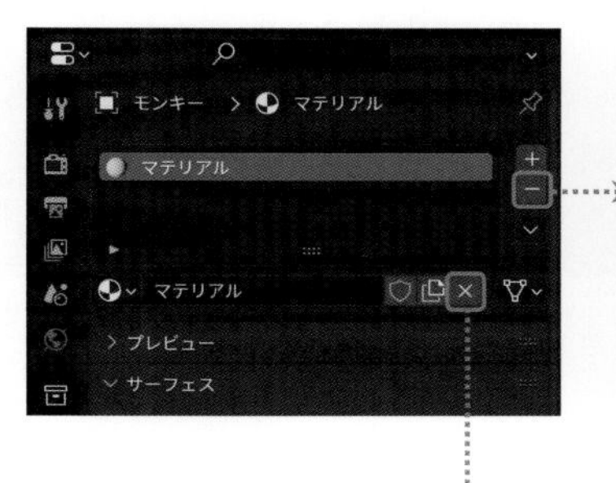

－ を左クリックした場合

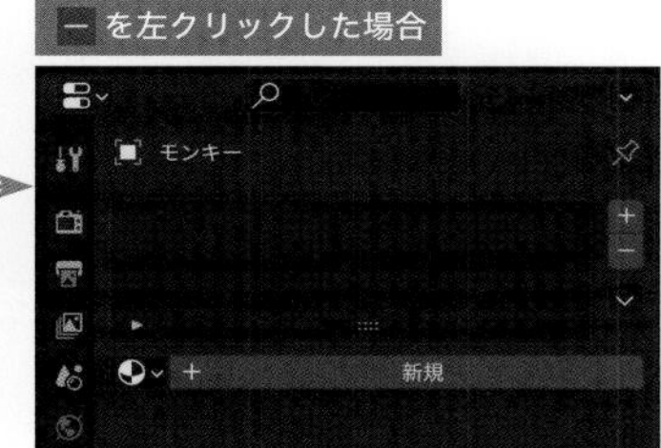

☒ を左クリックした場合

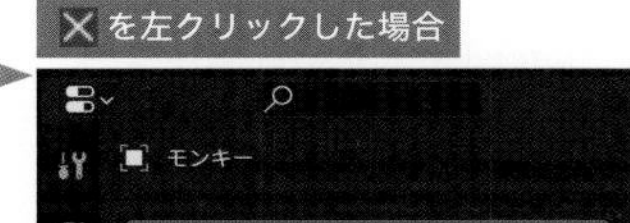

■ マテリアルをリンクする

① マテリアルを選択する

オブジェクトを選択し、プロパティの左側にある「マテリアル」を左クリックします。**[新規]** 左側のアイコンを左クリックすると、これまでに作成したマテリアルが表示されます。いずれかのマテリアルを選択すると、そのマテリアルが設定されます。

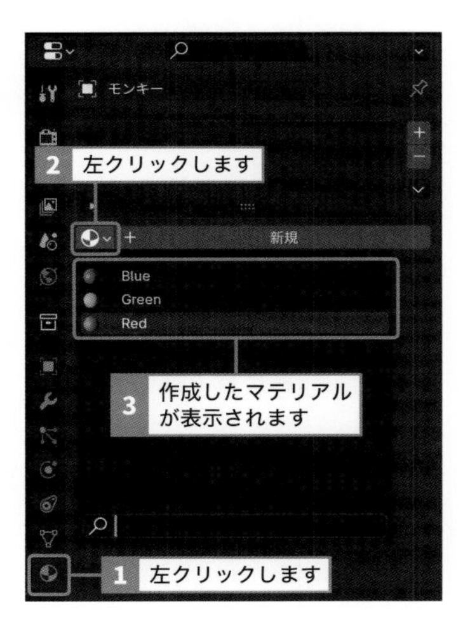

マテリアルを設定しよう 4 1 マテリアルを作成する

② リンクを確認する

これまでに作成したマテリアルを別のオブジェクトに設定すると、リンク状態になります。マテリアル名の右側に表示されている数字がリンクしているオブジェクトの数を示しています（マテリアルが設定されているオブジェクトをそのまま削除した場合は、Blenderを終了するまでカウントされます）。
リンクしているいずれかのマテリアルを変更すると、リンクしている全てのマテリアルが連動して変更されます（マテリアルの変更方法は後述にて紹介します）。

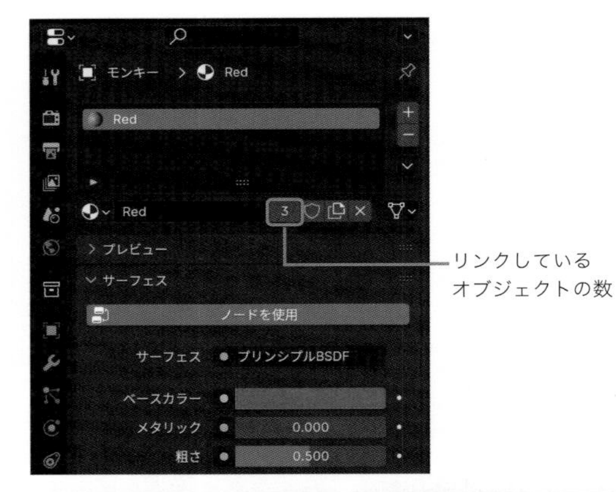

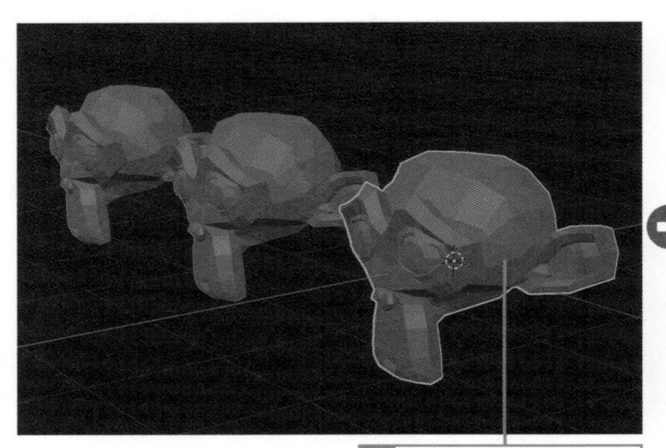

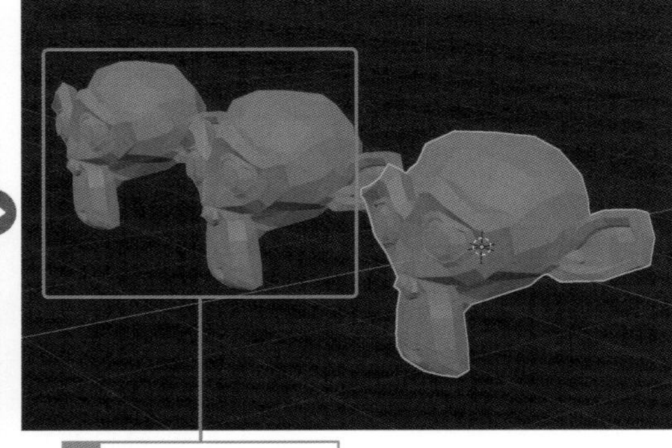

③ リンクを解除する

マテリアル名の右側に表示されている数字を左クリックすると、リンクが解除されます。

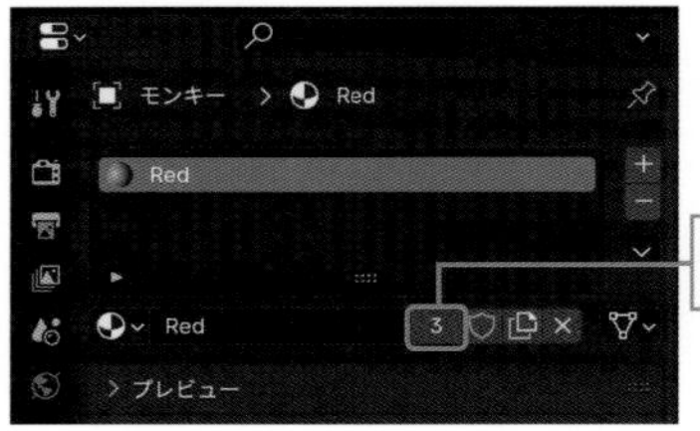

■ マテリアルの情報を保存する

① 使用状況を確認する

これまでに作成したマテリアルで、いずれのオブジェクトにも設定されていないマテリアルは、Blenderを終了するまでは記録されており、終了した時点で自動的に削除されます。
[新規]（またはマテリアル名）左側のアイコンを左クリックして表示されるマテリアルの内、マテリアル名の前に“0”が付いているものが、いずれのオブジェクトにも設定されていないマテリアルとなります。

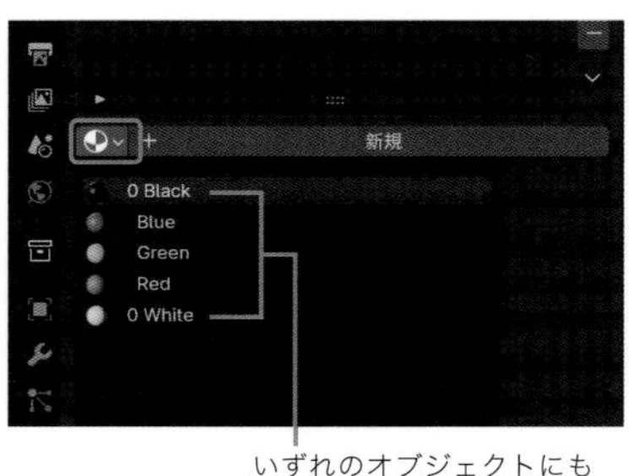

いずれのオブジェクトにも設定されていないマテリアルをBlenderを終了しても残しておきたい場合は、そのマテリアルを保存する必要があります。保存の手順は以下のとおりです。

② マテリアルを設定する

マテリアルを一旦設定するためにオブジェクトを新規で追加（Shift＋Aキー）します（最終的に削除するので形状は問いません）。プロパティの左側にある「マテリアル」を左クリックし、**[新規]** 左側のアイコンを左クリックして該当のマテリアルを選択します。

1 オブジェクトを追加します

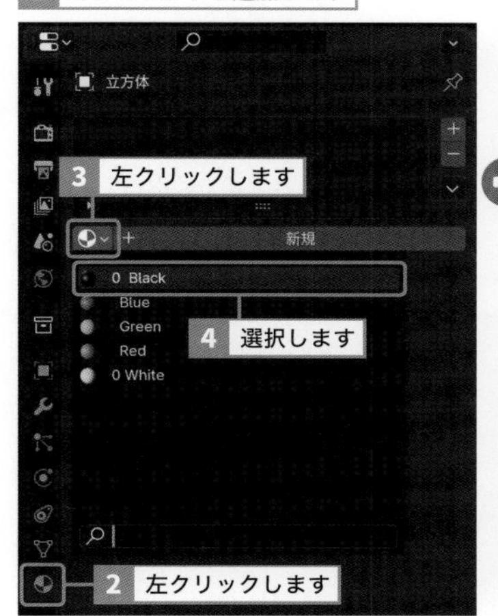

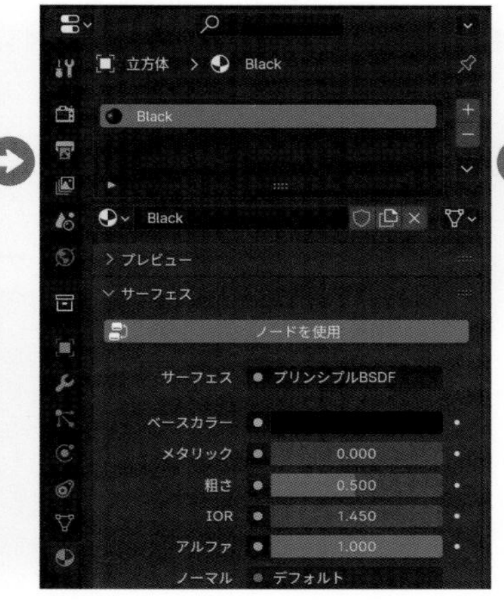

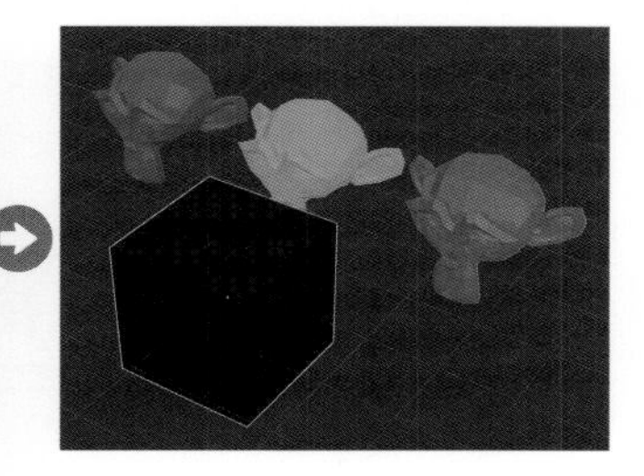

③ マテリアルを保存する

マテリアル名の右側に表示されているアイコンを左クリックで有効にすると、マテリアルの情報が保存されます。

④ 保存状況を確認する

[新規]（またはマテリアル名）左側のアイコンを左クリックして表示されるマテリアルの内、マテリアル名の前に“**F**”が付いているものが、保存されているマテリアルとなります。このマテリアルは、Blenderを終了しても削除されることはありません。

保存状況が確認できたら、上記で追加したオブジェクトは削除してもかまいません。

保存されたマテリアル

マテリアル設定 マテリアル基礎知識

SECTION 4.2

主なシェーダーを知る

オブジェクト表面の色や陰影などを画面に描画するためのプログラムを「シェーダー」といいます。Blenderでは、材質に合わせて各種シェーダーが用意されています。それらを切り替えれば、簡単にさまざまな材質を表現できます。

■ シェーダーを切り替える

オブジェクトを選択し、プロパティの左側にある「マテリアル」を左クリックします。

オブジェクトにマテリアルを設定すると、「サーフェス」パネルが表示されます。「サーフェス」パネルの **[サーフェス]** メニューから各種シェーダーを選択することができます。

[サーフェス]メニュー

2 左クリックします

1 左クリックします

□主なシェーダー

図はレンダーエンジン「Cycles」によるレンダリング画像です(レンダーエンジンについての詳細は、173ページを参照してください)。

「ディフューズBSDF」

コンクリートやゴムなどツヤ消しの質感を表現します。

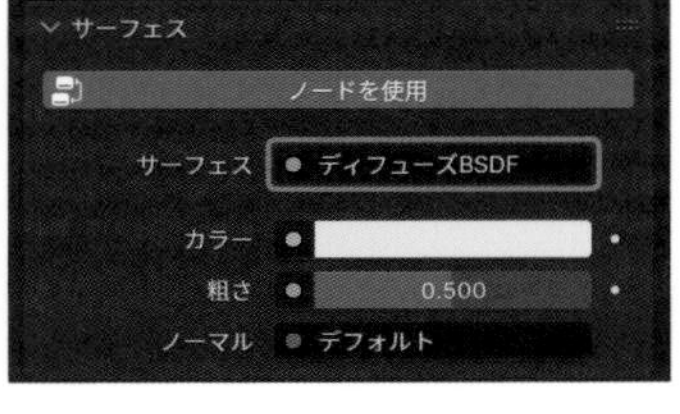

「光沢BSDF」

金属や鏡など光沢のある質感を表現します。

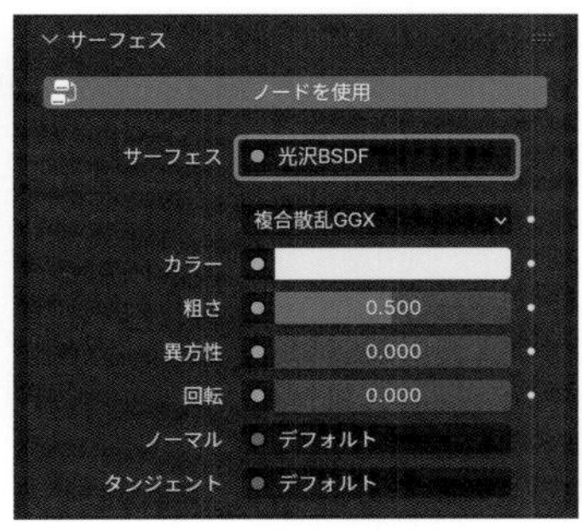

「グラスBSDF」

水やガラスなど透明な質感を表現します。

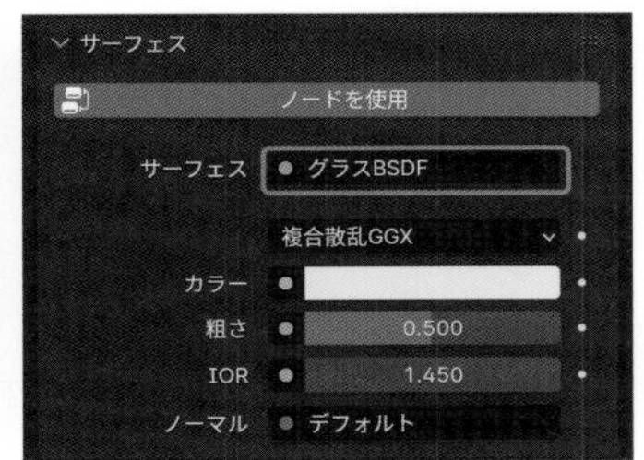

「SSS（サブサーフェス・スキャッタリング）」

肌や大理石など半透明な質感を表現します。

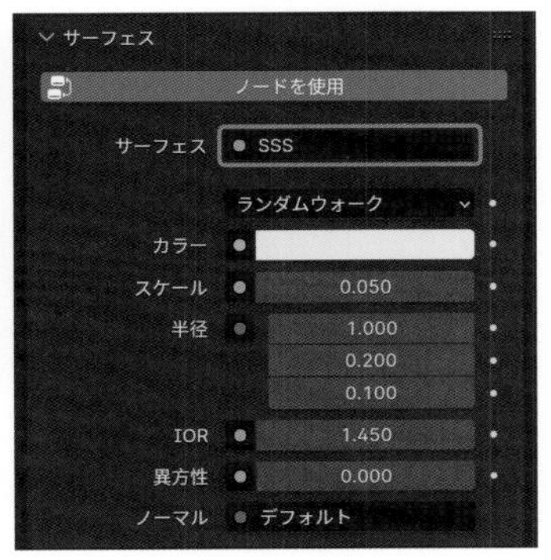

「放射」

オブジェクト自体が光を発します。光源としても使用できます。

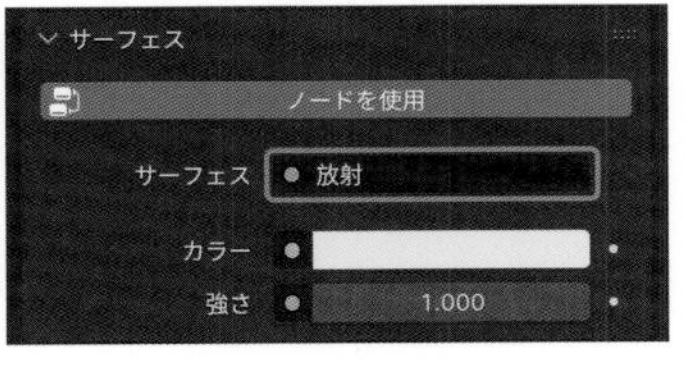

[プリンシプルBSDF]

さらに、前ページで紹介したシェーダーの各設定項目を1つにまとめたシェーダーが **[プリンシプルBSDF]** になります。

[プリンシプルBSDF] はオブジェクトにマテリアルを追加するとデフォルトで設定されるシェーダーで、色や光沢、透明度など、さまざまな要素が1つにまとめられており、汎用性が高く色々な材質を表現できます。

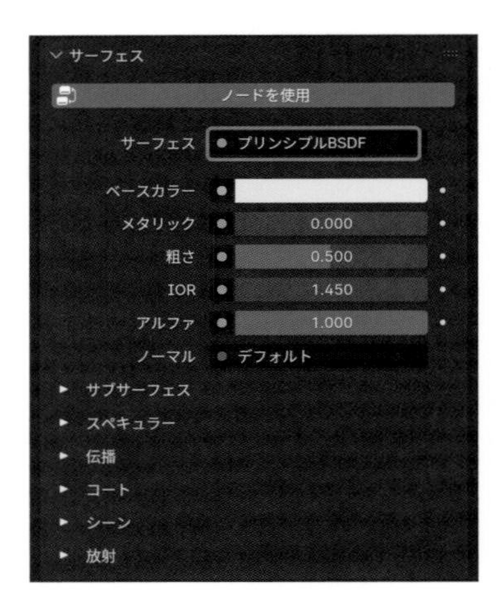

「光沢BSDF」や「グラスBSDF」など専用のシェーダーは、設定項目も限られているから扱いやすいけど、汎用性の高い「プリンシプルBSDF」がおすすめだヨ。

後から色々な材質に変更する場合も簡単だしね。

それに互換性も高く、Blender以外の3Dソフトやゲームエンジンなどでも採用されているヨ。

マテリアル設定 マテリアル基礎知識

\SECTION/ 4.3

材質を設定する①

色や光沢などマテリアルの主な設定項目とそれらの設定方法を紹介します。設定項目を組み合わせることで、さまざまな材質を表現できます。ここで使用するシェーダーは、[プリンシプルBSDF]です。

■ 色を設定する

① マテリアルを新規で追加する

オブジェクトを選択し、プロパティの左側にある「マテリアル」を左クリックします。
[新規] を左クリックして、マテリアルスロットにマテリアルを新規で追加し、入力欄を左クリックしてマテリアル名を入力します。

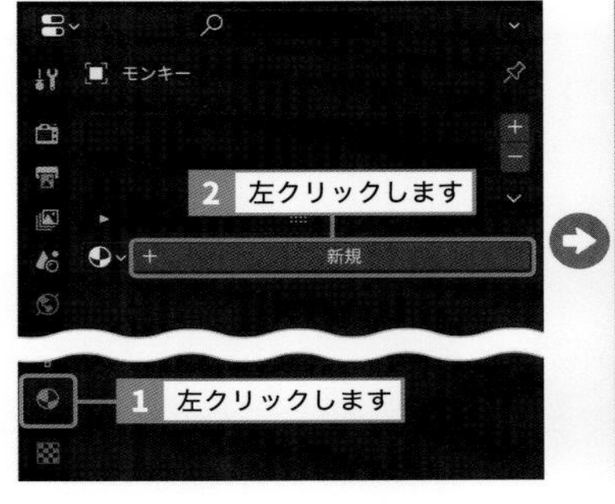

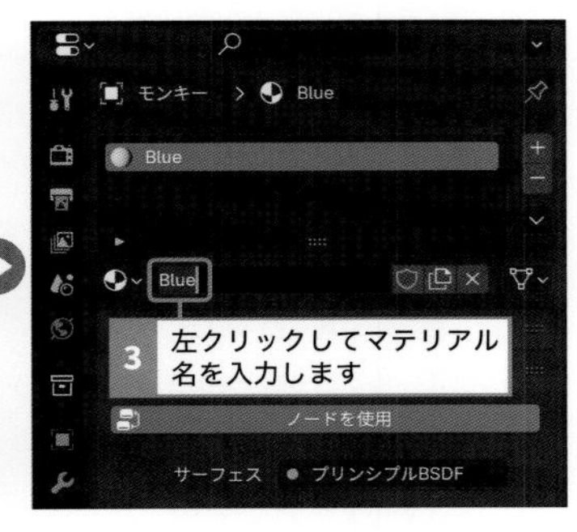

② シェーディングを切り替える

設定したマテリアルがプレビューできるように、3Dビューポートのヘッダーにある **[シェーディング切り替え]** アイコンの **[マテリアルプレビュー]** を左クリックします。

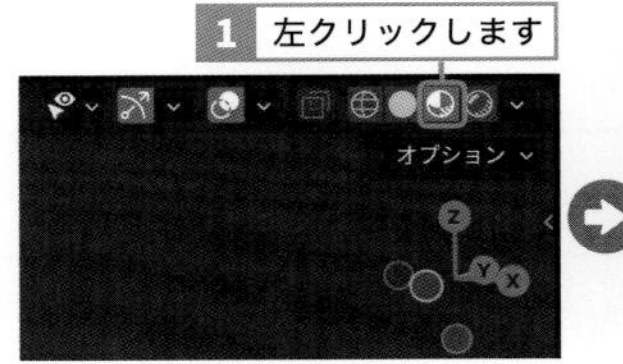

③ シェーダーを確認する

プロパティにある「サーフェス」パネルの **[サーフェス]** で、**[プリンシプルBSDF]** が設定されていることを確認します。

④ ベースカラーを変更する

[ベースカラー] のカラーパレットを左クリックして表示されたカラーピッカーで色を選択します。
さらに、右側のバーで色の明るさを設定します。

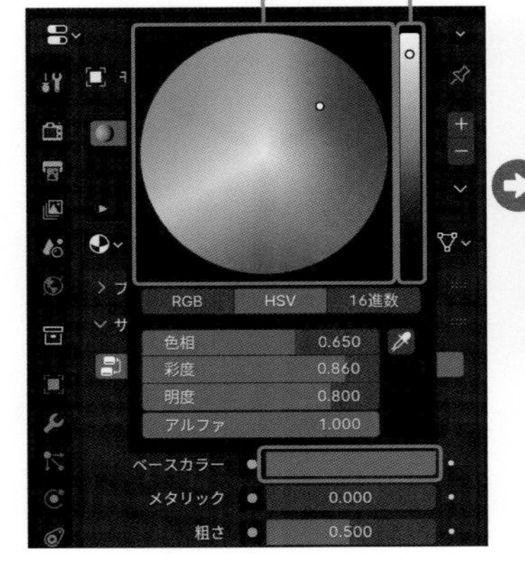

⑤ 設定内容を確認する

設定した色と明るさが反映されたオブジェクトが3Dビューポートに表示されます。

■ 光沢を設定する

シェーダー **[プリンシプルBSDF]** の設定項目にある **[粗さ]** の数値を変更すると、オブジェクト表面の光沢の有無を設定することができます。数値が小さいほど、表面に艶が出てます。

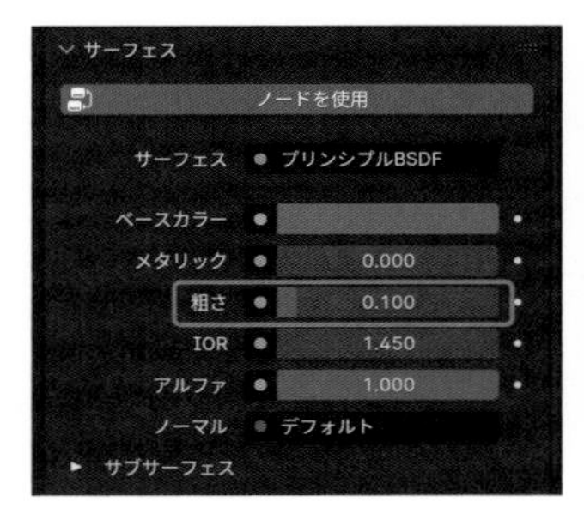

[粗さ]：0.500

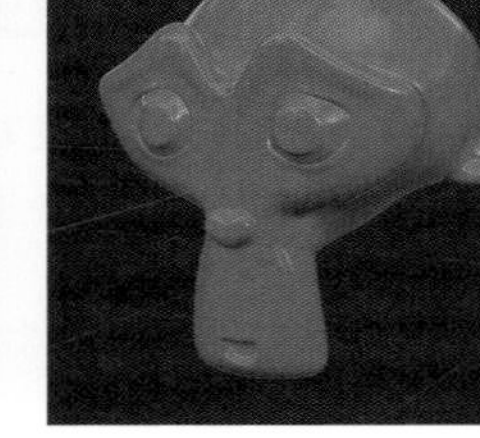
[粗さ]：0.100

■ 金属を設定する

シェーダー **[プリンシプルBSDF]** の設定項目にある **[メタリック]** の数値を変更すると、オブジェクトの質感を金属に設定することができます。"**0.000**"が非金属、"**1.000**"が金属の表現になります。基本的に中間の値は使用しません。

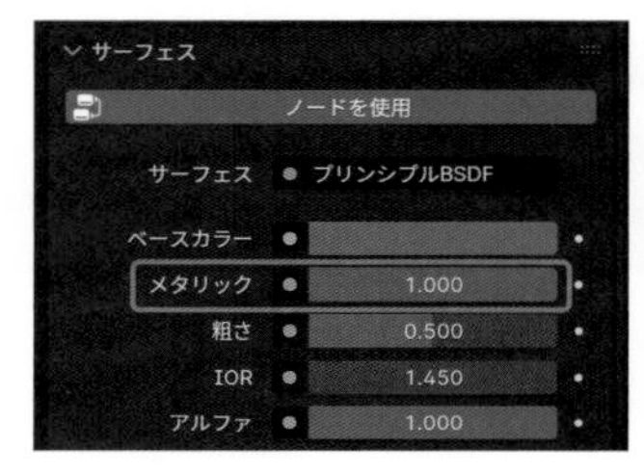

[メタリック]：0.000
([粗さ]：0.500)

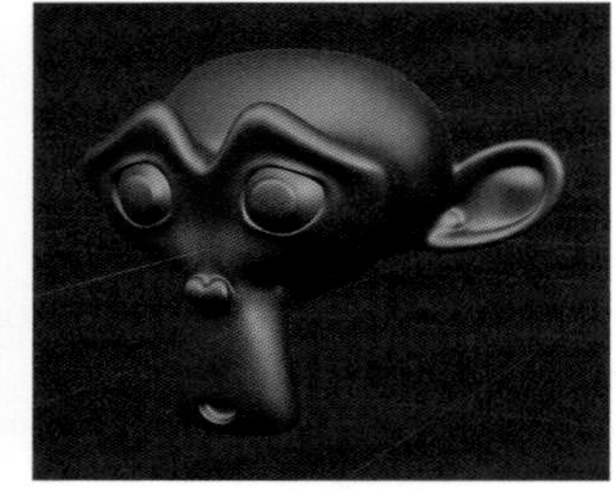
[メタリック]：1.000
([粗さ]：0.500)

■ 透明度を設定する

シェーダー **[プリンシプルBSDF]** の設定項目にある「伝播」の **[ウェイト]** の数値を変更すると、水やガラスのような透明な物質を表現できます。数値が大きいほど、透明度が上がります。

さらに **[IOR]** の数値を変更すると、屈折率を設定できます。

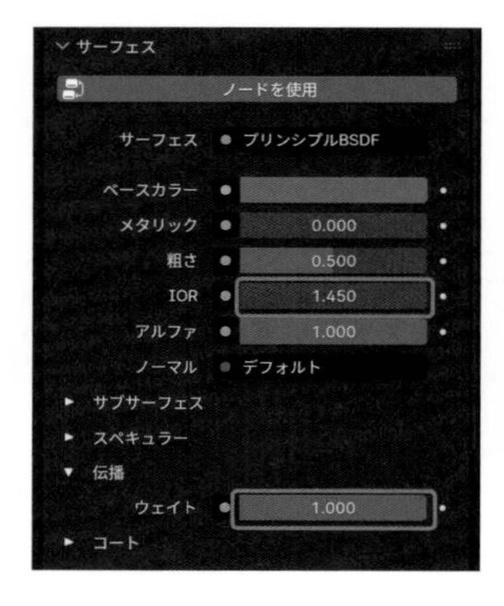

代表的な物質の屈折率	
真空	1.00
水	1.33
一般的なガラス (ソーダ石灰ガラス)	1.51
ダイアモンド	2.42

本来、透明の場合は裏側のオブジェクトが透けて見えます。しかし、デフォルトの設定では、3Dビューポートのシェーディング**[マテリアルプレビュー]**やレンダーエンジン「EEVEE」の場合、裏側のオブジェクトが表示されません(レンダーエンジンについての詳細は、173ページを参照してください)。

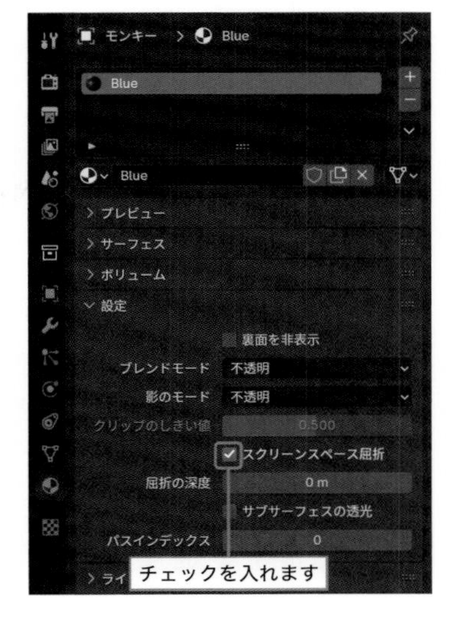

□透明および屈折を反映する

透明および屈折を反映するには、「サーフェス」パネルの下にある「設定」パネルの**[スクリーンスペース屈折]**にチェックを入れて有効にします。

さらに、プロパティの左側にある「レンダー」を左クリックし、**[スクリーンスペース反射]**とパネル内の**[屈折]**にチェックを入れて有効にします。

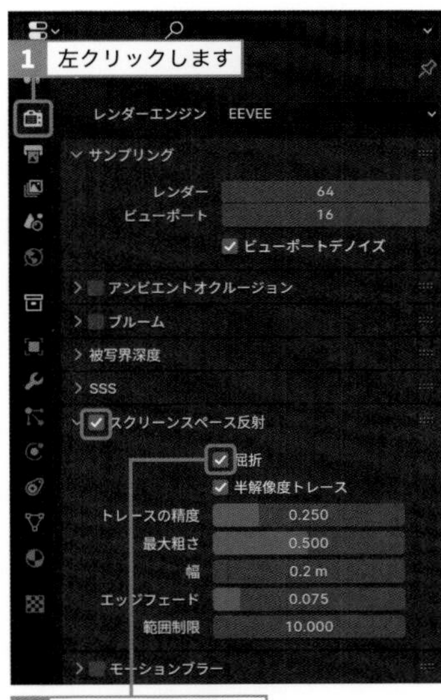

設定前

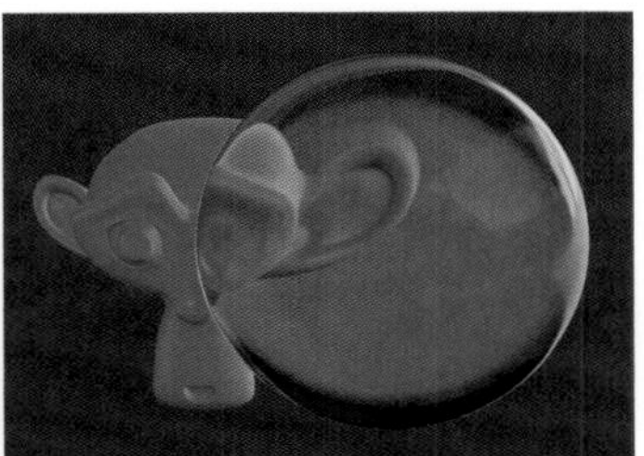
設定後

「アルファ」はテクスチャの透明マップで使用するヨ。透明マップについては、153ページを見てネ。

TIPS 「伝播」と「アルファ」の違い

シェーダー[プリンシプルBSDF]では、透明度を設定する項目として「伝播」の他に「アルファ」があります。
「アルファ」は、単純にオブジェクトが透けるように透明になります。屈折率が設定できないため、透明な物質の表現には適していません。

「伝播」

「アルファ」

材質を設定する②

Blenderでは、人間の肌などフォトリアルな作品では欠かせない半透明のマテリアルや電球・蛍光灯のようにオブジェクト自体が発光するマテリアル、布のような柔らかい光沢のマテリアルなど、特徴的な材質を表現することもできます。

■ SSSを設定する

SSSとは、Subsurface Scattering（サブサーフェス・スキャッタリング）の略で「表面下散乱」とも言われ、光がオブジェクトの表面で完全に反射されず、一部の光が内部で散乱する現象です。

SSSを設定することで、肌や大理石などの半透明な質感を表現することができ、よりリアリティのある作品に仕上げることが可能となります。

シェーダー **[プリンシプルBSDF]** の設定項目にある「サブサーフェス」のメニューからSSSの処理方式を変更することができます。

Christensen-Burley

Blenderの古いバージョンから搭載されている方式になります。その他の方式に比べ効果が少し弱まります。

ランダムウォーク

細かな凹凸のあるオブジェクトに対して有効な方式になります。

ランダムウォーク（スキン）

その他の方式に比べて、より人間の肌の表現に適した方式になります。

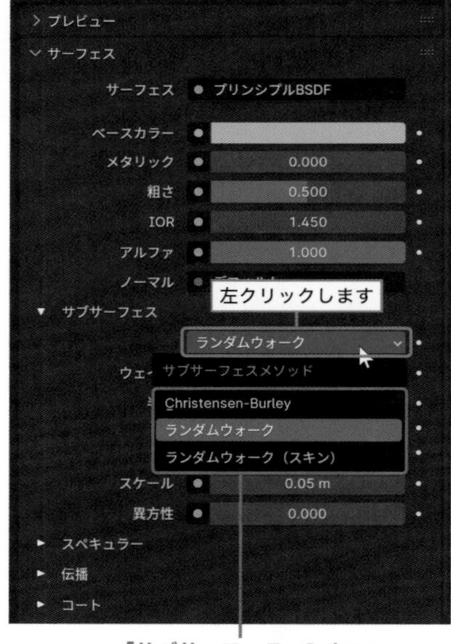

「サブサーフェス」のメニュー

シェーダー **[プリンシプルBSDF]** の設定項目にある「サブサーフェス」の **[ウェイト]** の数値を変更すると、SSSを設定することができます。“**0.000**”でSSSが無効、“**1.000**”でSSSが有効になります。基本的に中間の値は使用しません。

「メタリック」を設定しているとSSSが機能しません。

[半径] は、RGBそれぞれの色の散乱する距離を設定します。上から順にR、G、Bを表し、数値が大きい程散乱する距離が長くなります。

例えば、人間の皮膚を表現する場合は、赤色をより遠くに散乱することで、血液や筋肉の赤色を表現することができます。

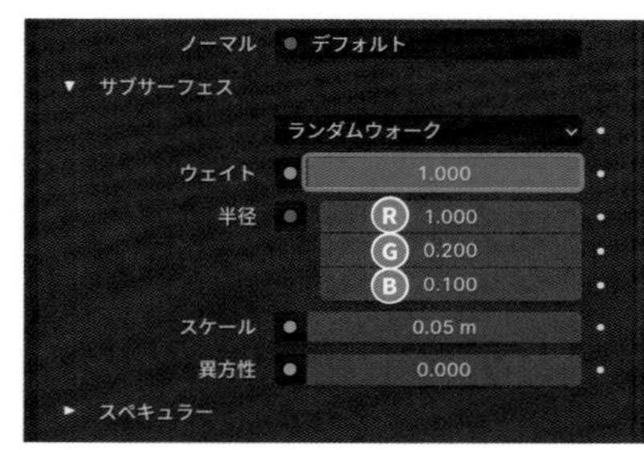

[スケール] は、表面から内部に向かって光が透過する距離を設定します。数値が大きいほど、SSSの効果が強くなります。

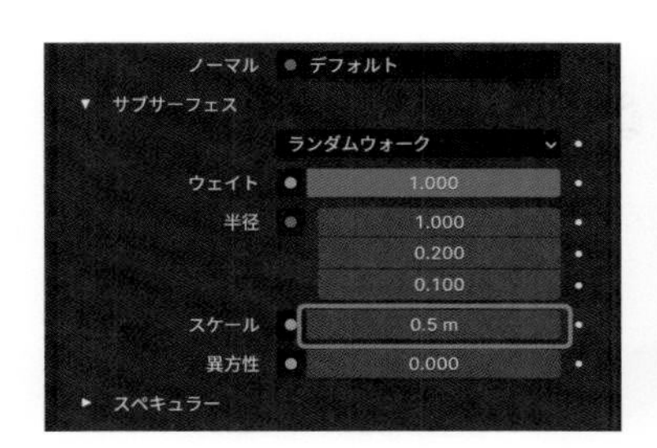

[スケール]：0.05m

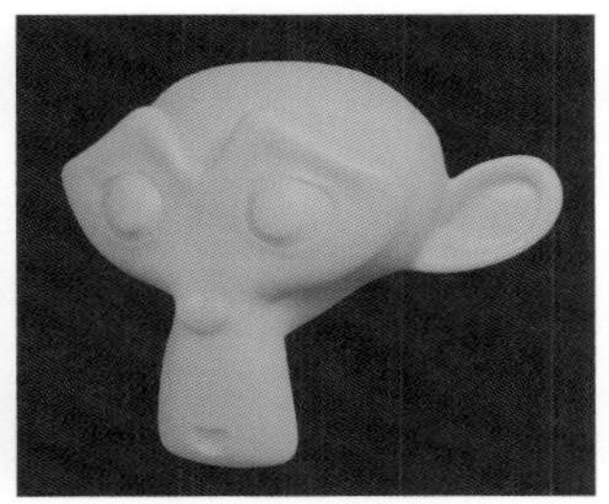

[スケール]：0.5m

SSSが設定されていると、手を太陽にかざしたときのように、逆光でオブジェクトが少し透けて表示されます（オブジェクト後方にライトを配置する必要があります）。

3Dビューポートのシェーディング **[マテリアルプレビュー]** やレンダーエンジン「EEVEE」でこの効果を表示するには、「サーフェス」パネルの下にある「設定」パネルの **[サブサーフェスの逆光]** にチェックを入れて有効にする必要があります（レンダーエンジンについての詳細は、173ページを参照してください）。

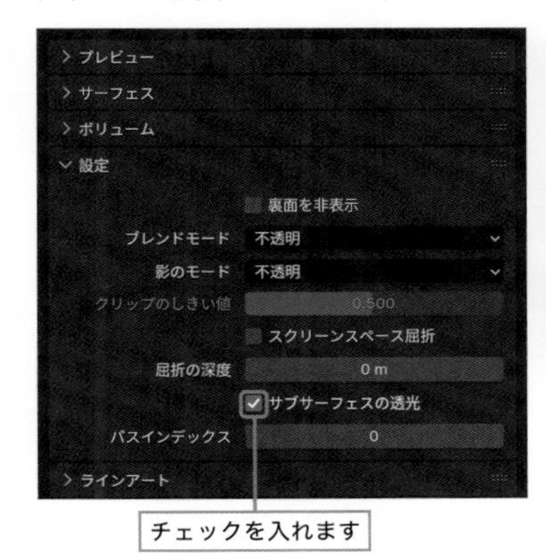

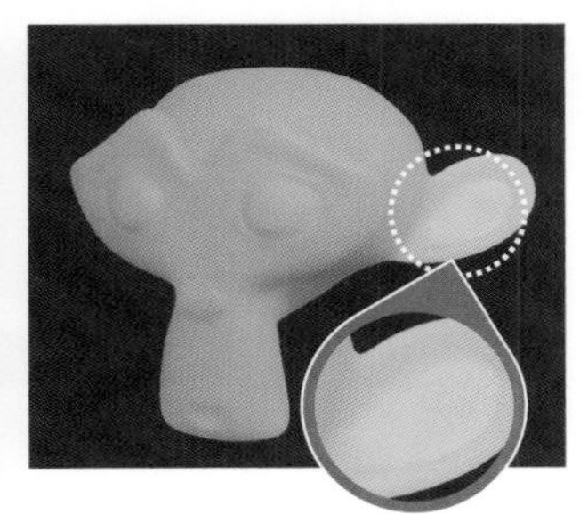

■ コート

コートは、自動車のボディのようにコーティングされた表面の質感を表現することができます。

シェーダー **[プリンシプルBSDF]** の設定項目にある「コート」の **[ウェイト]** の数値を変更すると、コートを設定することができます。"**0.000**" でコートが無効、"**1.000**" でコートが有効になります。基本的に中間の値は使用しません。

[粗さ] の数値で表面のザラつきを設定します。数値が大きいほど、つや消しになります。

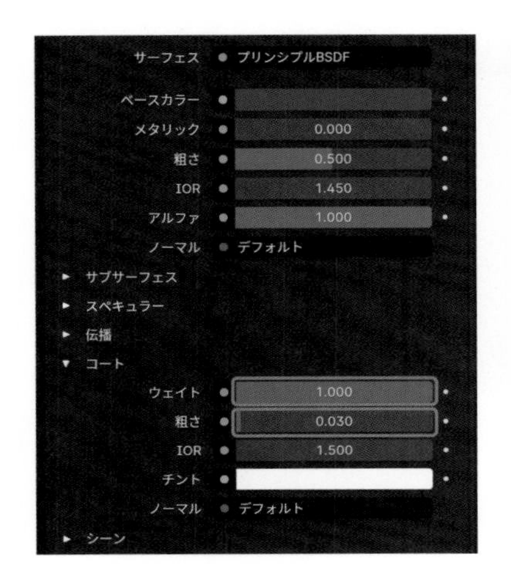

[ウェイト]：0.000

[ウェイト]：1.000

■ シーン

シーンは、オブジェクト表面のシワや凹凸部分に光沢、艶を追加することで、布のような柔らかい質感を表現することができます。

シェーダー **[プリンシプルBSDF]** の設定項目にある「シーン」の **[ウェイト]** の数値を変更すると、シワや凹凸部分にさらなる光沢を設定できます。数値が大きいほど、光沢が追加されます。

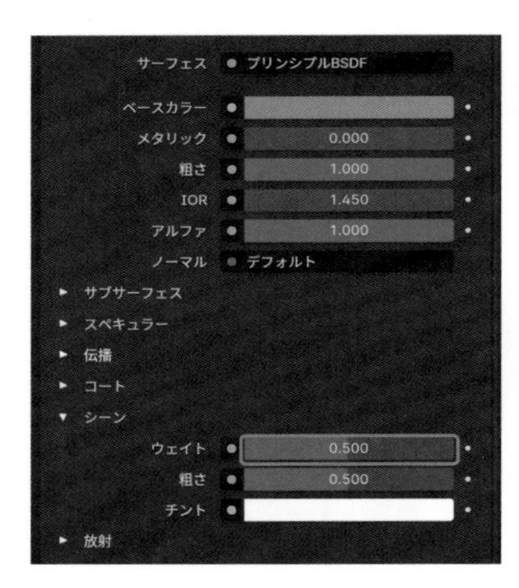

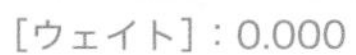
[ウェイト]：0.000

[ウェイト]：0.500

■ 放射を設定する

シェーダー **[プリンシプルBSDF]** の設定項目にある「放射」の **[強さ]** の数値を変更すると、発光する物質を表現できます。数値が大きいほど、放射する光が強くなります。
[カラー] で放射する光の色を設定します。現実と同じく黒色の光を放射することはできません。

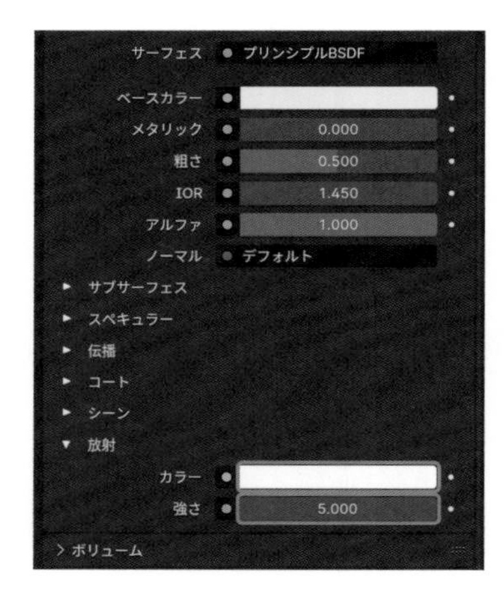

「EEVEE」の場合

「Cycles」の場合

デフォルトの設定では、3Dビューポートのシェーディング **[マテリアルプレビュー]** やレンダーエンジン「EEVEE」の場合、「放射」による光は周辺に反射されません。プロパティ「レンダー」の **[スクリーンスペース反射]** を有効にすることで、「放射」による光が周辺に反射されるようになります。

しかし、レンダーエンジン「EEVEE」では「Cycles」に比べて、反射の再現度が高くありません。「放射」を設定する場合は、「Cycles」でのレンダリングをおすすめします（レンダーエンジンについての詳細は、173ページを参照してください）。

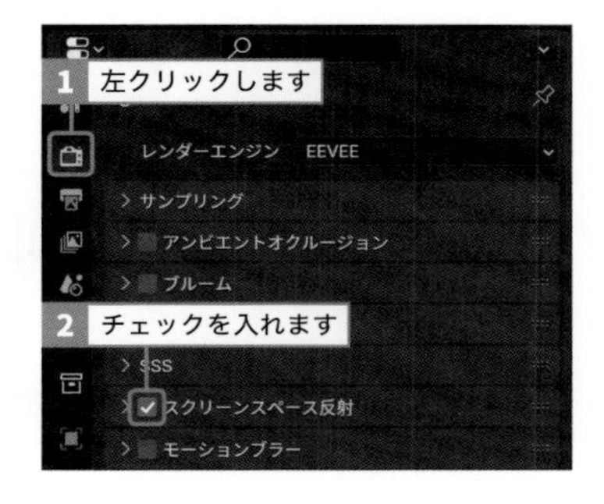

■ 異方性反射を設定する

異方性反射とは、オブジェクトの表面の細かな溝によって、光が本来とは異なる方向に反射することをいいます。ステンレス製の鍋の表面や髪の毛の「天使の輪」などに見られる現象です。

シェーダー **[プリンシプルBSDF]** の設定項目にある「スペキュラー」の **[異方性]** の数値を変更すると、異方性反射を設定するすることができます。数値が大きいほど、異方性反射の効果が強くなります。**[異方性の回転]** で光の反射する方向を設定します。

(!) レンダーエンジン「Cycles」のみ対応です（レンダーエンジンについての詳細は、173ページを参照してください）。

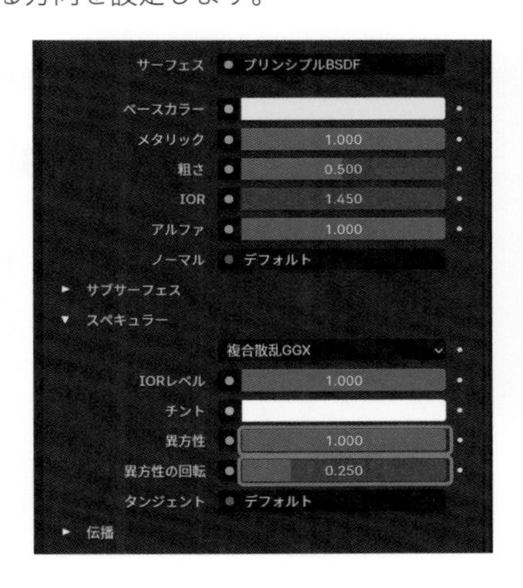

マテリアル設定 マテリアル基礎知識

\SECTION/ 4.5

複数のマテリアルを設定する

1つのオブジェクトに対して、異なる複数のマテリアルを設定することができます。メッシュオブジェクトの面単位での設定となります。

■ 複数のマテリアルを割り当てる

① 複数のマテリアルを作成する

ここでは、すでに1つのマテリアルが設定されているオブジェクトに対して、新たにもう1つのマテリアルを追加します。
オブジェクトを選択し、プロパティの左側にある「マテリアル」を左クリックします。＋を左クリックしてマテリアルスロットを追加し、表示された**[新規]**を左クリックして新たにマテリアルを追加します。

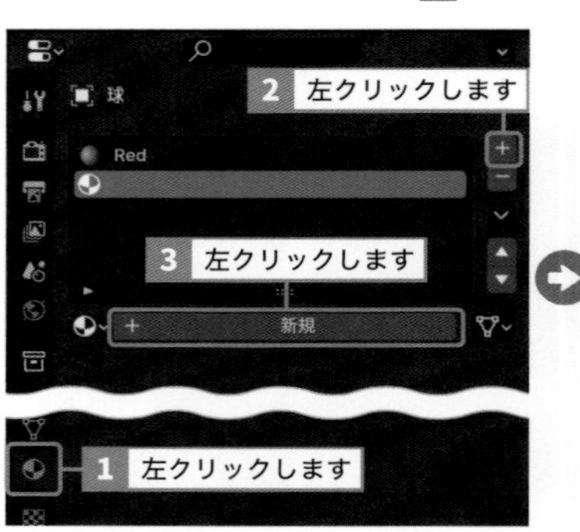

② マテリアルを設定する

新たに追加したマテリアルの設定（色や光沢、マテリアル名など）を行います。

③ メッシュを選択する

編集モード（Tabキー）に切り替え、新たにマテリアルを設定する箇所のメッシュを選択します。

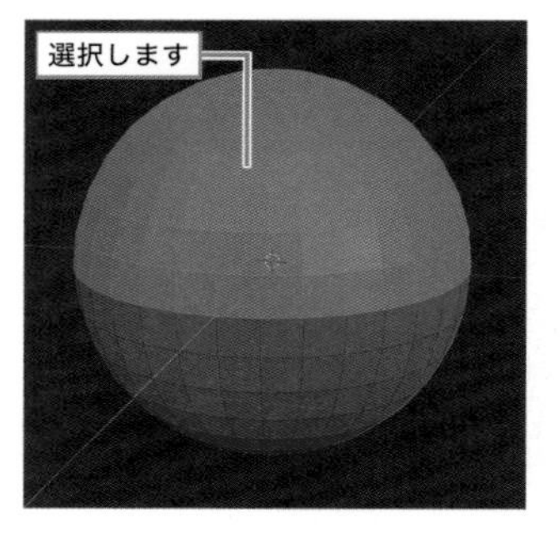

④ マテリアルを割り当てる

マテリアルスロットから該当のマテリアルを選択して、**[割り当て]**を左クリックすると、選択しているメッシュのみに新たにマテリアルが設定されます。

マテリアル設定　マテリアルノード

ノード編集を学ぶ

さまざまな役割を持った「ノード」といわれるブロックをつなぎ合わせることで、複雑な設定も直感的に行うことができます。異なる材質をかけ合わせるなど通常の設定方法では、実現が難しいような効果もノードを使用すると実現することができます。

■ ワークスペースを切り替える

ヘッダータブの **[シェーディング (Shading)]** を左クリックすると、ノードを用いたマテリアルの編集に適した画面レイアウト（ワークスペース）に切り替わります。

編集の際は、このワークスペースを利用することをおすすめします。

画面中央の上部は、**3Dビューポート**が表示されています。デフォルトでシェーディングが **[マテリアルプレビュー]** に設定されています。

画面中央の下部は、**シェーダーエディター**が表示されています。ノードの編集は、このシェーダーエディターで行い、その結果を上部の3Dビューポートで確認します。

3Dビューポート

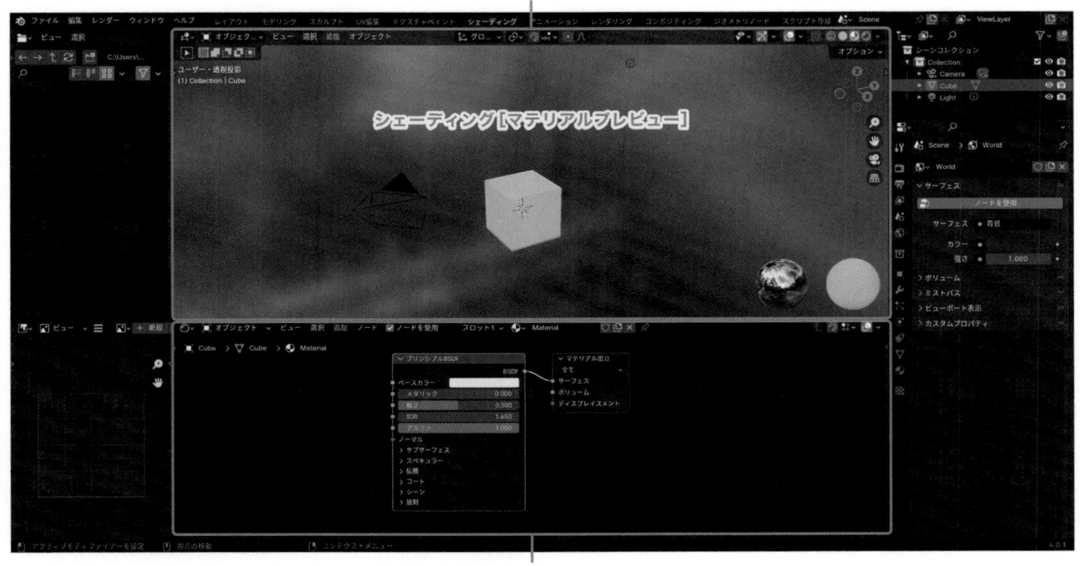

シェーダーエディター

■ ノードを編集する

3Dビューポートで、マテリアルが設定されているオブジェクトを選択すると、シェーダーエディターにノードが表示されます。

プロパティにある「サーフェス」パネルの **[ノードを使用]** または、シェーダーエディターのヘッダーにある **[ノードを使用]** が有効になっていることを確認します。有効になっていないと、ノードによる設定内容が反映されないので、注意しましょう。

各ノードブロックの左側には**入力ソケット**、右側には**出力ソケット**が配置されており、これらのソケットをつなぎ合わせてノードを構築していきます。

そのため、基本的には左から右に向かってノードを構築していくことになります。

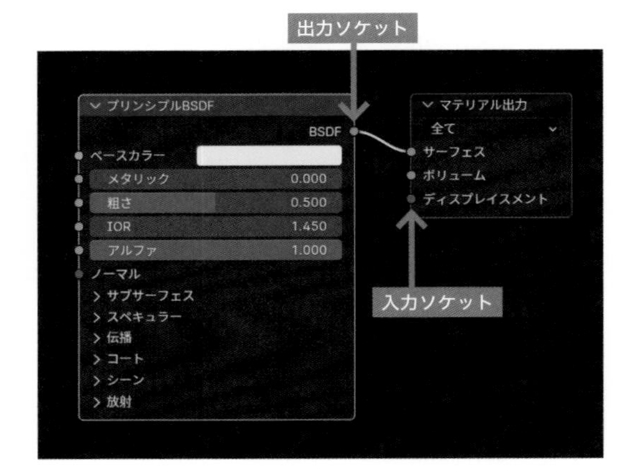

ソケットは、それぞれ伝達する情報に応じて、4種類に色分けされています。ノードの接続は、基本的に同じ色のソケット同士をつないで情報を伝達します（画像の明暗を数値化して伝達するなど、一部、異なる色のソケットをつなぐ場合があります）。

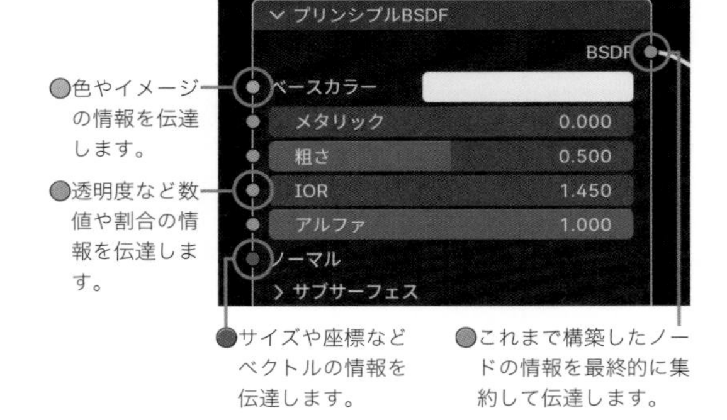

□ ノードを接続する

出力ソケットをマウス左ボタンでドラッグし、入力ソケットでドロップすると2つのノードを接続できます。入力ソケット側からでも同様につなぐことができます。

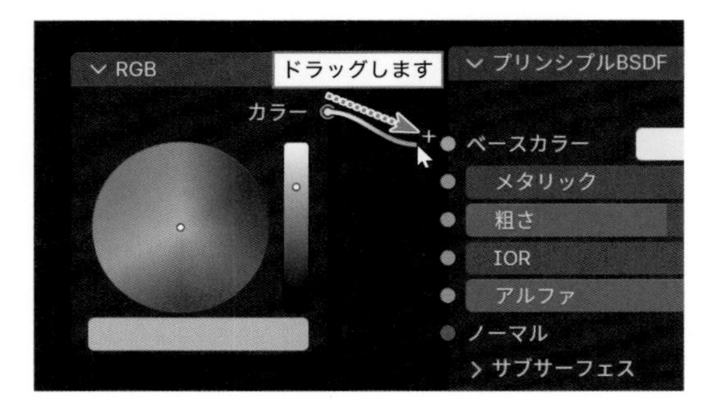

また、接続する2つのノードを[Shift]キーを押しながら左クリックで複数選択し、シェーダーエディターのヘッダーにある**[ノード]**から**[リンク作成]**（[F]キー）を選択すると、同様につなぐことができます。繰り返し**[リンク作成]**（[F]キー）を選択すると、メニューを選択した回数分、該当箇所と接続されます。

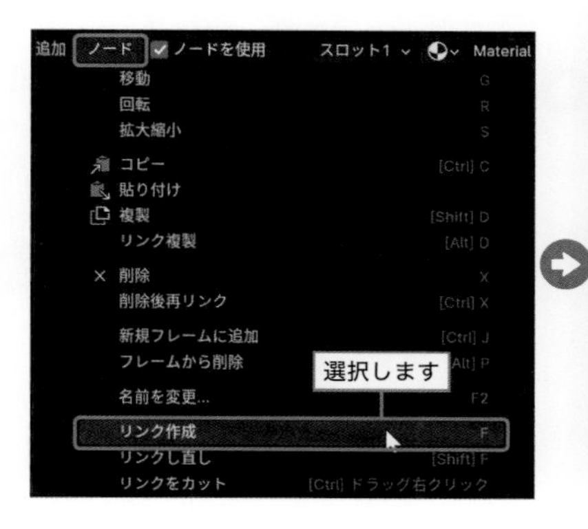

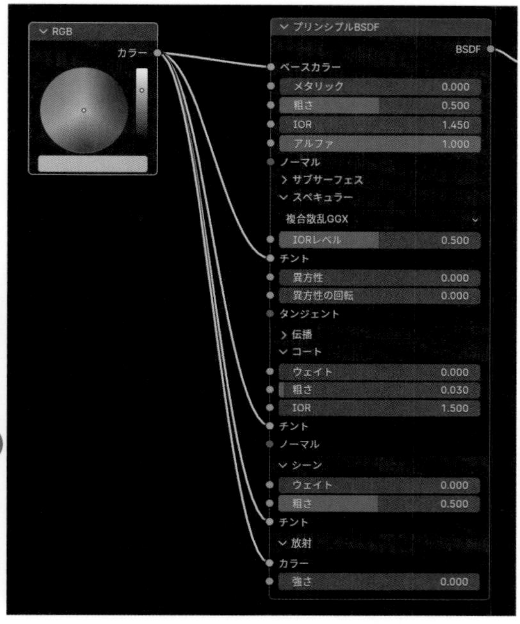

すでに接続されているノードの間に別のノードを挿入する場合は、その位置（ライン上）にノードを移動するだけで自動的に接続されます（ノードの移動については、130ページを参照してください）。

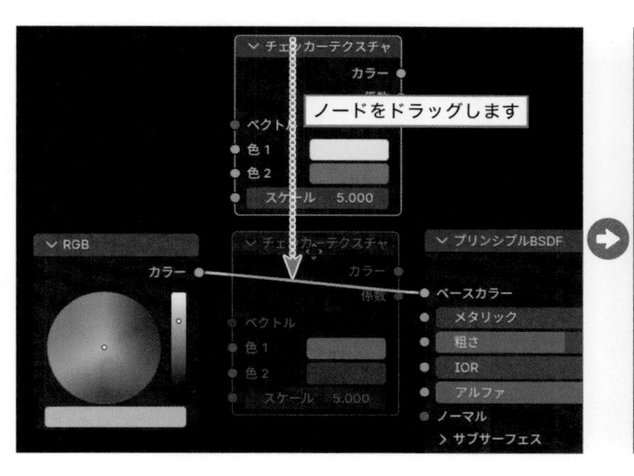

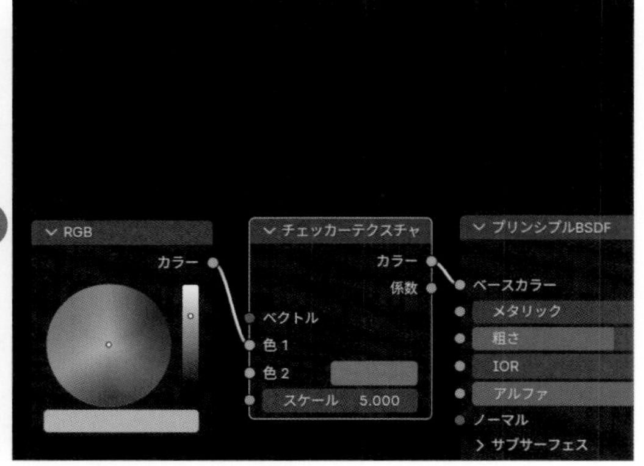

□ ノードの接続を解除する

接続を解除する場合は、つなぐ際の操作とは逆に、どちらかのソケットをマウス左ボタンでドラッグして切断します。

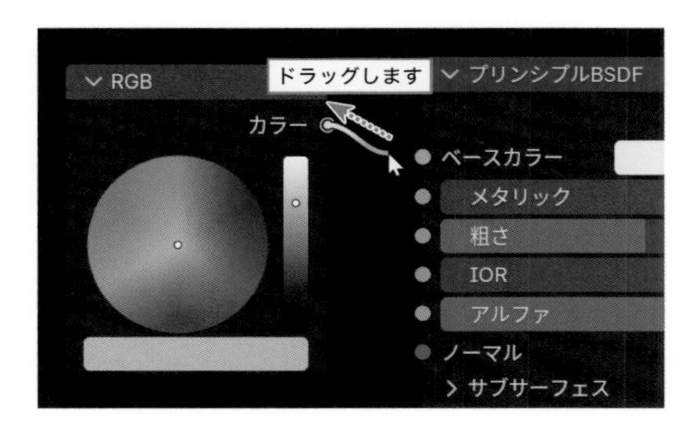

または、接続する2つのノードを[Shift]キーを押しながら左クリックで複数選択し、シェーダーエディターのヘッダーにある**[ノード]**から**[リンクをカット]**（[Ctrl]＋マウス右ボタンのドラッグ）を選択して、接続部分と交差するようにドラッグ（メニュー選択の場合はマウス左ボタンのドラッグ）することで、接続を解除することもできます。

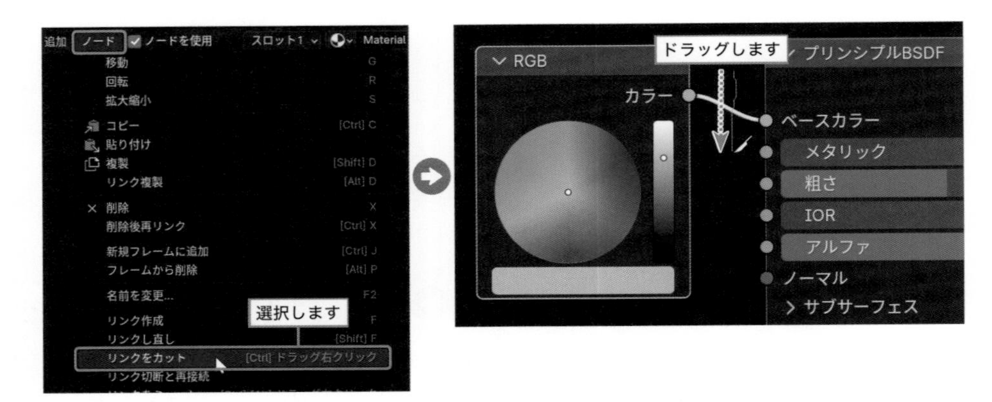

□ノードを追加／削除する

シェーダーエディターのヘッダーにある**[追加]**から該当するノードを選択します。オブジェクトの追加と同様に、[Shift]＋[A]キーを押して追加することもできます。削除は、ノードを左クリックで選択し、シェーダーエディターのヘッダーにある**[ノード]**から**[削除]**（[X]キー）を選択します。

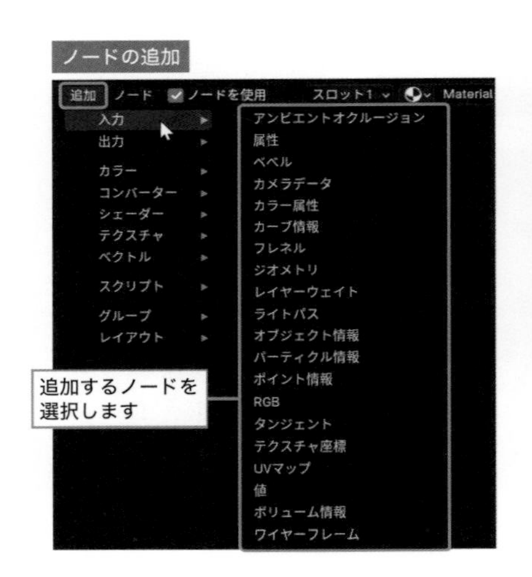

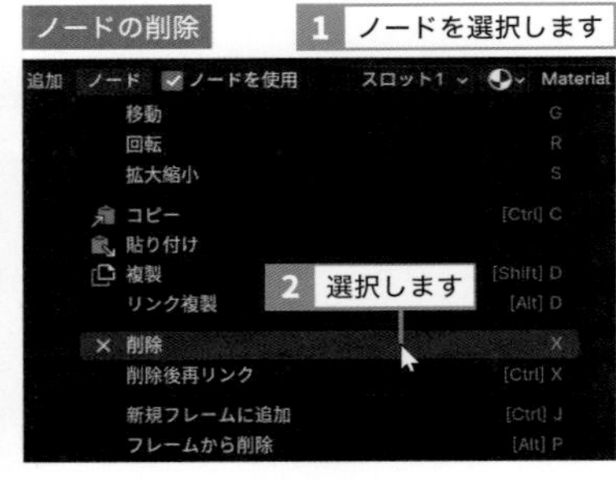

□ノードを移動する

ノードの上部をマウス左ボタンでドラッグすると移動できます。オブジェクトの移動と同様に、ノードを選択して[G]キーで移動することもできます。

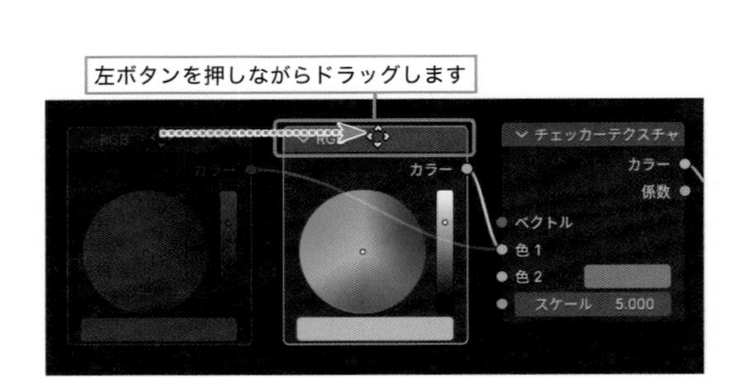

□ ノードのサイズを変更する

ノードの左右にマウスポインターを合わせると、ポインターが⇔に変わります。

この状態でマウス左ボタンを押しながらドラッグすると、ノードの表示サイズを変更できます。

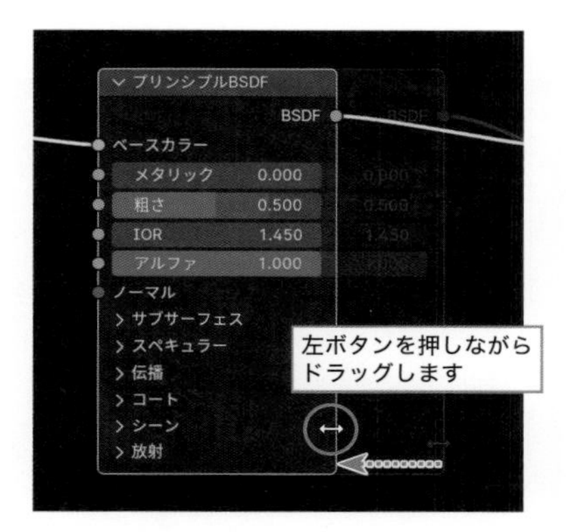

□ ノードを無効化する

ノードを選択してシェーダーエディターのヘッダーにある **[ノード]** から **[表示／隠す]** ➡ **[ミュート]**（M キー）を選択すると、接続された状態のままでも無効にすることができます。

もう一度 **[ミュート]**（M キー）を選択すると、有効な状態に戻ります。

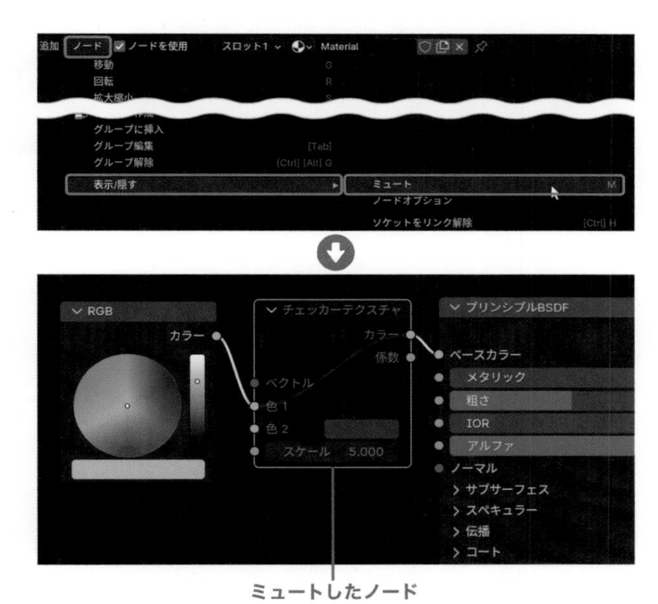

ミュートしたノード

■ ノードをグループ化する

ノードによる編集は、どうしてもシェーダーエディター上に複数のノードが配置され、複雑になり管理が難しくなりがちです。そのような場合は、ノードをグループ化することでシェーダーエディター上を整頓でき、管理が容易になります。

隣接する複数のノードを選択して、シェーダーエディターのヘッダーにある **[ノード]** から **[グループ作成]**（Ctrl ＋ G キー）を選択すると、グループ化されます。

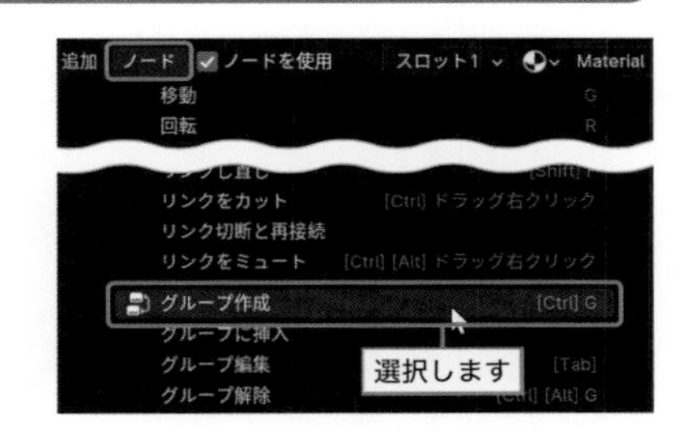

グループ化した直後は、グループ内のノードのみが表示されます。シェーダーエディターのヘッダーにある **[ノード]** から **[グループ編集]**（Tab キー）を選択すると、グループ内とノード全体の表示を切り替えることができます。

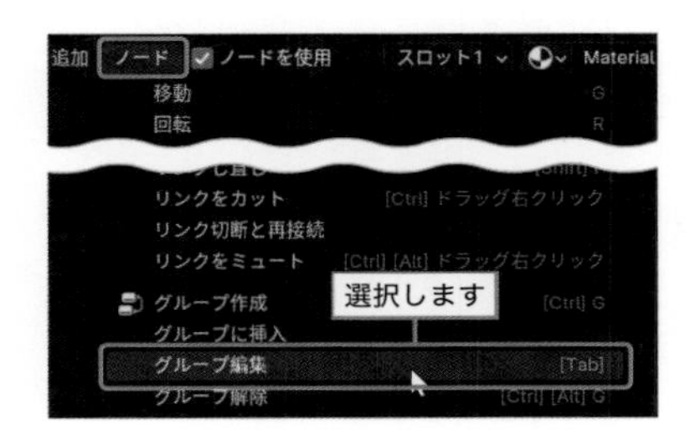

グループ化前

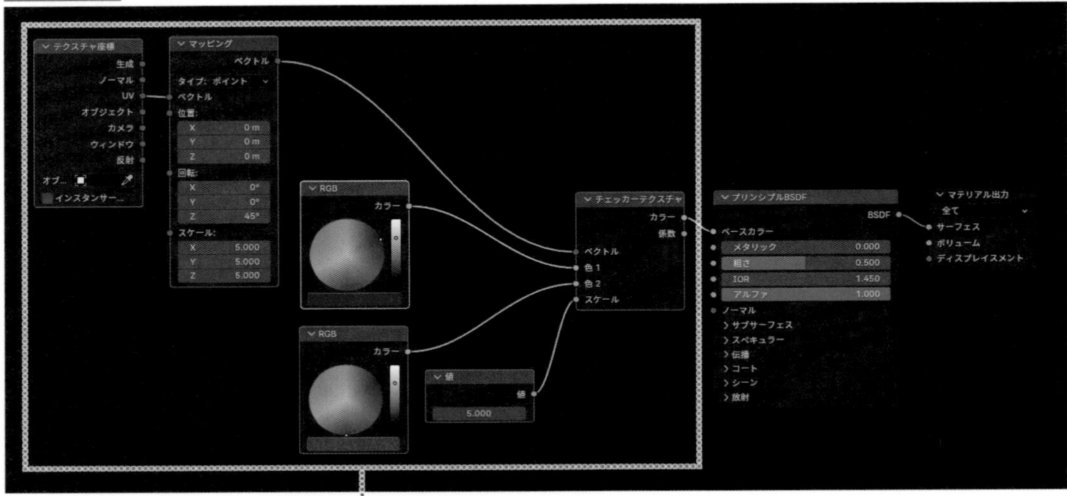

グループ化する範囲

グループ化後：グループ内表示

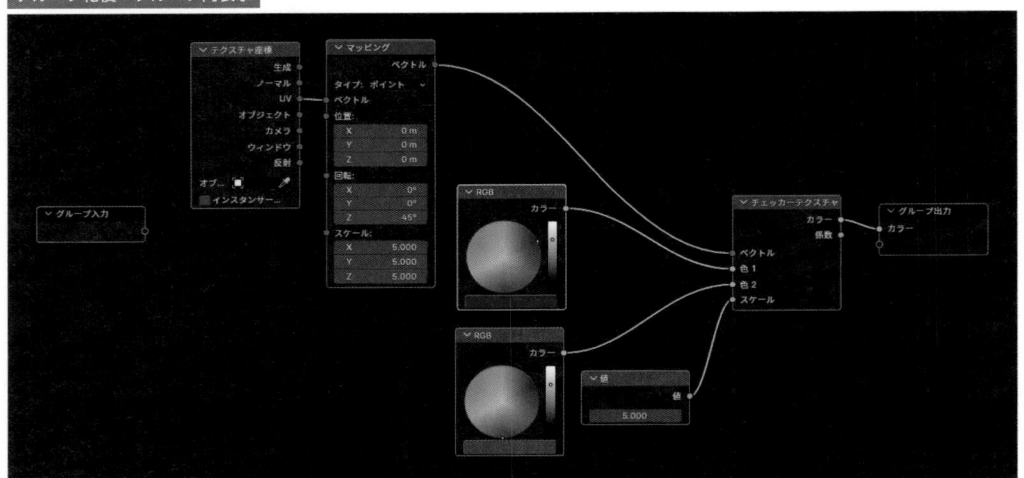

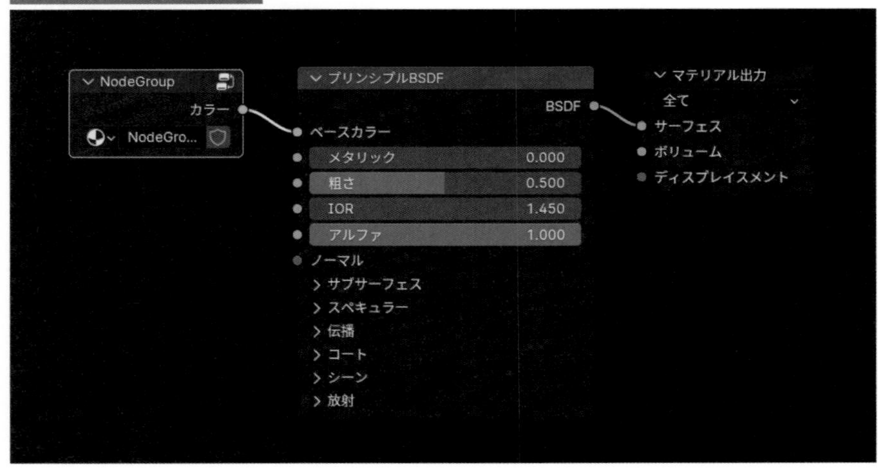

マテリアル設定 マテリアルノード

主なノードを覚える

マテリアルの編集で、主に使用されるノードを紹介します。これらのノードを使用することで、より高度な編集が可能となります。

■ 各種シェーダーノード

「サーフェス」パネルの **[サーフェス]** メニューから選択できる各種シェーダー(116ページ参照)と同様に、シェーダーエディターのヘッダーにある **[追加]** ➡ **[シェーダー]** から各種シェーダーノードを選択することができます。ノードによる編集は、プロパティの「サーフェス」パネルと連動しています。

シェーダーノードの選択

シェーダーエディター

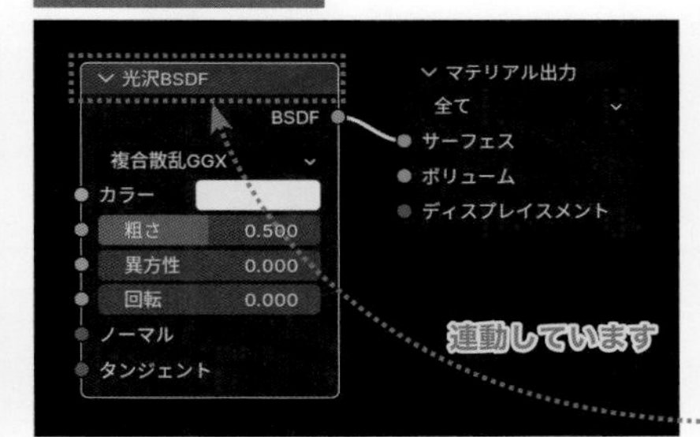

「サーフェス」パネル

■ マテリアル出力

「マテリアル出力」 ノードは、シェーダーエディターのヘッダーにある **[追加]** ➡ **[出力]** から選択できます。構築されたノードから入力された情報を **[マテリアル出力]** で完結させて、オブジェクトのマテリアルとして出力(表示)します。マテリアルノードでは、必須のノードになります。

このノードを複数配置している場合は、選択状態(上部が赤色)の **[マテリアル出力]** がマテリアルとして反映されます。

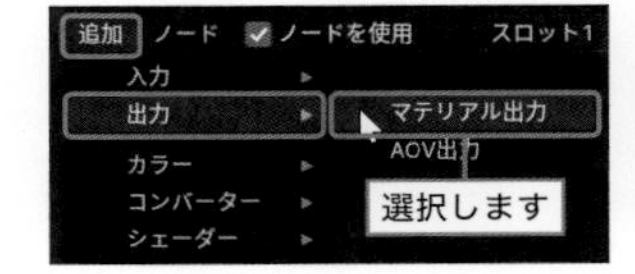

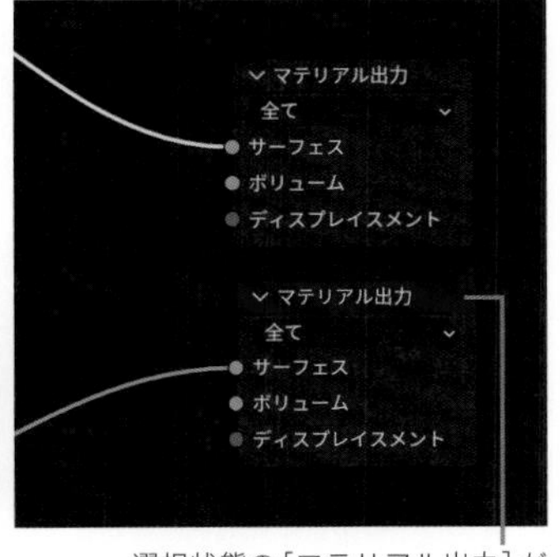

選択状態の[マテリアル出力]が反映されます。

■ シェーダーミックス

「シェーダーミックス」ノードは、シェーダーエディターのヘッダーにある**[追加]➡[シェーダー]**から選択できます。入力された2つのシェーダーを混合することができます。

[係数]で反映されるシェーダーの割合を設定します。数値が“**0.500**”より小さい場合は上のソケットにつないだシェーダーの割合が多くなり、“**0.500**”より大きい場合は下のソケットにつないだシェーダーの割合が多くなります。

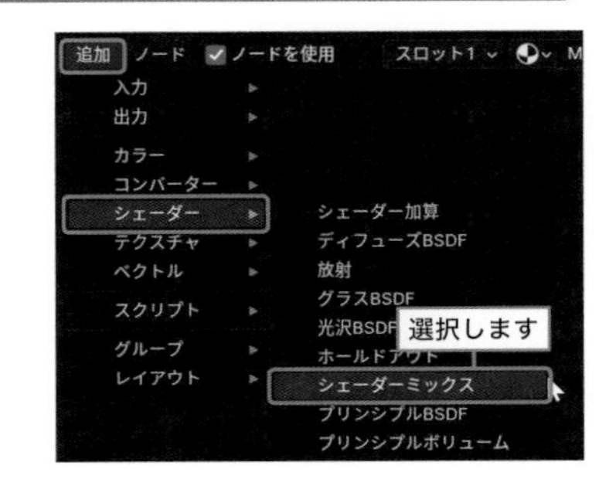

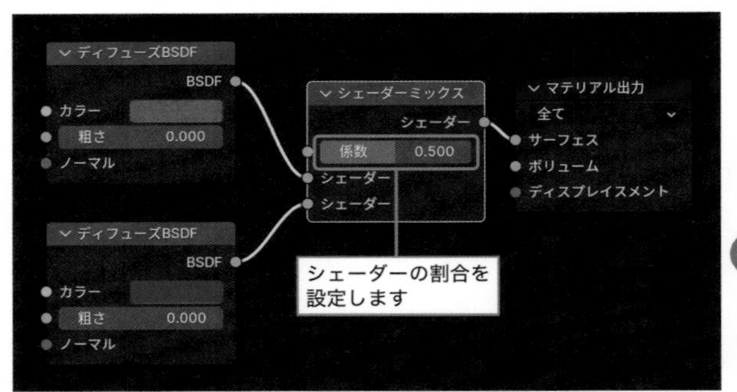

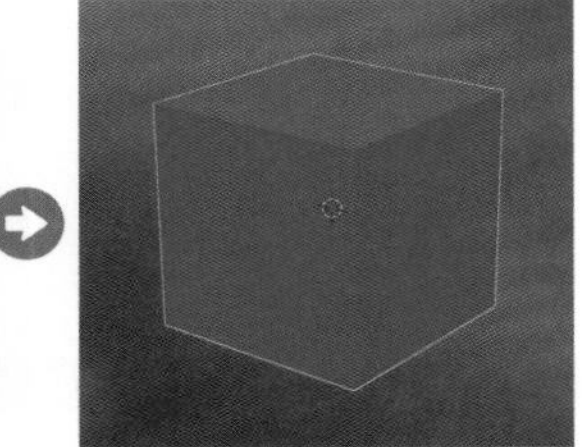

■ カラーランプ&グラデーションテクスチャ

「カラーランプ」ノードは、シェーダーエディターのヘッダーにある**[追加]➡[コンバーター]**から選択できます。

また、**「グラデーションテクスチャ」**ノードは、シェーダーエディターのヘッダーにある**[追加]➡[テクスチャ]**から選択できます。

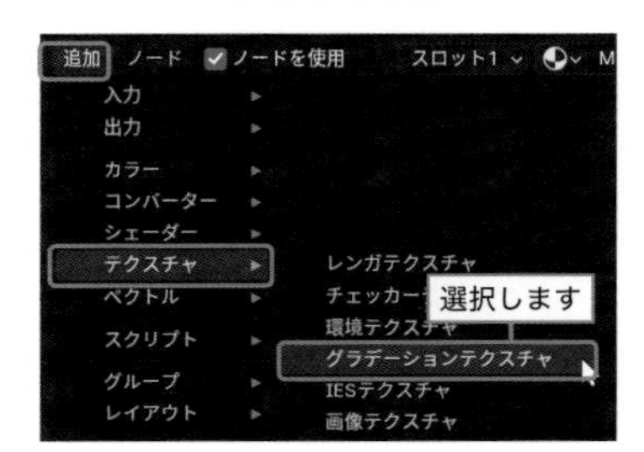

マテリアルに任意の色を組み合わせたグラデーションカラーを設定することができます。「テクスチャ座標」ノード(148ページ参照)と組み合わせることで、グラデーションの方向を調整することもできます。

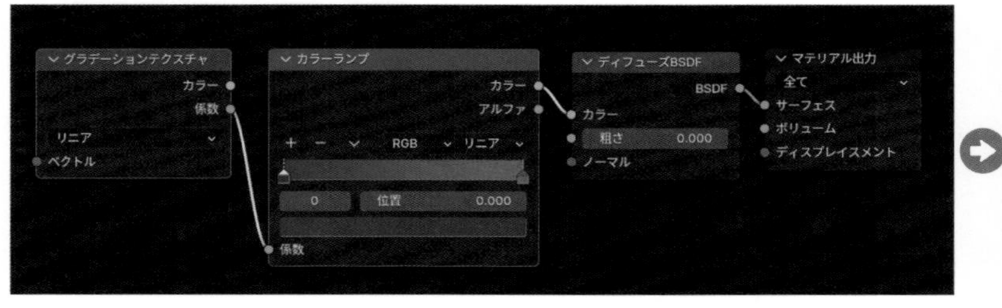

「カラーランプ」ノードの色を指定するには、カラーストップを左クリックで選択して、その下のカラーパレットから色を指定します。

カラーストップの追加と削除は、＋－を左クリックします。カラーストップの移動は、マウス左ボタンのドラッグ、もしくは選択して **[位置]** の数値を変更します。

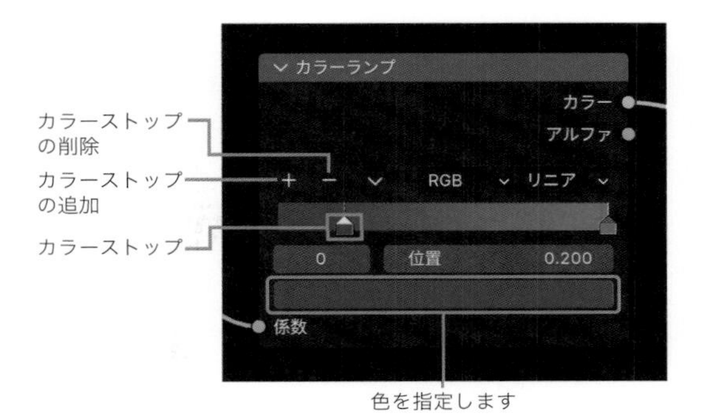

■ アンビエントオクルージョン(AO)

「アンビエントオクルージョン」 ノードは、シェーダーエディターのヘッダーにある **[追加]** ➡ **[入力]** から選択できます。光の届きにくい部分などにソフトな陰影を生成させるアンビエントオクルージョンを設定することができます。

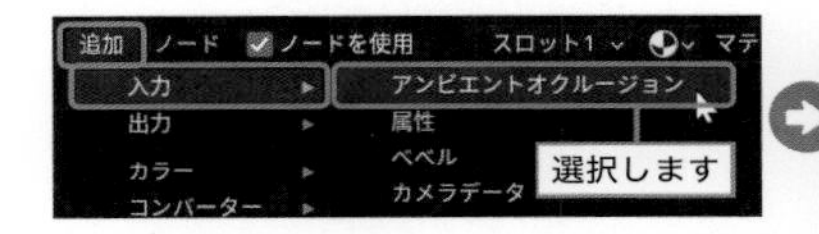

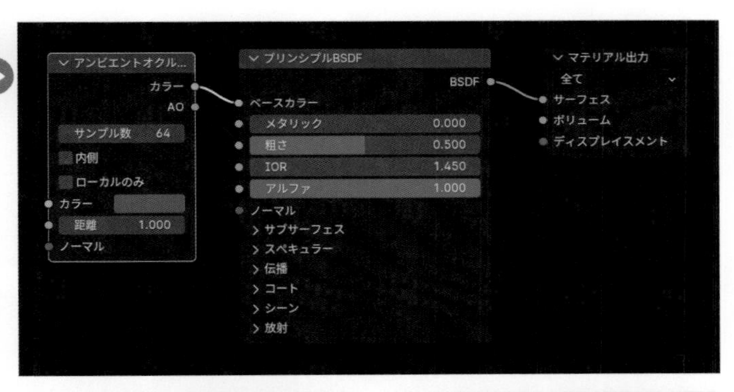

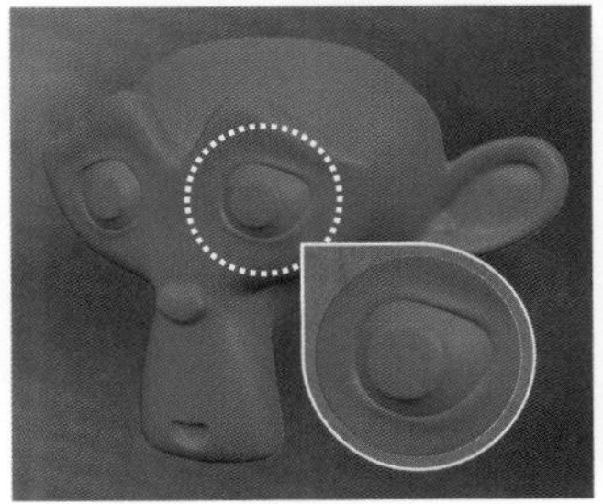
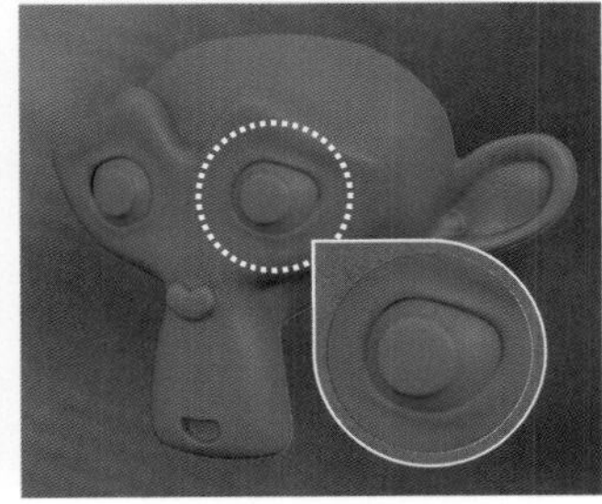

「アンビエントオクルージョン」無効　「アンビエントオクルージョン」有効

3Dビューポートのシェーディング **[マテリアルプレビュー]** やレンダーエンジン「EEVEE」でアンビエントオクルージョンを機能させるためには、プロパティの左側にある「レンダー」を左クリックし、**[アンビエントオクルージョン]** にチェックを入れて有効にします（レンダーエンジンについての詳細は、173ページを参照してください）。

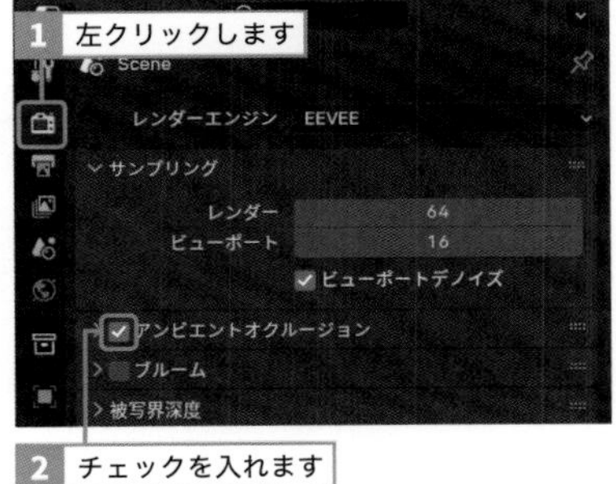

TIPS アンビエントオクルージョン（Ambient Occlusion）とは？

モデルをより立体的に表現するため、光の届きにくい部分などにソフトな陰影を生成させます。アンビエントオクルージョンの陰影は、ある一定の方向からの光によって生成されるのではなく、オブジェクトの形状や他のオブジェクトとの位置関係によって生成されます。比較的少ない計算量ながら高品質な結果が得られます。

■ フレネル

「フレネル」ノードは、シェーダーエディターのヘッダーにある**[追加]➡[入力]**から選択できます。水やプラスチックなど、非金属に見られるフレネルの効果を設定することができます。

図のように輪郭部分など角度のある部分の反射度合はさほど変化がありませんが、中央付近の角度の少ない部分は、反射度合が変化します。

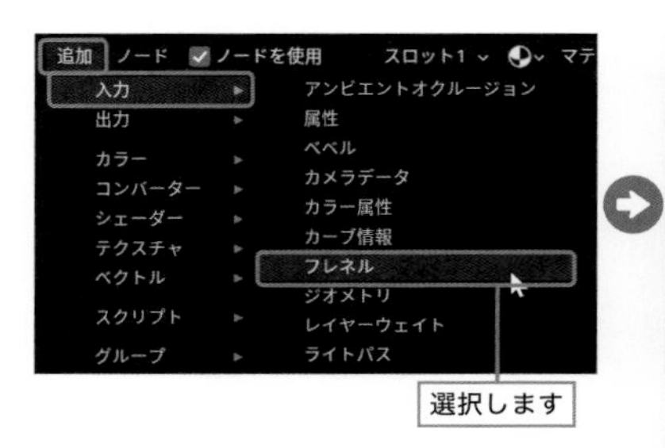

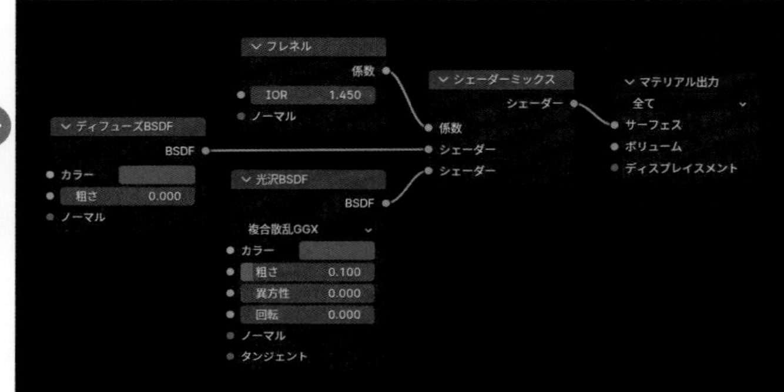

TIPS フレネルとは？

見る角度やカメラに対しての表面の角度によって、「一部では透過し、一部では反射する」ような効果をフレネルといいます。
水面に例えると、足下の水面では水中が透けて見え、遠くに見える水面では反射して水中が見えなくなります。これも、フレネルの効果によるものです。

「フレネル」無効

「フレネル」有効

マテリアルの設定は、プロパティとノードの両方で編集できるけど、どっちがおすすめ？

複雑な設定内容になるほど、直感的に操作できるノードがおすすめだヨ。この後で紹介するテクスチャも設定することになれば、なおさらだネ。

ちょっと慣れは必要かもしれないけど、全体を把握するのもノードのほうがよさそうだね。

PART
5

テクスチャを貼り付けよう

モデリングやマテリアルだけでは、オブジェクト表面の絵柄や模様、細かな凹凸などを表現するには限界があります。そこで活躍するのが、「テクスチャ」です。絵柄が描かれた画像を用意してオブジェクトに貼り付けることで、表現の幅が格段に広がります。

オブジェクトの表面に模様を描きたいんだけど、どうすればいいの？

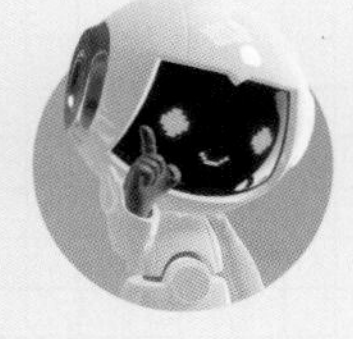

模様が描かれた画像を用意して、テクスチャとしてオブジェクトに貼り付ければOKだヨ。

すごい！ そんなことができるんだ。でも画像を貼り付けるってことは、やっぱり平らなオブジェクトじゃないとダメなの？

そんなことないヨ。複雑な形状の3Dオブジェクトでも展開して2Dにすれば、画像を貼り付けることができるんだ。

それだけじゃないヨ。モデリングでは難しい細かな凹凸を表示したり、部分的に透明に切り抜いたり、テクスチャの役割は色々あるヨ。

楽しそ～。テクスチャをマスターしたら、表現の幅がとっても広がるね！

テクスチャ設定 テクスチャ基礎知識

\ SECTION /
5.1

主なテクスチャの種類を知る

同じテクスチャ画像でも設定次第で、効果が全く異なります。ここでは、代表的なテクスチャの種類を紹介します。それぞれの設定方法については、後述します。

■ 主なテクスチャの種類

ここでは、図のようなオブジェクトと画像を用意しました。同じ画像がテクスチャとしてどのような効果をもたらすか、オブジェクトに対して実際に貼り付けた状態で種類別に紹介します。

□ カラーマップ

マテリアルでは、面単位でしか異なる色を指定することはできません。カラーマップを貼り付けることで、ピクセル単位でオブジェクトの表面に絵柄を表示することができます。

そのため、高解像度の画像テクスチャほど細かく鮮明な絵柄を貼り付けることができます。しかし、その分容量が大きくなり処理に時間がかかるようになるので、注意が必要です。

□ バンプマップ

細かな凹凸をポリゴンメッシュで作成するのは難しく、モデリングにもより時間を要します。また、ポリゴン数も増えるため、その分容量が大きくなってしまいます。

バンプマップを貼り付けることで、擬似的に凹凸を表示することができます。欠点としては、擬似的な凹凸なため、輪郭部分は凹凸が表示されずフラットになってしまいます。

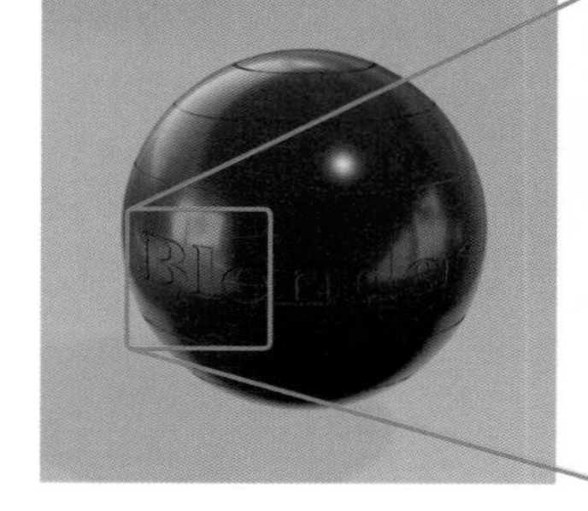

TIPS バンプマップとノーマルマップの違い

バンプマップと同様の効果が得られるテクスチャとして「ノーマル（法線）マップ」があります。
バンプマップは、グレースケール画像を用いて、50%グレーより明るいか暗いかで凸凹を表現します。ノーマルマップは、バンプマップのグレースケールによる一方向の表現に対して、RGBカラーを用いることでXYZ方向による凹凸の表現が可能です。
そのため、バンプマップはメリハリのある凹凸は表現できても、グラデーションなど滑らかな凹凸では、ジャギー（画像の乱れやノイズ）が発生しやすくなってしまいます。
ノーマルマップは滑らかでより細やかな凹凸が表現できますが、バンプマップに比べて制作は容易ではありません。
Blenderのベイク機能（解説は省略します）、画像編集ソフト、オンラインサービスなどを用いることで制作できます。

Photoshopのバージョン22.5以降、
段階的に3D機能が廃止予定。
ノーマルマップを制作する場合は、
バージョン22.2がおすすめだヨ！

□スペキュラ（鏡面反射）マップ

スペキュラマップを貼り付けることで、オブジェクト表面の光沢の量を部分的にコントロールすることができます。
Blenderでは、テクスチャの暗いトーンほどツヤがあり、明るいトーンほどツヤ消しになります。

□透明マップ

透明マップを貼り付けることで、オブジェクト表面の透明部分をコントロールすることができます。
ポリゴンメッシュで作成するのは難しいような形状でも、四角形など単純な形状のオブジェクトに貼り付けることで、任意の形状に切り抜くことができます。

テクスチャ設定 UVマッピング

\SECTION/ 5.2

メッシュをUV展開する

3Dのオブジェクトに対して正確にテクスチャをマッピングする（貼り付ける）には、オブジェクトを平面に展開し、それに対してテクスチャを投影する「UVマッピング」という技法を用います。

■ シームを設定する

1 モードを切り替える

図のようなクルマのオブジェクトを用いて、テクスチャを制作するためのUV展開からテクスチャのマッピングまでの手順を紹介します。

3Dのオブジェクトを平面に展開するためには、まずキリトリ線を設定する必要があります。3Dビューポートでオブジェクトを選択して編集モード（Tab キー）に切り替えます。

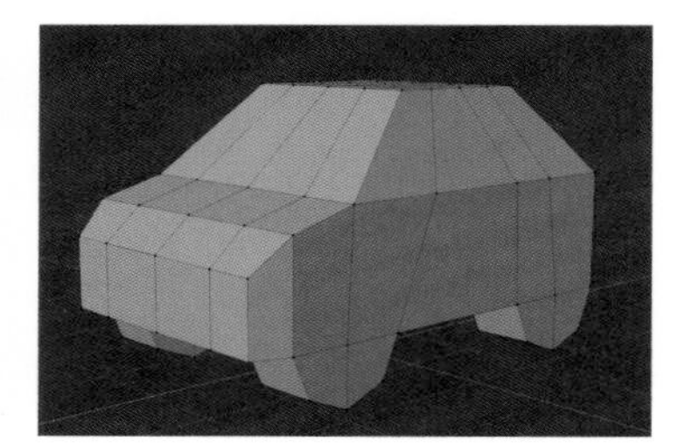

2 辺を選択する

3Dビューポートのヘッダーにある**［辺選択］**アイコンを左クリックして辺選択モード（2 キー）に切り替え、該当の辺を選択します。

キリトリ線の位置に決まりはありません。人によってまたは形状によって設定位置はさまざまです。
裏側の目立たない箇所、テクスチャ制作が容易な絵柄の境目などを考慮して、設定位置を決めるようにしましょう。

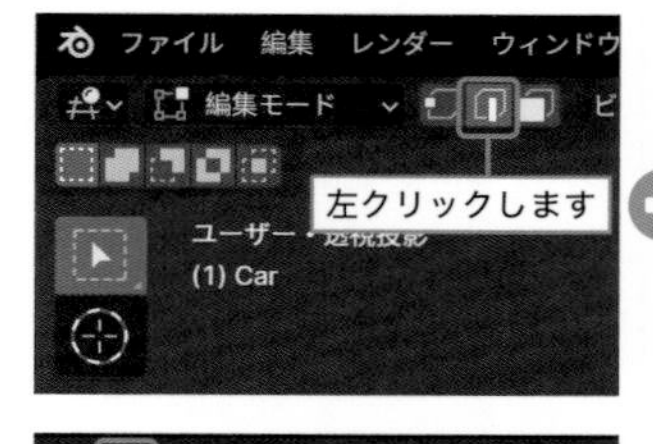

3 シームをマークする

3Dビューポートのヘッダーにある**［辺］**から**［シームをマーク］**を選択すると、オレンジ色で表示されていた辺が赤色に変わり、キリトリ線となるシームとして設定されます。

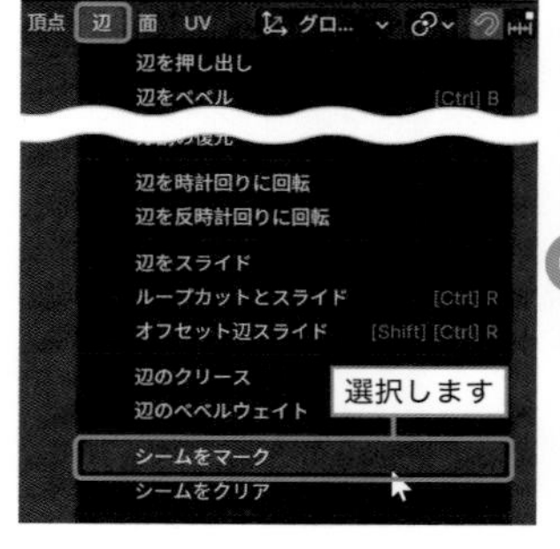

■ UV展開する

① ワークスペースを切り替える

オブジェクトを選択してヘッダータブの **[UV編集(UV Editing)]** を左クリックすると、UVの展開や編集に適した画面レイアウト（ワークスペース）に切り替わります。

左クリックします

ヘルプ　レイアウト　モデリング　スカルプト　UV編集　テクスチャペイント
追加　オブジェクト

UVエディター　3Dビューポート（編集モード）

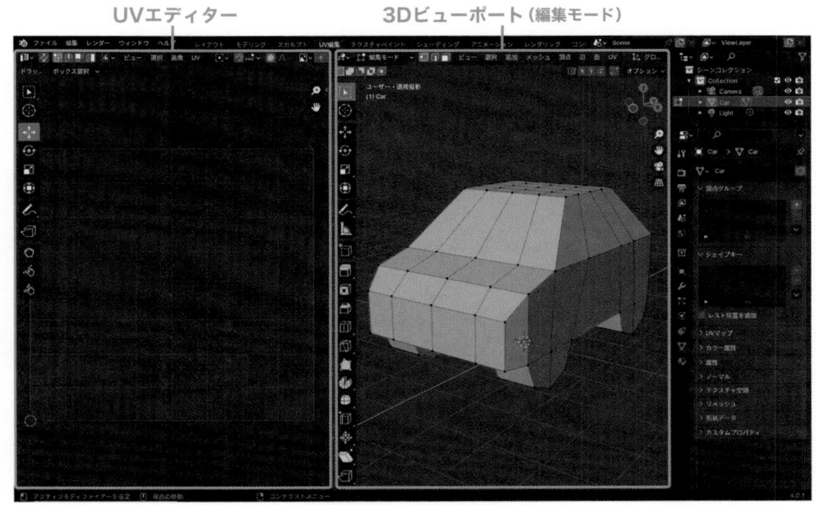

画面左側はUVエディターで、展開したUVが表示されます。画面中央は3Dビューポートで、デフォルトは編集モードに設定されています。

② メッシュを展開する

3Dビューポートの編集モードですべてのメッシュを選択（Aキー）して、ヘッダーの **[UV]** から **[展開]** を選択します。

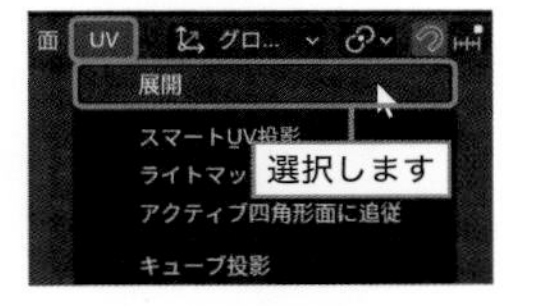

③ 展開されたUVを確認する

シームに沿って切り取られ、平面に展開されたUVが、UVエディターに表示されます。

□プリミティブオブジェクトについて

Blenderにあらかじめ用意されている数種類のプリミティブオブジェクトは、デフォルトでUV展開が設定されています。プリミティブオブジェクトをそのままの形状で使用する場合は、UV展開する必要はありません。

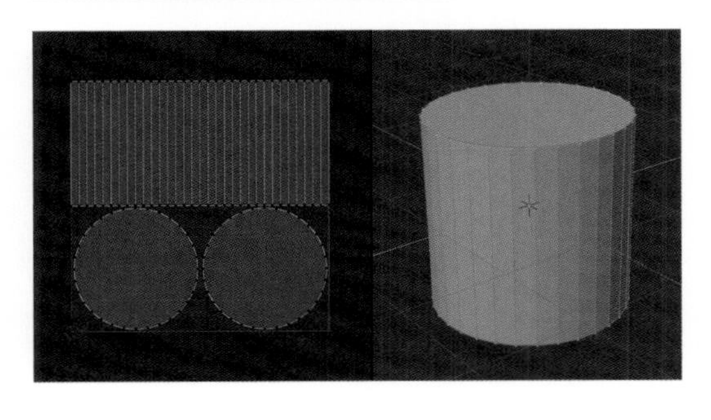

テクスチャ設定 UVマッピング

\ SECTION /
5.3

UVを編集する

展開したUVは、テクスチャを制作する際のガイドとなります。直線状に整列したり、大きさや角度を合わせて並び替えたり、テクスチャの制作を考慮して編集しましょう。

■ UVを選択する

UVの選択は、基本的にメッシュの選択と操作は同じです。左クリックが選択で、Shift＋左クリックが複数選択になります。全選択（Aキー）や［ボックス選択］（Bキー）などもできます。

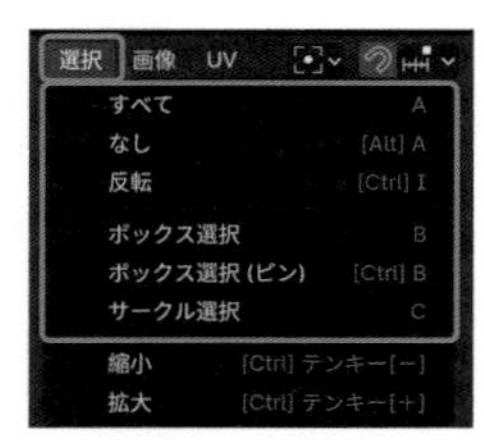

UVエディターのヘッダーにある**［選択モード切り替え］**アイコンで、UV選択モードの切り替えを行います。

左から**［頂点選択］［辺選択］［面選択］**となります。一番右側は**［アイランド選択］**モードで、つながったメッシュを1つの塊として扱います。UV選択モード切り替えのショートカットキーは、左から1 2 3 4キーになります。

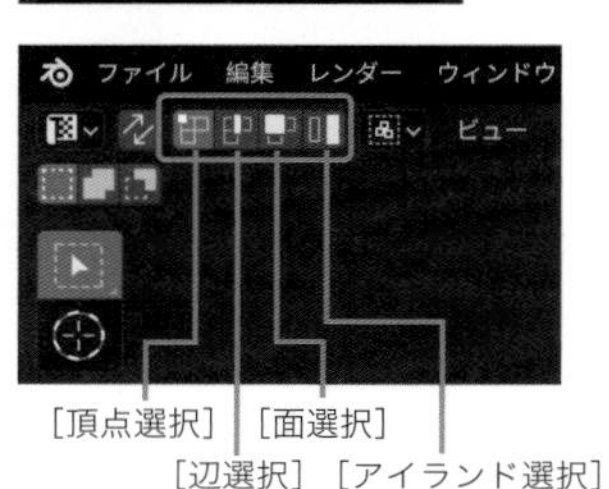

UVエディターのヘッダーにある「吸着選択モード」メニューで、頂点の選択方式の切り替えを行います。

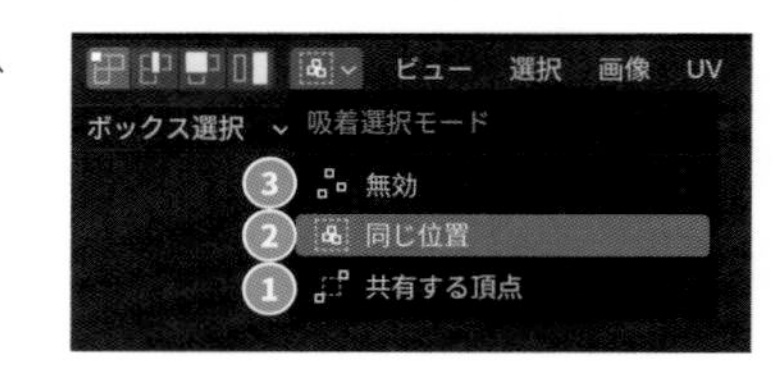

❶「共有する頂点」

3Dオブジェクトにおける同一頂点をすべて同時に選択します。

❷「同じ位置」

UVで結合している頂点をすべて同時に選択します。3Dオブジェクトでは同一頂点でも、UVで切り離されている頂点は、選択されません。

❸「無効」

すべての頂点を個別に選択します。シームによる展開と関係なくUVを切り離すことができます。

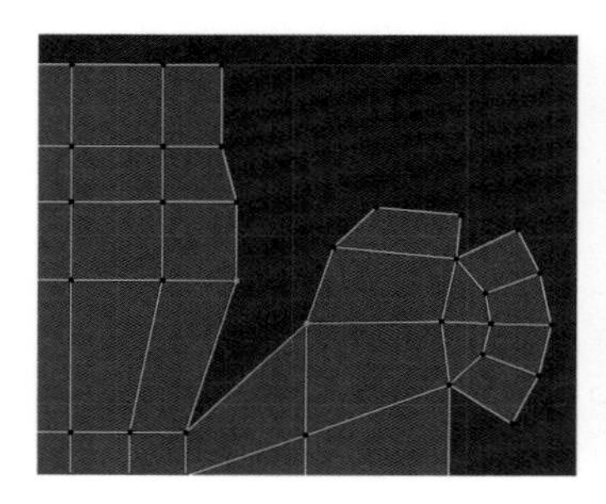

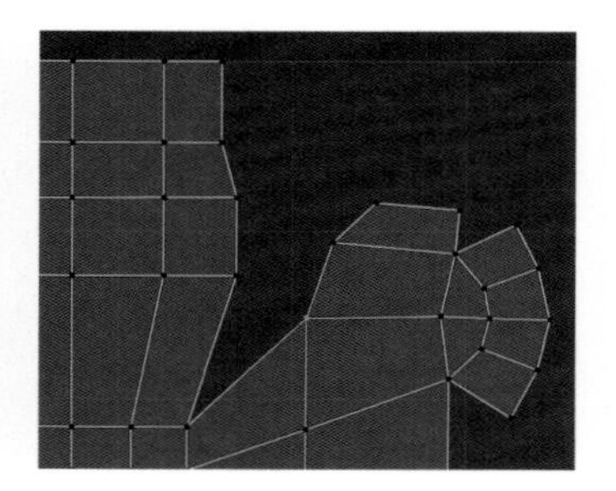

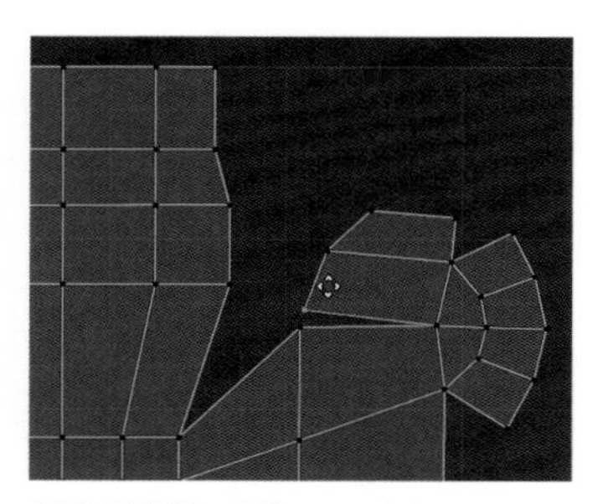

※図は選択後に移動しています

[選択モード切り替え] アイコンの左側にある **[UVの選択を同期]** を左クリックで有効にすると、3Dビューポートと UV エディターで選択している箇所が同期されます。3D オブジェクトのメッシュと共通する UV の位置を確認する際などに使用します。

「吸着選択モード」の **[共有する頂点]** と同様に3Dオブジェクトにおける同一頂点がすべて選択されるため、基本的に編集の際は無効にします。

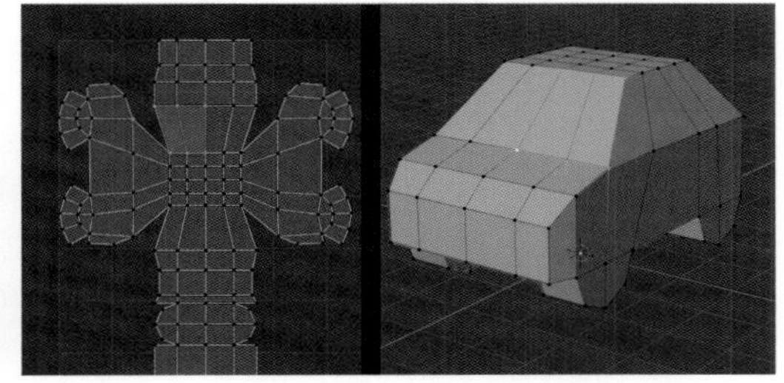

■ 移動/回転/拡大縮小

移動（G キー）/回転（R キー）/拡大縮小（S キー）も、基本的にメッシュの場合と操作は同じです。また、編集中に X、Y キーを押せば、各軸方向へ制限をかけることもできます。

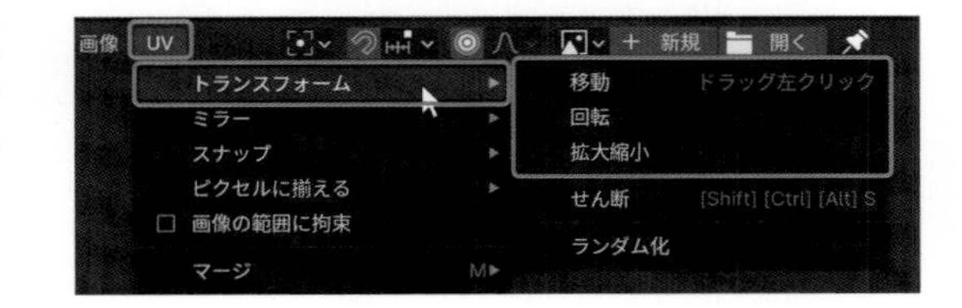

■ UVを整列する

複数の頂点を選択した状態で、UV エディターのヘッダーにある **[UV]** から **[整列]**（Shift + W キー）➡ **[垂直に整列]** または **[水平に整列]** を選択すると、頂点を整列できます。

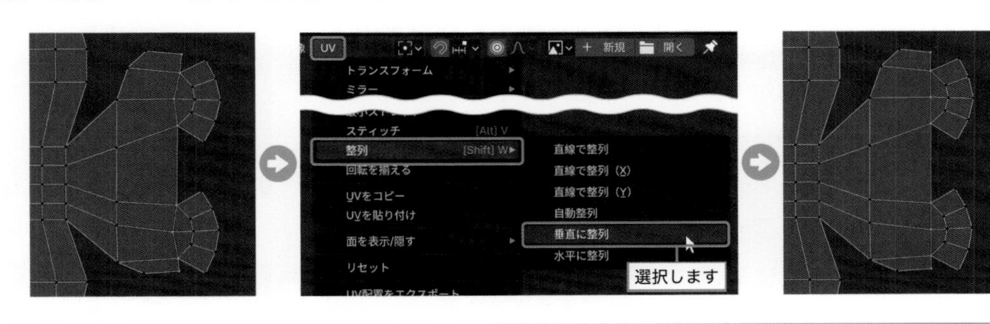

■ UVを固定する

頂点を選択した状態で、UV エディターのヘッダーにある **[UV]** から **[ピン留め]**（P キー）を選択すると、位置が固定されます。ピン留めを設定した頂点は赤色に表示されます。

改めて UV の展開を行う場合に、編集が完了している部分をピン留めします。ピン留めを設定しても、移動など手動で編集を行うことは可能です。

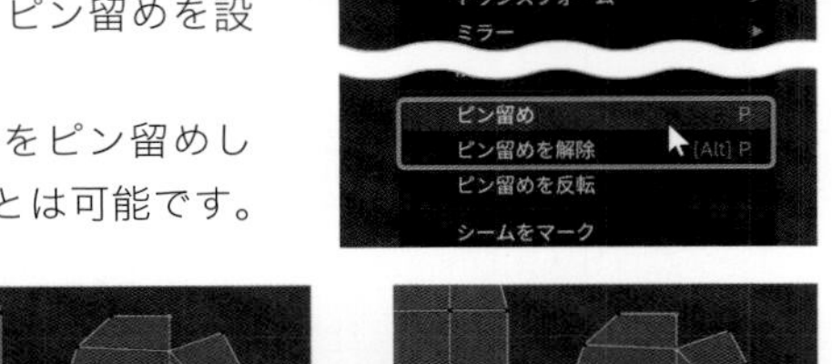

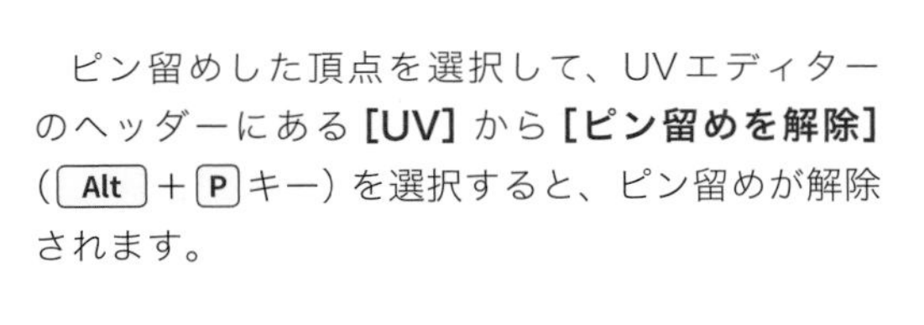

ピン留めした頂点を選択して、UV エディターのヘッダーにある **[UV]** から **[ピン留めを解除]**（Alt + P キー）を選択すると、ピン留めが解除されます。

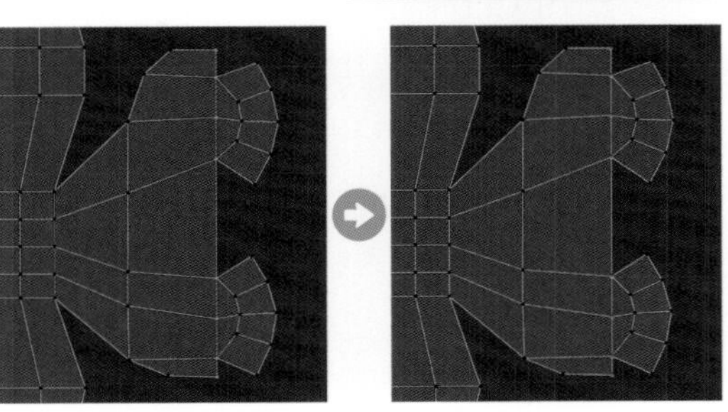

■ 左右対称に編集する

左右対称のオブジェクトの場合、片側で編集した内容を反対側に反映することができます。

① グリッドの中央に移動する

該当のUVを選択してサイドバー（N キー）の **[画像]** タブを左クリックし、「UV頂点」パネルの **[X]** を"**0.500**"に設定します。

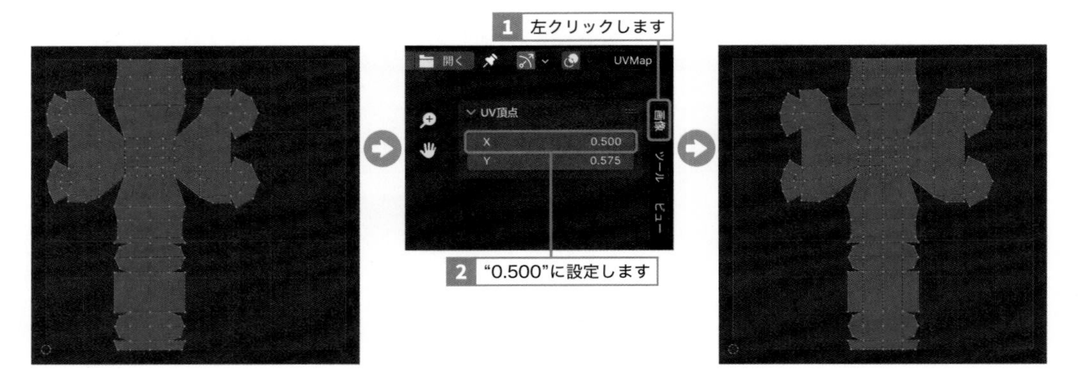

② 反転コピーする

該当のUVが選択された状態で、UVエディターのヘッダーにある **[UV]** から **[ミラー]** ➡ **[UV座標をミラー反転コピー]** を選択すると、UVが反転コピーされます。

反転コピーは、**3Dビューポートに表示されているオブジェクトの正面から見て左側にあたるUVの形状が右側に反映されます。**

ピン留めしていても、**[UV座標をミラー反転コピー]** が優先されます。

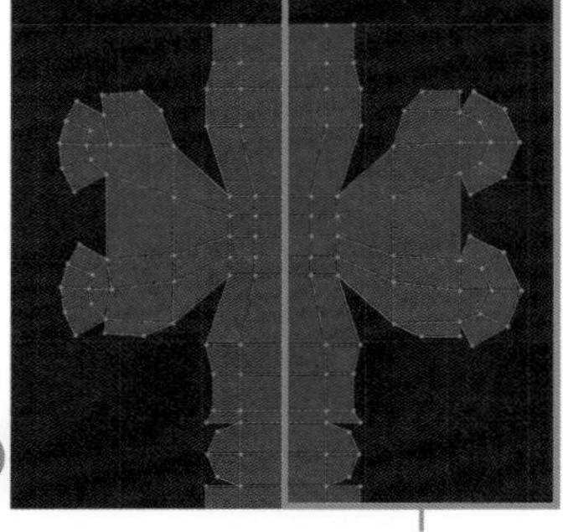
3Dビューポートの左側

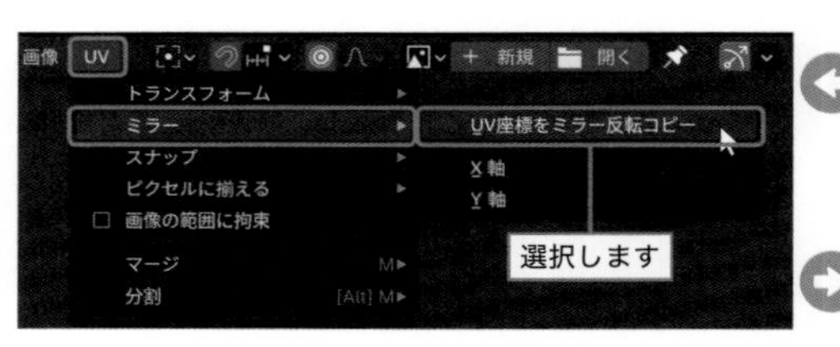

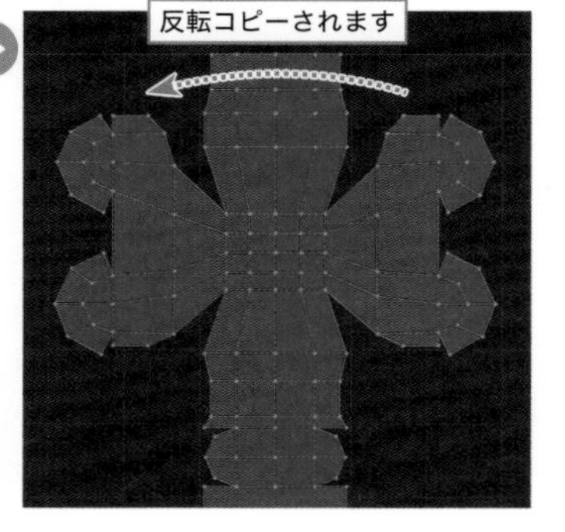

! UVの編集によって左右の大きさに変化が生じた場合は、反転コピーによって中心のUVがズレることがあります。その際には、マージ（M キー）などで編集が必要になります。

③ コピー元を切り替える

編集直後にUVエディターの左下に表示されるパネルで、「軸方向」をデフォルトの **[正方向]** から **[負]** に変更すると、コピー元とコピー先が逆転されます。

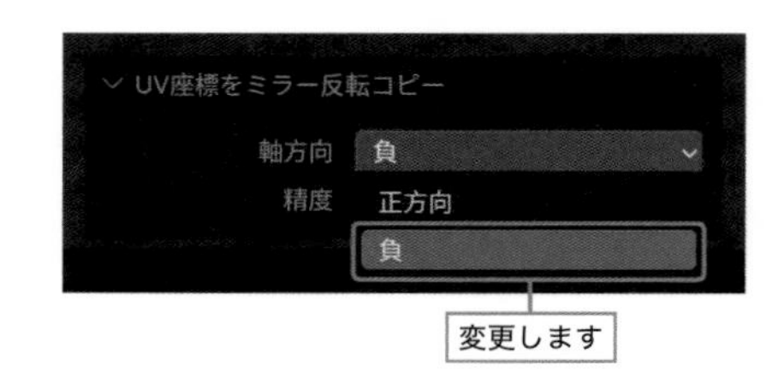

■ 展開図をエクスポートする

① メニューを選択する

編集が完了したら、テクスチャを制作する際のガイドとしてUVを書き出します。
UVエディターのヘッダーにある **[UV]** から **[UV配置をエクスポート]** を選択すると、「Blenderファイルビュー」が開きます。

② 画像の設定をする

ウィンドウの右側にある「フォーマット」でエクスポート画像の保存形式、「size」で解像度／ピクセル数、「フィルの不透明度」で展開図の透明度を設定します。

③ エクスポートを実行する

保存先とファイル名を指定して、**[UV配置をエクスポート]** を左クリックします。
書き出した展開図を元に、画像編集ソフトなどで画像テクスチャを制作します。

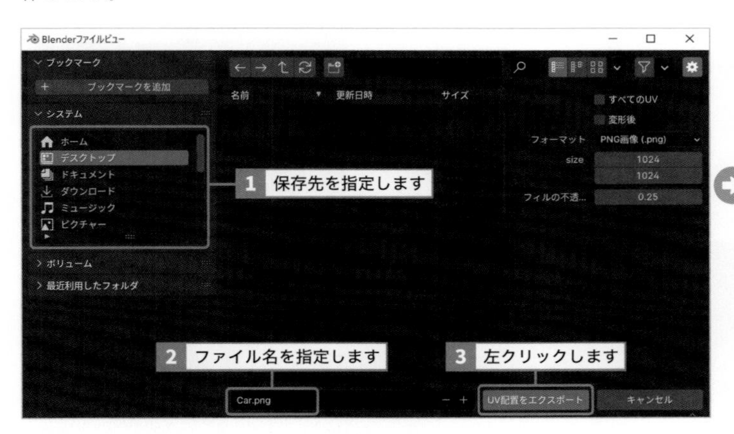

TIPS 画像テクスチャの解像度

作品のクオリティを上げるために、画像テクスチャの解像度を高めに設定してしまいがちですが、解像度が高ければその分容量も大きくなり、処理にも時間がかかるようになります。静止画の作品であれば1枚のレンダリングで済むので、さほど影響はありませんが、アニメーションやゲームなどのリアルタイムレンダリングでは、その積み重ねが大きく影響してしまうケースもあります。作品の中での扱う大きさや重要度などを踏まえ、適切な解像度に設定するようにしましょう。
さらに、画像テクスチャの解像度は「512×512」「1024×1024」「2048×2048」など、2^n（2の乗数）が処理効率が良いとされています。また、「512×512」を16枚使用するよりも「2048×2048」を1枚使用するほうが処理が速いとされています。これらの点は、頭の片隅に入れておくとよいでしょう。

テクスチャ設定 UVマッピング

\SECTION/
5.4 テクスチャをマッピングする①

展開したUVに合わせて制作したテクスチャをオブジェクトに貼り付けます。ここでは、カラーマップのマッピング方法を紹介します。

■ カラーマップ

① マテリアルを設定する

オブジェクトを選択してマテリアルを追加します。必要に応じて「粗さ」や「メタリック」などマテリアルの設定を行います（マテリアルの設定は、テクスチャを貼り付けた後でもかまいません）。
カラーマップの場合、基本的に「ベースカラー」はテクスチャによって隠れてしまうため、設定する必要はありません。

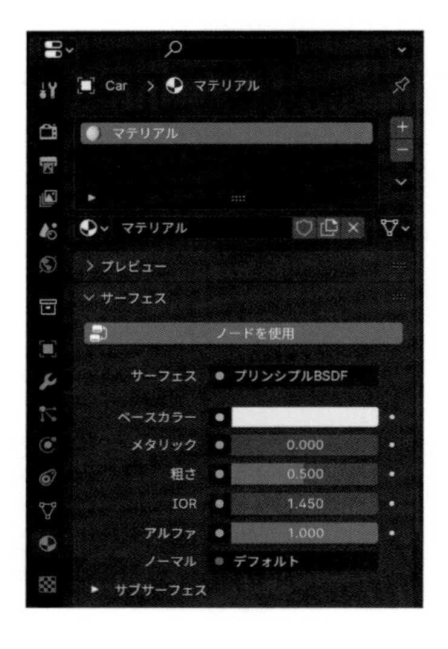

② シェーダーエディターを開く

ヘッダータブの**［シェーディング（Shading）］**を左クリックして、ワークスペースを切り替えます。
プロパティにある「サーフェス」パネルの**［ノードを使用］**または、シェーダーエディターのヘッダーにある**［ノードを使用］**が有効になっていることを確認します。

③「画像テクスチャ」ノードを追加する

シェーダーエディターのヘッダーにある **[追加]**（Shift ＋ A キー）から **[テクスチャ] ➡ [画像テクスチャ]** を選択し、「画像テクスチャ」ノードを追加します。

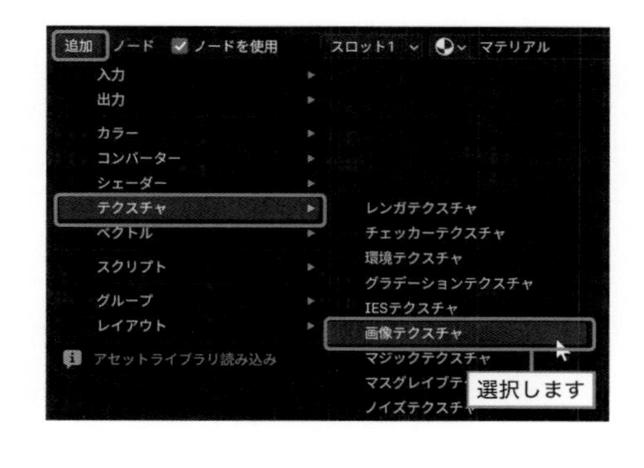

④「Blenderファイルビュー」を開く

「画像テクスチャ」ノードの **[開く]** を左クリックすると、「Blender ファイルビュー」が開きます。

⑤ 画像を指定する

貼り付ける画像を選択して、**[画像を開く]** を左クリックします。

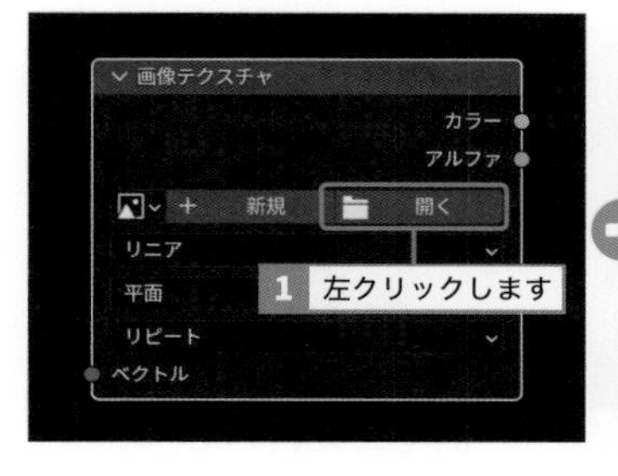

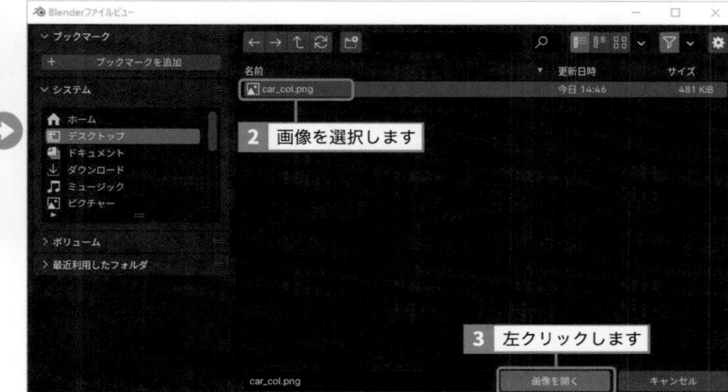

⑥ ノードを接続する

「画像テクスチャ」ノードの出力ソケット **[カラー]** をマウス左ボタンでドラッグし、「プリンシプル BSDF」ノードの入力ソケット **[ベースカラー]** でドロップすると、2つのノードが接続されて3Dビューポートのオブジェクトにカラーマップが反映されます。

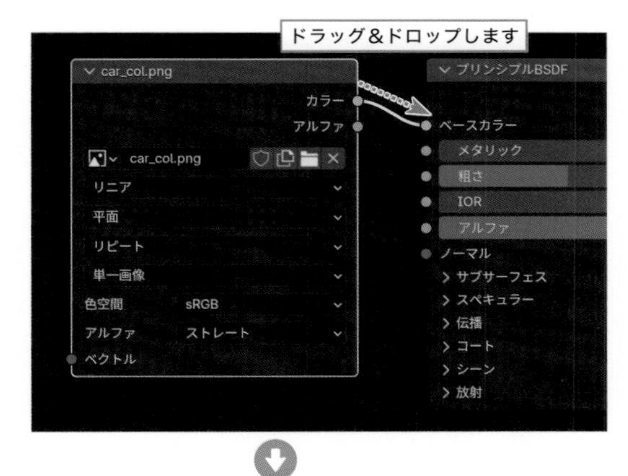

■ テクスチャ座標

Blenderでは画像テクスチャを貼り付ける場合、デフォルトでUV座標が用いられます。そのため、特に設定を行わなくても、展開したUVの位置（座標）でテクスチャがマッピングされます。

テクスチャのマッピングされる座標を指定する場合は、以下の手順で設定します。

① 「テクスチャ座標」ノードを接続する

シェーダーエディターのヘッダーにある **[追加]**（Shift＋Aキー）から **[入力]** ➡ **[テクスチャ座標]** を選択し、いずれかの座標出力ソケットと **[画像テクスチャ]** ノードの入力ソケット **[ベクトル]** をつなぎます。

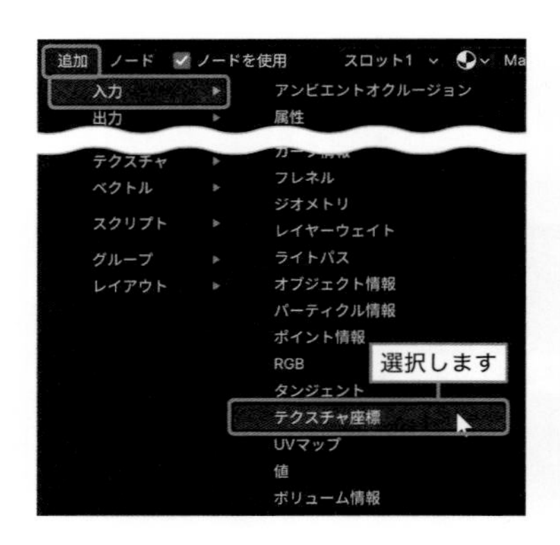

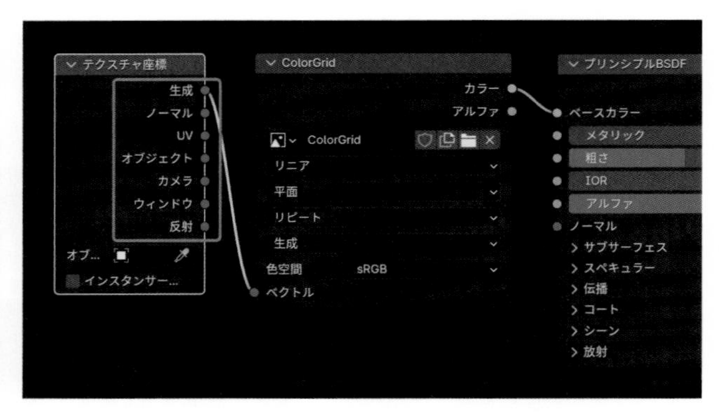

主に以下のような座標が設定できます。

□ 生成

オブジェクトに合わせて自動生成された座標でマッピングされます。

□ UV

事前にUV展開された座標でマッピングされます。

□ ウィンドウ

画面に対して、常に平行にマッピングされます。

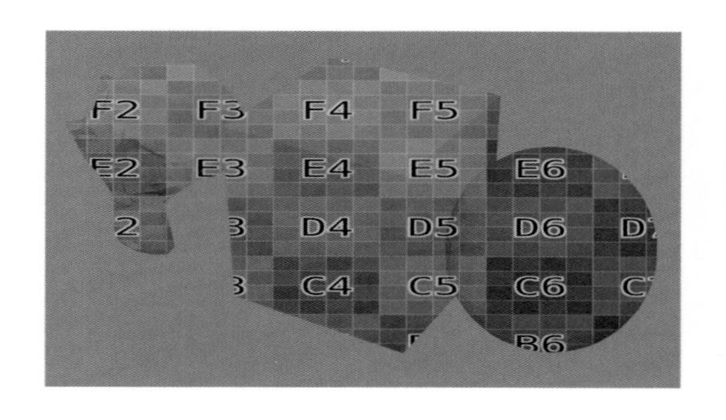

□ 反射

鏡面反射のようにマッピングされ、視点によって変化します。

②「マッピング」ノードを追加する

シェーダーエディターのヘッダーにある**[追加]**（Shift＋Aキー）から**[ベクトル]➡[マッピング]**を選択し、「マッピング」ノードを追加します。

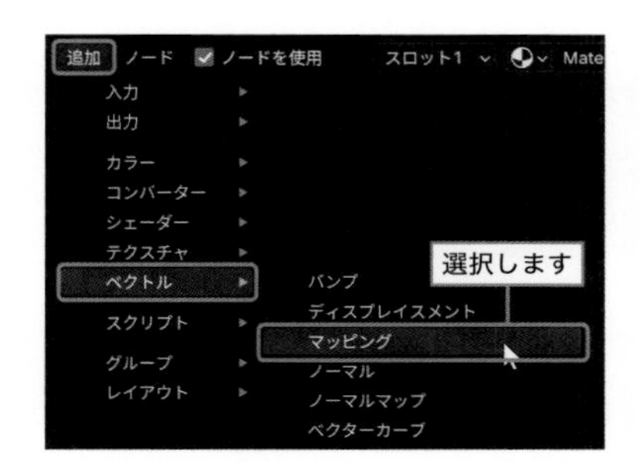

③「マッピング」ノードを接続する

「テクスチャ座標」ノードと「画像テクスチャ」ノードの間に接続します（2つのノードの間にドラッグすると、自動的に接続されます）。
そろぞれの数値を変更することで、位置や角度、大きさを調整することができます。

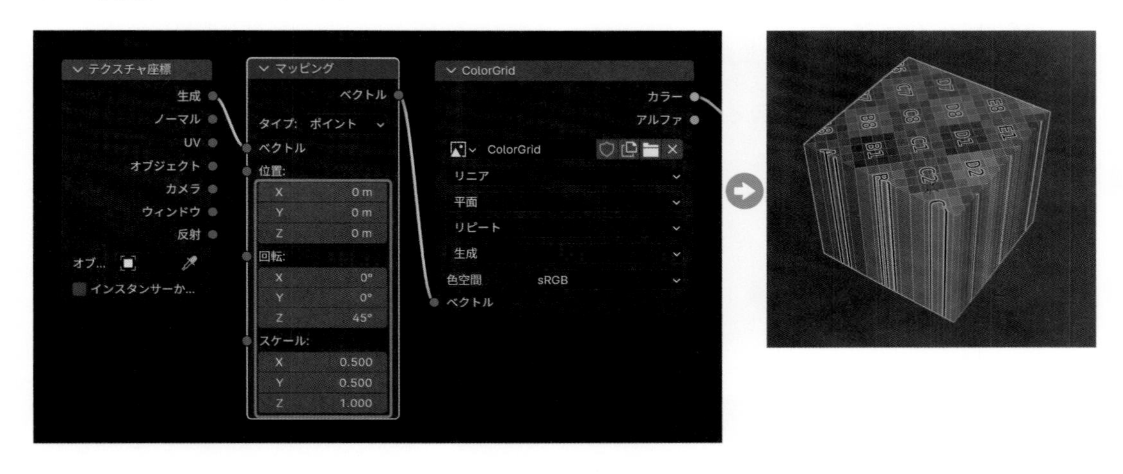

TIPS グリッド画像の作成

ここで使用したグリッド画像は、Blenderで作成することができます。
[画像テクスチャ]ノードで画像を指定する際に[新規]を左クリックします。「新規画像」ダイアログが表示されるので、「生成タイプ」から[カラーグリッド]を選択すると、グリッド画像を画像テクスチャとして使用できます。

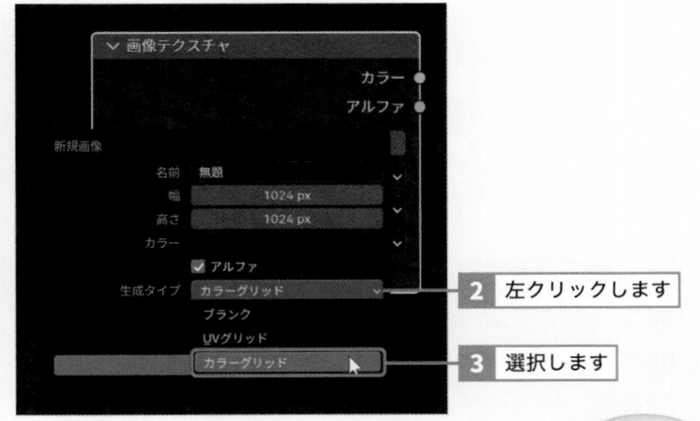

テクスチャ設定 UVマッピング

SECTION 5.5

テクスチャをマッピングする②

凹凸を表現する「バンプマップ」、光沢箇所を部分的に制御する「スペキュラマップ」、透明箇所を部分的に制御する「透明マップ」それぞれの設定方法を紹介します。

■ バンプマップ

① ワークスペースを切り替える

マテリアルが設定されているオブジェクトを選択して、ワークスペース **[シェーディング (Shading)]** に切り替えます。

② 「バンプ」ノードを接続する

シェーダーエディターのヘッダーにある **[追加]** (Shift + A キー) から **[ベクトル] ➡ [バンプ]** を選択して、「バンプ」ノードの出力ソケット **[ノーマル]** をマウス左ボタンでドラッグし、「プリンシプルBSDF」ノードの入力ソケット **[ノーマル]** でドロップして、2つのノードを接続します。

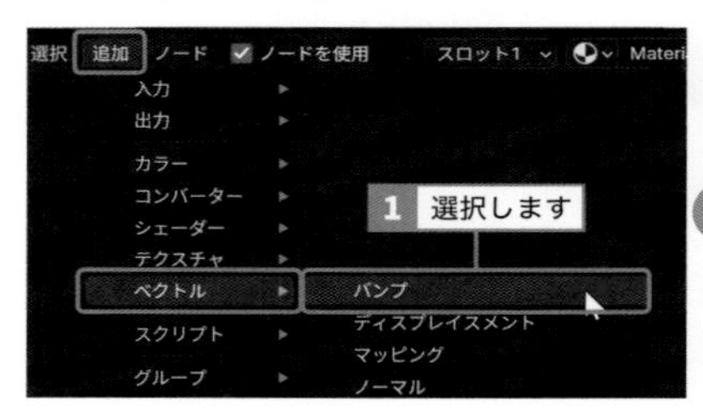

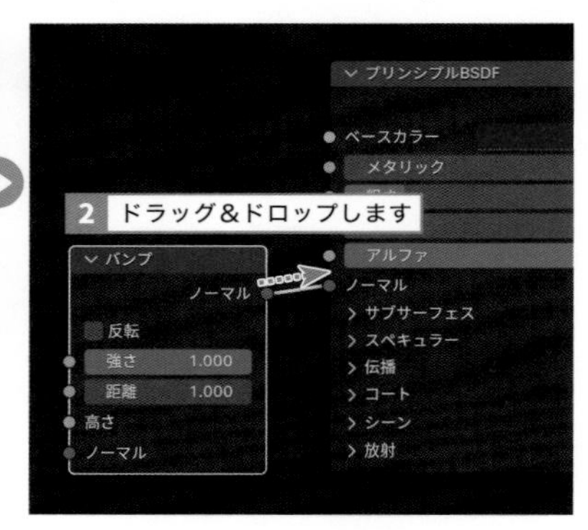

③ 「画像テクスチャ」ノードを接続する

シェーダーエディターのヘッダーにある **[追加]** (Shift + A キー) から **[テクスチャ] ➡ [画像テクスチャ]** を選択して、「画像テクスチャ」ノードの出力ソケット **[カラー]** をマウス左ボタンでドラッグし、「バンプ」ノードの入力ソケット **[高さ]** でドロップして、2つのノードを接続します。

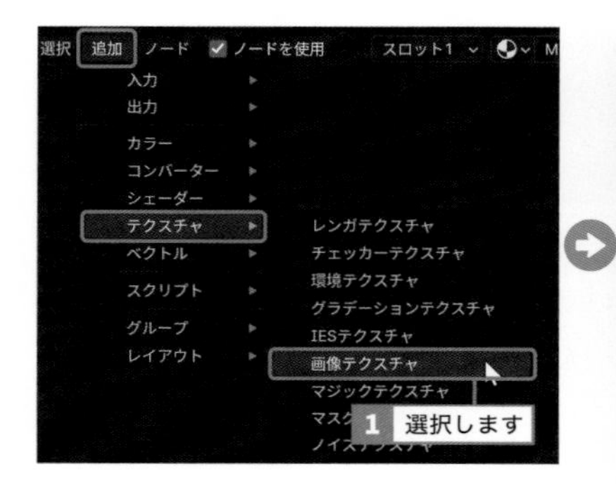

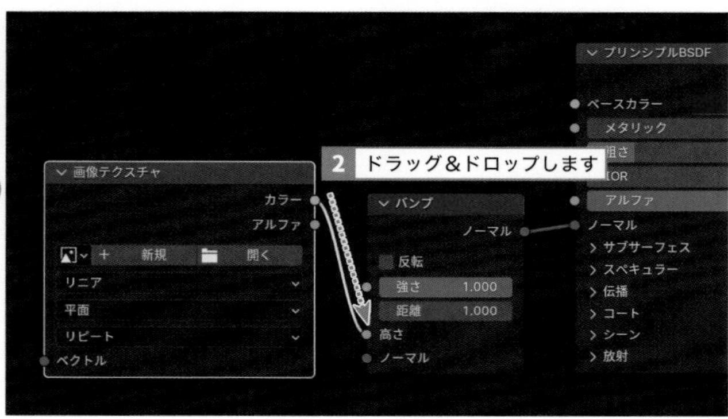

④ テクスチャを選択する

「画像テクスチャ」ノードの **[開く]** を左クリックして、「Blenderファイルビュー」で貼り付ける画像を選択し、**[画像を開く]** を左クリックします。

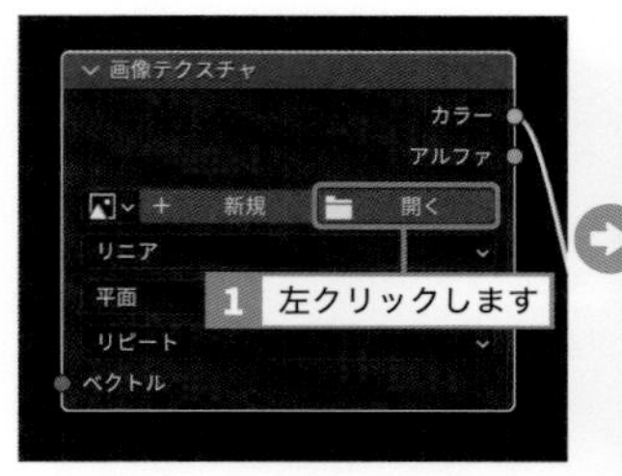

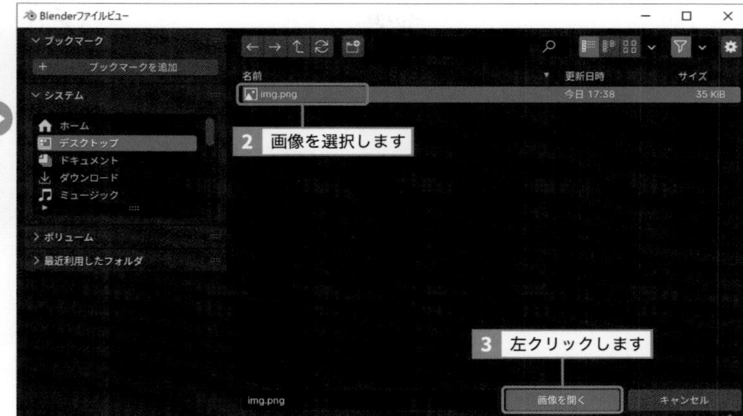

⑤ 色空間を変更する

「画像テクスチャ」ノードの「色空間」メニューを **[sRGB]** から **[非カラー]** に変更します。
バンプマップでは、暗い部分が凹み、明るい部分が出っ張ります。

❗ カメラで撮影した画像などをディスプレイで表示する際には、一般的にRGBの値を補正する「ガンマ補正」が施されています。「色空間」メニューの[sRGB]では「ガンマ補正」が施されますが、バンプマップ(ノーマルマップ)やスペキュラマップ、透明マップでは補正は不要なため、[非カラー]を選択します。

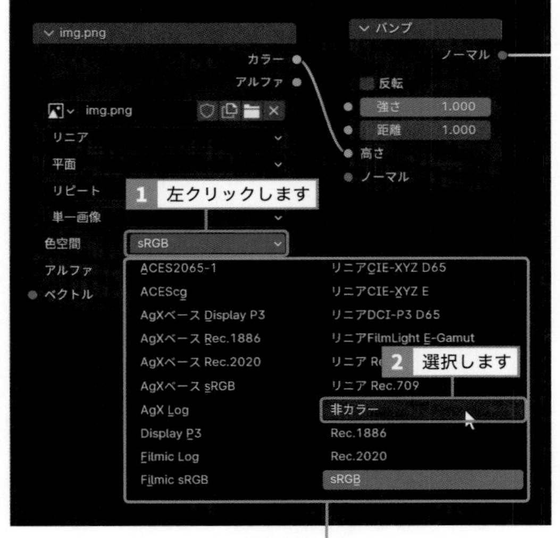

「色空間」メニュー

⑥ 凹凸を調整する

「バンプ」ノードの **[強さ]** の数値を変更すると、凹凸の強弱を調整できます。また、**[反転]** の有効／無効で凹凸の向きを変更できます。

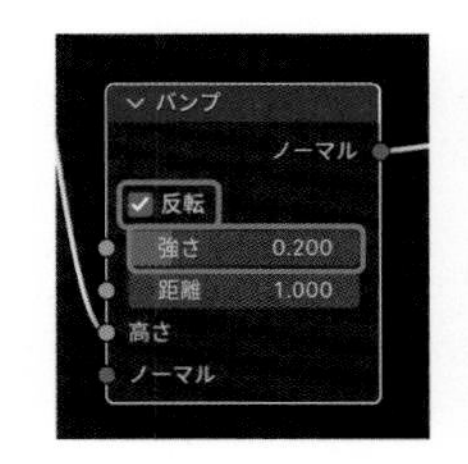

[反転] 無効、[強さ]：1.000

[反転] 有効、[強さ]：0.200

本来は、「画像テクスチャ」ノードと「バンプ」ノードの間に「RGBのBW化」ノード（**[追加]** ➡ **[コンバーター]** ➡ **[RGBのBW化]**）を接続して画像の明暗を数値化する必要がありますが、効果に変化がないため、ここでは省略します。

TIPS ノーマルマップ

ノーマルマップを設定する場合は、「バンプ」ノードの代わりに「ノーマルマップ」ノード（[追加] ➡ [ベクトル] ➡ [ノーマルマップ]）を接続します。

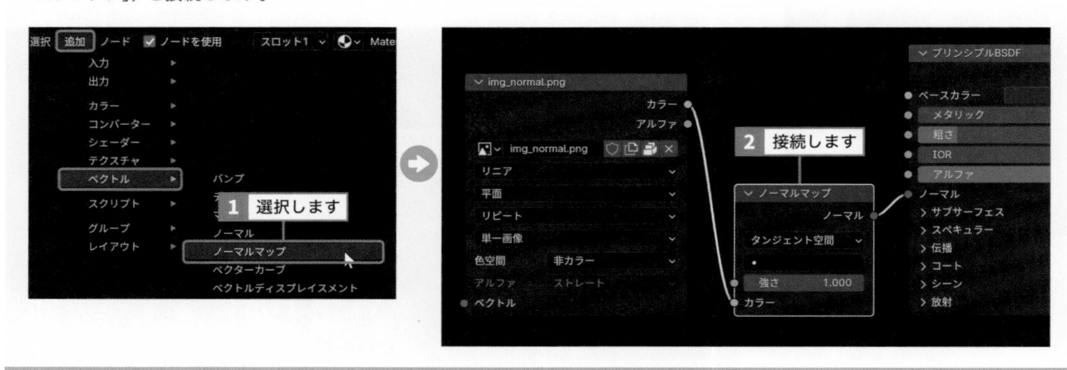

■ スペキュラ（鏡面反射）マップ

① 「画像テクスチャ」ノードを接続する

マテリアルが設定されているオブジェクトを選択して、ワークスペース **[シェーディング]** に切り替えます。

シェーダーエディターのヘッダーにある **[追加]**（Shift ＋ A キー）から **[テクスチャ]** ➡ **[画像テクスチャ]** を選択して、「画像テクスチャ」ノードの出力ソケット **[カラー]** をマウス左ボタンでドラッグし、「プリンシプルBSDF」ノードの入力ソケット **[粗さ]** でドロップして、2つのノードを接続します。

② テクスチャを選択する

「画像テクスチャ」ノードの **[開く]** を左クリックして、「Blenderファイルビュー」で貼り付ける画像を指定します。

③ 色空間を変更する

「画像テクスチャ」ノードの「色空間」メニューを **[sRGB]** から **[非カラー]** に変更します。
スペキュラマップでは、テクスチャの暗い部分に鏡面反射が設定されます。

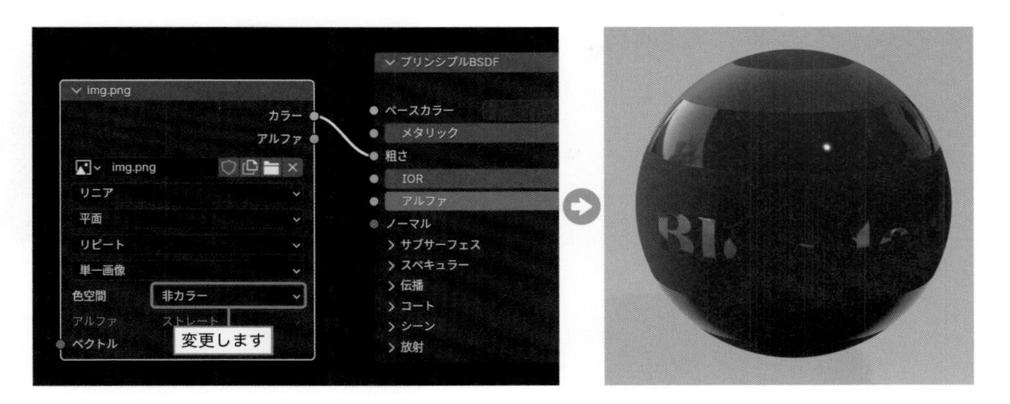

スペキュラマップは、唇や鼻、頬など顔のテカリを表現する場合などに使用されるヨ。
雲模様やまだら模様のようなテキスチャを使用すれば、経年劣化した金属を表現することもできるヨ。

■ 透明マップ

① 「画像テクスチャ」ノードを接続する

マテリアルが設定されているオブジェクトを選択して、ワークスペース **[シェーディング]** に切り替えます。
シェーダーエディターのヘッダーにある **[追加]**（Shift＋Aキー）から **[テクスチャ]** ➡ **[画像テクスチャ]** を選択して、「画像テクスチャ」ノードの出力ソケット **[カラー]** をマウス左ボタンでドラッグし、「プリンシプルBSDF」ノードの入力ソケット **[アルファ]** でドロップして、2つのノードを接続します。

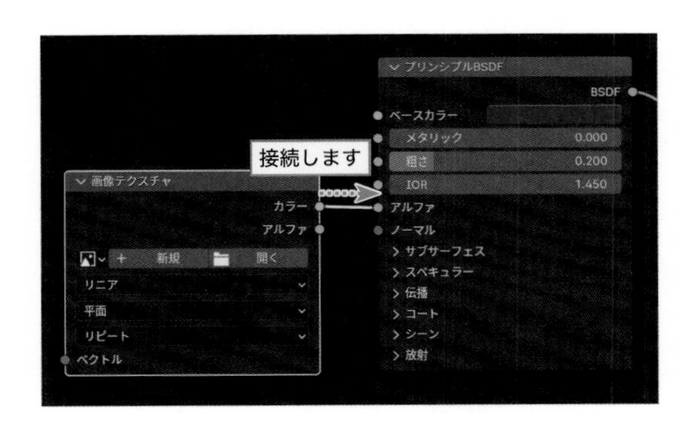

② テクスチャを選択する

「画像テクスチャ」ノードの **[開く]** を左クリックして、「Blenderファイルビュー」で貼り付ける画像を指定します。

③ 色空間を変更する

「画像テクスチャ」ノードの「色空間」メニューを **[sRGB]** から **[非カラー]** に変更します。

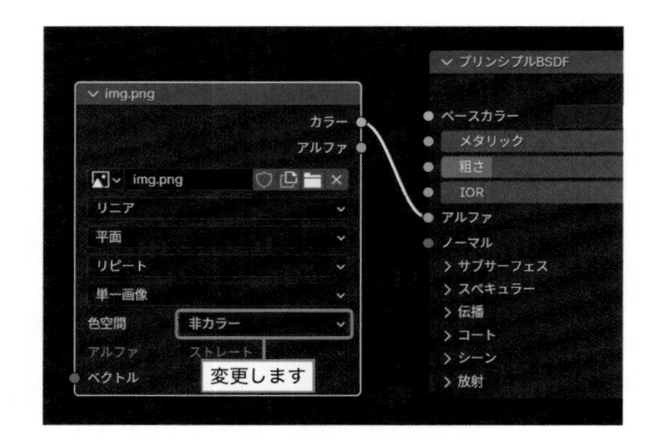

④ 透明を適用する

3Dビューポートのシェーディング **[マテリアルプレビュー]** やレンダーエンジン「EEVEE」で透明部分を反映するには、プロパティの左側にある「マテリアル」 を左クリックし、「設定」パネルの **「ブレンドモード」** と **「影のモード」** の設定を変更する必要があります（レンダーエンジンについての詳細は、173ページを参照してください）。
「ブレンドモード」は、メッシュの透明部分、「影のモード」は、生成される影の透明部分に関する設定項目です。

不透明

透明部分が反映されません。

アルファクリップ

透明部分が反映されますが、半透明（透明マップのテクスチャでグラデーションやグレーが描かれている）は非対応です。
透明部分の境界にジャギーが発生する場合は、**[クリップのしきい値]** を調整します。

アルファハッシュ

半透明に対応しており、処理が軽いですが、ノイズが発生しやすくなります。

アルファブレンド
（「影のモード」では選択できません）

半透明に対応しており、表示がきれいでノイズの発生を抑えられますが、処理が重くなります。
また、裏側のメッシュが透けてしまうので、形状によっては不向きです。

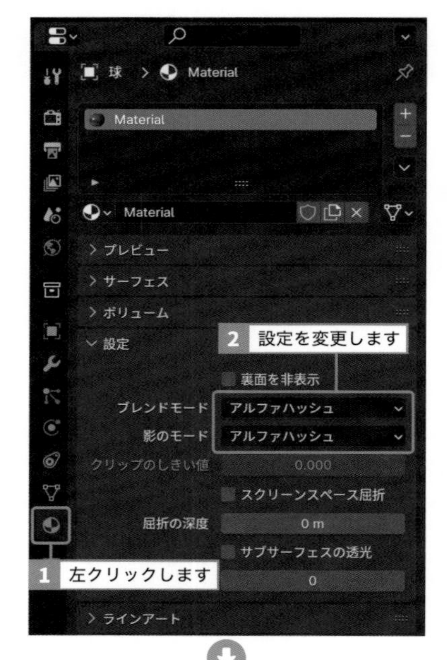

テクスチャ設定 プロシージャルテクスチャ

SECTION 5.6

プロシージャルテクスチャを活用する

Blenderには、プロシージャルテクスチャとして数種類の絵柄が用意されています。ここでは、プロシージャルテクスチャの特徴や設定方法、種類を紹介します。

■ プロシージャルテクスチャとは

プロシージャルテクスチャは計算により絵柄を生成しているため、画像のように解像度に縛られることなく拡大して使用することができます。さらに、つなぎ目がないため、パターンとして連続して使用することができます。

また、画像テクスチャと同様に、バンプマップやスペキュラマップ、透明マップとしても使用できます。

わざわざ画像を用意しなくてもいいから、手軽に試せるね。

設定しだいで、大理石の模様や表面劣化、ひび割れなどさまざまな表現が可能だヨ。

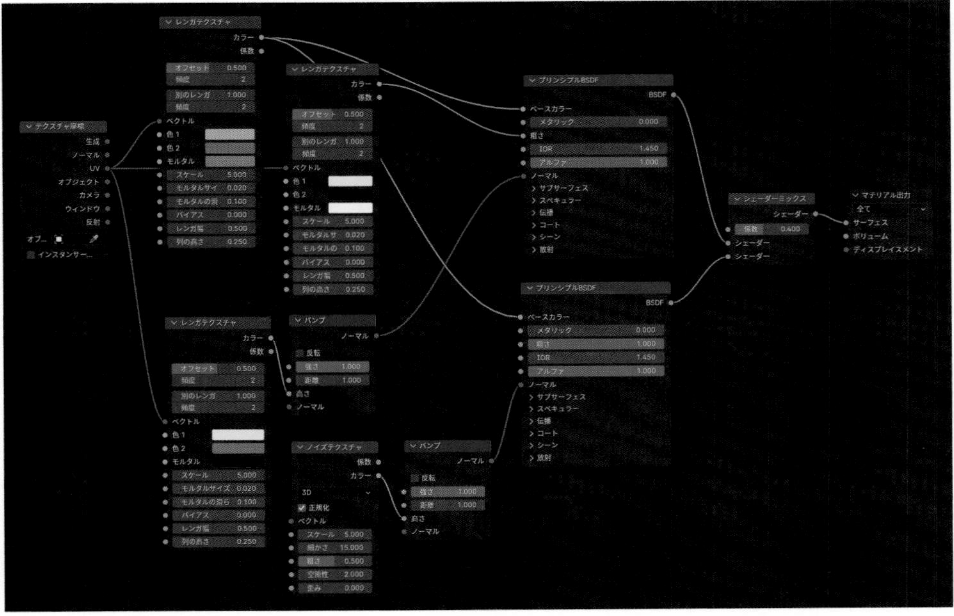

■ プロシージャルテクスチャの設定

マテリアルが設定されているオブジェクトを選択して、ワークスペース **[シェーディング]** に切り替えます。

シェーダーエディターのヘッダーにある **[追加]**（Shift＋A キー）➡ **[テクスチャ]** から該当のプロシージャルテクスチャを選択して、ノードの出力ソケット **[カラー]** をマウス左ボタンでドラッグし、「プリンシプルBSDF」ノードの入力ソケット **[ベースカラー]** などでドロップして、2つのノードを接続します。

プロシージャルテクスチャのテクスチャ座標は、デフォルトで **[生成]** が用いられています。UVなど座標を指定する場合は、「テクスチャ座標」ノードを接続する必要があります。

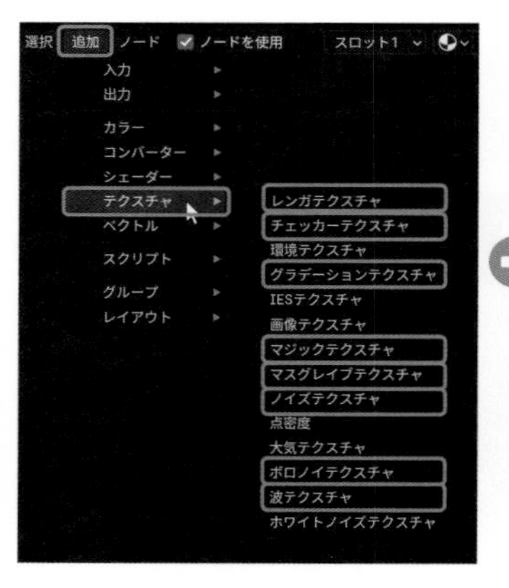

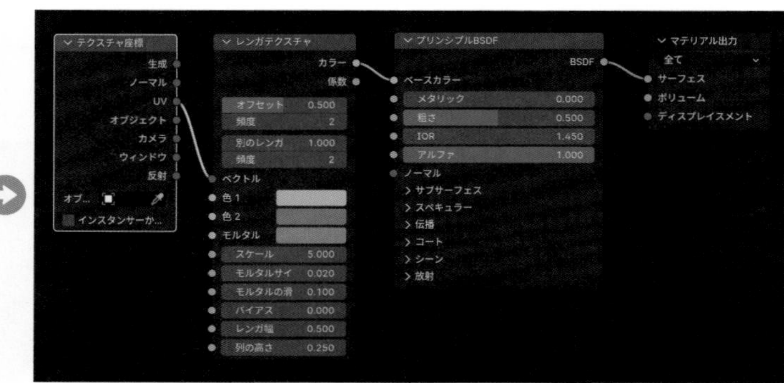

■ プロシージャルテクスチャの種類

レンガテクスチャ

市松模様テクスチャ

グラデーションテクスチャ

マジックテクスチャ

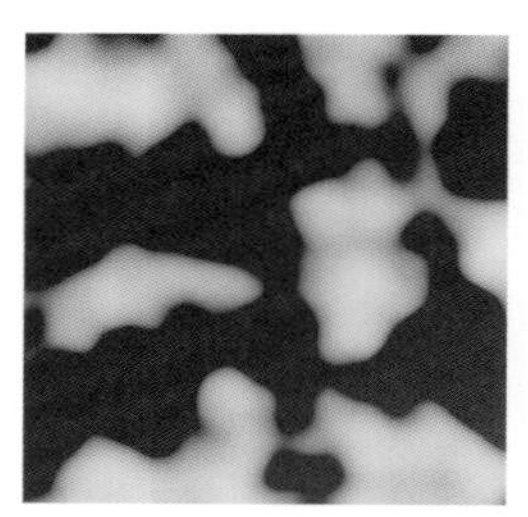
マスグレイブテクスチャ

ノイズテクスチャ

ボロノイテクスチャ

波テクスチャ

Blenderで模様の色や大きさなどを
変更できるのも、便利でイイね！

PART 6

レンダリングしてみよう

モデリングやマテリアル、テクスチャなどの工程を経て制作したシーン上のオブジェクトを画像として書き出す「レンダリング」は、実際の撮影と同じくライティングやカメラアングルの設定などさまざまな準備が必要です。ここでは、レンダリングの準備から実行までの各工程を紹介します。

編集も完了したし、次はレンダリングの実行〜！

ちょっと待って！　せっかく頑張って作った作品もレンダリング次第で台無しに成りかねないから、気をつけてヨ。

え〜、まだ何かあるの？

実際の撮影と同じで、ライティングやカメラアングルで作品の雰囲気はガラッと変わるからネ。

そっかぁ、カメラマンになったつもりで、作成した3Dオブジェクトを被写体として撮影すればいいんだね。

完成までもう一息。最高な作品に仕上げるために頑張ろう！

\SECTION/ 6.1

レンダリング設定 ライティング

ライトの基礎を知る

Blenderには、4種類のライトが用意されています。それぞれの特性を理解して、作品のテイストなどに合わせて使い分けましょう。

■ ライトを追加する

Blenderでは、デフォルトで光源となるライトが1つ配置されています。さらにライトを追加する場合は、3Dビューポートのヘッダーにある**[追加]**（Shift＋Aキー）➡**[ライト]**から表示された4種類のいずれかを選択します。

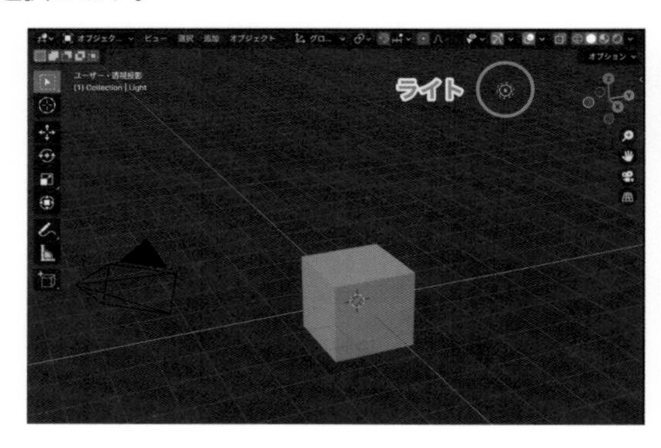

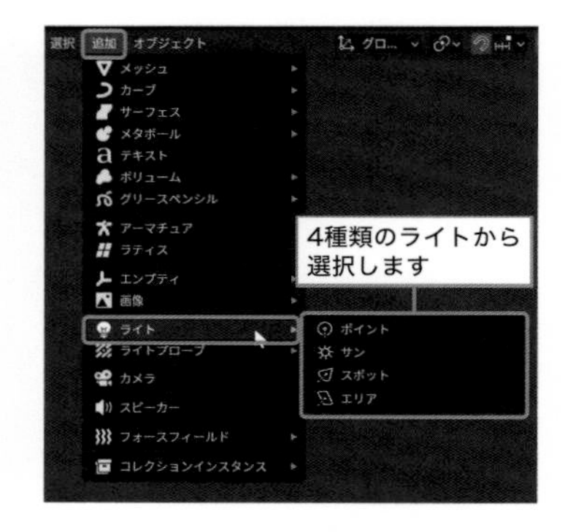

配置されているライトの効果や影響を確認するためには、シェーディングを切り替える必要があります。3Dビューポートのヘッダーにある**[シェーディング切り替え]**アイコンを左クリックして、シェーディングを**[レンダー]**に切り替えれば、配置されているライトの効果や影響を3Dビューポートでプレビューすることができます。

■ ライトの種類と特徴

ライトを選択して、プロパティの左側にある「データ」を左クリックすると、「ライト」パネルが表示されます。パネル上部のボタンを左クリックすると、ライトの種類を変更することができます。

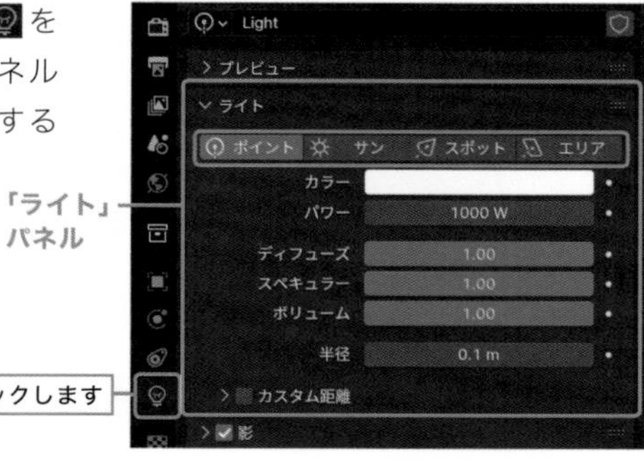

4種類のライトそれぞれの特徴を紹介します。

ポイント

1点からあらゆる方向に放射状に光を放つ光源で、電球と似た働きをします。

サン

設定した方向に向けてシーン全体に平行な光を放つ光源です。また、光源との距離に関係なく、一定の明るさでシーン内を照らします。太陽と似た働きをします。

スポット

方向と角度に制限を与え、円錐状に光を放つ光源で、スポットライトと似た働きをします。

エリア

面から光を放つため、面の大きさによって光沢や陰影の見え方が変化します。柔らかく自然な陰影を生成するのに優れている光源です。

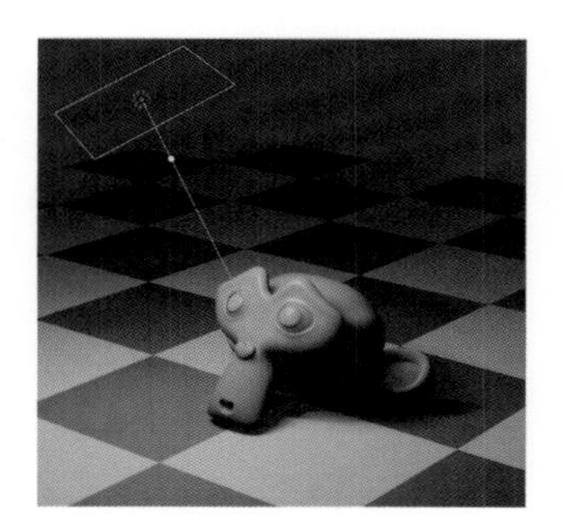

■ ライトを操作する

ライトもその他のオブジェクトと同様に、移動（G キー）や回転（R キー）は、ツールやショートカットなどで編集することができます。

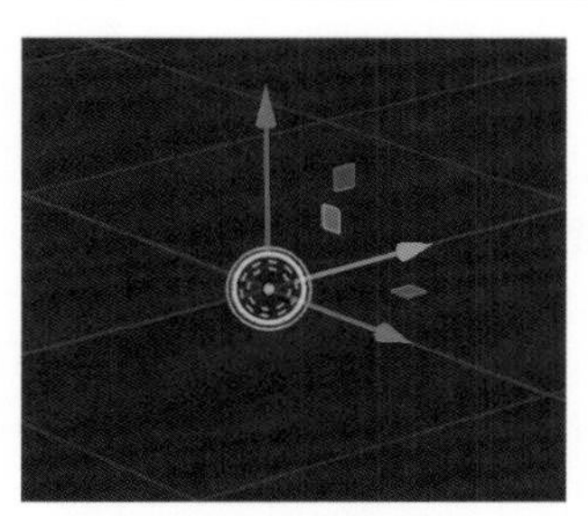

□ライトの向きを調整する

ポイント以外のライトは、特定の方向に光を放射するため、ライトの向きが重要となります。

ライトを選択すると、ライトから伸びるラインが表示されます。これは放つ光の方向を示しています。ライン上の黄色い丸●をマウス左ボタンでドラッグすることで、ライトの向きを変更することもできます。

オブジェクトにマウスポインターを重ねてドロップすると、オブジェクト表面の奥行きの位置に合わせて、ライトの向きを調整できます。

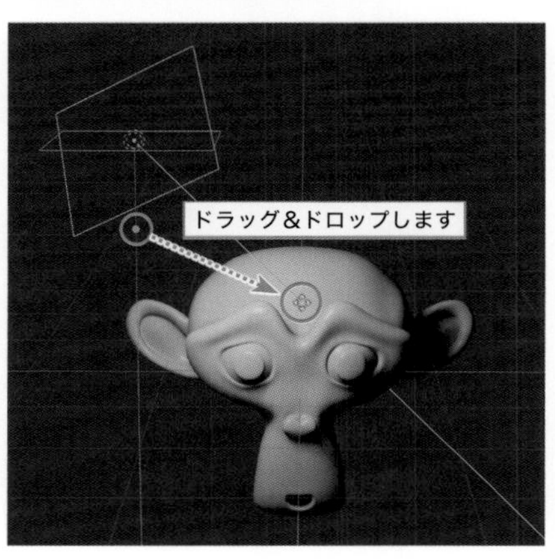

レンダリング設定 ライティング

\SECTION/ 6.2

ライトを設定する

ライティングは、単に被写体を照らす役割だけではなく、作品のテイストなど仕上がりに大きく影響します。放射する光の強さや範囲、さらには生成される影など、設定項目は多岐にわたります。

■ カラーと強さを設定する

ライトを選択して、プロパティの左側にある「データ」を左クリックすると、「ライト」パネルが表示されます。

「カラー」のカラーパレットを左クリックして表示されたカラーピッカーで、ライトが放つ光の色を設定できます。「パワー」の数値を変更すると、ライトが放つ光の強さを調整できます。

「ライト」パネル

■ スポットを設定する

「ライト」パネル上部で **[スポット]** を選択すると、「スポット形状」の項目が表示されます。

「サイズ」の数値を変更すると、円錐状に放たれる光の頂点の角度を調整できます。「ブレンド」の数値を変更すると、放つ光の境界のボケ具合を調整できます。数値が大きいほど境界がボケます。

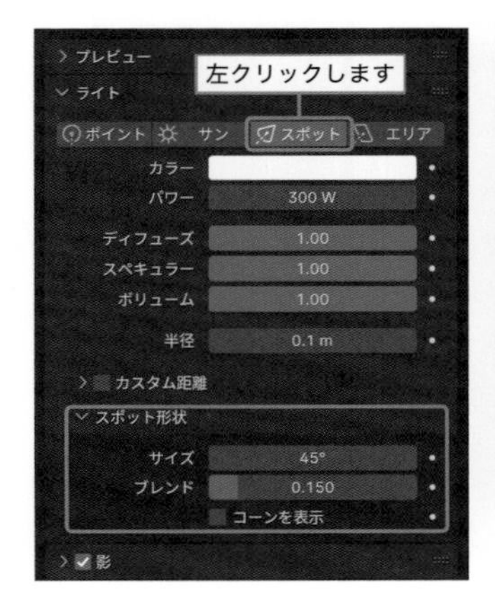

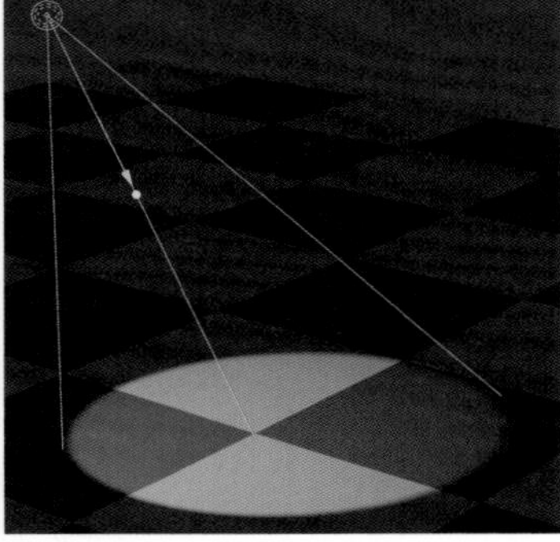

「ブレンド」: 0.150

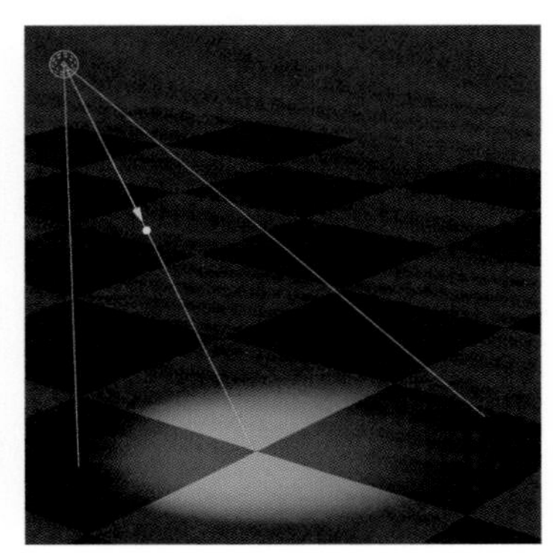
「ブレンド」: 1.000

■ エリアを設定する

「ライト」パネル上部で **[エリア]** を選択すると、項目「シェイプ」と「サイズ」が表示されます。

「シェイプ」でライトの形状（正方形、長方形、ディスク（真円）、楕円）を変更できます。

「サイズ」の数値を変更すると、ライトの大きさを調整できます。

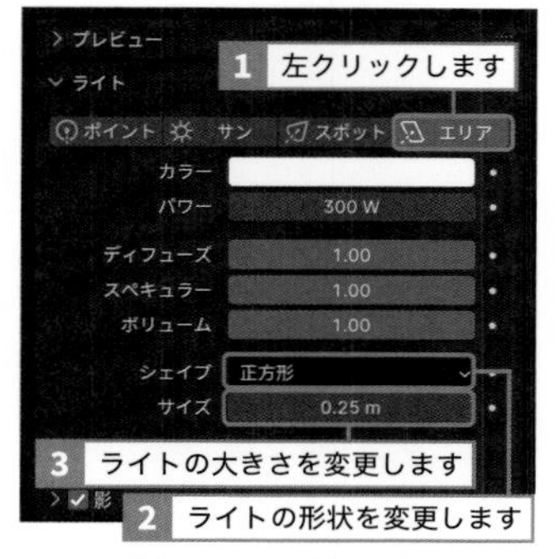

「エリア」ライトは面から光を放つため、放つ光の強さや被写体との距離とは別に、ライトのサイズによってもハイライトや陰影のでき方が変化します。

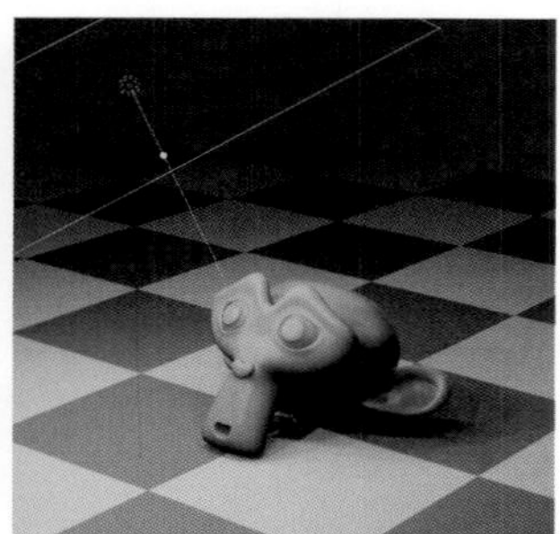

■ 影を設定する

□影の表示／非表示

影の非表示設定は、補助的な光源などに向いています。

「影」有効

「影」無効

レンダーエンジン「EEVEE」の場合

ライトを選択して、プロパティの左側にある「データ」を左クリックします。「影」パネルのチェックボックスで、ライトによって生成される影の表示／非表示の切り替えができます。

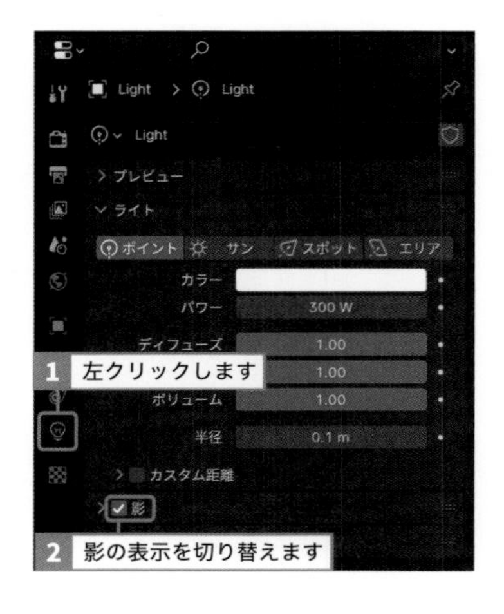

レンダーエンジン「Cycles」の場合

ライトを選択して、プロパティの左側にある「データ」を左クリックします。

「ライト」パネルにある**[影を生成]**チェックボックスで、影の表示／非表示の切り替えができます。

レンダーエンジンについての詳細は、173ページを参照してください。

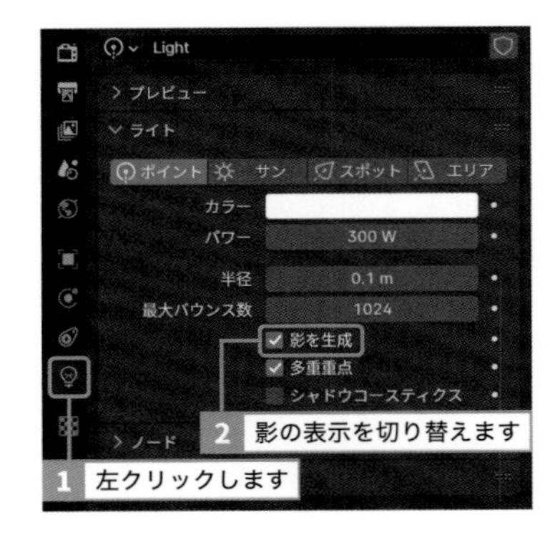

□ソフトシャドウ

ライトの「エリア」ではデフォルトで、生成させる影の境界がボケるように設定されています。「ポイント」と「スポット」でも同様のソフトシャドウを設定することができます（「サン」は非対応です）。

ライトを選択して、プロパティの左側にある「データ」を左クリックします。

「ライト」パネルにある「半径」の数値を変更すると、ソフトシャドウが設定できます。数値が大きいほど影の境界がボケます。

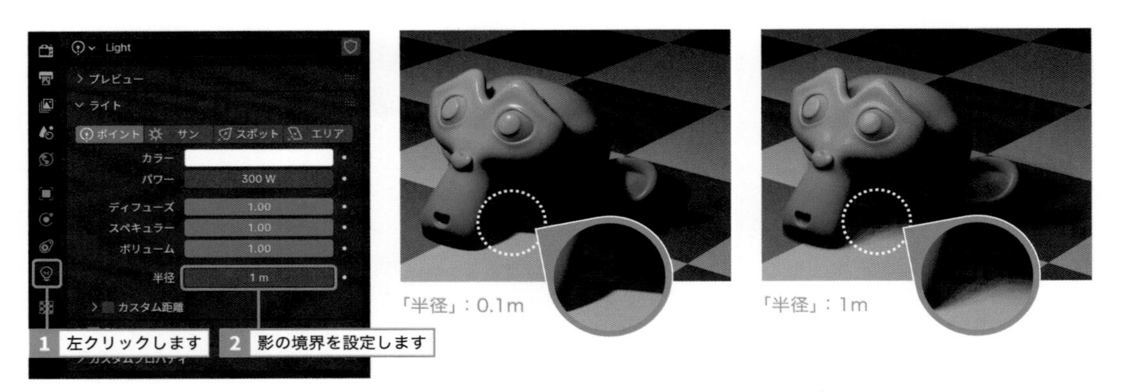

「半径」：0.1m

「半径」：1m

レンダーエンジン「EEVEE」の場合は、影の境界の濃度変化が段階的に表示されています。

プロパティの左側にある「レンダー」を左クリックすると表示される「サンプリング」パネルで、影の境界の濃度変化を滑らかにすることができます。

「レンダー」がレンダリング時の設定、「ビューポート」が3Dビューポート表示の設定で、数値が大きいほど滑らかになります。

「ビューポート」を“**0**”に設定すると無制限となり、可能なかぎり滑らかに表示します（「レンダー」は“**0**”に設定できません）。

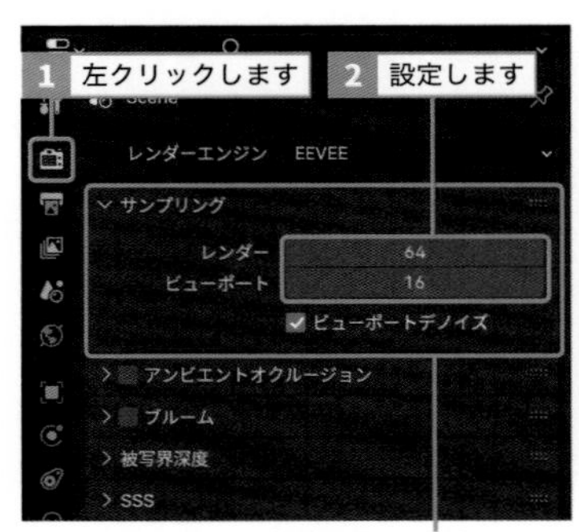

「サンプリング」パネル

「サンプリング（ビューポート）」：16

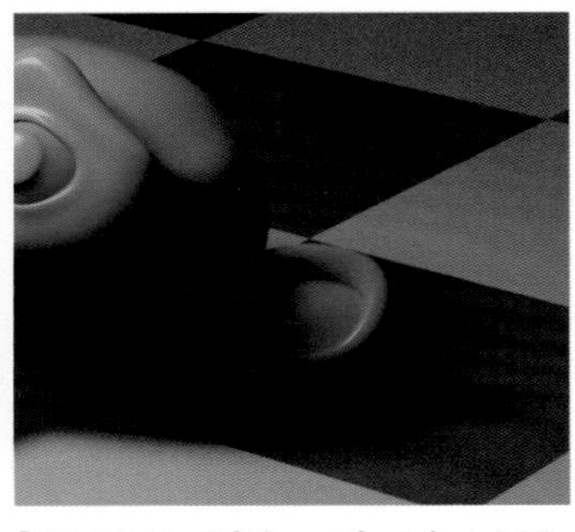

「サンプリング（ビューポート）」：128

レンダリング設定 カメラ

\ SECTION /
6.3

カメラの基礎を知る

レンダリングでも実際の撮影と同じく、カメラは不可欠なアイテムです。レンズの設定などカメラの基礎知識を紹介します。

■ カメラを追加する

Blenderでは、デフォルトでカメラが1つ配置されています。さらにカメラを追加する場合は、3Dビューポートのヘッダーにある **[追加]**（Shift + A キー）から **[カメラ]** を選択します。

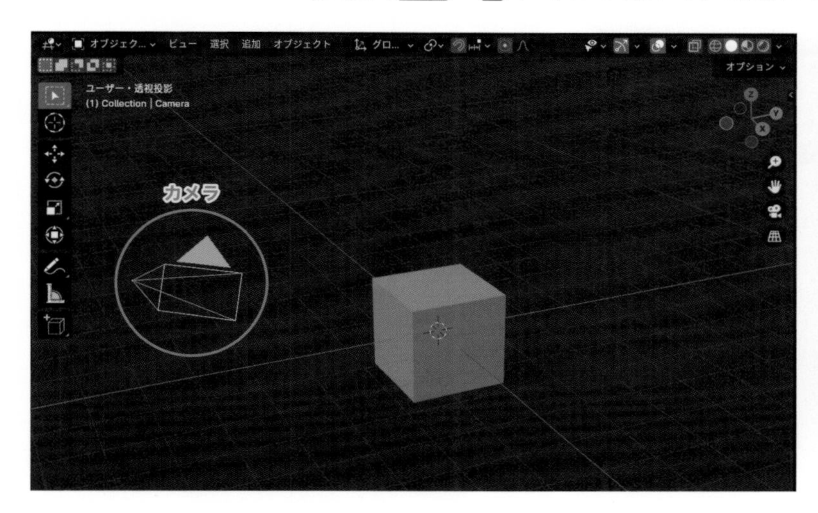

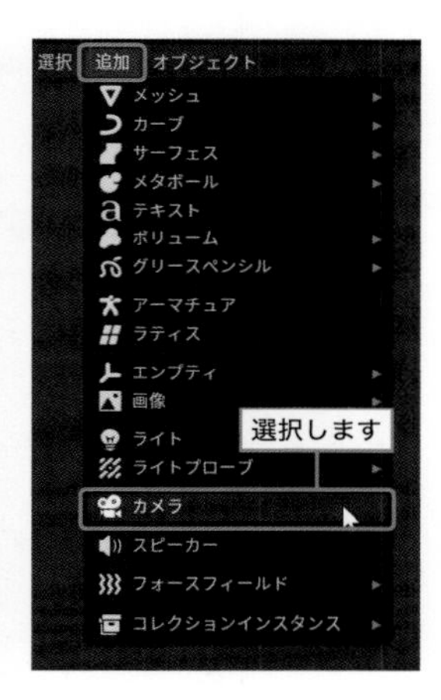

複数のカメラを配置しても、レンダリングで使用できるカメラは基本的に1つだけです。

レンダリングで使用されるカメラを「アクティブカメラ」と言います。アクティブカメラは3Dビューポートでは、図のように表示されます。

アクティブカメラの設定は、該当のカメラを選択し、3Dビューポートのヘッダーにある **[ビュー]** から **[カメラ設定]** ➡ **[アクティブオブジェクトをカメラに設定]**（Ctrl +テンキーの 0 キー）を選択します。アクティブカメラに設定すると、自動的にカメラからの視点に切り替わります。

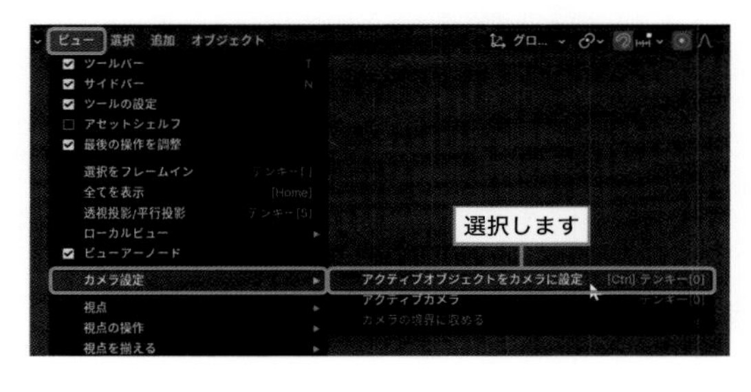

■ カメラ視点を確認する

3Dビューポートのヘッダーにある **[ビュー]** から **[視点]** ➡ **[カメラ]**（テンキーの 0 キー）を選択すると、現在のカメラ視点を確認できます。枠内がレンダリングされる範囲となります。

❗ レンダリング範囲（縦横比）の設定についての詳細は、176ページを参照してください。

❗ カメラアングルの設定についての詳細は、167ページを参照してください。

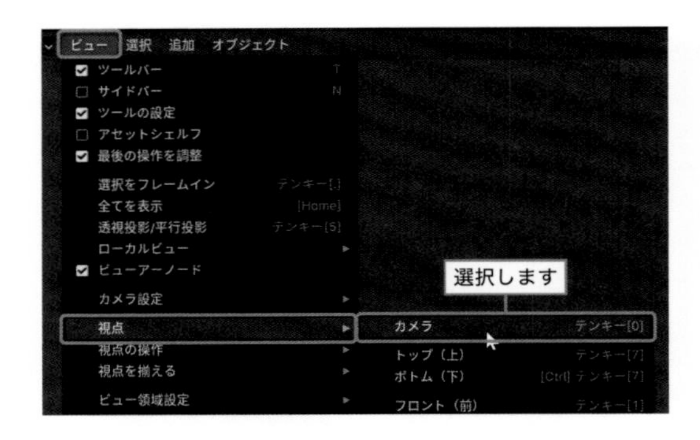

レンダリング範囲

■ カメラを操作する

カメラもその他のオブジェクトと同様に、移動（G キー）や回転（R キー）は、ツールやショートカットなどで編集することができます。

カメラの拡大縮小（S キー）は、3Dビューポートでの表示サイズが変更されますが、レンダリングなど機能的に影響はありません。

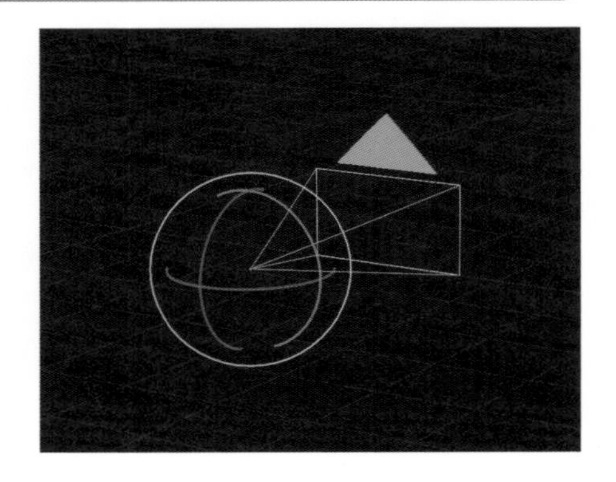

■ レンズを設定する

カメラを選択して、プロパティの左側にある「データ」を左クリックすると、「レンズ」パネルが表示されます。「レンズ」パネルでは、以下のような項目が設定できます。

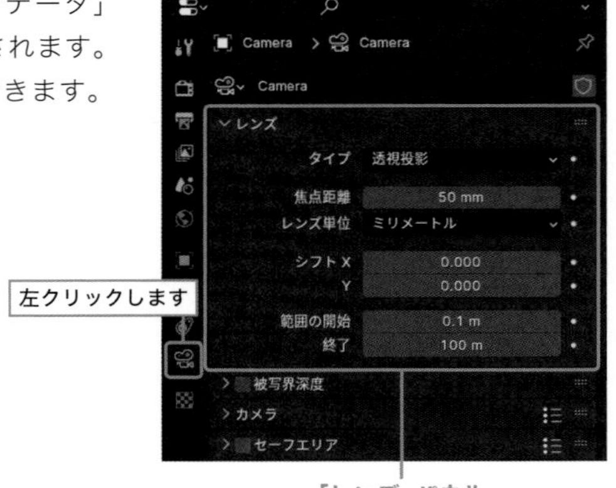

「レンズ」パネル

□タイプ

投影方法のタイプを切り替えます。

［透視投影］ を選択すると、遠近感のある透視投影によるレンダリングとなります。**［平行投影］** を選択すると、遠近感のない平行投影によるレンダリングとなります。

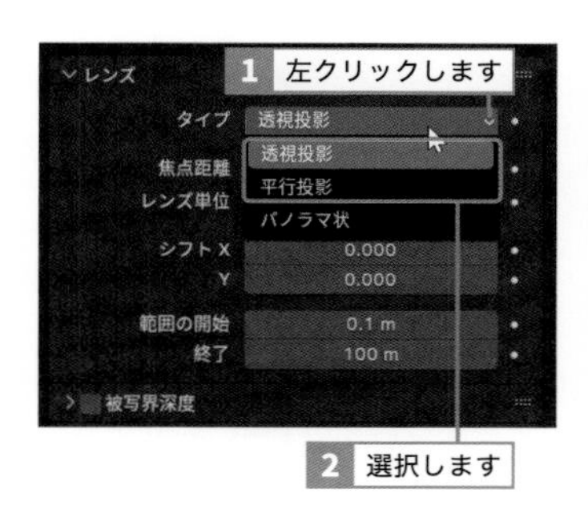

透視投影

平行投影

［パノラマ状］ を選択すると、極端に広い範囲（超広角）を一度のレンダリングに収めることができます。設定次第では、360度全方向を収めることも可能です。

レンダーエンジン「Cycles」のみ対応です（レンダーエンジンについての詳細は、173ページを参照してください）。

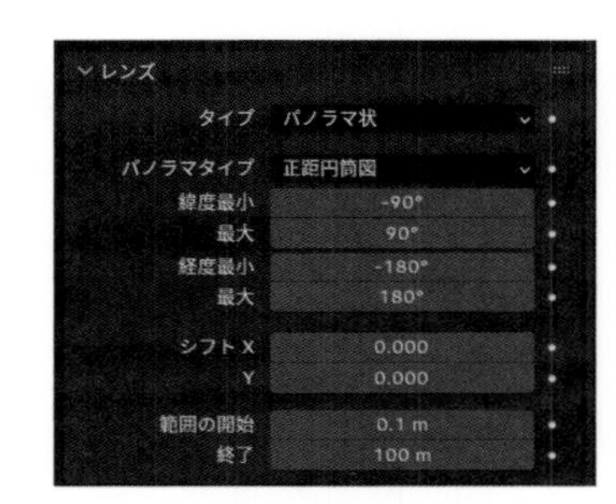

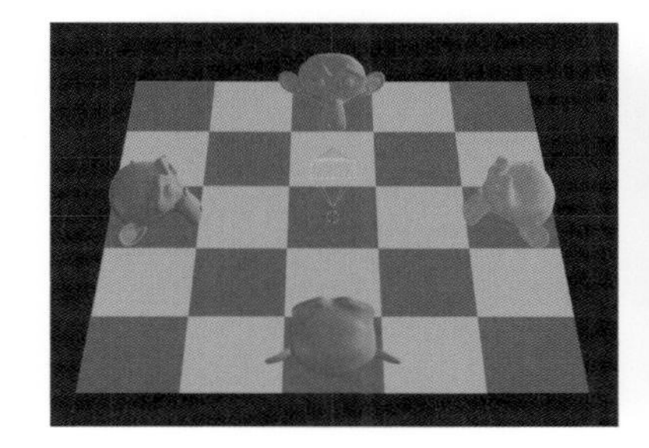

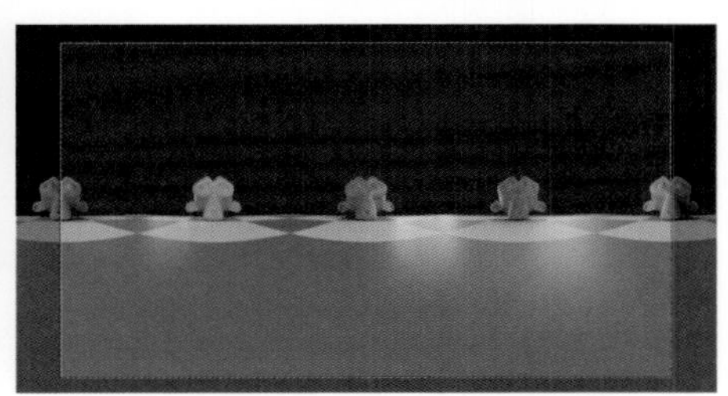

□焦点距離

レンズの焦点距離を「レンズ単位」の **［ミリメートル］** または **［視野角］** のいずれかで設定します。人間の視野に近い自然な画角の**焦点距離：50mm（視野角：39.6°）**を「標準」として、数値が大きいほど「望遠」、小さいほど「広角」になります。

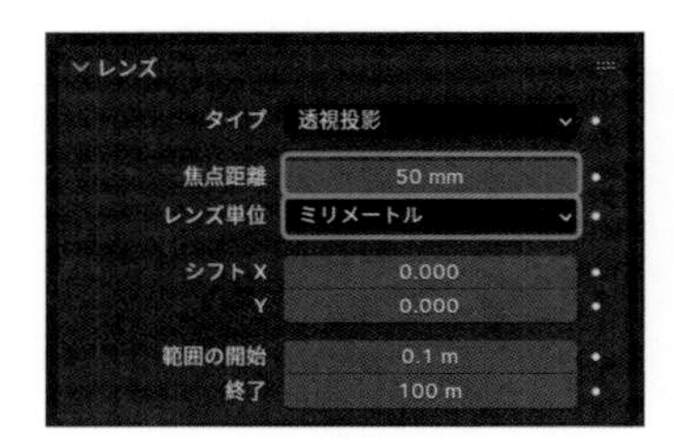

焦点距離：100mm（視野角：20.4°）

焦点距離：35mm（視野角：54.4°）

□シフト X、Y

カメラの位置を変えずに、レンダリング範囲を平行移動することができます。

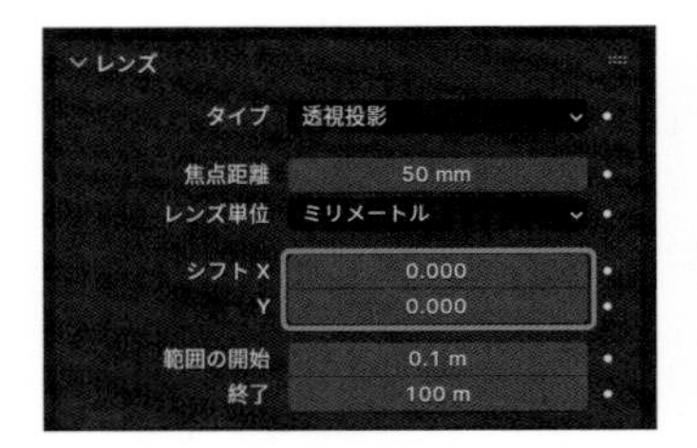

□範囲の開始、終了

レンダリングされる範囲（奥行き）を設定します。「範囲の開始」の距離から「終了」の距離までがレンダリングされます。範囲外はレンダリングで非表示になります。

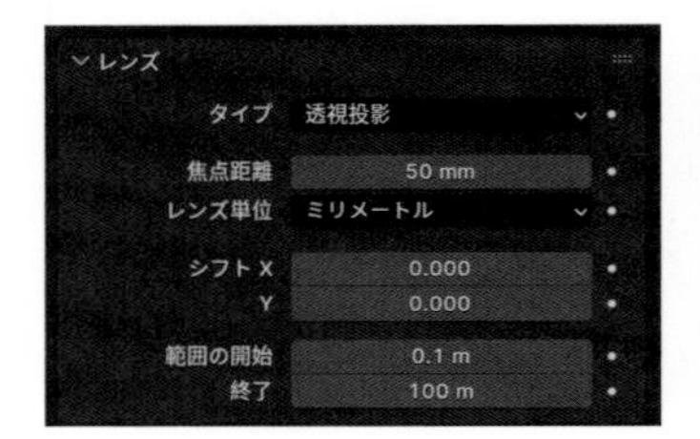

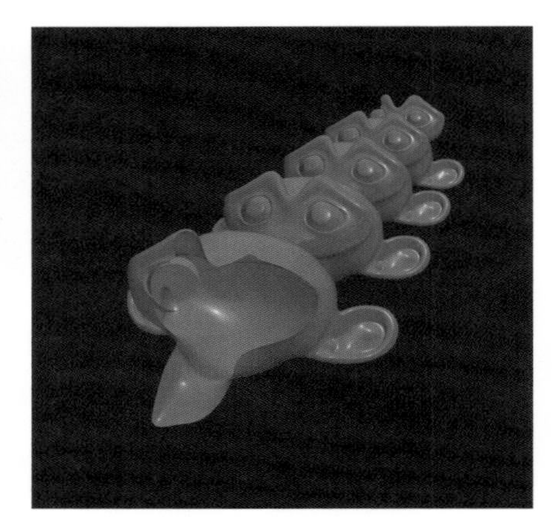

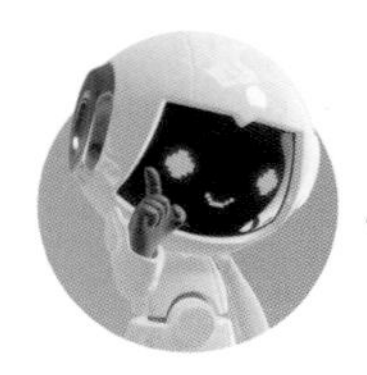

極端な望遠や広角は、奥行き感が出なかったり、被写体の形状に歪みが生じたりすることがあるヨ。それぞれの特性に注意しながら、カメラマンになったつもりで色々と試してみると楽しいヨ。

レンダリング設定 カメラ

\SECTION/
6.4

カメラアングルを設定する

アングルを設定するのは、カメラを回転して調整する方法だけではありません。Blenderでは、アングルを設定する便利な機能がいくつか搭載されています。ここでは、それらの方法を紹介します。

■ 3Dビューポートの視点をカメラ視点に設定する

3Dビューポートで視点を合わせたら、3Dビューポートのヘッダーにある**[ビュー]**から**[視点を揃える]➡[現在の視点にカメラを合わせる]**（Ctrl＋Alt＋テンキーの0）を選択します。

カメラが3Dビューポートの視点に合わせて移動、回転され、カメラアングル（カメラ視点）として設定することができます。

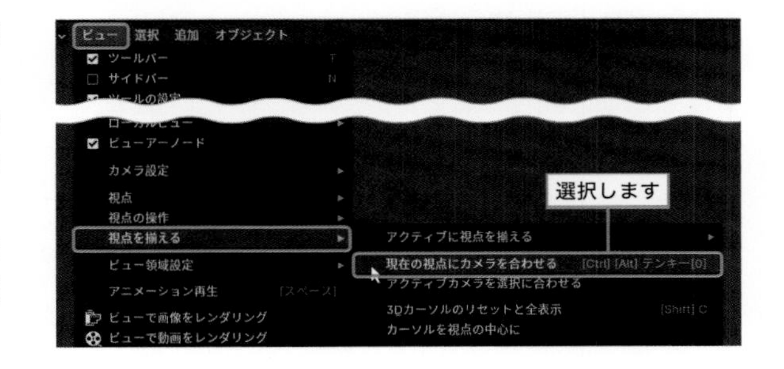

■ 視点変更と同様の方法で設定する

「ビューのロック」機能を使用すると、3Dビューポートでの視点変更と同様の操作感覚で、カメラのアングルを設定できます。

1 カメラ視点に切り替える

3Dビューポートのヘッダーにある**[ビュー]**から**[視点]➡[カメラ]**（テンキーの0）を選択して、カメラ視点に切り替えます。

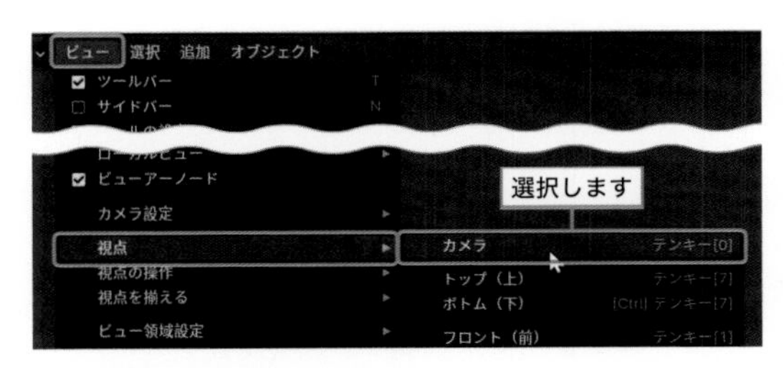

2 [カメラをビューに]を有効にする

3Dビューポートのヘッダーにある**[ビュー]**から**[サイドバー]**（Nキー）を選択してサイドバーを開きます。「ビュー」タブを左クリックして表示される「ビュー」パネルの**[カメラをビューに]**にチェックを入れて有効にします。

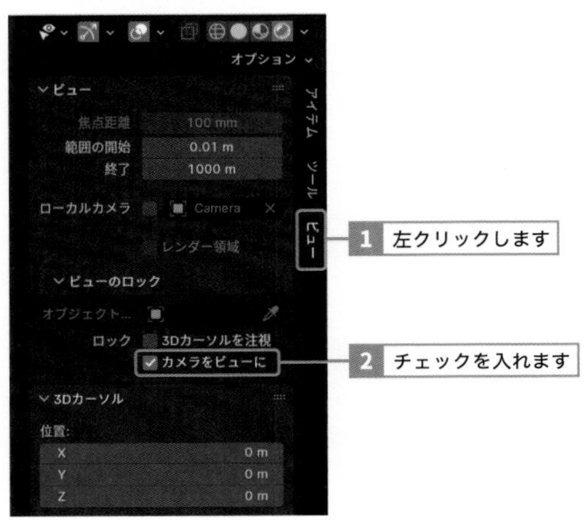

③ 視点を変更する

通常の視点変更と同様に、マウス中央ボタンのドラッグで視点の回転、マウスホイールの回転でズームイン／ズームアウト、Shiftキーを押しながらマウス中央ボタンのドラッグで視点の平行移動を行うことで、アングルを調整できます。
調整が完了したら、**[カメラをビューに]** のチェックを外して無効にします。

■ トラッキング機能でカメラ視点をコントロールする

指定したオブジェクトの方向を注視するトラッキング機能を使用して、カメラのアングルを調整できます。

① エンプティを追加する

オブジェクトモードで、3Dビューポートのヘッダーにある **[追加]**（Shift＋Aキー）から **[エンプティ]** ➡ **[十字]** を選択し、エンプティオブジェクトを追加します（エンプティは、レンダリング結果には表示されません）。

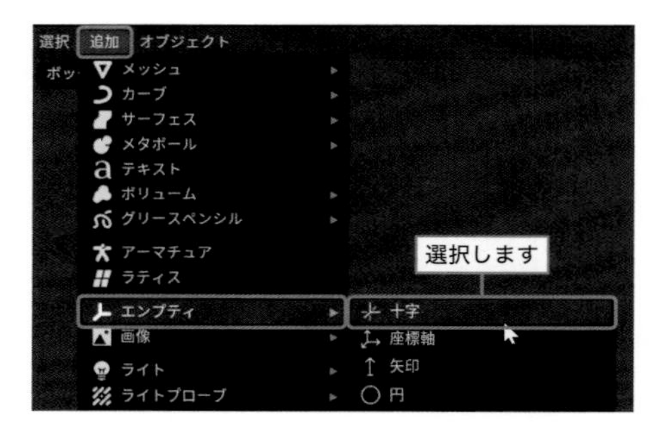

② カメラとエンプティを選択する

「カメラ→エンプティ」の順に複数選択（Shift＋左クリック）します。

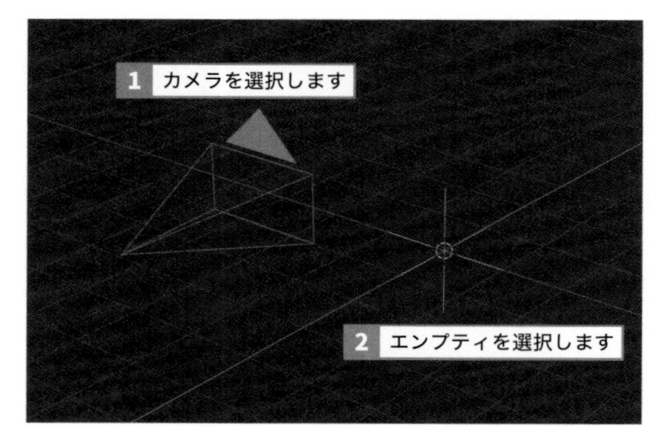

アングルには大きく分けて、目線と同じで安心感や安定感のある水平アングル、見下ろすことで客観的な印象を与えるハイアングル、壮大や大胆なイメージを強調するローアングルの３種類があるヨ。

③ メニューを選択する

3Dビューポートのヘッダーにある**[オブジェクト]**から**[トラック]➡[トラック(コンストレイント)]**を選択します。
カメラとエンプティの間に青色の破線が表示され、カメラが自動的にエンプティの方向を向くようになります。

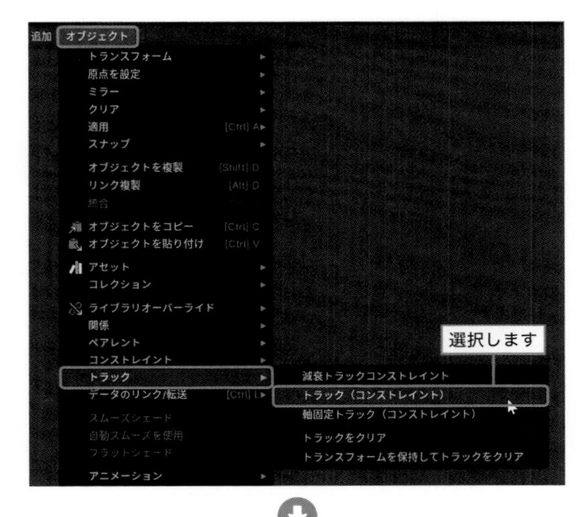

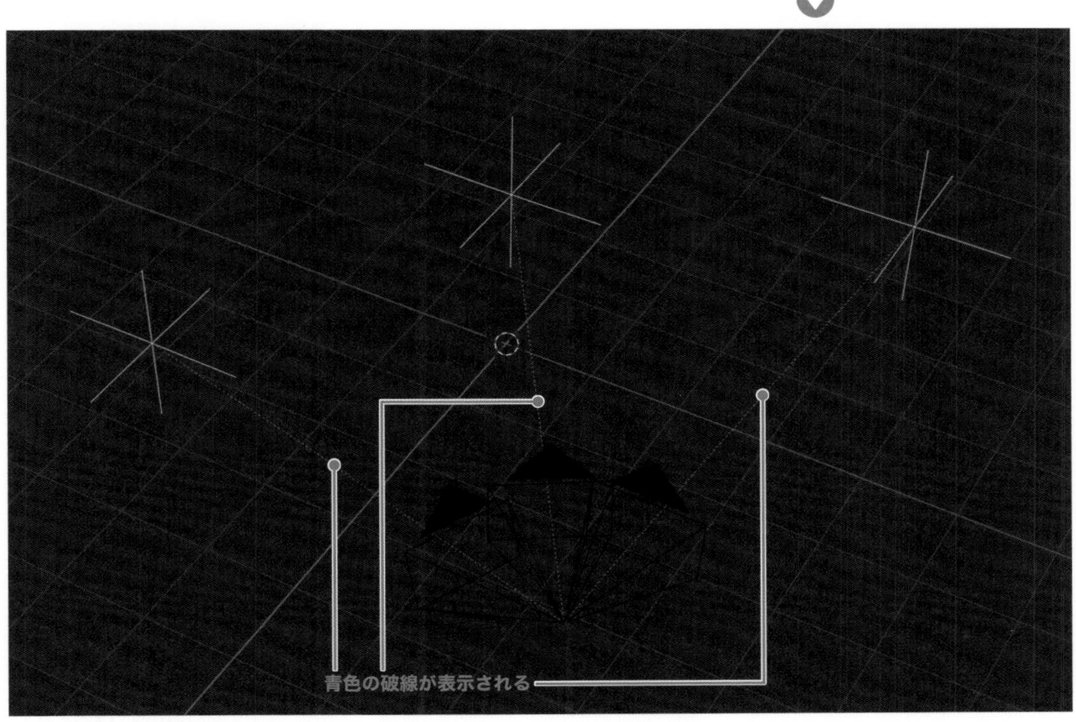

④ カメラとエンプティを操作する

エンプティを被写体の位置に合わせて、カメラの位置を調整すると、アングルを設定することができます。

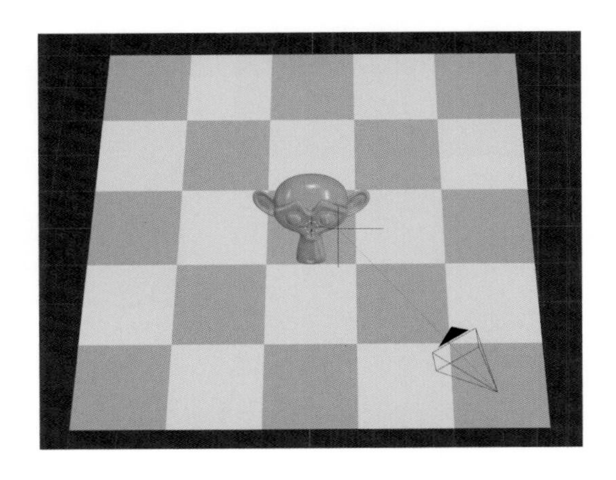

レンダリング設定　ワールド

SECTION 6.5

ワールド(背景)を設定する

Blenderでは、背景に色を付けるだけでなく、シーン全体に霧をかけたり、背景を透明にしたりすることができます。背景の設定は、オブジェクトの色合いや映り込みなど見え方に大きく影響します。

■ 背景色を変更する

ワールドの設定内容を確認するためには、シェーディングを切り替える必要があります。3Dビューポートのヘッダーにある**[シェーディング切り替え]**アイコンを左クリックして、シェーディングを**[レンダー]**に切り替えると、ワールドの設定内容を3Dビューポートでプレビューすることができます。

プロパティの左側にある「ワールド」を左クリックすると、「サーフェス」パネルが表示されます。

「サーフェス」パネルにある「カラー」のカラーパレットを左クリックして表示されたカラーピッカーで色を選択します。さらに、右側のバーで色の明るさを調整します。

オブジェクトが存在しない背景部分に指定した色が表示されます。背景の色は、オブジェクトの表面に反射するため、シーン全体の色合いに影響を及ぼします。

また、**[強さ]**は、**[カラー]**で設定した背景色の影響力の強さを設定します。数値が大きいほど影響力が強くなります。

「サーフェス」パネル

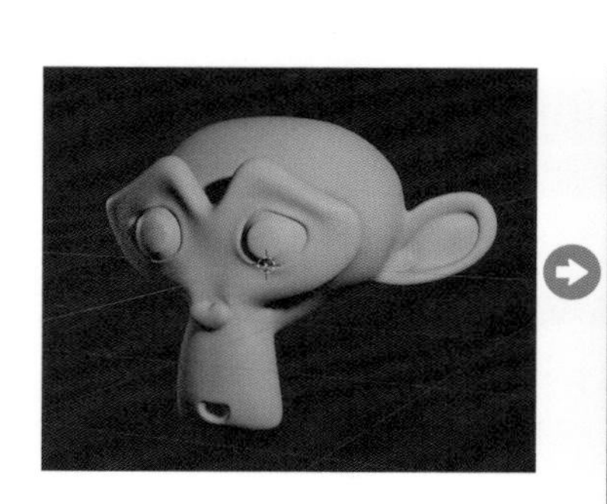

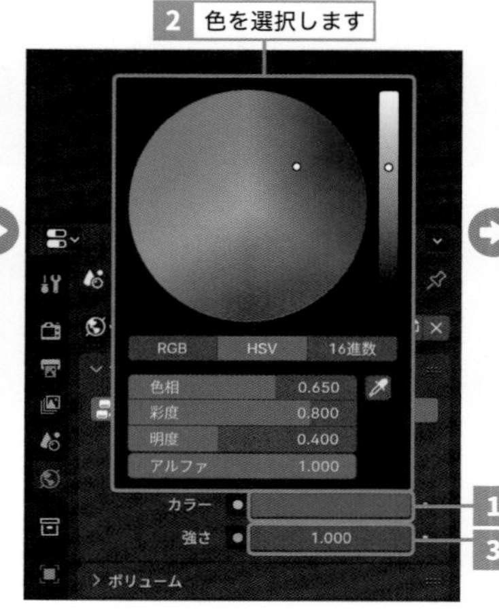

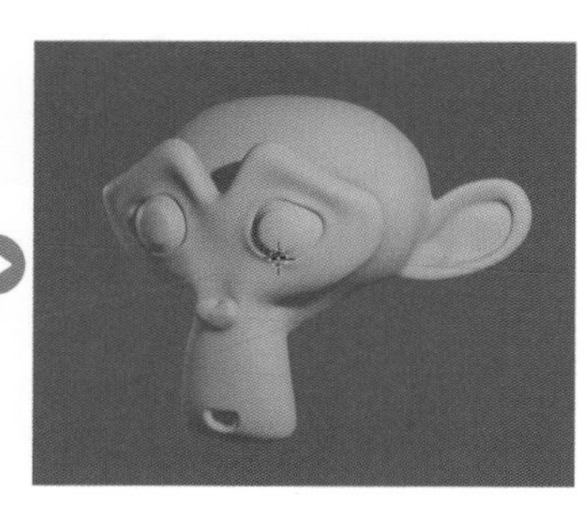

■ 環境マッピングを設定する

環境マッピングとは、鏡面反射する金属などに映り込む周囲の環境を擬似的に表現する手法のことで、高速処理の求められるゲームなどの制作に用いられます。テクスチャとしては、階調の精度が高いファイル形式「**ハイダイナミックレンジイメージ (HDRI)**」を使用するのが一般的です。

JPEG形式などでは、白飛びするような明るい部分や黒つぶれするような暗い部分も、HDRI形式であればより広い領域の明度を画像データに記録できるため、より自然でリアルな描写が可能となります。

「ハイダイナミックレンジイメージ (HDRI)」は、HDR対応カメラで撮影する以外にWebサイトで配布している場合があります (使用条件や利用規約に注意しましょう)。

1 [環境テクスチャ] を選択する

プロパティの左側にある「ワールド」を左クリックして、「サーフェス」パネルを表示します。

「カラー」の左端にある黄色い丸を左クリックして、**[環境テクスチャ]** を選択します。

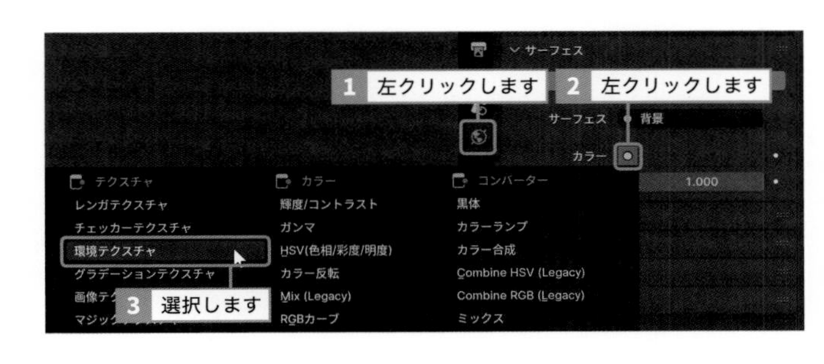

2 画像を指定する

[開く] を左クリックすると、「Blenderファイルビュー」が開きます。
環境テクスチャとして使用する画像を選択して、**[画像を開く]** を左クリックします。

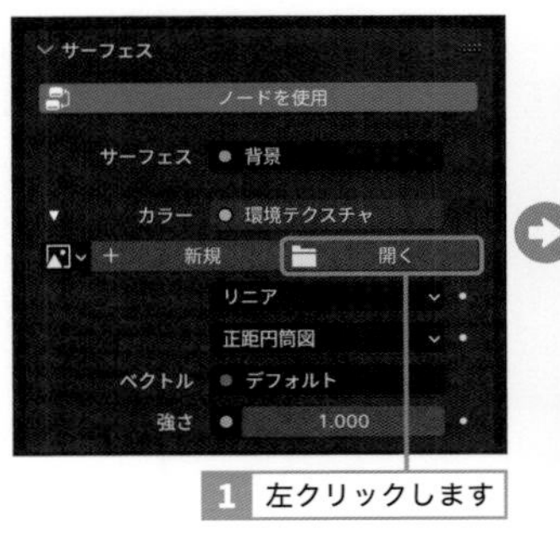

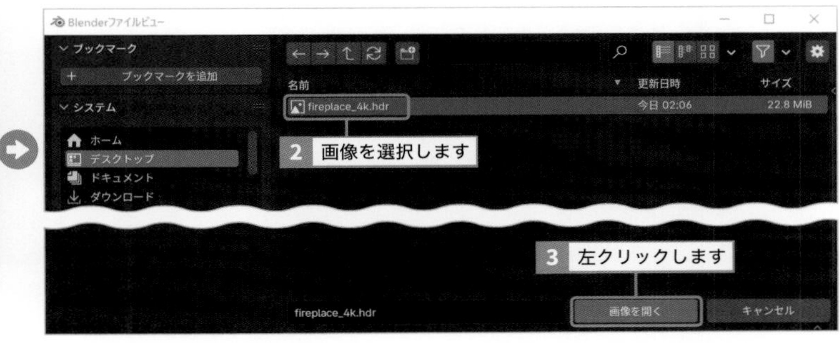

3 投影方式を指定する

用意した画像に合わせて、投影方式 **[正距円筒図 (法)]** または **[ミラーボール]** を選択します。

[ミラーボール] は、[正距方位図法] ともいわれます。

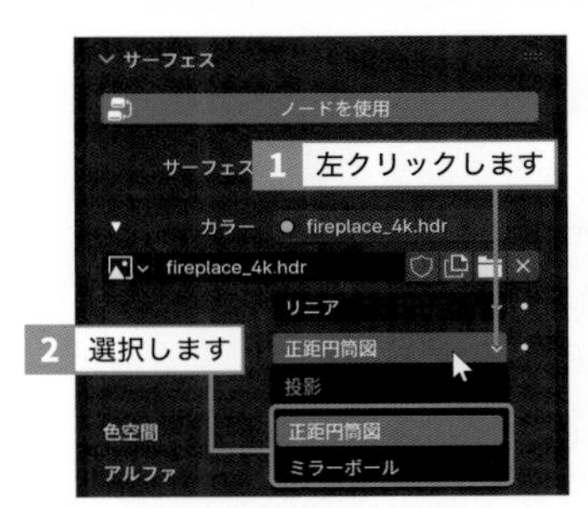

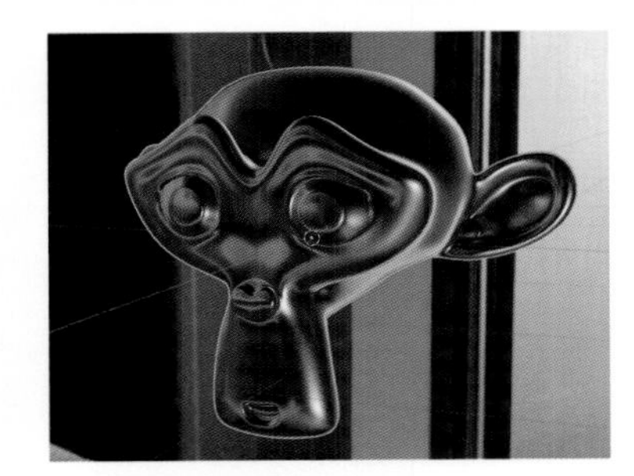

[正距円筒図]

[ミラーボール]

■ ボリュームを設定する

ボリュームを設定すると、シーンに霧がかかったような効果を加えることができます。
カメラから遠くなるにつれて、霧が濃くなり配置しているオブジェクトが見えづらくなります。

① [ボリュームの散乱] を選択する

プロパティの左側にある「ワールド」を左クリックして、「ボリューム」パネルを表示します。
「ボリューム」の **[なし]** を左クリックして **[ボリュームの散乱]** を選択します。

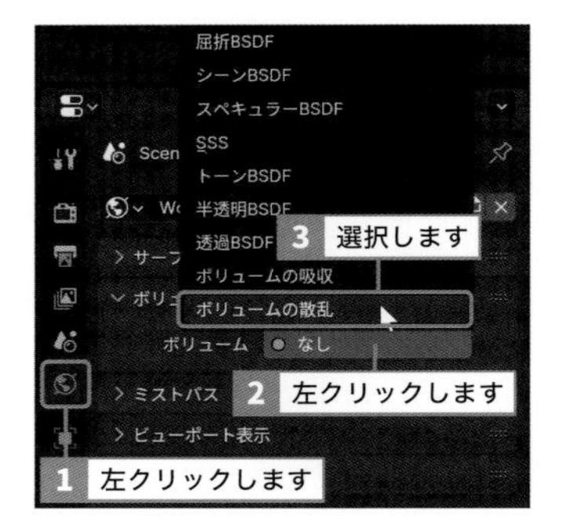

② ボリュームを設定する

「ボリューム」パネルにある「カラー」のカラーパレットを左クリックして表示されたカラーピッカーで霧の色を選択します。
「密度」の数値を変更して、霧の濃度を調整します。「異方性」の数値を変更して、空気中の散乱光の表示を制御します。

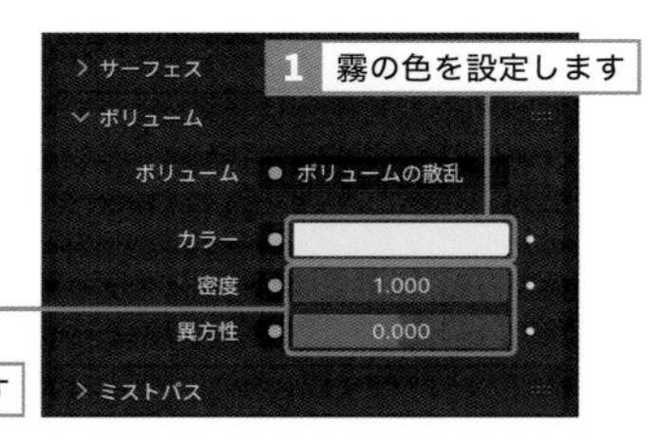

[ボリュームの散乱] 無効

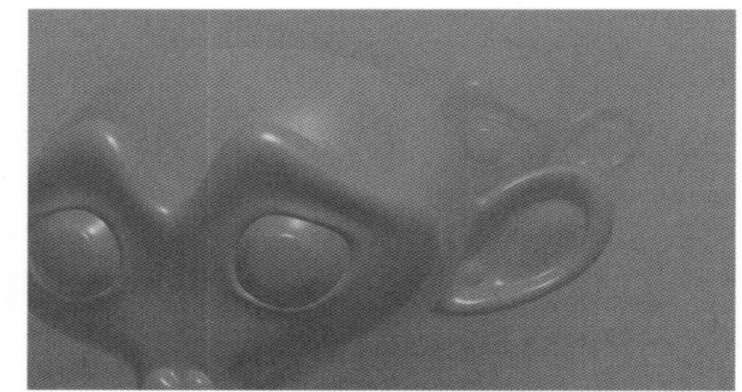
[ボリュームの散乱] 有効

■ 背景を透明にする

プロパティの左側にある「レンダー」を左クリックして、「フィルム」パネルの **[透過]** にチェックを入れて有効にすると、背景が透明でレンダリングされます。画像編集ソフトで合成する場合などにおすすめです。背景色や環境マッピングのオブジェクトへの映り込みなどは、透明にしても変わらず影響します。

❗ レンダリングした画像の [透過] を有効にするには、「出力」パネルのカラーで [RGBA] を選択する必要があります(176ページ参照)。

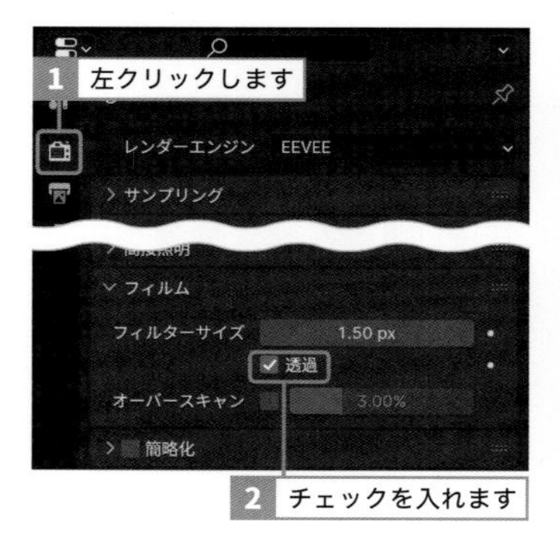

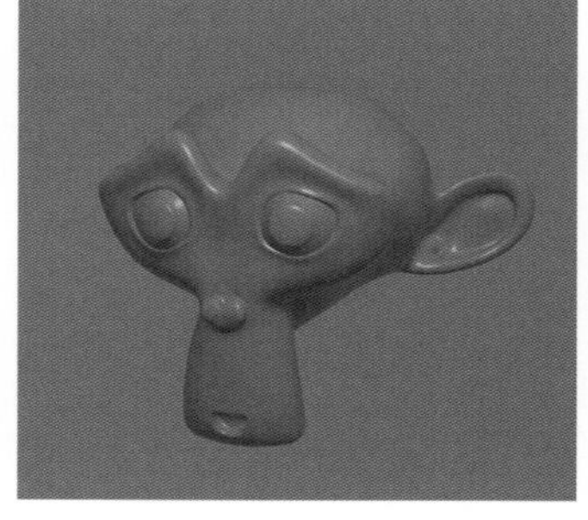
[透過] 無効

[透過] 有効

レンダリング設定 レンダリング

SECTION 6.6

レンダーエンジンを切り替える

レンダーエンジンは、画像や映像の書き出しを行うソフトウェアです。Blenderには、3種類のレンダーエンジンが搭載されています。それぞれのレンダーエンジンの特徴を理解して、効率面や目的などに合わせて使い分けましょう。

■ 各レンダーエンジンの特徴

□ EEVEE

何より特筆すべき点は、処理速度です。ゲームエンジンと同じくリアルタイムレンダリングが可能なので、モデリングなど編集作業を行いながらでも瞬時にレンダリング結果を確認することができます。

さらに、設定次第では光の屈折や肌のような半透明な質感、アンビエントオクルージョン、被写界深度なども表現できます。

□ Workbench

プレビュー用としての位置付けで、通常は事前に行う必要のあるマテリアルやライティングなどの設定を行わなくても、最低限の設定でレンダリングが可能です。

基本的にレンダリングで設定できるのは、3Dビューポートのシェーディング「ソリッド」と同じ項目になります。

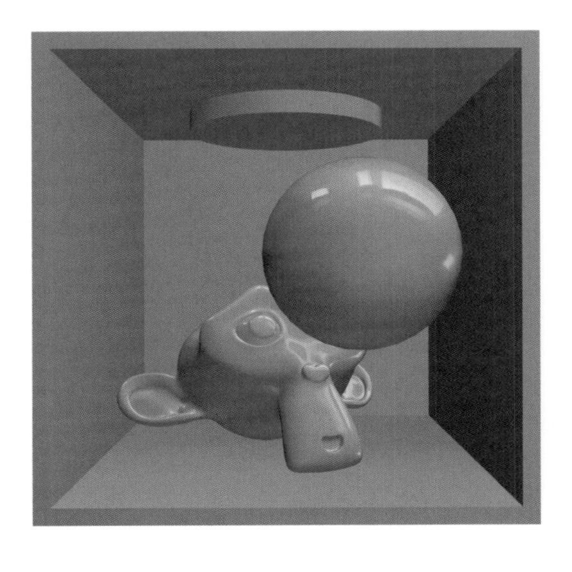

□ Cycles

物理的に正しい表現が可能で光の反射の処理などを正確にシミュレートすることができ、よりフォトリアルな作品に仕上げたい場合などに力を発揮します。

ただし、処理方式の性質上ノイズが生じやすく、それを除去するためには、それなりの処理時間が必要となります。

一般的にクオリティを優先する場合は「Cycles」、処理速度を優先する場合は「EEVEE」となります。

■ レンダーエンジンを切り替える

プロパティの左側にある「レンダー」を左クリックします。

上部の「レンダーエンジン」メニューから「EEVEE」「Workbench」「Cycles」のいずれかを選択します。

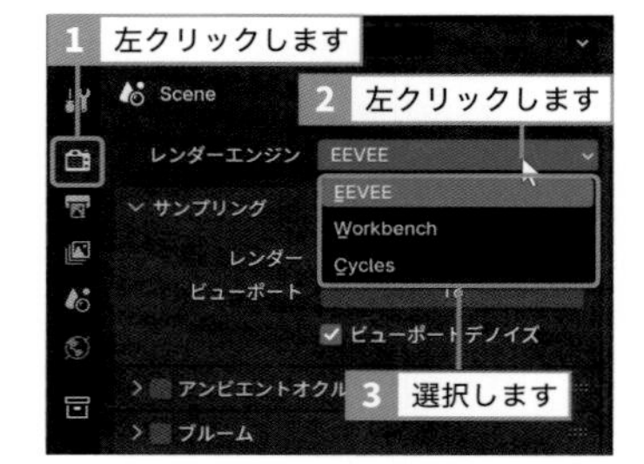

■ GPUでレンダリングを高速化する

レンダーエンジン「Cycles」は、仕上がりのクオリティが高い反面、処理に時間がかかります。しかし、通常CPUで行う処理を代わりにGPUで行うことにより、高速化することができます。

レンダーエンジンを「Cycles」に切り替えると、「デバイス」メニューが表示されます。Blenderに対応のGPUが搭載されているパソコンをお使いの場合は、「デバイス」メニューから **[GPU演算]** を選択することで、レンダリング処理をGPUで行うことができます。

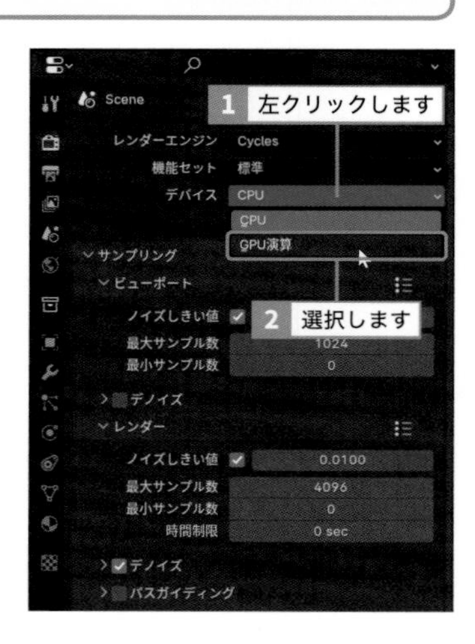

❗ GPUによるレンダリングを行う場合は、事前に環境設定を行う必要があります（詳細については、19ページを参照してください）。

❗ Blender対応のGPUについての詳細は、公式マニュアル（英語）を参照してください。
https://docs.blender.org/manual/en/latest/render/cycles/gpu_rendering.html

\SECTION/ 6.7

レンダリングを実行する

レンダリングを実行するための最後の設定となる画質や画像サイズ、ファイル形式などについて紹介します。

■ 画質を設定する

プロパティの左側にある「レンダー」を左クリックします。

「サンプリング」パネルで、3Dビューポートとレンダリング時のサンプル数を設定します。サンプリングの数値は大きいほど高画質になります。特にレンダーエンジン「Cycles」の場合は、ノイズ発生の軽減に大きく影響を及ぼします。しかし、数値が大きければ、その分処理に時間がかかるようになります。

EEVEEの場合

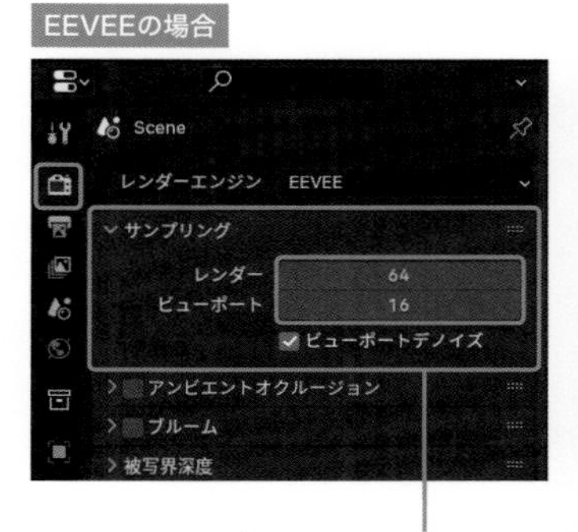

Cyclesの場合

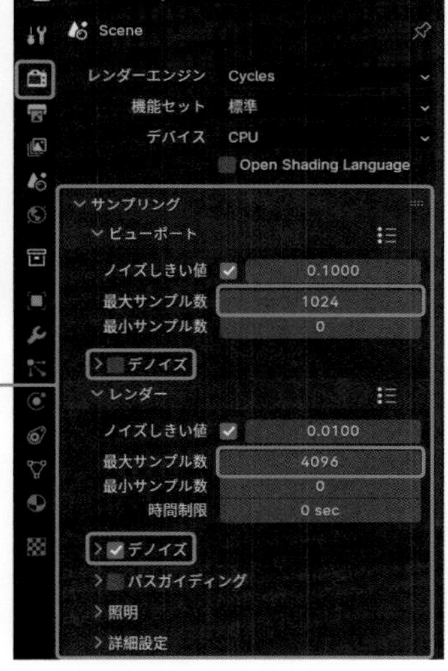

「サンプリング」パネル

[デノイズ] はノイズを除去する機能です。サンプリングの数値を大きくするのに比べて、レンダリングの処理時間を大幅に短縮することができます。

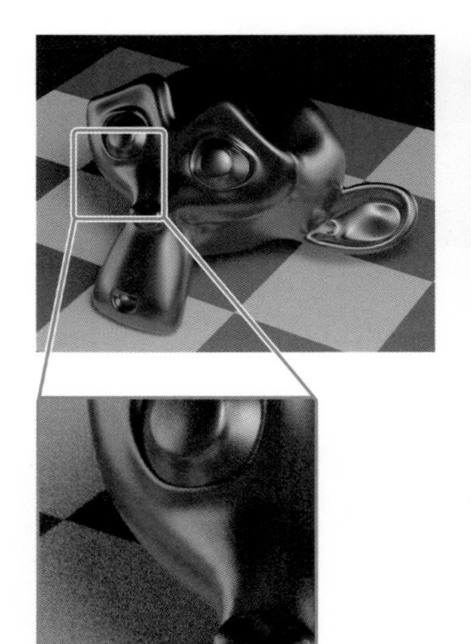

[デノイズ]無効
(サンプル数：1024)

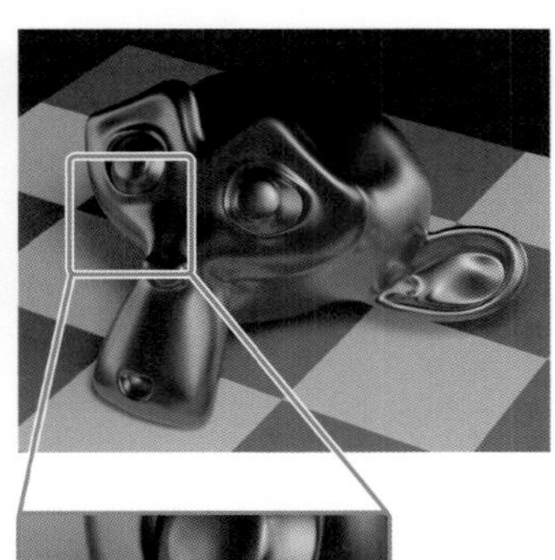

[デノイズ]有効
(サンプル数：1024)

■ 画像サイズを設定する

プロパティの左側にある「出力」を左クリックします。

「フォーマット」パネルで、レンダリングで書き出される画像の解像度を設定します。「解像度 X」は横幅、「解像度 Y」は縦幅のピクセル数となります。「%」は指定したパーセンテージに縮小してレンダリングできます。縮小すると処理が早くなるため、テストレンダリングなどで活用することができます。

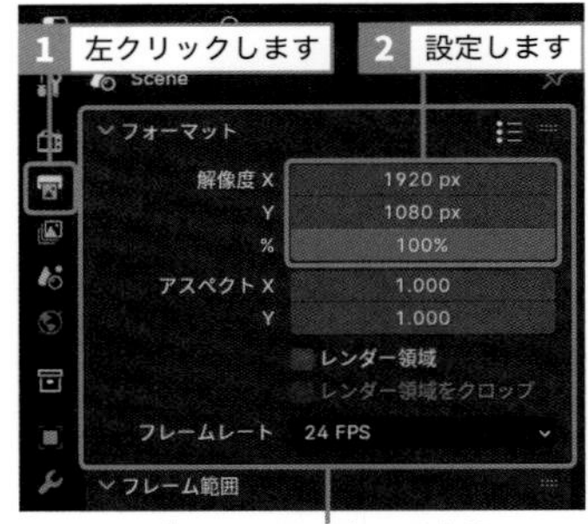

「フォーマット」パネル

■ ファイル形式を設定する

プロパティの左側にある「出力」を左クリックします。

「出力」パネルで、レンダリングで書き出される画像の形式を設定します。「ファイルフォーマット」メニューから画像のファイル形式を選択します。

「カラー」の **[BW]** はグレースケール、**[RGB]** はRGBカラー、**[RGBA]** はアルファチャンネルが加わったRGBカラーでレンダリングされます。**[RGBA]** を選択するためには、PNGやTIFFなどアルファチャンネル対応のファイル形式を選択する必要があります。

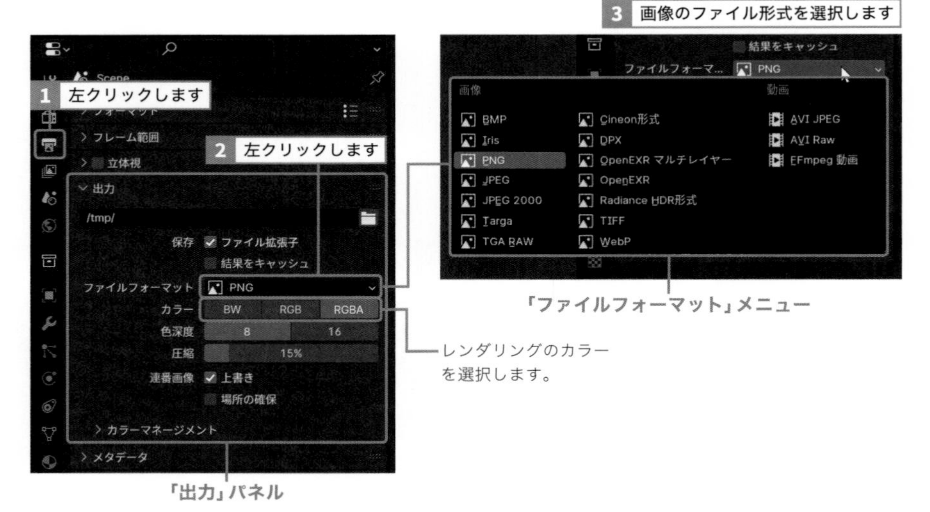

「出力」パネル

「ファイルフォーマット」メニュー

■ レンダリングを実行する

ヘッダーメニューの「レンダー」から **[画像をレンダリング]**（F12キー）を選択すると、レンダリングが開始されます。

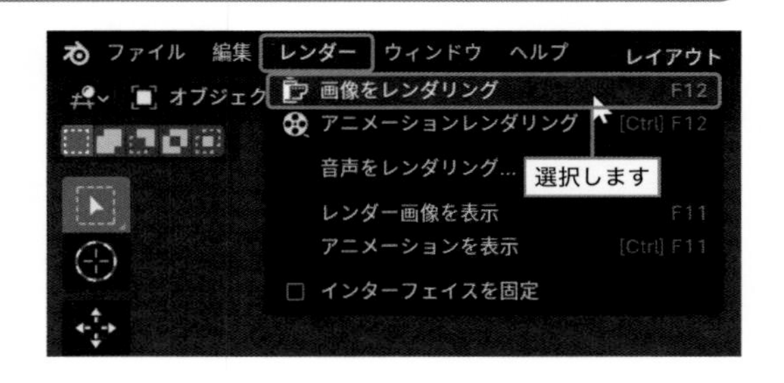

レンダリングが開始されると「Blenderレンダー」ウィンドウが開き、レンダリングの結果が表示されます。画面右下に進行状況が表示されます。

進行状況の右側にある☒を左クリックすると、レンダリングがキャンセルされます。

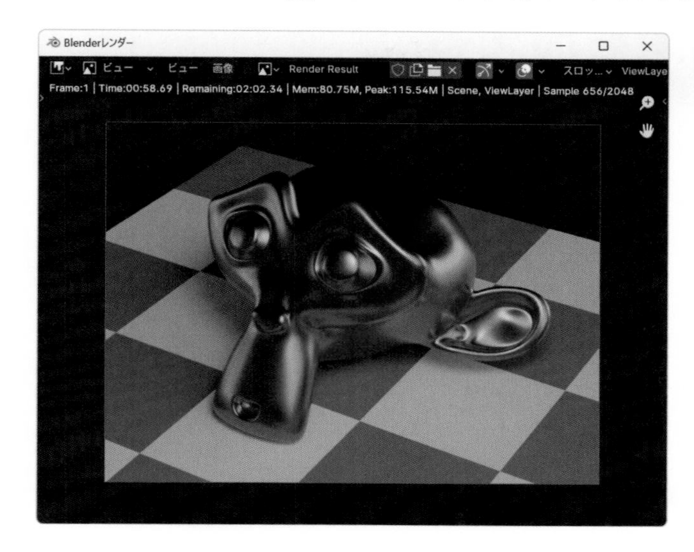

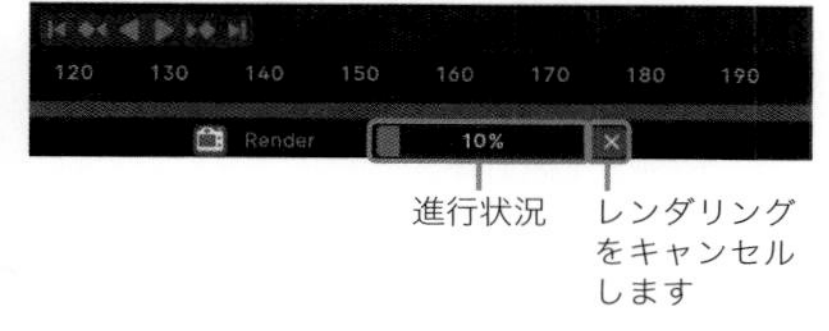

レンダリングされた画像を保存するには、「Blenderレンダー」ウィンドウのヘッダーにある「画像」から **[保存]**（Alt + S キー）を選択します。

「Blenderファイルビュー」ウィンドウが開くので、保存先とファイル名を指定して **[画像を別名保存]** を左クリックすると、画像が保存されます。

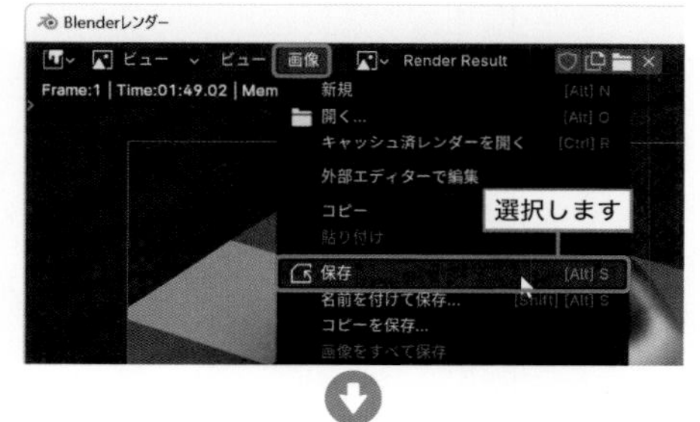

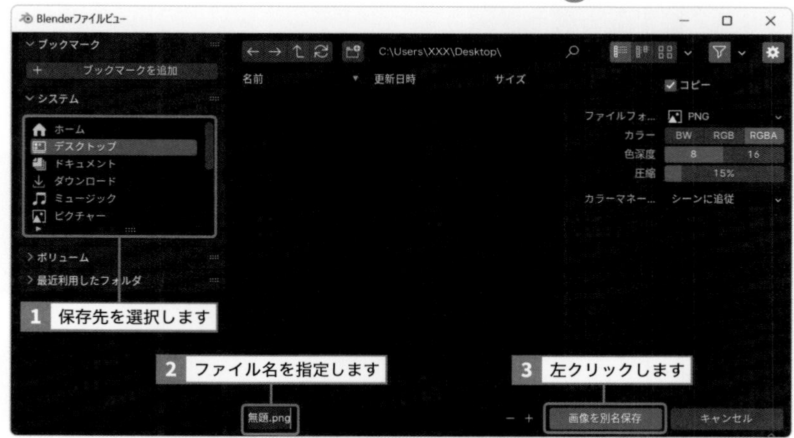

レンダリング設定　レンダリング

\SECTION/
6.8

特殊効果を加える

発光やハイライトなどの高輝度部分から光が溢れ出るようなブルーム効果、背景など被写体以外がボケることで、より奥行き感を表現できる被写界深度、これらの設定方法を紹介します。

■ ブルームを設定する

プロパティの左側にある「レンダー」を左クリックして表示される「ブルーム」パネルにチェックを入れて有効にすると、発光やハイライトなどの高輝度部分から光が溢れ出るようなブルーム効果を設定することができます。

[しきい値] でブルーム効果の発生する範囲、**[半径]** で光が溢れ出る範囲、**[強度]** で溢れ出る光の強さをそれぞれ設定します。

(!) レンダーエンジン「EEVEE」のみ対応しています。

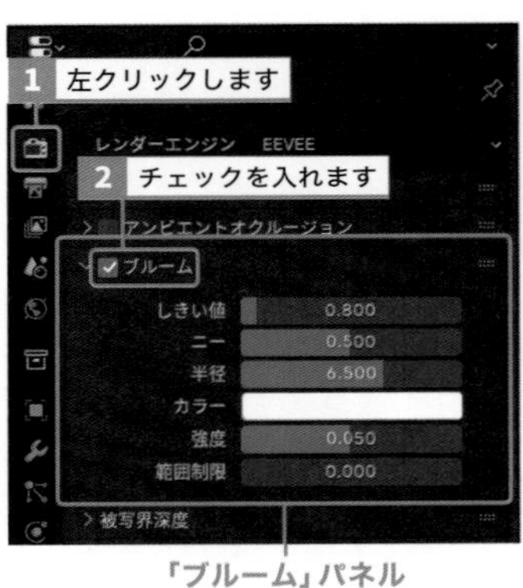

「ブルーム」パネル

「ブルーム」無効

「ブルーム」有効

ブルームの効果を3Dビューポートで確認するためには、3Dビューポートのヘッダーにある **[シェーディング切り替え]** アイコンを左クリックして、シェーディングを **[レンダー]** に切り替える必要があります。

■ 被写界深度を設定する

被写界深度とは、ピントが合う奥行きの範囲を表しており、被写界深度が浅くピントが合う範囲が狭いと、背景や手前にあるオブジェクトなど被写体以外がボケることでより被写体を強調することができ、奥行き感のある作品に仕上げることができます。

これまでは一眼レフカメラを用いることで撮影可能だった奥行き感のあるきれいなボケ具合も、ここ最近ではスマートフォンでも擬似的に再現できるようになってきています。

もちろん、Blenderでもその魅力的な奥行き感のあるシーンを再現することが可能です。

カメラを選択してプロパティの左側にある「データ」を左クリックします。「被写界深度」パネルにチェックを入れて有効にすると、被写界深度が機能します。

「被写界深度」パネル

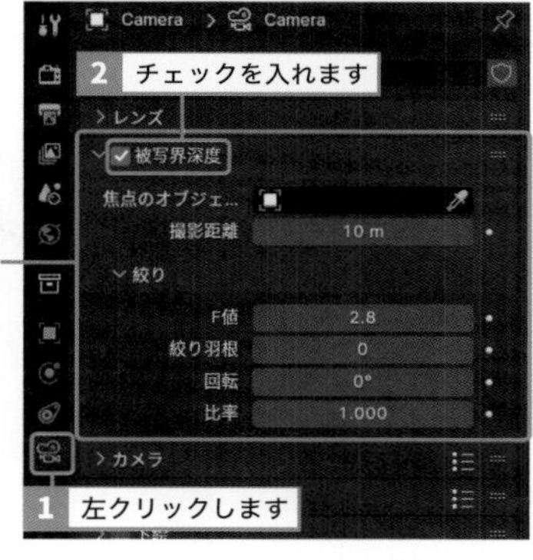

被写界深度の効果を出すためには、被写体となるオブジェクトとその他ボケるオブジェクトとの奥行きの距離がある程度離れている必要があります。

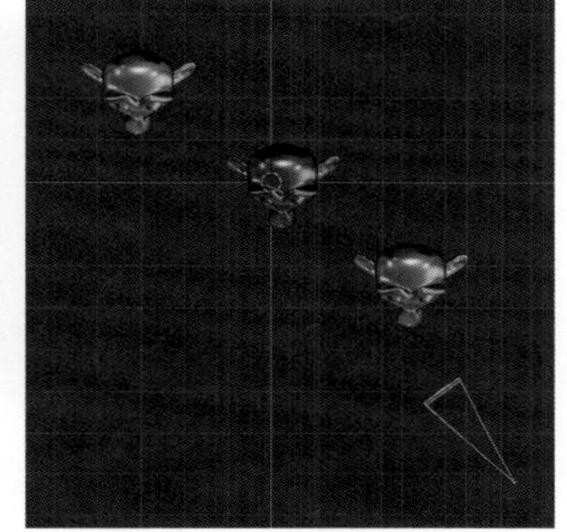

□ 焦点の設定

ピントの合う位置となる焦点は、二通りの設定方法があります。

設定方法の1つ目は、焦点となるオブジェクトを指定する方法です。「被写界深度」パネルの **[焦点のオブジェクト]** のフォームを左クリックして表示された一覧から選択するか、「スポイト」を左クリックして3Dビューポートから直接左クリックで指定します。

オブジェクトを焦点として指定するため、そのオブジェクトやカメラを移動しても、常に指定したオブジェクトにピントを合わせることができます。しかし、この設定ではオブジェクト毎の指定になるため、特定の部位を指定することはできず、そのオブジェクトの原点が焦点となります。
例えば、人物の顔などオブジェクトの特定の部位に焦点を合わせたい場合は、指定するオブジェクトをエンプティで代用することをおすすめします。

左クリックして3Dビューポートから直接指定することも可能です。

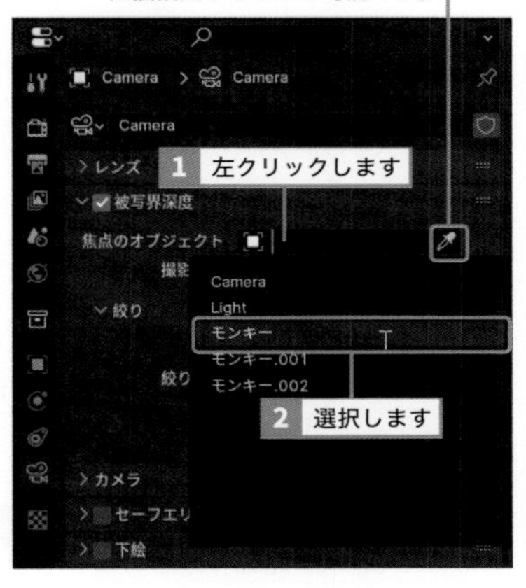

設定方法の2つ目は、カメラからの距離で焦点を指定します。カメラを選択してプロパティの左側にある「データ」を左クリックして、「ビューポート表示」パネルの **[リミット]** にチェックを入れて有効にします。3Dビューポートに焦点の位置が十字で表示されるようになります。

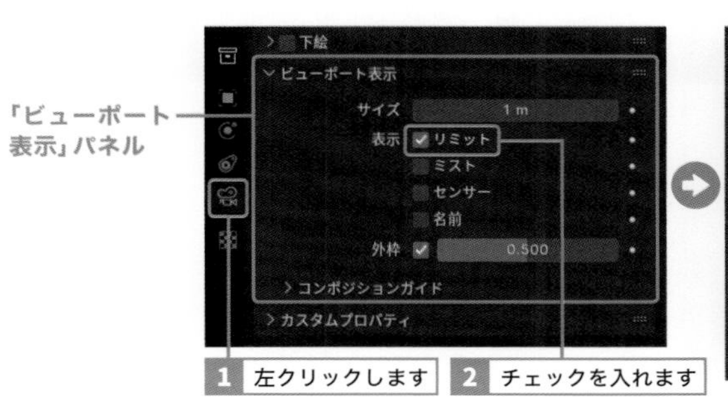

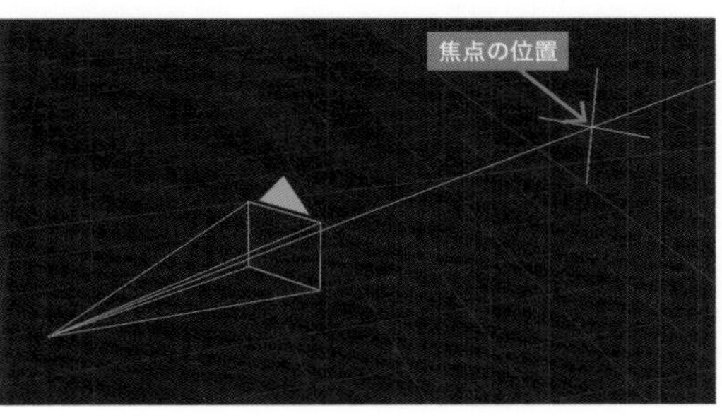

「被写界深度」パネルの **[撮影距離]** の数値を変更して、カメラからの焦点距離を設定します。
[撮影距離] の数値に連動して、焦点の位置となる十字も移動します。

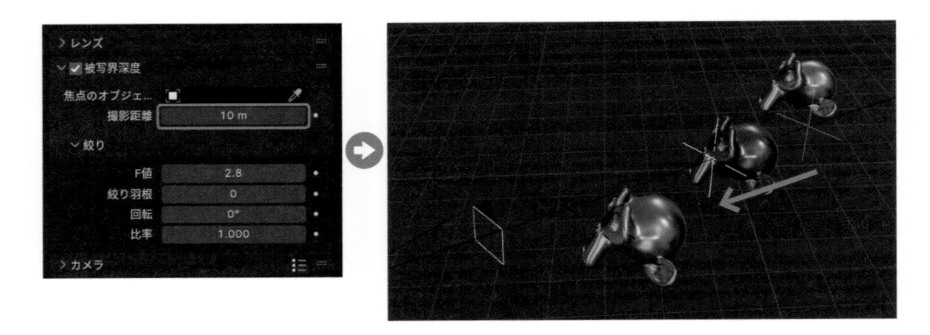

□ボケ具合の設定

ピントの合う範囲（ボケ具合）など被写界深度の効果を3Dビューポートで確認するには、3Dビューポートのヘッダーにある **[シェーディング切り替え]** アイコンを左クリックして、シェーディングを **[マテリアルプレビュー]** または **[レンダー]** に切り替えます。さらに **[ビュー]** から **[視点]** ➡ **[カメラ]**（テンキーの 0 キー）を選択して、カメラ視点に切り替えます。

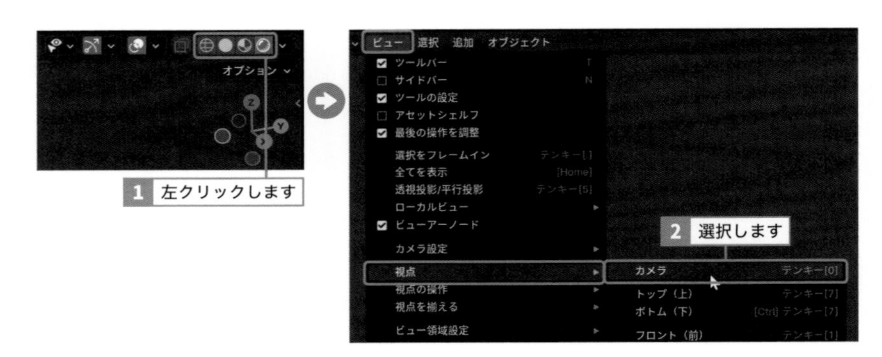

「被写界深度」パネルの「絞り」の **[F値]** でピントが合う範囲（ボケ具合）を設定します。
数値が小さくなるほど、被写界深度が浅くピントが合う範囲が狭くなります。

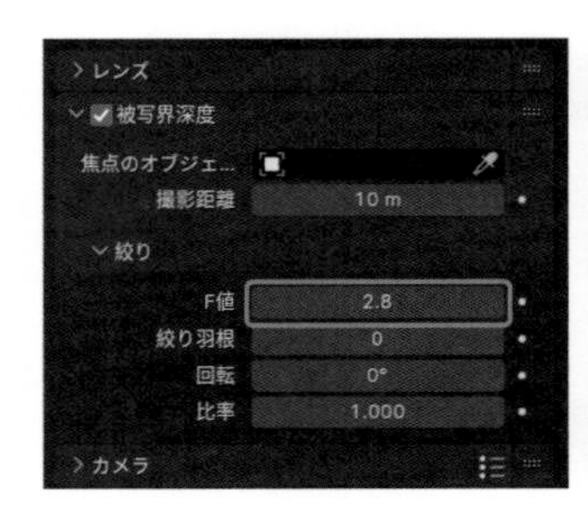

[F値]：2.8

[F値]：0.5

PART
7

3DCGを作ってみよう

これまで紹介した様々な機能を駆使して作品を作りましょう。ここではクマのキャラクターと、それに合わせて草木や川などの背景を制作します。モデリングからレンダリングまで、一連の工程を通して作業することでより理解が深まるはずです。

一連の作業工程を学習してきたけど、
どれだけ身に付いているか不安…。

これまで学習してきた内容を活かして
作品をつくってみようネ。

私でもできるかな～。
完璧にできるか心配だな～。

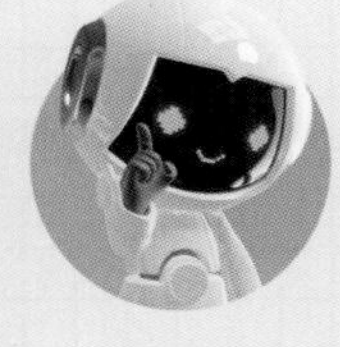

１つの作品を最後まで作り上げることは、とっても
大事だヨ。最初は細かいことはあまり気にしないで、
まずは作品を仕上げることを目標にしてみよう！

よ～し！　復習も兼ねて、最後まで作り
上げることを目指してがんばるぞ！

丁寧に解説してるから、心配ないヨ。
もし、分からなくなったら、焦らずページを
戻って見直してみてネ。

\SECTION/ 7.1

モデリング

モデリングの実践として、クマのキャラクターを作成します。プリミティブオブジェクトをベースにさまざまな機能を駆使して、メッシュの分割や変形などを行いながらそれぞれの形状をモデリングしていきます。同じ形状をモデリングするにもさまざまなアプローチが考えられますが、初心者の方はまずここで紹介する手順でモデリングしてみましょう。モデリングに慣れてきたら自分のやり方を見つけて、さらなる上達を目指しましょう。

■ 頭部を作成する

STEP 1 頭部のモデリング

A Blenderを起動して新規ファイルを開きます。モデリングを始めるにあたり、3Dビューポートの焦点距離を変更します。
サイドバー（Nキー）を開き、「ビュー」タブ❶を左クリックします。「ビュー」パネルの**[焦点距離]**がデフォルトでは"50mm"に設定されています。ズームインした際の歪みを抑えるため、数値を大きくします。
ここでは、"100mm"❷に設定します。

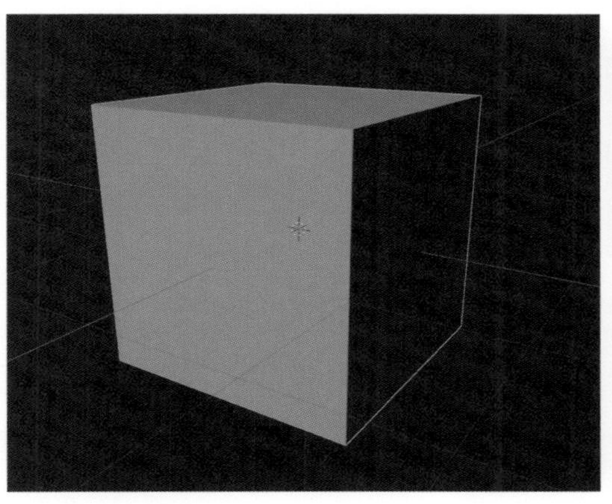

[焦点距離]：50mm

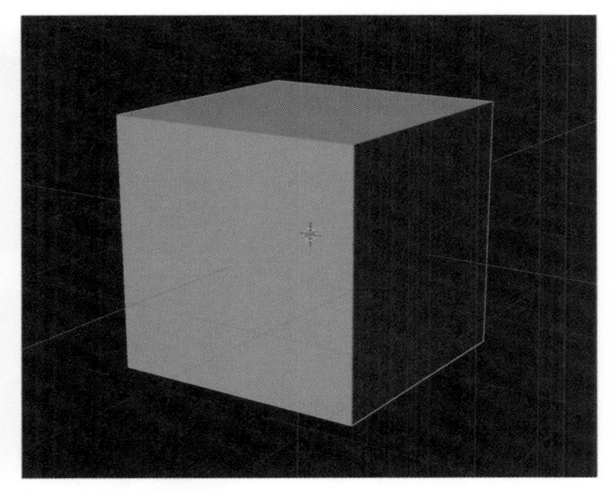

[焦点距離]：100mm

B デフォルトで配置されている立方体オブジェクト"**Cube**"が選択された状態で、プロパティ左側の「モディファイアー」❶を左クリックします。

C **[モディファイアーを追加]**❷を左クリックして、**[生成]**から**[サブディビジョンサーフェス]**❸を選択します。

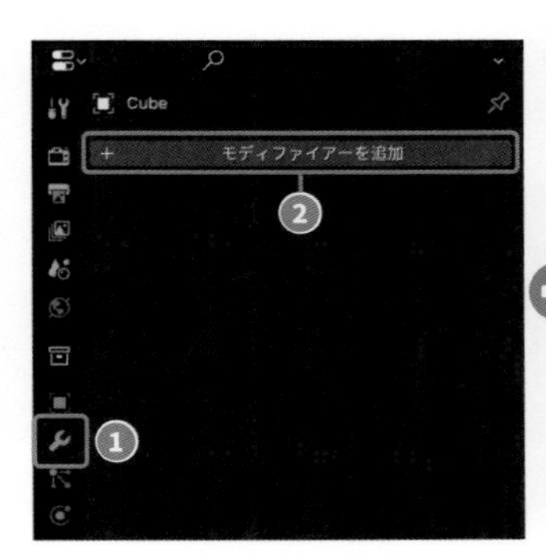

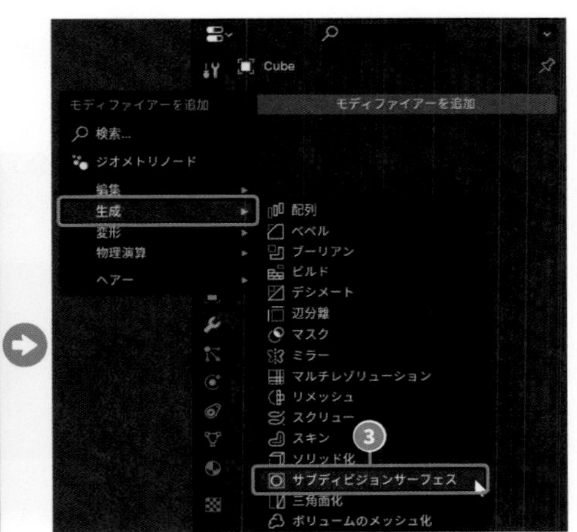

D モディファイアーパネルにある**[ビューポートのレベル数]**の数値を"**2**"❶に変更します。レベル数を増やすと、さらに細分化されて立方体の表面が滑らかになり、球体に近づきます。

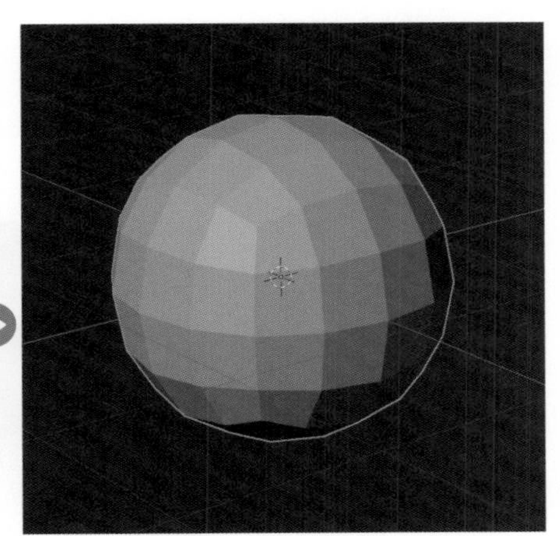

E モディファイアーパネル上部のプルダウンメニュー❶から**[適用]**❷を選択します。**[適用]**を設定すると、擬似的なメッシュ構造を実体化することができます。

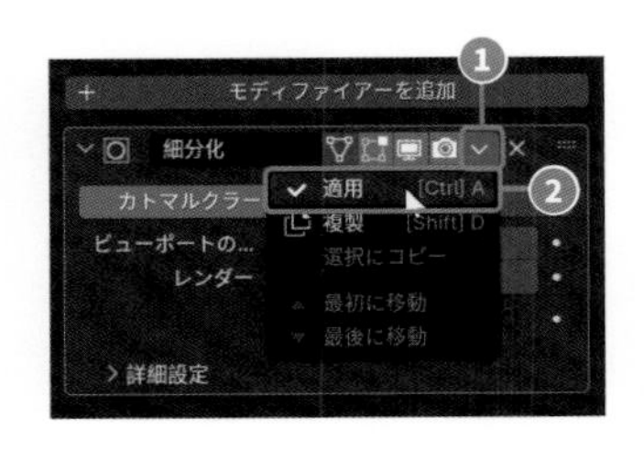

F 編集モード❶（Tabキー）に切り替えます。すべてのメッシュが選択された状態で、3Dビューポートのヘッダーにある**［メッシュ］**から**［トランスフォーム］➡［スケール］**❷を選択し、マウスポインターをドラッグして適当なサイズに縮小します。

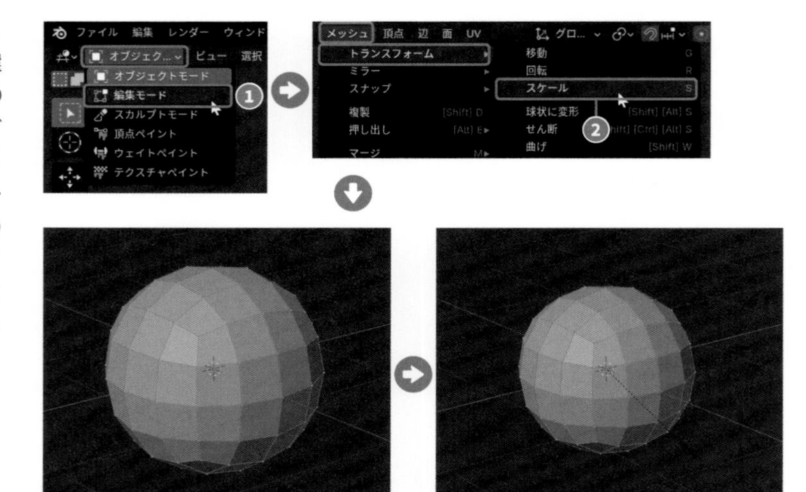

G 3Dビューポート左下の「拡大縮小」パネルで**［スケールX］**を"**1.000**"、**［Y］**を"**0.900**"、**［Z］**を"**0.900**"に設定❶し、左右はそのままに奥行きと上下を90%に縮小します。

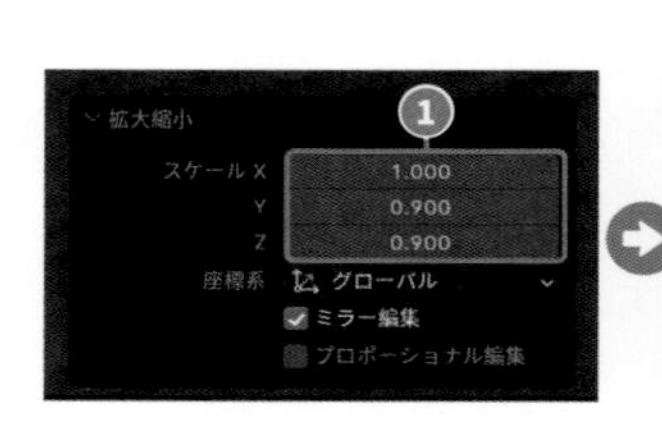

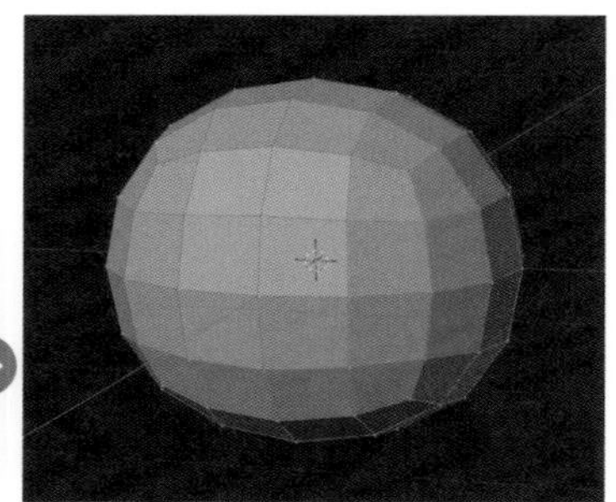

STEP 2 輪郭のモデリング

A 顔の突起を作成します。図のように口付近の頂点を選択します❶。3Dビューポートのヘッダーにある**［メッシュ］**から**［削除］**（Xキー）➡**［頂点］**❷を選択し、頂点を削除します。

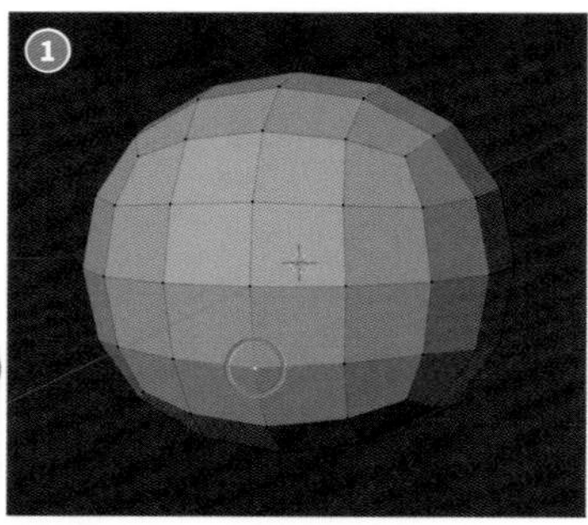

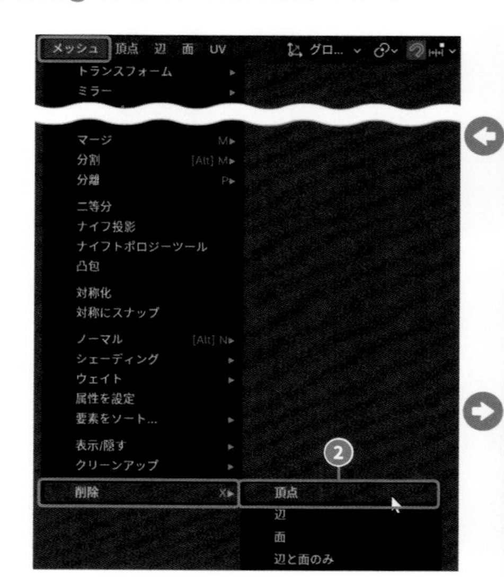

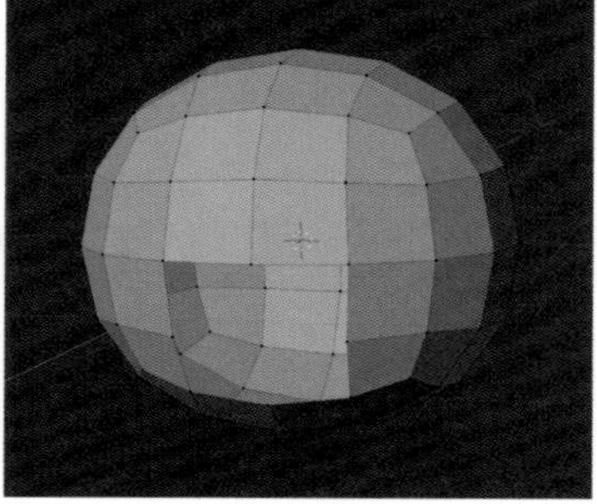

B 開いた穴のフチをループ状に選択（Alt＋左クリック）します❶。3Dビューポートのヘッダーにある**[メッシュ]**から**[トランスフォーム]➡[球状に変形]**❷を選択し、右方向にマウス左ボタンでドラッグして穴を円形に変形します。
ドラッグする際にCtrlキーを押しながら操作して、単位に制限をかけます。
ここでは、"**0.900**"❸に変形します（3Dビューポートに変化量が表示されます）。

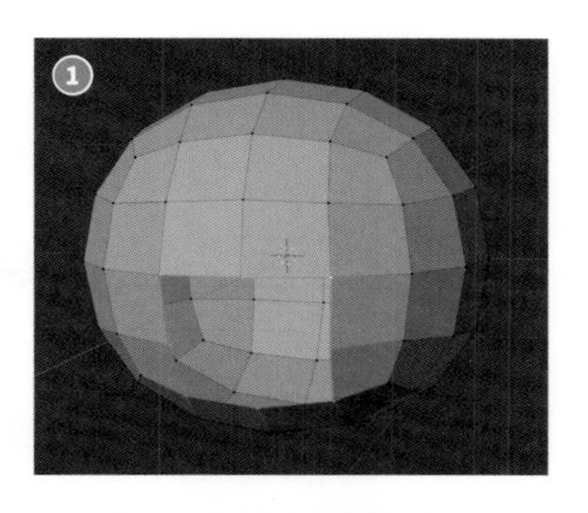

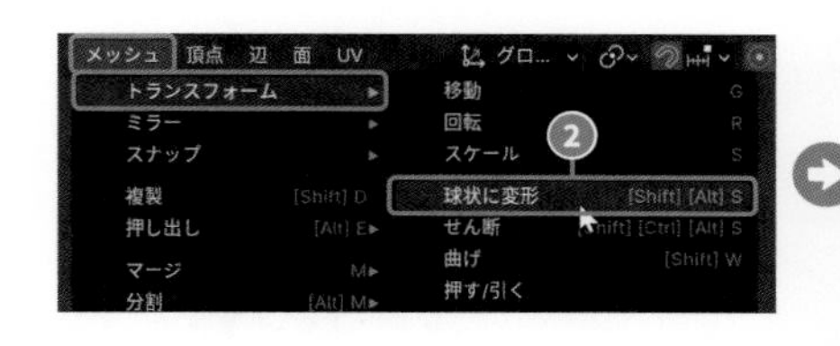

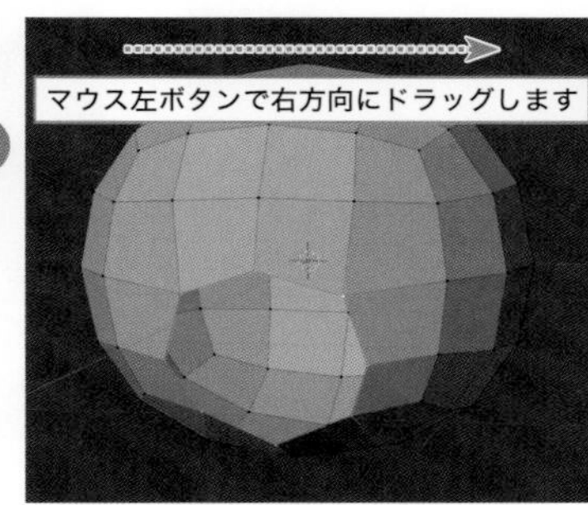

C 穴のフチが選択された状態でS➡Xキーを押し、続けて"**1.2**"を入力します。
Enterキーを押して実行し、X軸方向に120%拡大します。

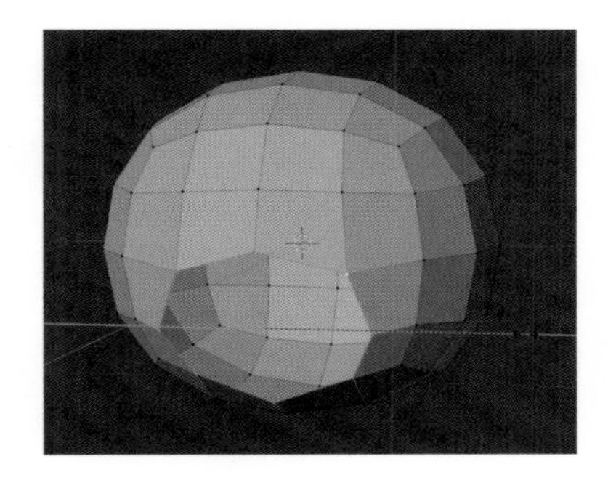

D 3Dビューポートのヘッダーにある**[追加]**（Shift＋Aキー）から**[UV球]**❶を選択し、球体のメッシュを追加します。

E 3Dビューポート左下の「UV球を追加」パネルで**[セグメント]**を頭部の穴の頂点数と同じ"**8**"❶に設定します。
さらに**[リング]**を"**4**"❷に設定して各面が正方形に近づくようにします。セグメントとリングの数値は、2：1が目安です。

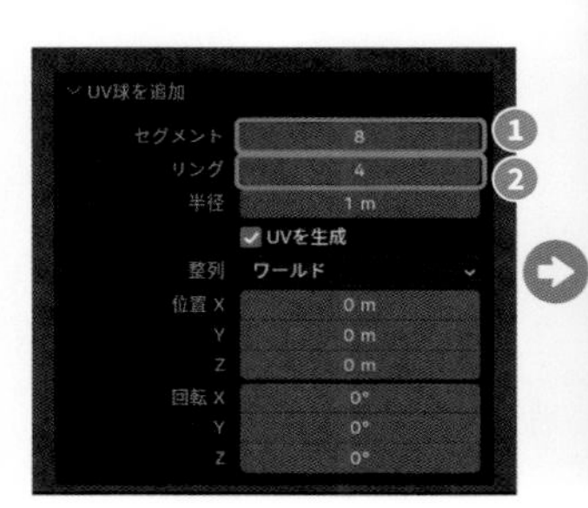

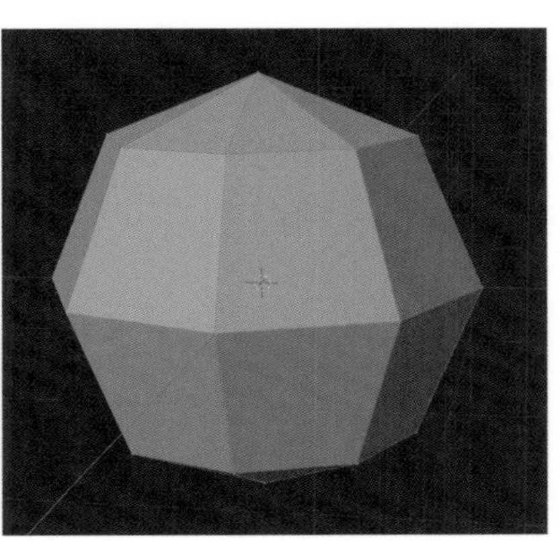

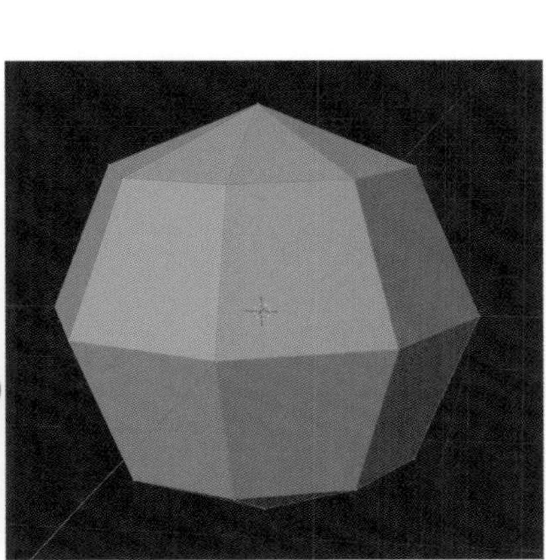

F 3Dビューポートのヘッダーにある**[透過表示]** ①（[Alt]＋[Z]キー）を有効にします。追加した球体のメッシュの位置（[G]キー）や角度（[R]キー）、サイズ（[S]キー）を、図のように頭部の穴とおおよそ合うように調整します②。
編集の際は、中心から外れないように視点を「ライト（またはレフト）」（テンキー[3]）③に切り替えて行うようにします。
編集が完了したら、**[透過表示]**（[Alt]＋[Z]キー）を無効にします。

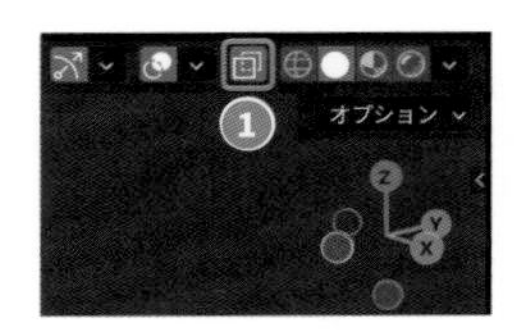

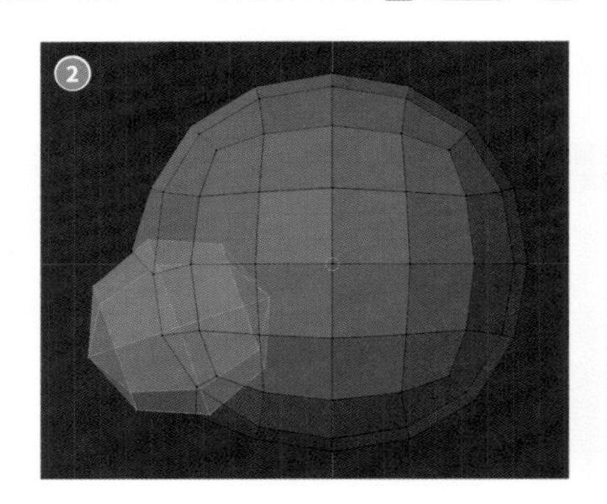

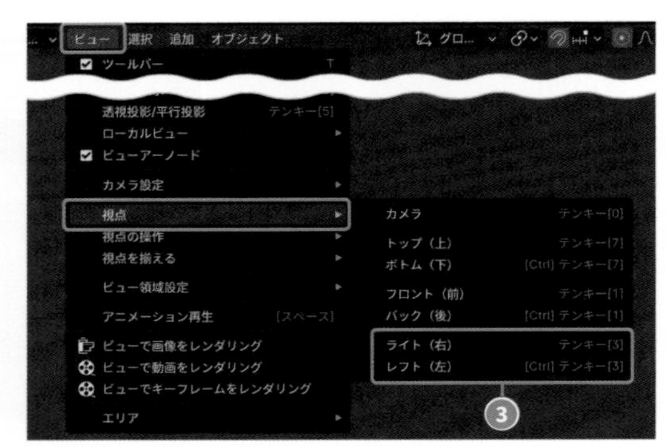

G 追加した球体のメッシュが選択された状態①で[S]➡[X]キーを押し、続けて"**1.2**"を入力します。[Enter]キーを押して実行し、頭部の穴に合わせてX軸方向に120%拡大します②。

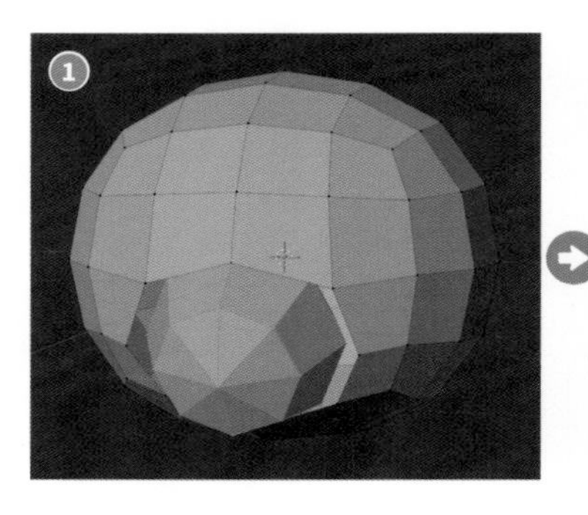

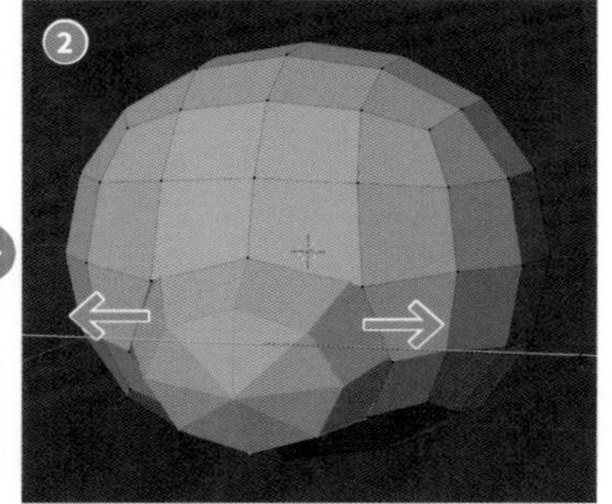

H 頭部のメッシュのみを選択（マウスポインターを合わせて[L]キー）して、非表示（[H]キー）にします。視点をライト（テンキー[3]）に切り替え、**[透過表示]**（[Alt]＋[Z]キー）を有効にします。図のように頂点を選択①して削除（[X]キー）します②。編集が完了したら**[透過表示]**（[Alt]＋[Z]キー）を無効にします。

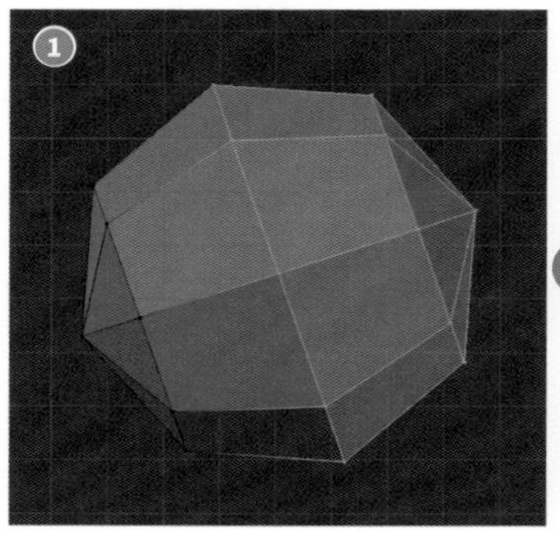

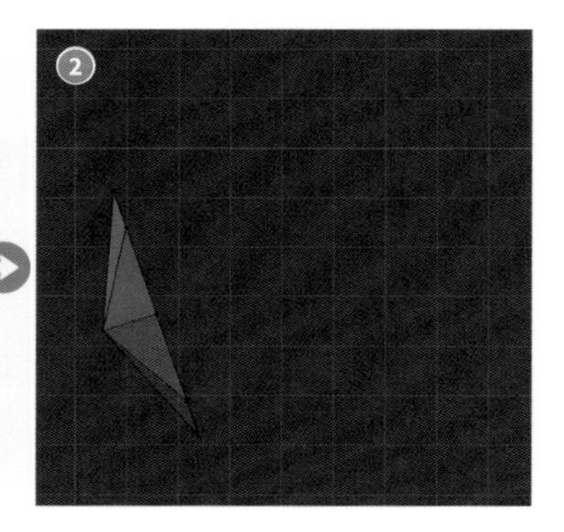

I 非表示にしていた頭部のメッシュを表示（Alt＋Hキー）します。
図のように二組のメッシュを選択します❶。3Dビューポートのヘッダーにある［辺］から［辺ループのブリッジ］❷を選択し、メッシュをつなぎ合わせます❸。

J オブジェクトモード（Tabキー）に切り替えます。プロパティ左側の「モディファイアー」❶を左クリックし、［モディファイアーを追加］❷を左クリックして［生成］から［サブディビジョンサーフェス］❸を選択します。モディファイアーパネルにある［ビューポートのレベル数］の数値を"2"❹に変更します。

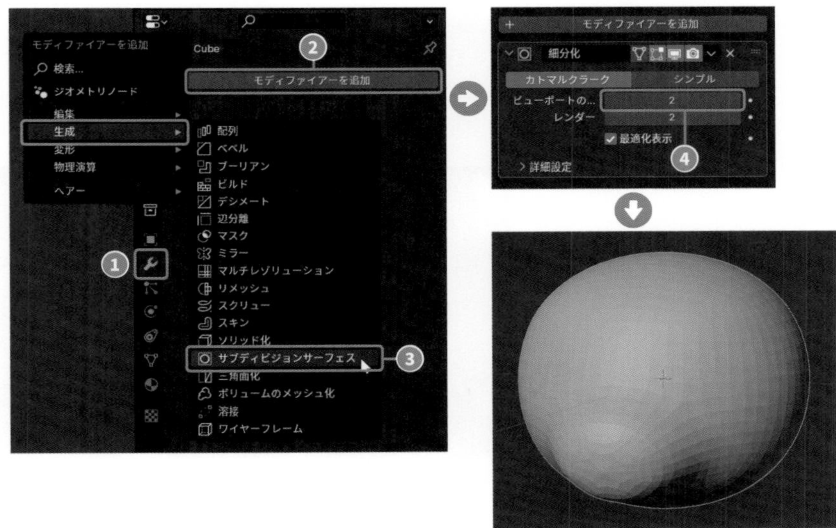

K 3Dビューポートのヘッダーにある［オブジェクト］から［スムーズシェード］❶を選択し、表面を滑らかに表示させます❷。

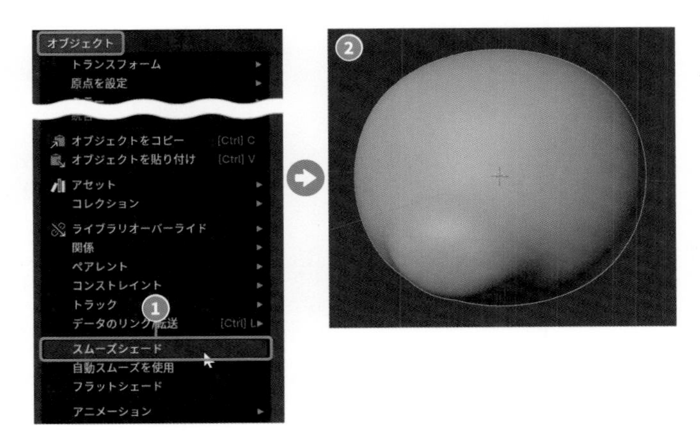

L 全体的に滑らかになった表面を部分的にシャープにします。
編集モード（Tab キー）に切り替え、頭部と突起部分の境界のメッシュを選択します。ツールバーの **[ベベル]** ツール ❶ を左クリックで有効にし、ライン先端の黄色い丸 をマウス左ボタンでドラッグしてメッシュを追加します❷。メッシュの間隔の狭い部分は、シャープなエッジになります❸。

ツールによる編集が完了したら、[ボックス選択] ツール（W キー）に戻します。

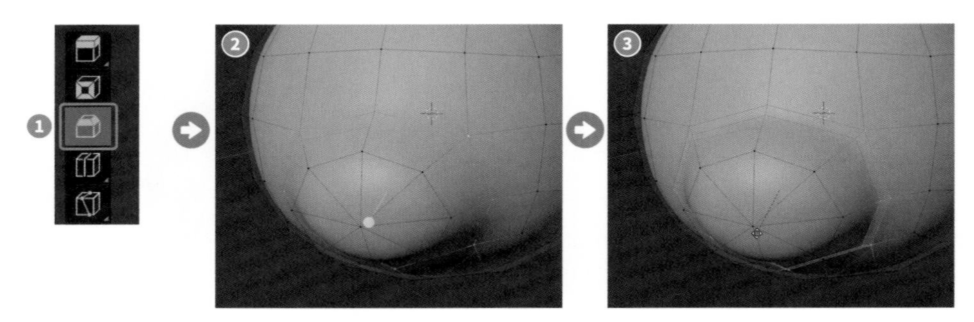

STEP 3 耳のモデリング

A 左右対称な形状のモデリングを行うため、**[ミラー]** モディファイアーを設定します。
編集モード（Tab キー）で、視点をフロント（テンキー 1）に切り替えます。**[透過表示]**（Alt ＋ Z キー）を有効にし、図のように向かって左半分の頂点を選択して❶、削除（X キー）します❷。

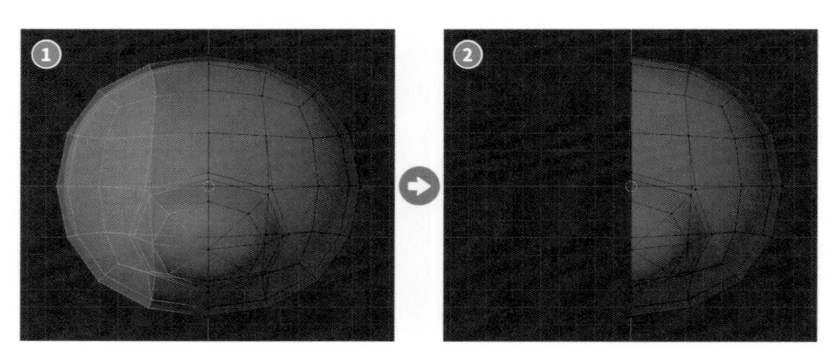

B プロパティ左側の「モディファイアー」❶を左クリックし、**[モディファイアーを追加]**❷を左クリックして **[生成]** から **[ミラー]**❸を選択します。

C 現状は、上から **[サブディビジョンサーフェス(細分化)]** **[ミラー]** の順にモディファイアーが設定されているため、まずメッシュが細分化されて、次に鏡像が生成されます。
モディファイアーパネル右上の ❶をマウス左ボタンでドラッグして **[ミラー]** が上になるように順番を変更します。これにより、まず鏡像が生成されて次にメッシュが細分化されるため、鏡像の境界が滑らかになります。

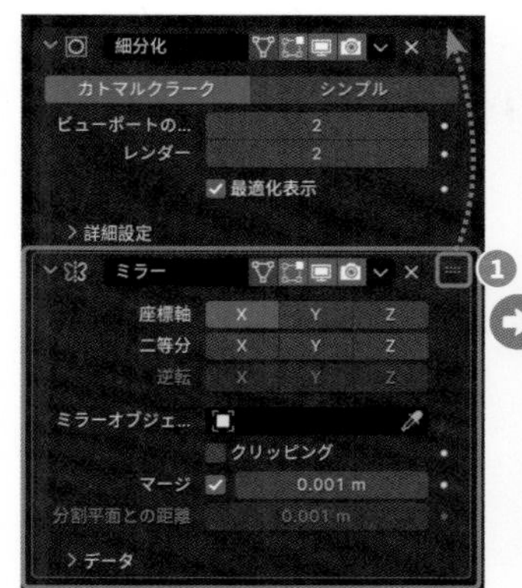

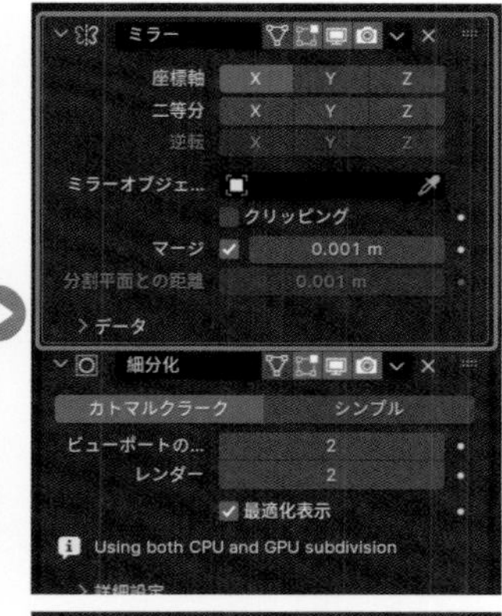

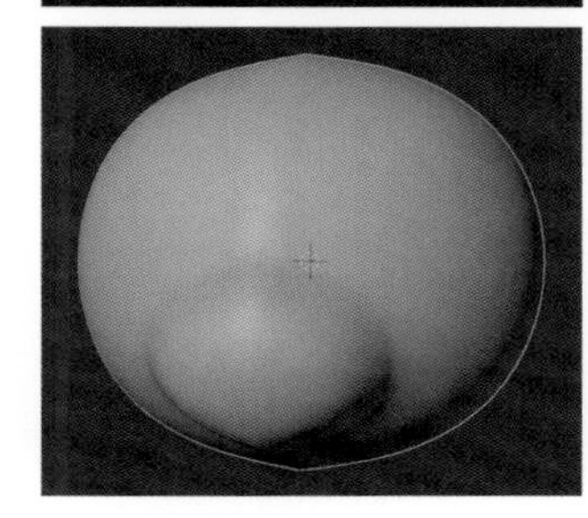

メッシュの細分化 → 鏡像の生成

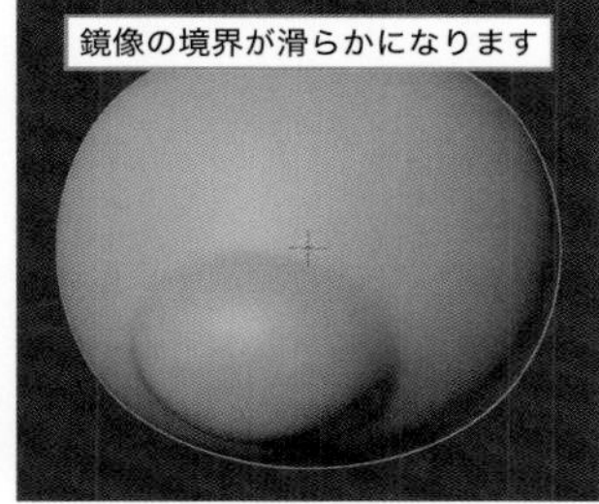

鏡像の生成 → メッシュの細分化

❗図はオブジェクトモードです。

D 耳の付け根に穴を開けます。
面選択モード ❶(3キー)に切り替え、図のように耳の付け根付近の4枚の面を選択します❷。
ツールバーの **[面を差し込む]** ツール ❸を左クリックで有効にし、黄色い円の内側で円の中心に向かってマウス左ボタンでドラッグして面を挿入(Iキー)します❹。

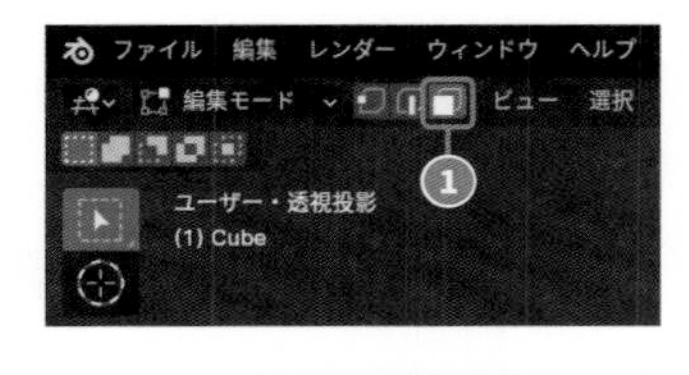

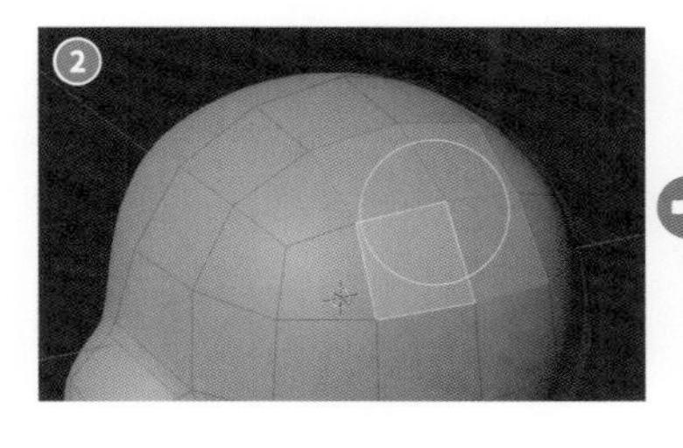

E 頂点選択モード ❶(1キー)に切り替え、各頂点を移動して図のようにメッシュを変形します。移動の際は、Shift + V キーを押してメッシュに沿って頂点をスライドするように移動します。編集は1点ずつ行います。

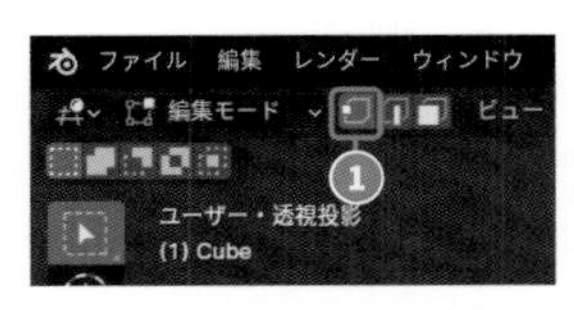

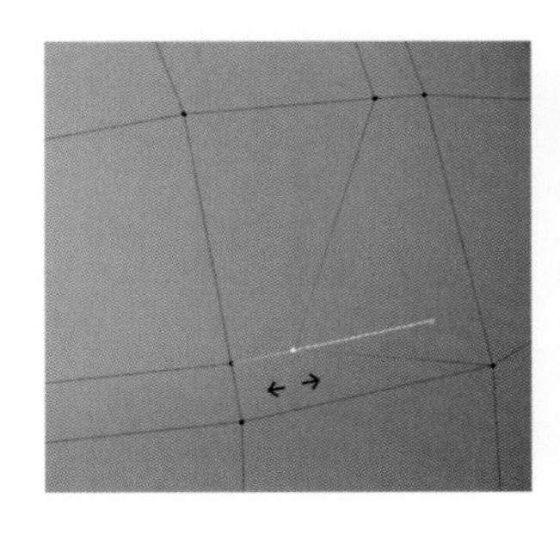

F 耳の付け根の中央の頂点を選択して、削除（X キー）します。

G 3Dビューポートのヘッダーにある **[追加]**（Shift ＋ A キー）から **[円柱]**❶を選択し、円柱のメッシュを追加します。

図のようにモディファイアーによって形状が乱れていますが、このままで問題ありません。

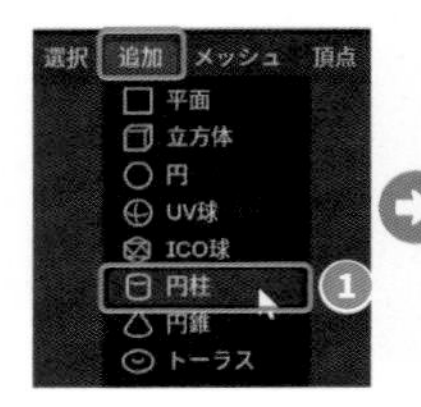

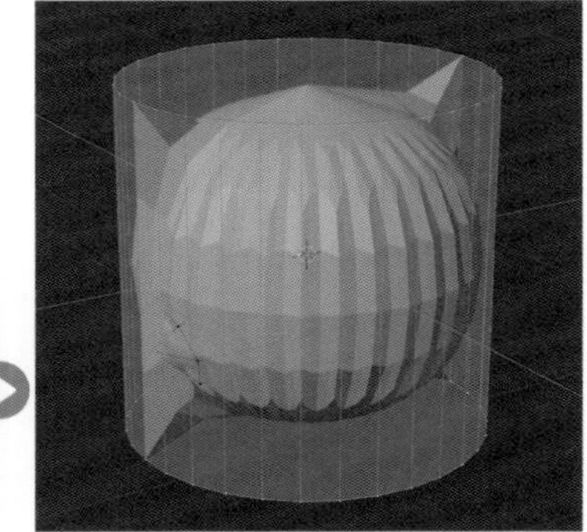

H 3Dビューポート左下の「円柱を追加」パネルで **[頂点]** を“**8**”❶に設定し、「ふたのフィルタイプ」から **[なし]**❷を選択します。さらに **[回転 X]** を“**90°**”❸に設定します。

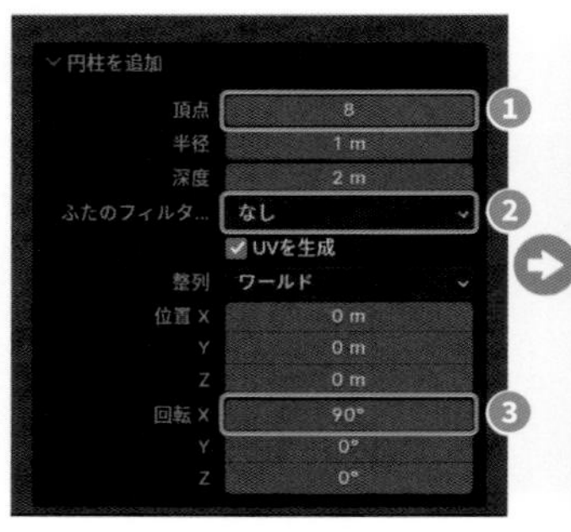

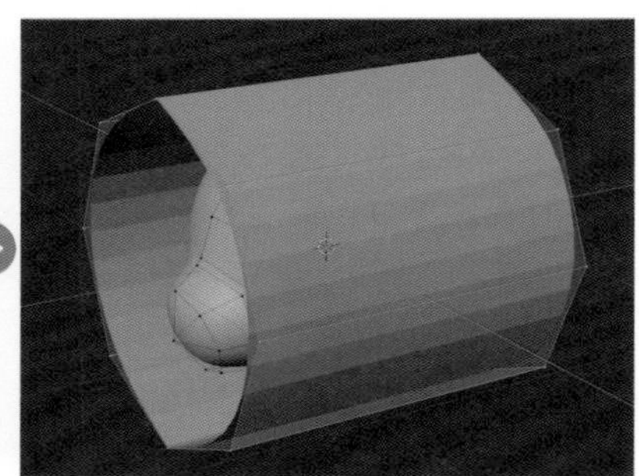

I 視点をフロント（テンキー 1）に切り替え、位置（G キー）とサイズ（S キー）を図のように調整します。

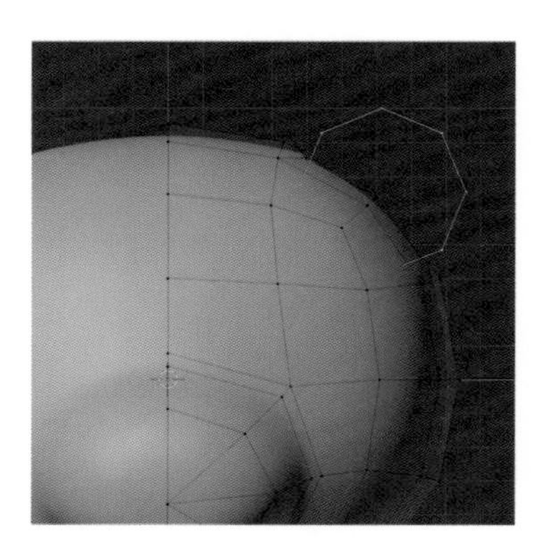

J 視点をライト（テンキー3）に切り替え、S➡Yキーを押して耳の付け根の穴に合わせて縮小します。

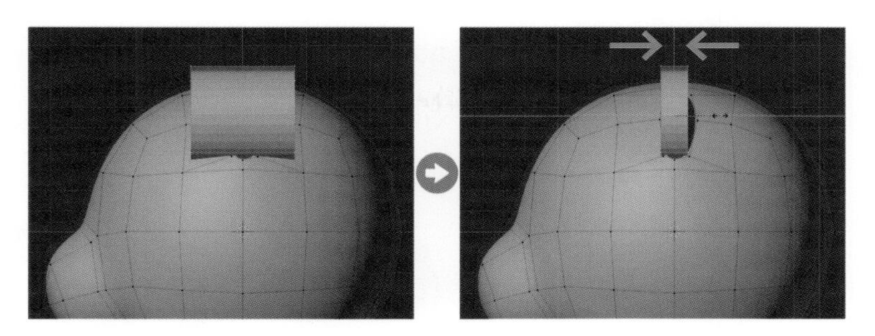

K 頭部のメッシュを選択（マウスポインターを合わせてLキー）して非表示（Hキー）にします。図のように頂点を選択して、削除（Xキー）します。

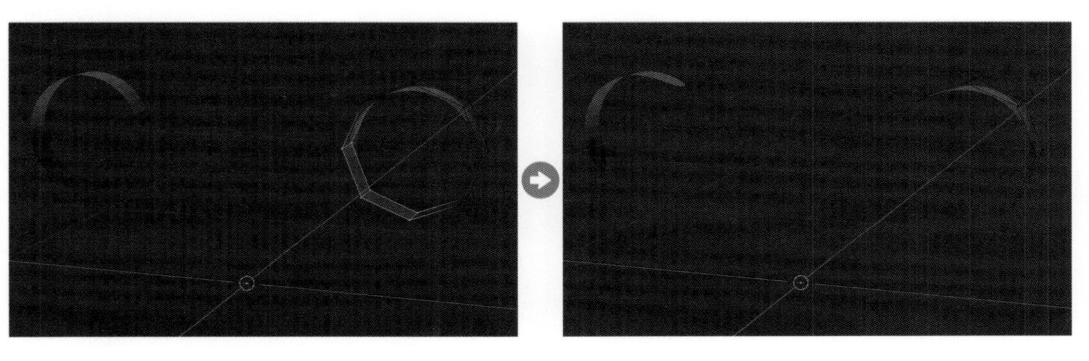

L ツールバーの **[ループカット]** ツール❶を左クリックで有効にし、図のように分割してメッシュを追加します❷。

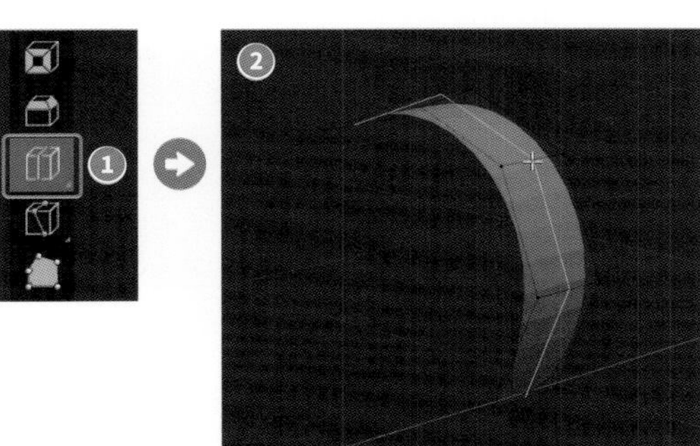

M 追加したメッシュが選択された状態で、拡大（Sキー）して少し丸みを付けます。

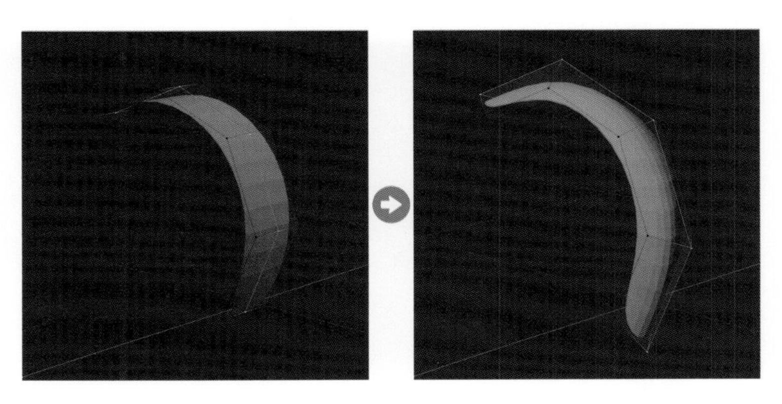

N 非表示にしていた頭部のメッシュを表示（Alt＋Hキー）します。
図のように二組のメッシュを選択します❶。3Dビューポートのヘッダーにある**［辺］**から**［辺ループのブリッジ］**❷を選択し、メッシュをつなぎ合わせます。
もう一方も同様に、**［辺ループのブリッジ］**でメッシュをつなぎ合わせます❸。

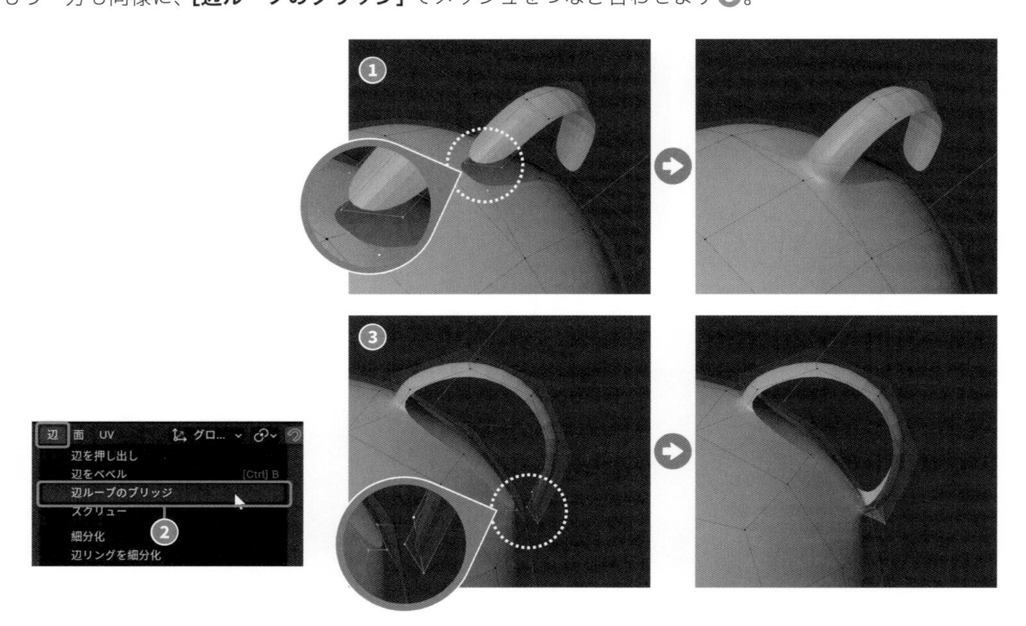

O 開いた穴のフチをループ状に選択（Alt＋左クリック）します。
3Dビューポートのヘッダーにある**［面］**から**［フィル］**❶（Alt＋Fキー）を選択し、面を生成します。
通常の面作成（Fキー）では一枚の面が生成されますが、**［フィル］**は自動的に三角面で分割され、多角形（五角形以上の面）の生成を防ぎます。
もう一方も同様に**［フィル］**で面を生成します❷。

❗［フィル］を設定するには、メッシュをループ状に選択する必要があります。

❗通常の面作成（Fキー）からナイフ（Kキー）や連結（Jキー）を用いて、手動で面を分割してもかまいません。

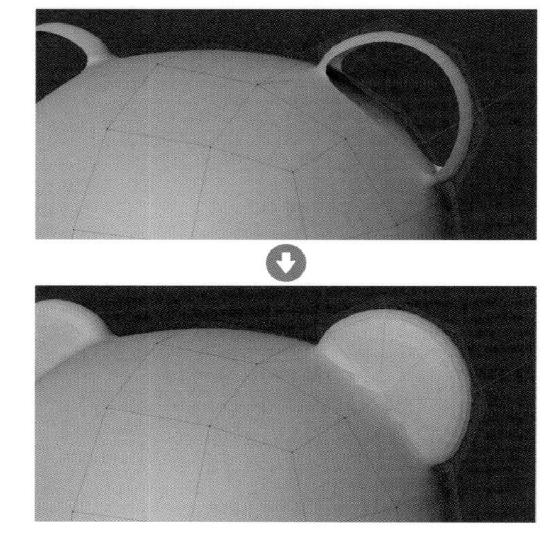

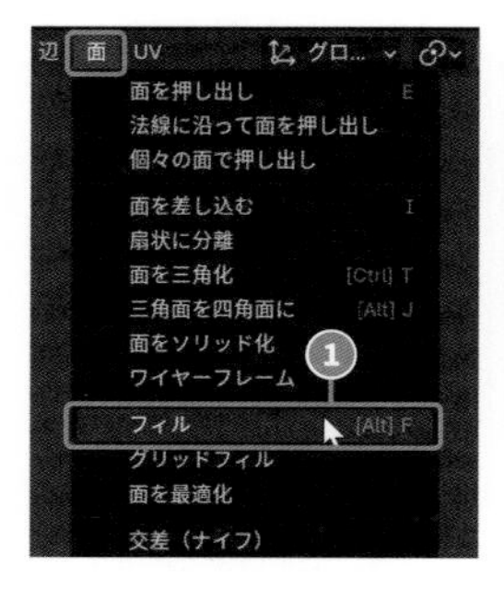

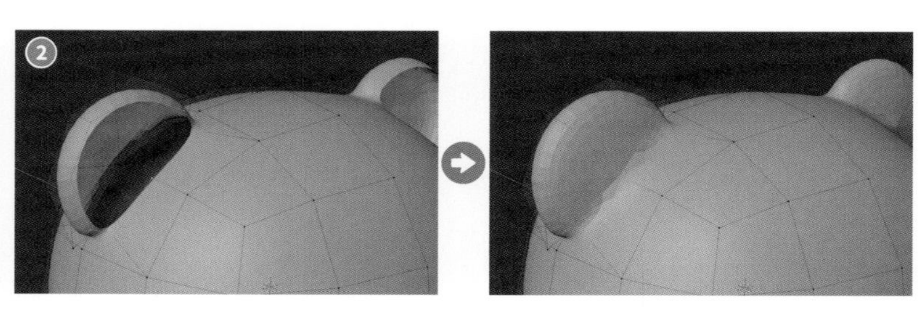

P 図のように前方の耳の内側のメッシュを選択（選択しづらい場合は、**[透過表示]**（Alt＋Zキー）を有効にします）して、ツールバーの **[面を差し込む]** ツール❶を左クリックで有効にします。
黄色い円の内側で円の中心に向かってマウス左ボタンでドラッグして、面を挿入（Iキー）します❷。

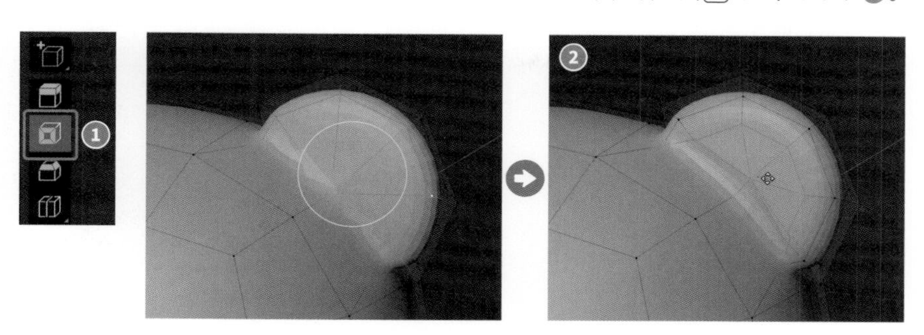

Q 極端に距離が近い頂点を結合します。図のように2つの頂点を選択します。
3Dビューポートのヘッダーにある **[メッシュ]** から **[マージ]** ➡ **[中心に]**❶を選択して、頂点を結合します❷。もう一方も同様に、**[マージ]** で頂点を結合します❸。

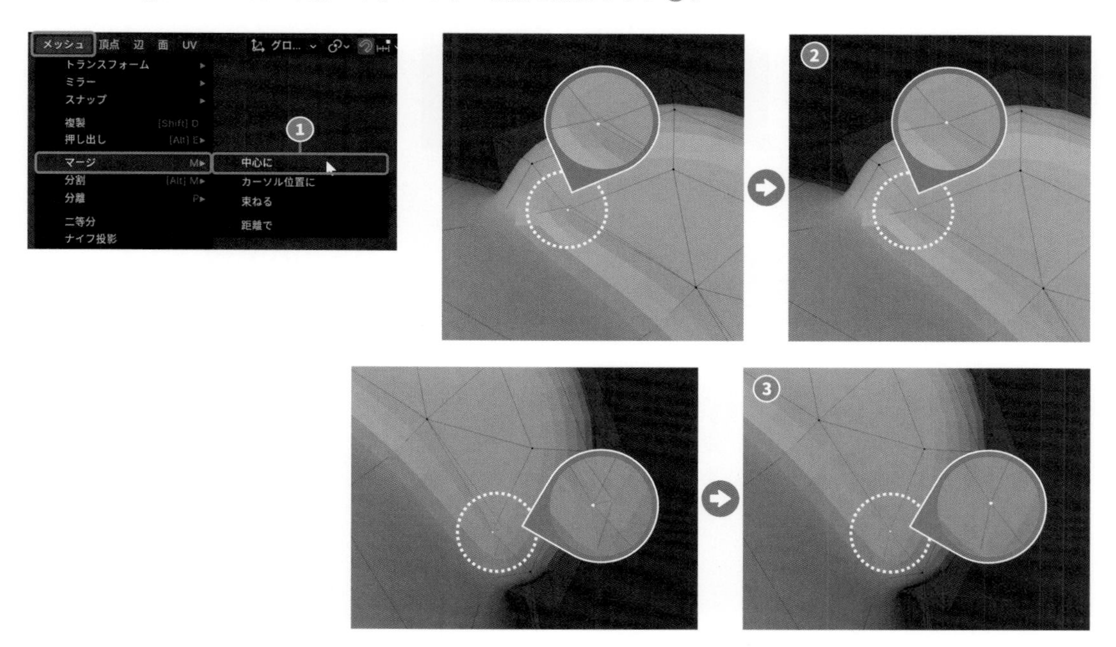

R 耳の内側のメッシュを選択して、ツールバーの **[押し出し（領域）]** ツール❶を左クリックで有効にします。ライン先端の十字➕をマウス左ボタンでドラッグしてメッシュを奥側に向かって押し出し、凹みを作ります❷。

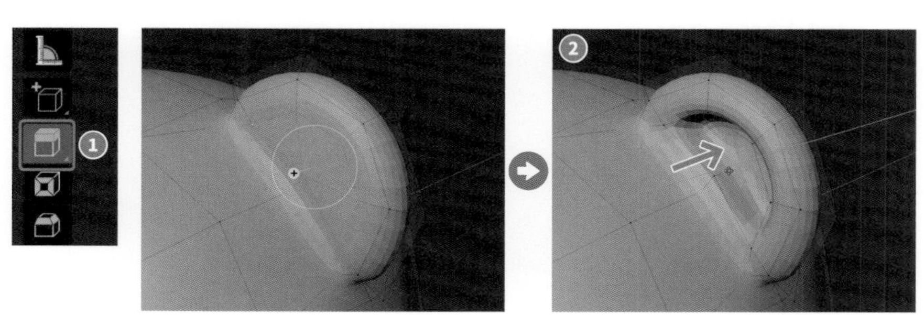

STEP 4 顔のモデリング

Ⓐ 目と鼻を追加します。目の位置にあたる頂点を選択します❶。3Dビューポートのヘッダーにある**[メッシュ]**から**[スナップ]➡[カーソル→選択物]**❷を選択し、選択した頂点の位置に3Dカーソルを移動します❸。

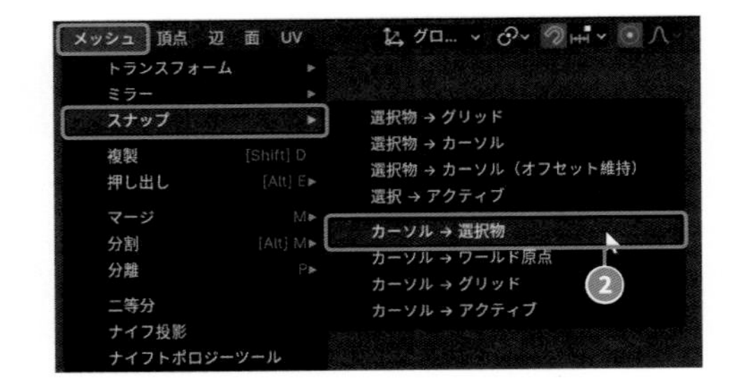

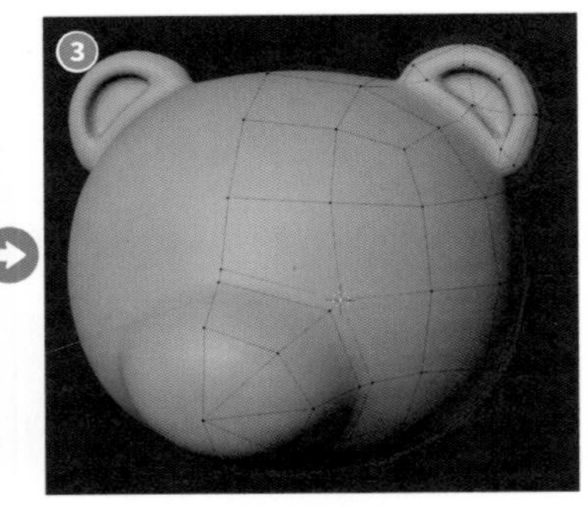

Ⓑ 3Dビューポートのヘッダーにある**[追加]**（Shift＋Aキー）から**[UV球]**❶を選択し、球体のメッシュを追加します。
球体のメッシュは、移動した3Dカーソルの位置に追加されます。

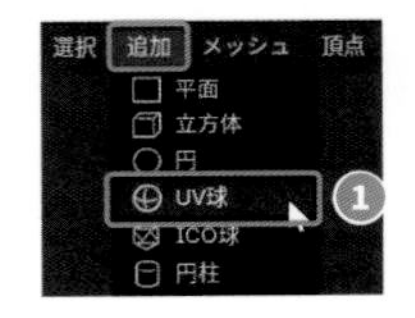

Ⓒ 3Dビューポート左下の「UV球を追加」パネルで**[セグメント]**を"**8**"❶、**[リング]**を"**4**"❷に設定します。さらに**[半径]**の数値を変更して大きさを調整します。
ここでは、"**0.13m**"❸に設定します。

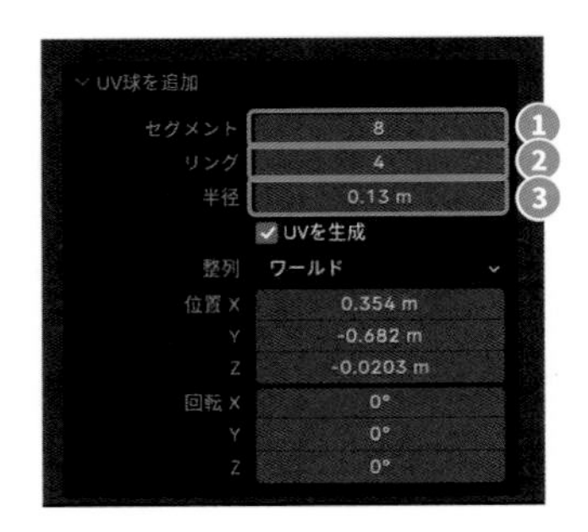

Ⓓ 位置を微調整（Gキー）します。位置を調整する際は、様々な視点から確認しながら編集しましょう。

E 鼻の位置にあたる頂点を選択します。3Dビューポートのヘッダーにある **[メッシュ]** から **[スナップ]** ➡ **[カーソル→選択物]** ❶ を選択して、選択した頂点の位置に3Dカーソルを移動します ❷。

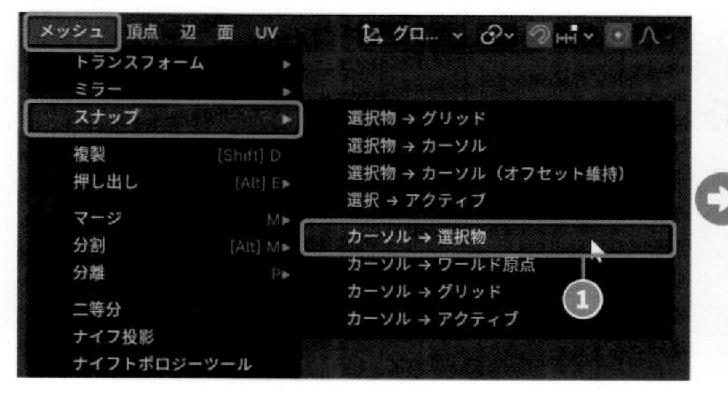

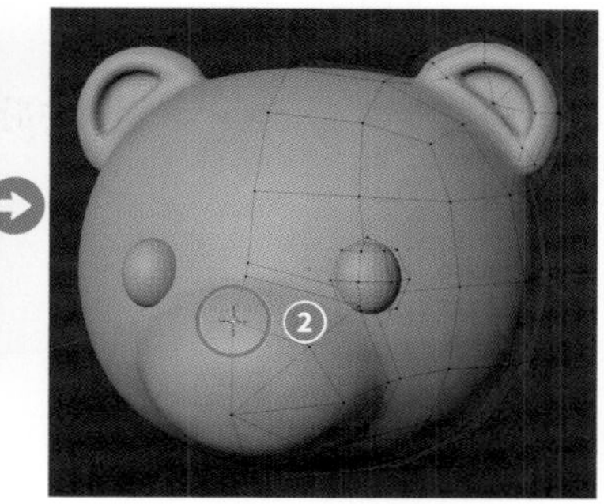

F 3Dビューポートのヘッダーにある **[追加]**（Shift ＋ A キー）から **[UV球]** ❶ を選択し、球体のメッシュを追加します。

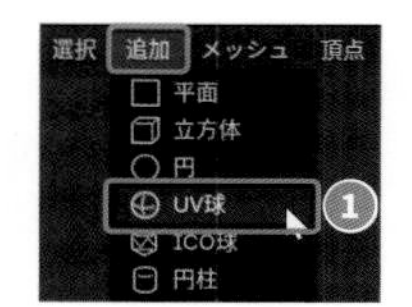

G 3Dビューポート左下の「UV球を追加」パネルで **[セグメント]** を"**8**" ❶、**[リング]** を"**4**" ❷ に設定します。
さらに **[半径]** の数値を変更して大きさを調整します。
ここでは、"**0.16m**" ❸ に設定します。

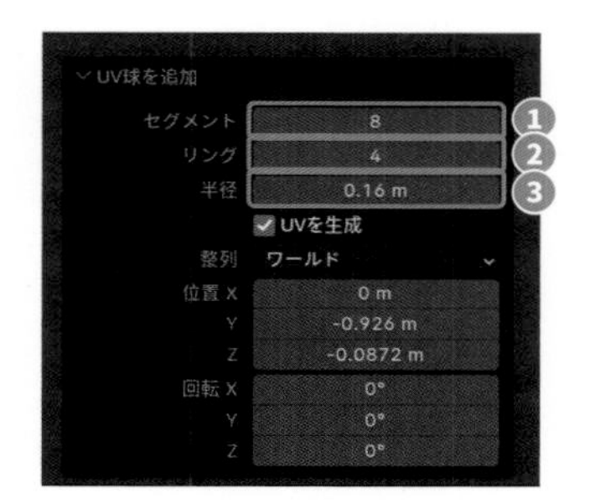

H 3Dビューポートのヘッダーにある **[プロポーショナル編集]** ◎ ❶（O キー）を左クリックで有効にします。
さらに右側のメニューを開き、**[接続のみ]** ❷ にチェックを入れて有効にします。

I 図のように上部の頂点を選択します。
G ➡ Z キーを押して、プロポーショナル編集の影響範囲をマウスホイールで調整しながら、球体を変形します。

❗ 編集が完了したら、[プロポーショナル編集]を無効にします。

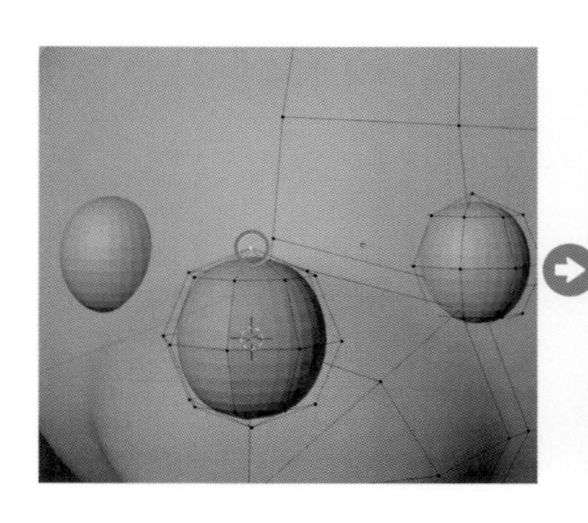

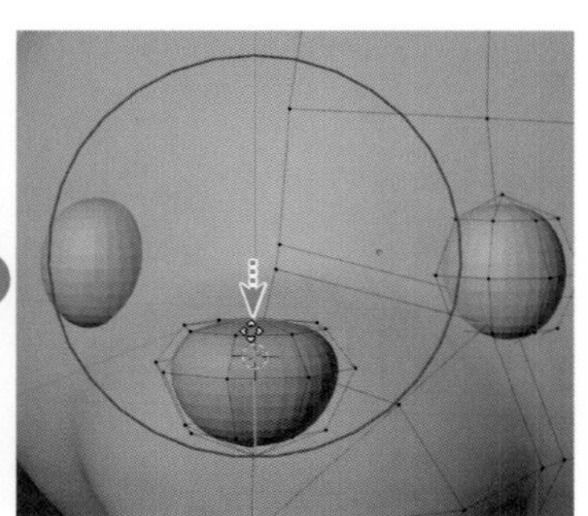

J 位置を微調整（G キー）します。位置を調整する際は、中心から外れないように視点を「ライト（またはレフト）」（テンキー 3）に切り替えて行うようにします。

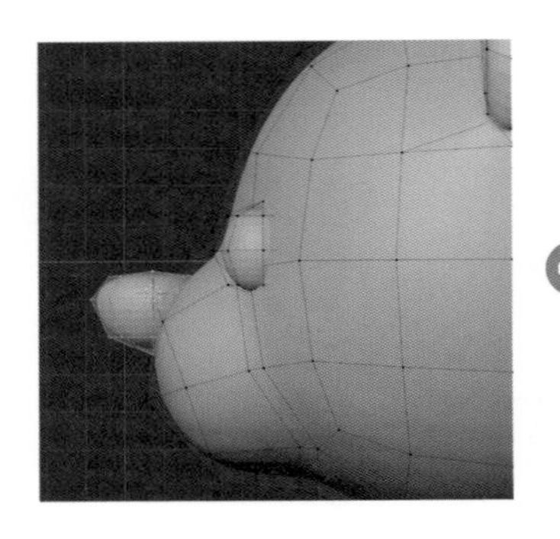

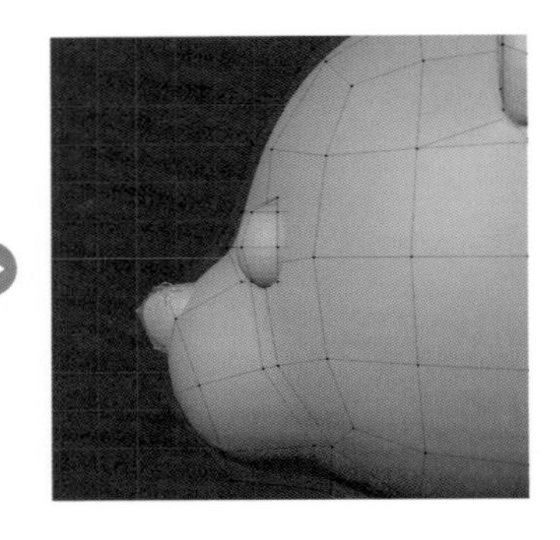

K このオブジェクトには、**[ミラー]** モディファイアーが設定されています。そのため、鼻のメッシュの向かって左側半分は、メッシュが重複しています。
[透過表示]（Alt + Z キー）を有効にし、図のように向かって左側半分のメッシュを選択❶して削除（X キー）します❷。編集が完了したら、**[透過表示]**（Alt + Z キー）を無効にします。

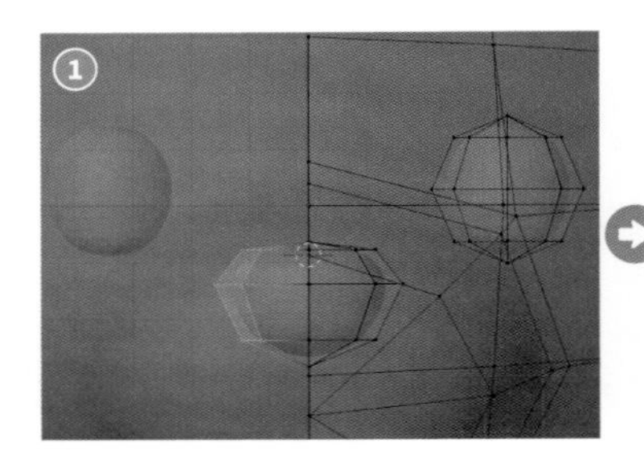

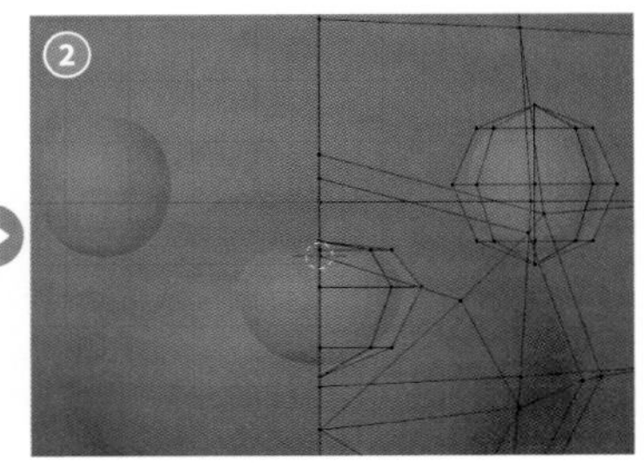

L 輪郭を作成した際に、**[スムーズシェード]** を設定しましたが、新たに追加したメッシュに関しては、改めて **[スムーズシェード]** を設定する必要があります。
オブジェクトモード（Tab キー）に切り替え、3Dビューポートのヘッダーにある **[オブジェクト]** から **[スムーズシェード]** ❶を選択します。

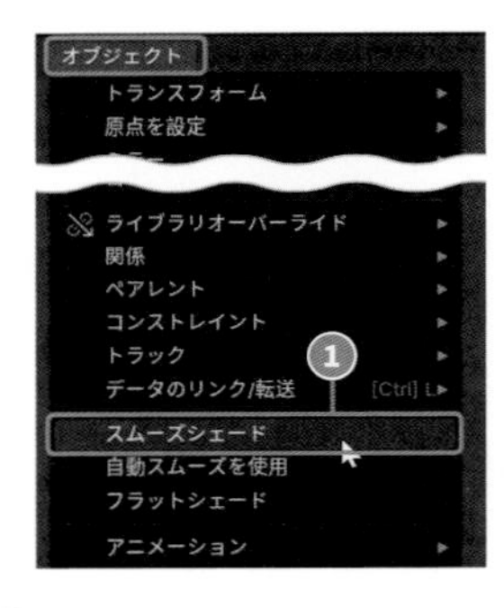

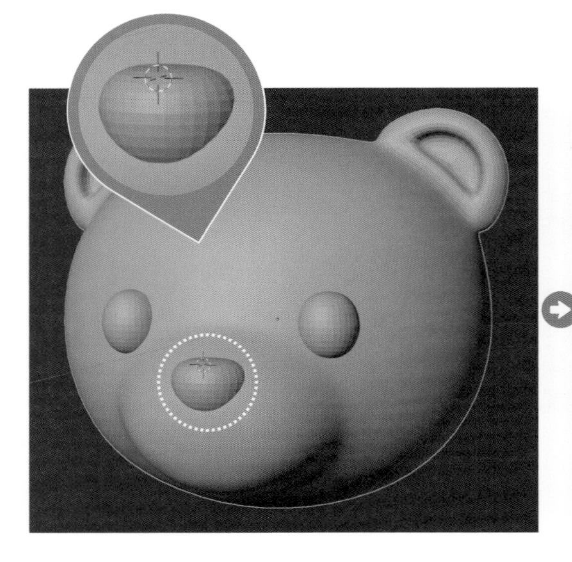

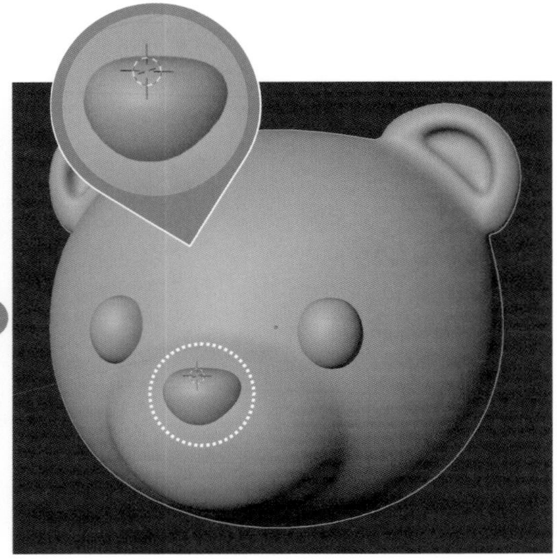

■ ボディを作成する

制作の流れ

STEP 1 胴体のモデリング

▼

STEP 2 腕のモデリング

▼

STEP 3 脚のモデリング

STEP 1 胴体のモデリング

Ⓐ オブジェクトモードで、3Dビューポートのヘッダーにある **[オブジェクト]** から **[スナップ]** ➡ **[カーソル→ワールド原点]** ❶ を選択して、3Dカーソルを原点に移動します。

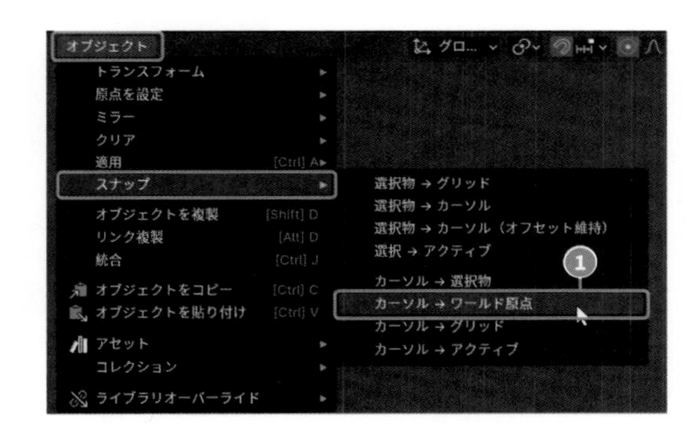

Ⓑ 3Dビューポートのヘッダーにある **[追加]** から **[メッシュ]** ➡ **[立方体]** を選択して立方体のオブジェクトを追加します。

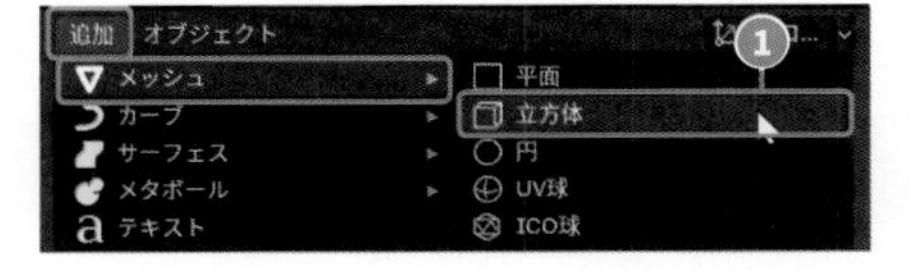

Ⓒ 3Dビューポート左下の「立方体を追加」パネルで **[位置 Z]** の数値を変更して、胴体のおおよその位置に調整します（立方体の上面と頭部が少し重なるくらいに調整します）。
ここでは、"**-1.56m**" ❶ に設定します。

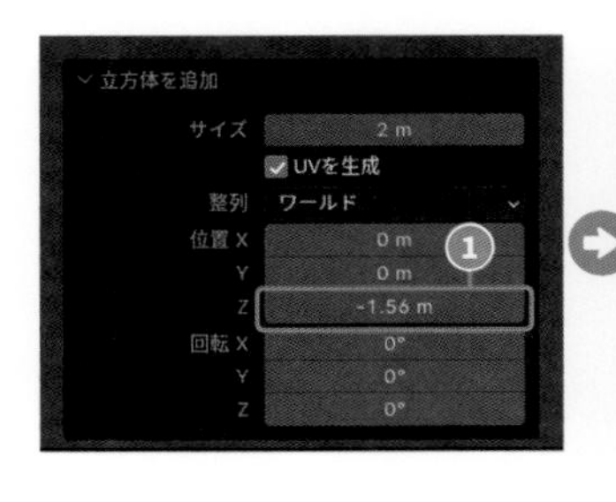

D 立方体が選択された状態で編集モード（Tab キー）に切り替え、上面のメッシュを選択します❶。S キーを押し、続けて“**0.6**”を入力します。Enter キーを押して実行し、60%に縮小します❷。

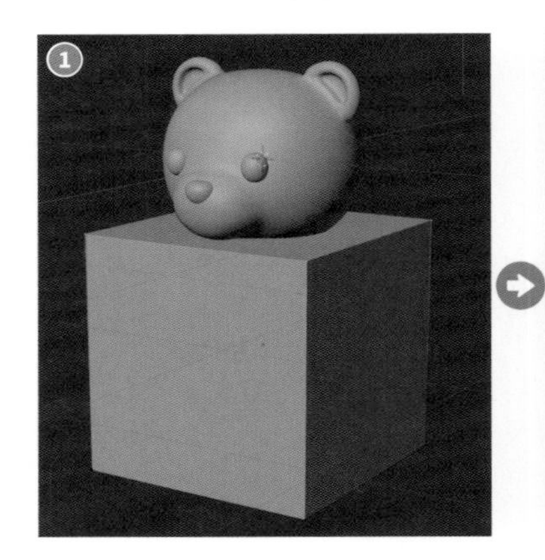

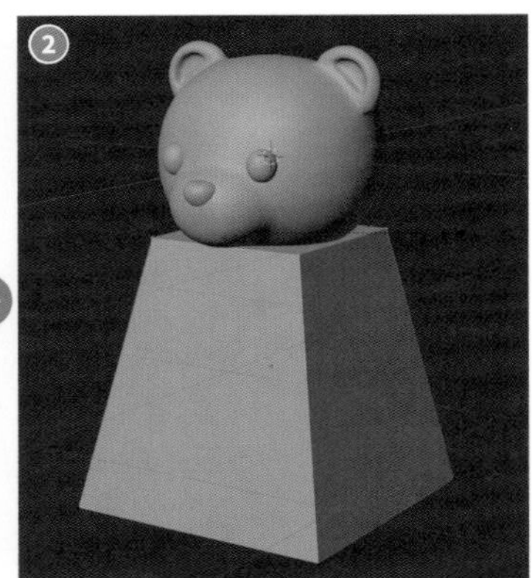

E 下面のメッシュを選択し、股下の高さに移動（G キー）します。
中心から外れないように、編集中に Z キーを押してZ軸に沿って移動します。

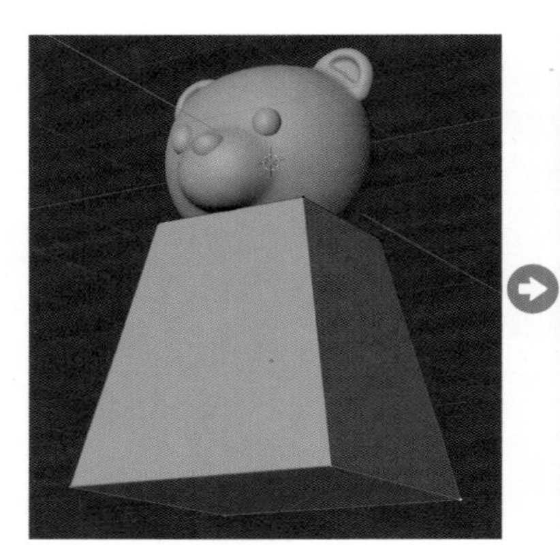

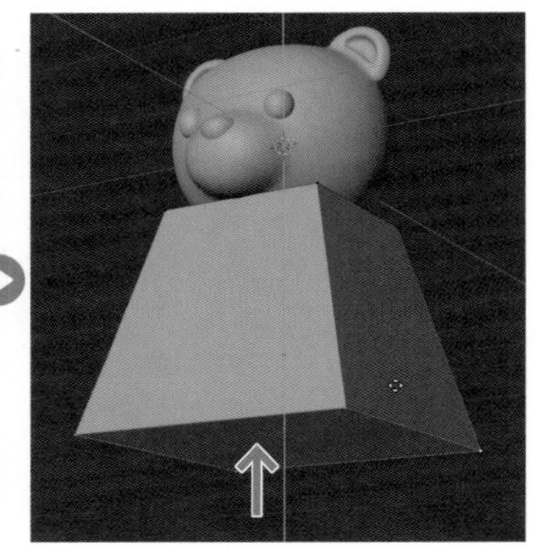

F プロパティ左側の「モディファイアー」❶を左クリックし、**[モディファイアーを追加]**❷を左クリックして**[生成]**から**[サブディビジョンサーフェス]**❸を選択します。モディファイアーパネルにある**[ビューポートのレベル数]**の数値を“**2**”❹に変更します。

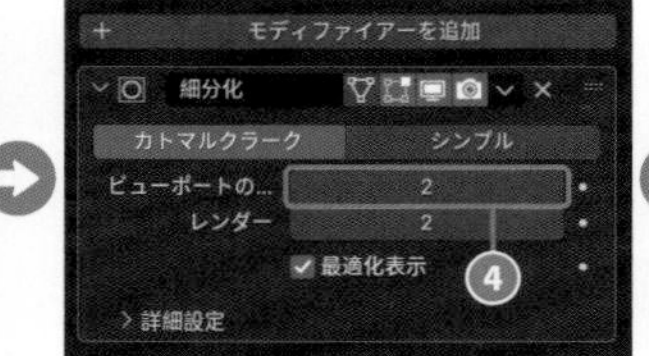

G メッシュを追加して形状を整えます。
辺選択モード ❶（2 キー）に切り替え、図のように上面の4辺を選択します❷。ツールバーの **[ベベル]** ツール ❸を左クリックで有効にし、ライン先端の黄色い丸 をマウス左ボタンでドラッグしてメッシュを追加します。
ここでは、**[幅]** を“**0.08m**”❹に設定します（数値による設定は、3Dビューポート左下の「ベベル」パネルで行います）。

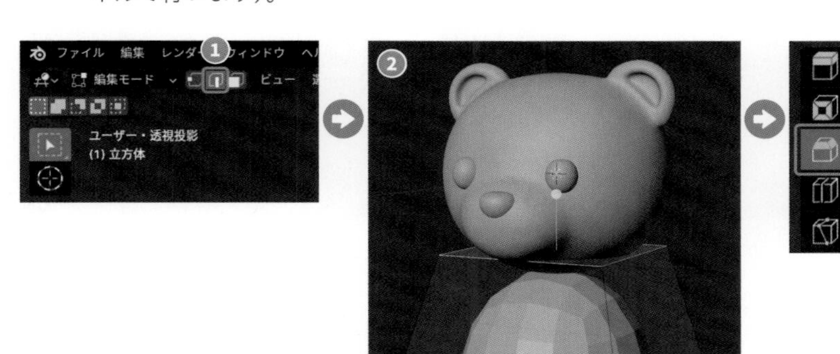

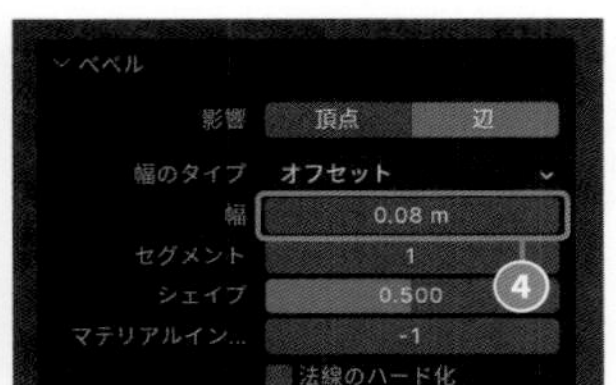

H 図のように下面の4辺を選択します❶。**[ベベル]** ツール のライン先端の黄色い丸 をマウス左ボタンでドラッグしてメッシュを追加します❷。
ここでは、**[幅]** を“**0.4m**”❸に設定します（数値による設定は、3Dビューポート左下の「ベベル」パネルで行います）。

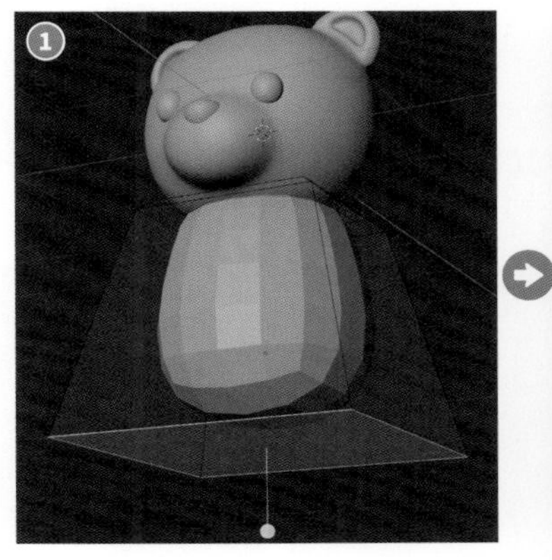

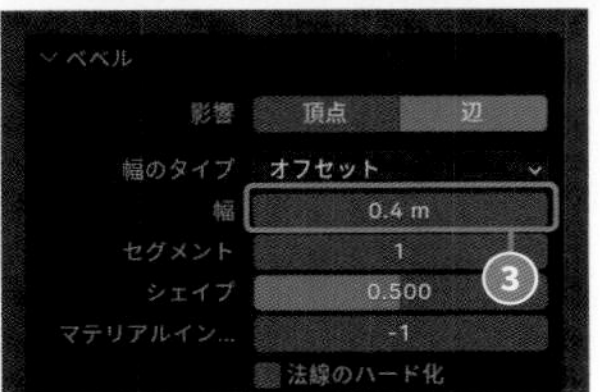

Ⓘ すべてのメッシュを選択（A キー）し、S ➡ Y キーを押して奥行きを縮小します。ここでは、90％に縮小します（S ➡ Y キー➡“0.9”を入力）。

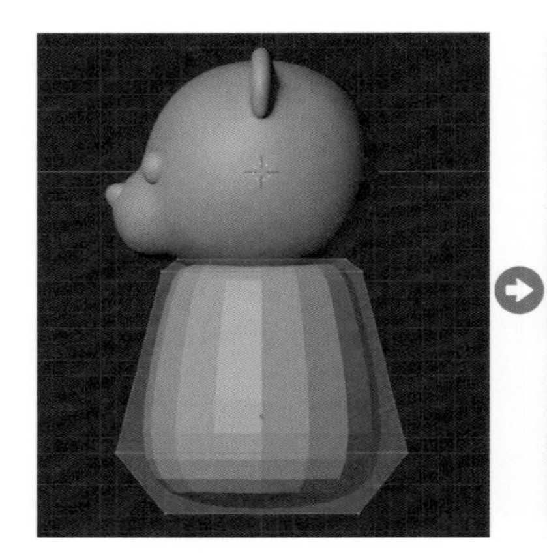

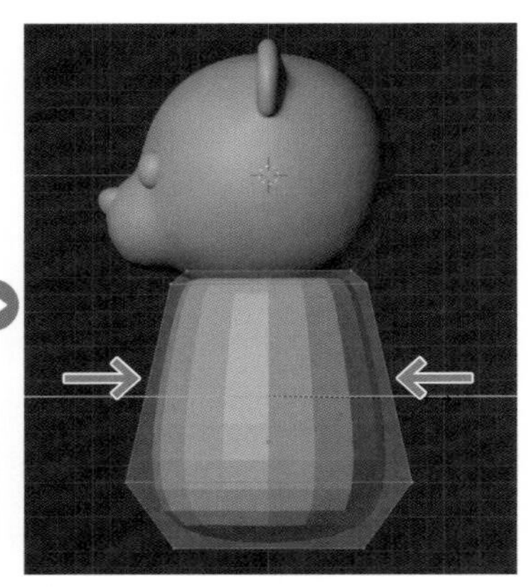

STEP 2 腕のモデリング

Ⓐ オブジェクトモード（Tab キー）に切り替えます。3Dビューポートのヘッダーにある **[追加]** から **[メッシュ]** ➡ **[円柱]** ❶を選択して円柱のオブジェクトを追加します。

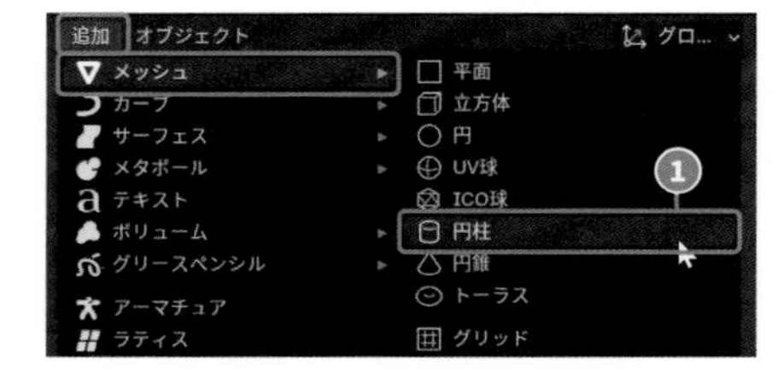

Ⓑ 3Dビューポート左下の「円柱を追加」パネルで **[頂点]** を“8”❶に設定し、「ふたのフィルタイプ」から **[なし]** ❷を選択します。

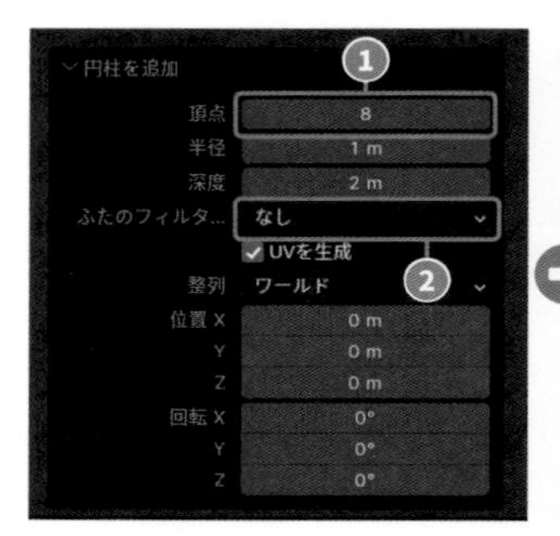

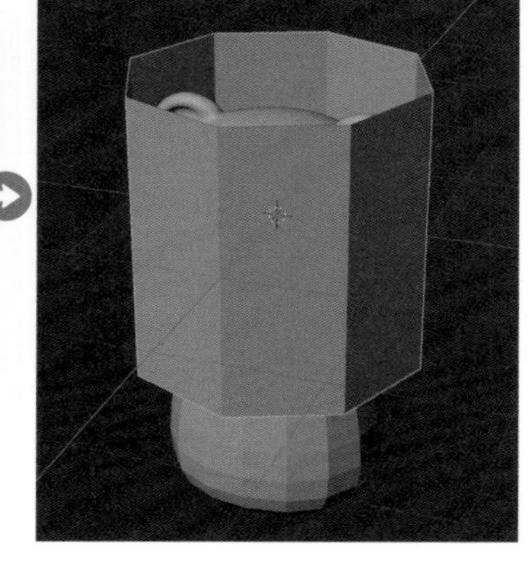

Ⓒ プロパティ左側の「モディファイアー」❶を左クリックし、**[モディファイアーを追加]** ❷を左クリックして **[生成]** から **[サブディビジョンサーフェス]** ❸を選択します。モディファイアーパネルにある **[ビューポートのレベル数]** の数値を“2”❹に変更します。

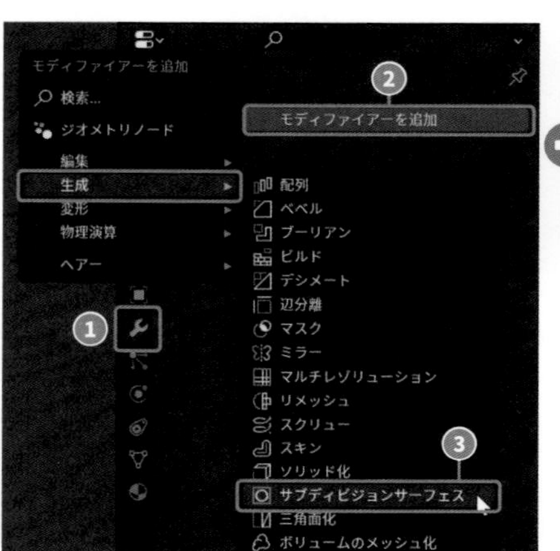

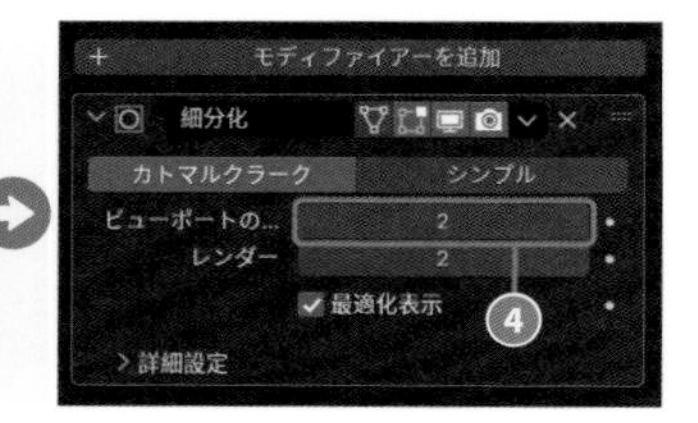

D 3Dビューポートのヘッダーにある **[オブジェクト]** から **[スムーズシェード]** ❶を選択し、表面を滑らかに表示させます。

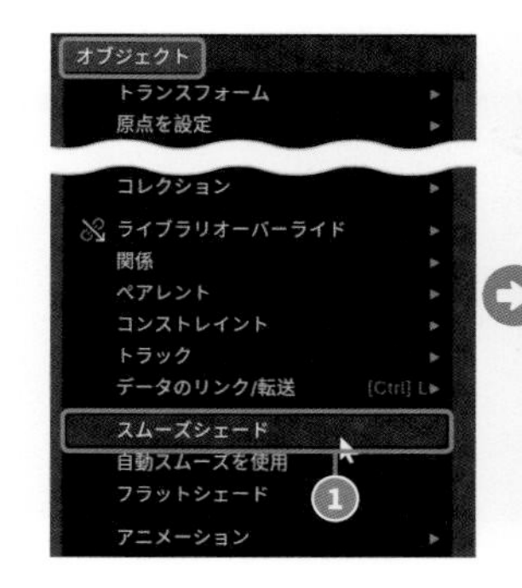

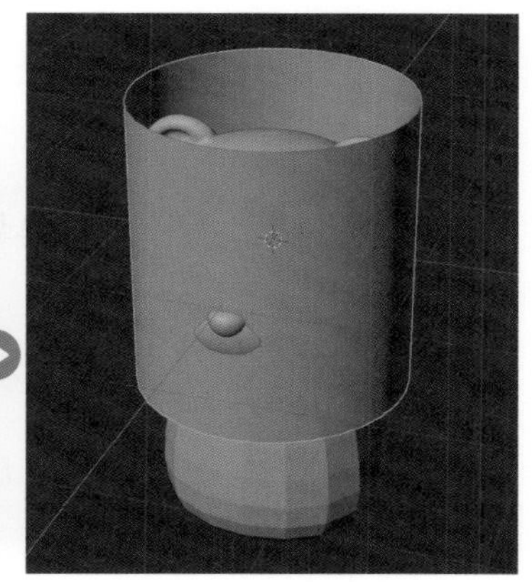

E 編集モード（Tabキー）に切り替えます。向かって右側の適当な位置に移動（Gキー）し、腕の太さになるように縮小（Sキー）します。
ここでは、20%に縮小します（Sキー➡"**0.2**"を入力）。

F 頂点選択モード ❶（1キー）に切り替え、上部先端のメッシュをループ状に選択（Alt＋左クリック）します。
ツールバーの **[押し出し（領域）]** ツール ❷を左クリックで有効にし、白い円の内側（ライン先端の十字 ⊕ 以外の部分）で、マウス左ボタンのドラッグを行いながらZキーを押して上方向にメッシュを押し出します❸。

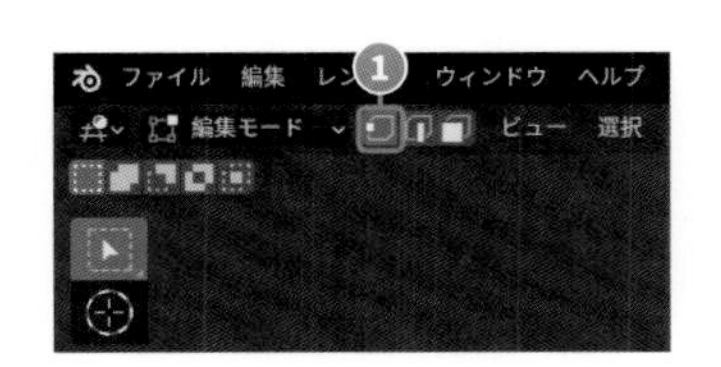

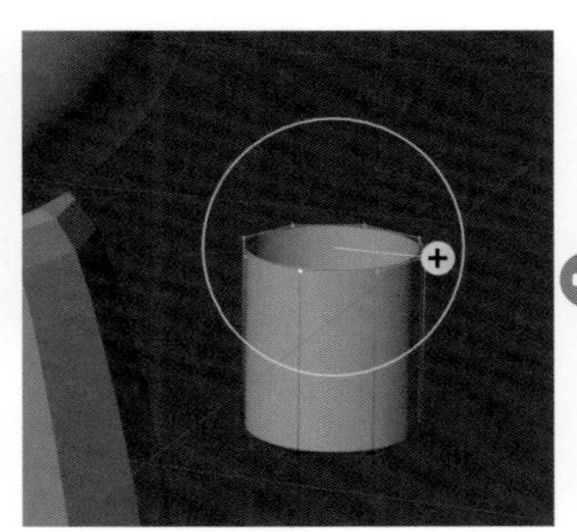

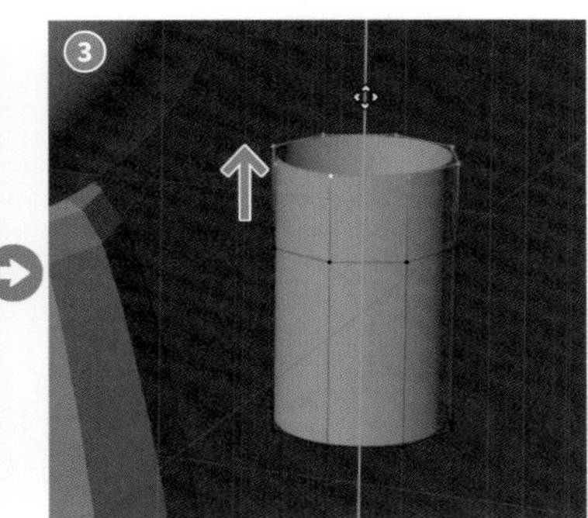

G 3Dビューポートのヘッダーにある**[メッシュ]**から**[マージ]➡[中心に]**❶を選択して頂点を結合し、先端を尖らせます。

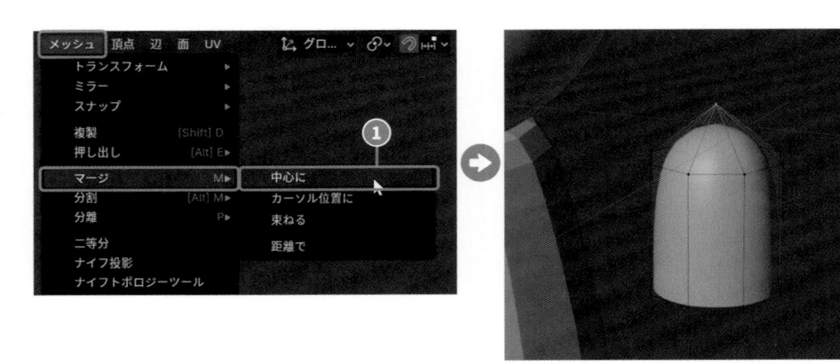

H 下部先端のメッシュをループ状に選択（Alt＋左クリック）します。
ツールバーの**[押し出し（領域）]**ツール❶をマウス左ボタンの長押しで、**[押し出し（カーソル方向）]**ツール❷に切り替えます。

I 視点をフロント（テンキー1）に切り替え、図のように左クリックを3回繰り返してメッシュをクリックした方向に押し出します。
中間のメッシュは親指の付け根にあたる部分なので、間隔を狭くします。

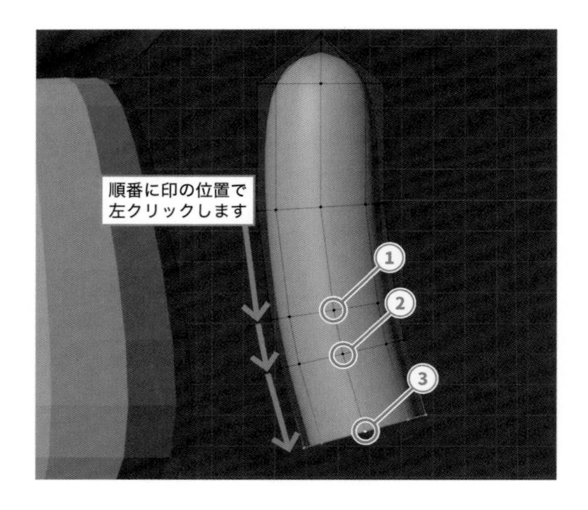

J 先端（掌）の厚みを変更します。先端のメッシュをループ状に選択（Alt＋左クリック）します。
3Dビューポートのヘッダーにある「トランスフォーム座標系」メニューから**[ノーマル]**❶を選択します。

Ⓚ 3Dビューポートのヘッダーにある**[プロポーショナル編集]** ◎❶（Oキー）を左クリックで有効にします。
S➡Yキーを押して、プロポーショナル編集の影響範囲をマウスホイールで調整しながらメッシュを変形します。

! 編集が完了したら、「トランスフォーム座標系」を[グローバル]に戻し、[プロポーショナル編集]を無効にします。

Ⓛ 先端のメッシュが選択された状態で、3Dビューポートのヘッダーにある**[頂点]**から**[頂点から新規辺/面作成]**❶（Fキー）を選択して面を作成します。

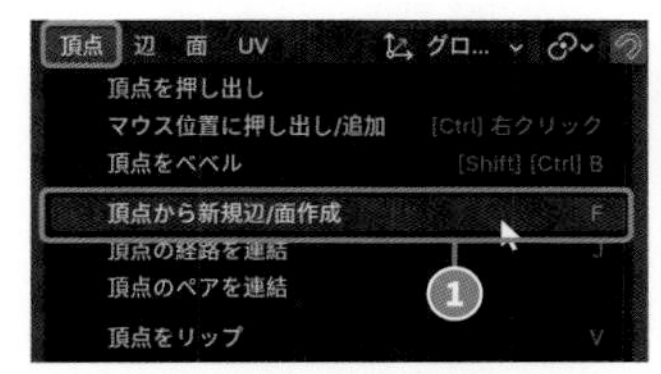

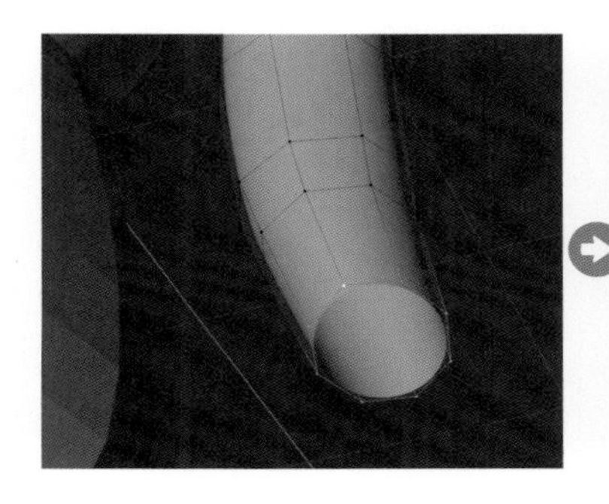

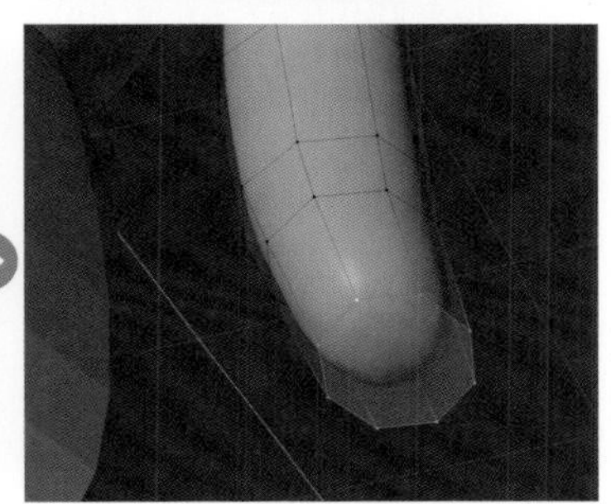

Ⓜ 先端のメッシュが選択された状態で、3Dビューポートのヘッダーにある**[面]**から**[扇状に分離]**❶を選択して多角形を複数の三角形の面に分割します。

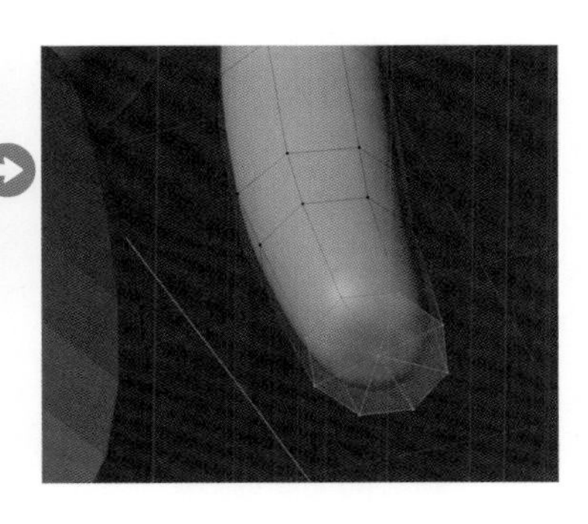

Ⓝ 先端を少し縮小（Sキー）して形状を整えます。

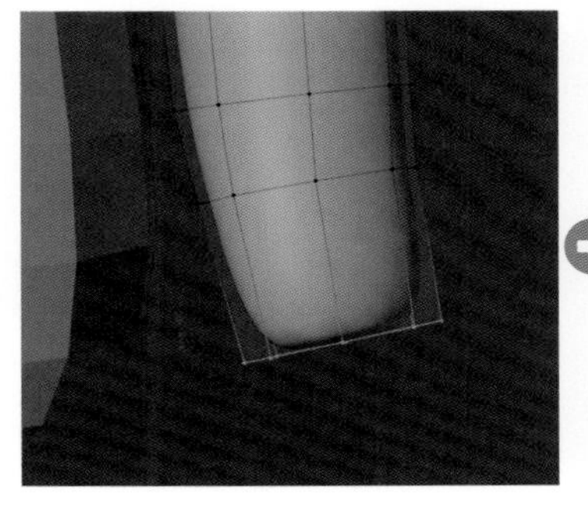

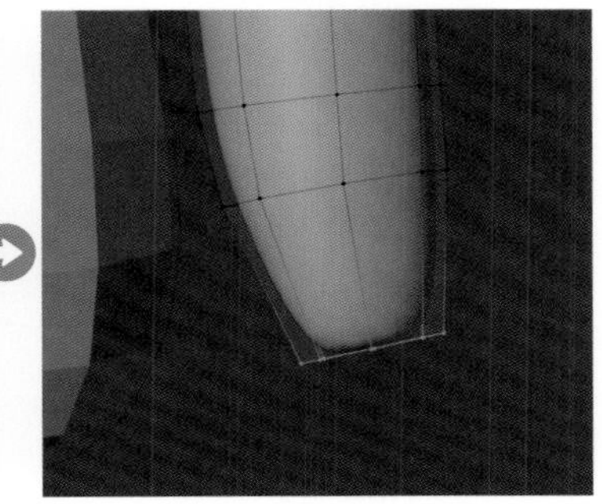

O 親指の付け根にあたるメッシュを選択❶して、そのメッシュと垂直になるように視点を変更します。ツールバーの **[押し出し(カーソル方向)]** ツール❷を左クリックで有効にし、親指の先端の位置❸で左クリックしてメッシュを押し出します。

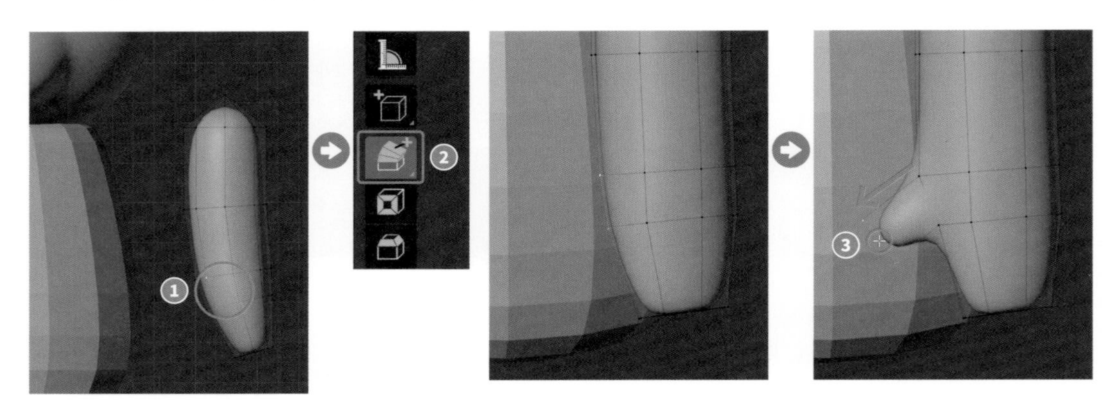

P 視点をフロント(テンキー1)に切り替え、ボディに合わせて位置(Gキー)と角度(Rキー)を調整します。必要に応じて形状と整えます。

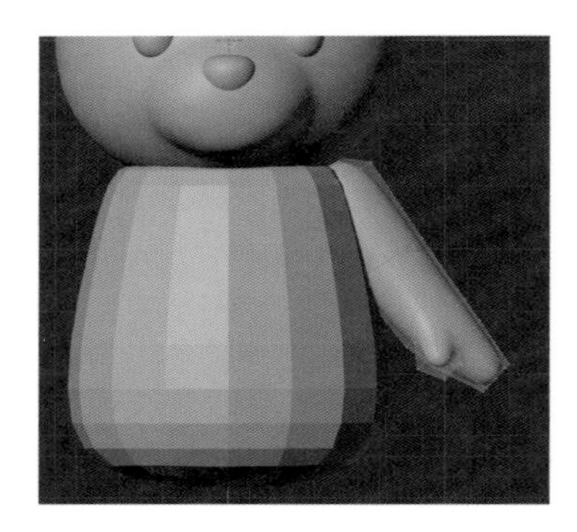

Q プロパティ左側の「モディファイアー」❶を左クリックします。**[モディファイアーを追加]**❷を左クリックして **[生成]** から **[ミラー]**❸を選択し、右腕を生成します。

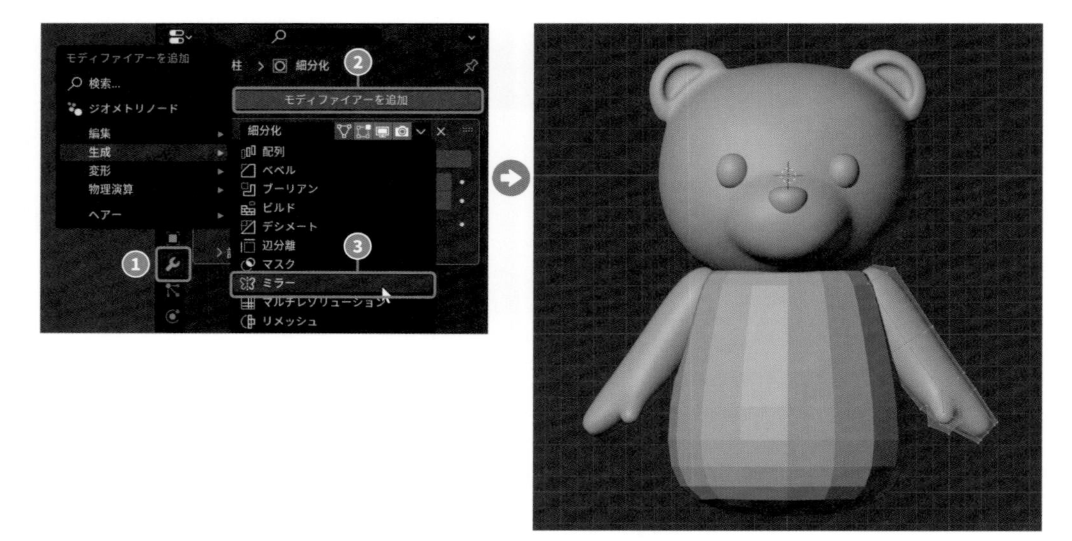

STEP 3 脚のモデリング

A 脚は腕とは異なり、胴体のメッシュを押し出して作成します。
オブジェクトモード（Tabキー）に切り替えて胴体を選択し、プロパティ左側の「モディファイアー」❶を左クリックし、モディファイアーパネル上部のプルダウンメニュー❷から**［適用］**❸を選択します。

B 胴体が選択された状態で、編集モードに切り替えます（Tabキー）。図のように、左脚（向かって右側）の付け根となる3つの頂点を選択して削除（Xキー）します。

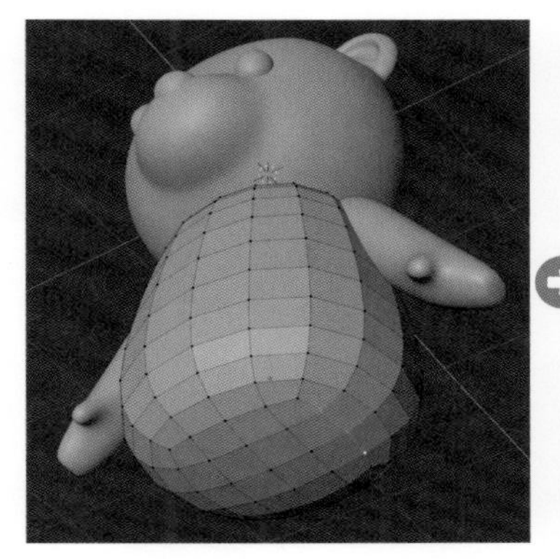

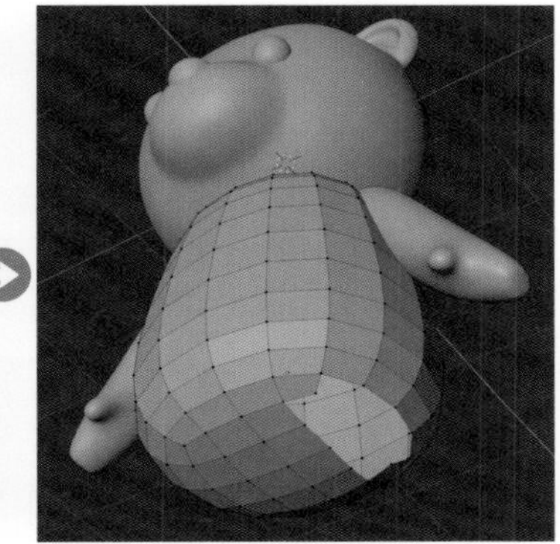

C 図のように付け根のメッシュを選択します。3Dビューポートのヘッダーにある**［メッシュ］**から**［トランスフォーム］➡［球状に変形］**❶を選択し、右方向にマウス左ボタンでドラッグして穴を円形に変形します。

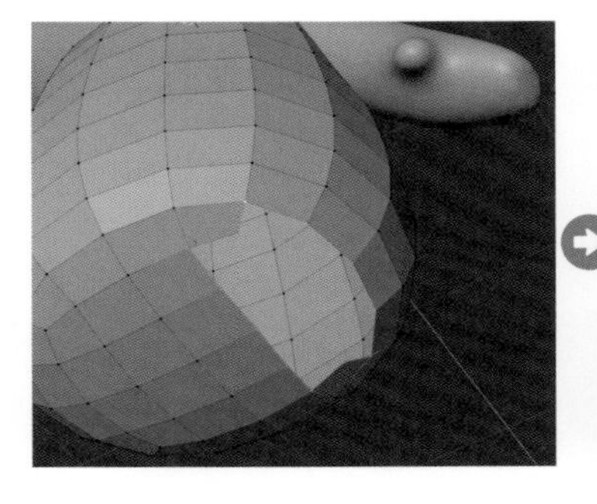

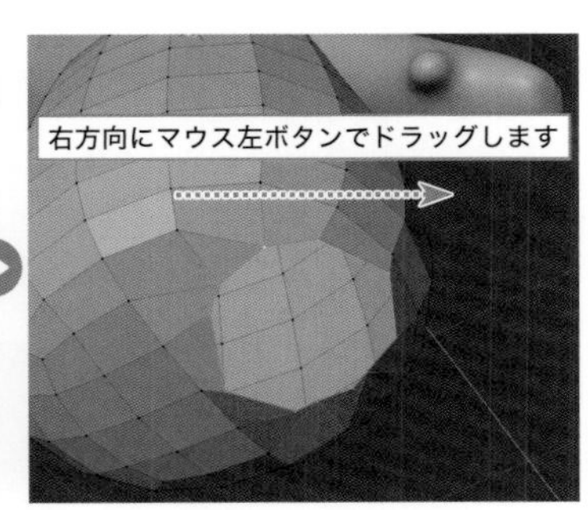

D 不要な頂点を結合します。図のような順番で頂点を選択し、3Dビューポートのヘッダーにある**［メッシュ］**から**［マージ］➡［最後に選択した頂点に］**❶を選択して頂点を結合します。
もう一方も同様に、頂点を結合します。

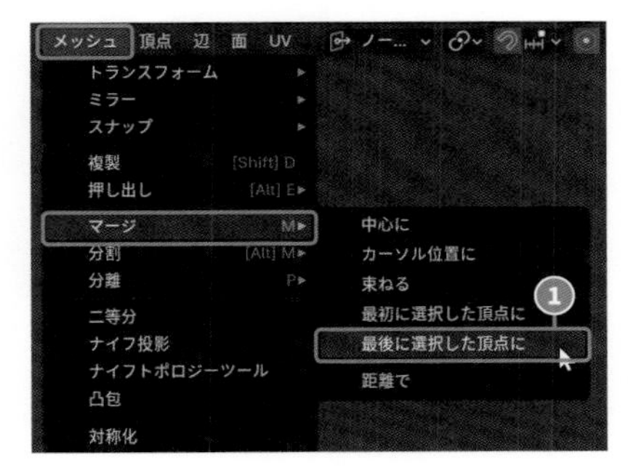

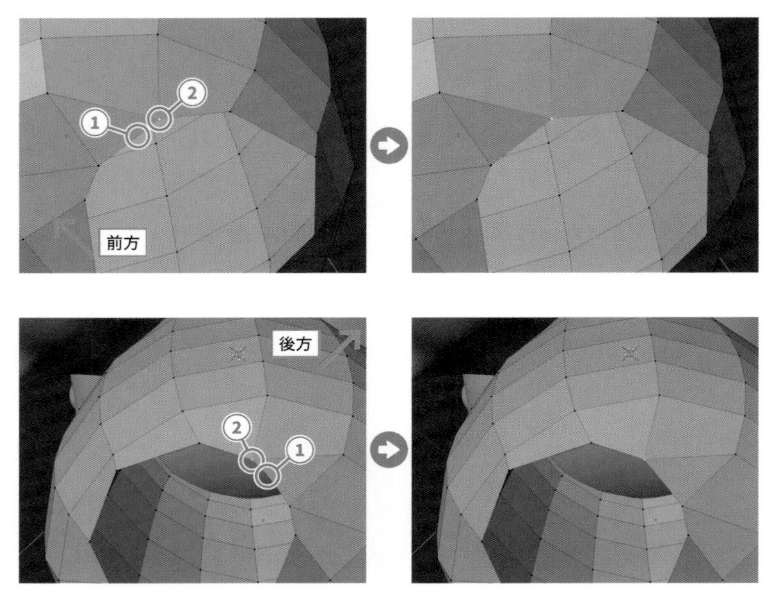

不要な頂点を選択して削除の［頂点の溶解］を行っても効果は同じです。

E 図のように脚の付け根部分の頂点がおおよそ等間隔になるように編集します。編集の際は、Shift＋Vキーでメッシュに沿って頂点をスライドするように移動します。編集は1点ずつ行います。

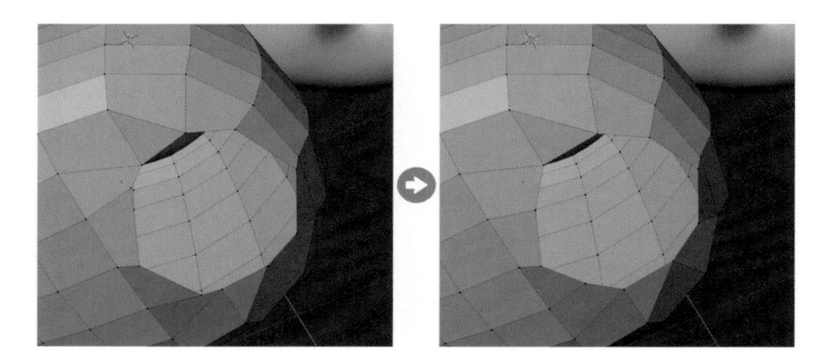

F 脚の付け根部分の頂点をループ状に選択（Alt＋左クリック）し、ツールバーの**［押し出し（領域）］**ツール❶を左クリックで有効にします。
白い円の内側（ライン先端の十字＋以外の部分）で、マウス左ボタンのドラッグを行いながらZキーを押して下方向にメッシュを押し出します。

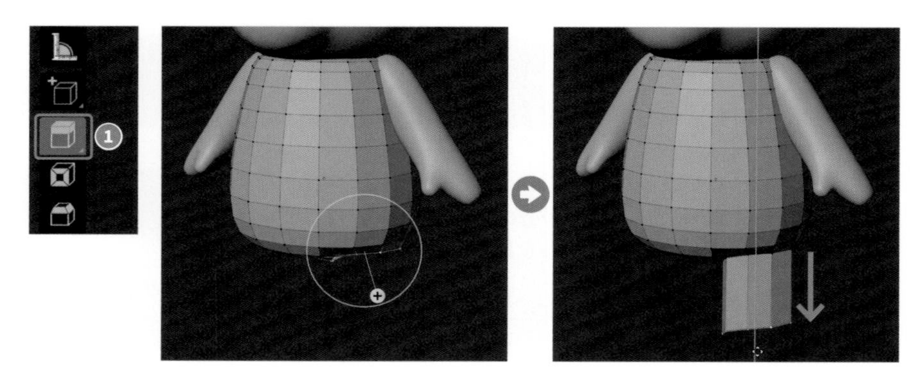

Ⓖ 先端のメッシュを水平に整列します。先端のメッシュが選択された状態で S ➡ Z キーを押し、続けて"0"を入力して Enter キーで実行します。

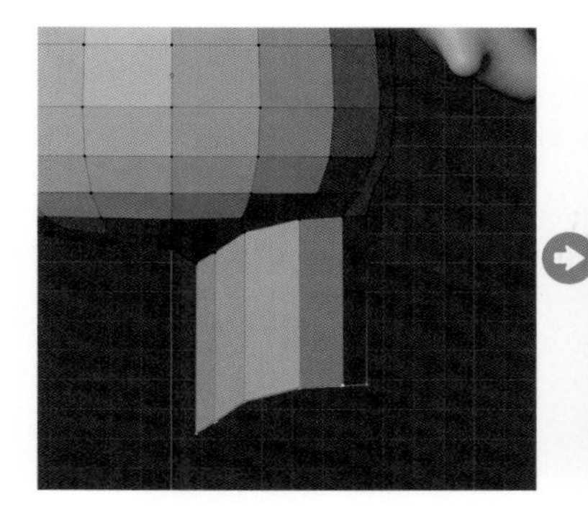

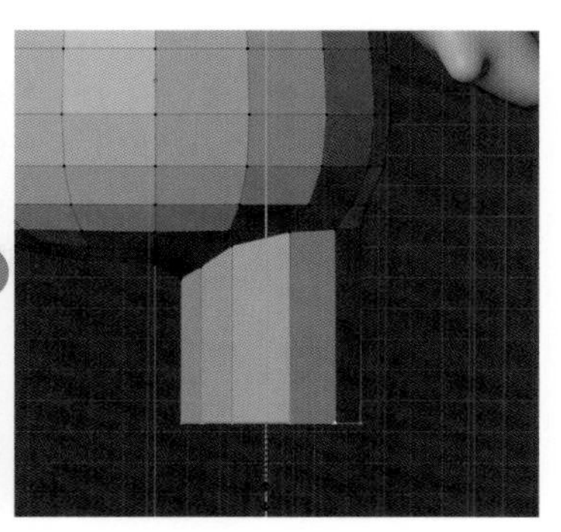

Ⓗ 先端のメッシュを足首として、位置（G キー）とサイズ（S キー）を調整します。

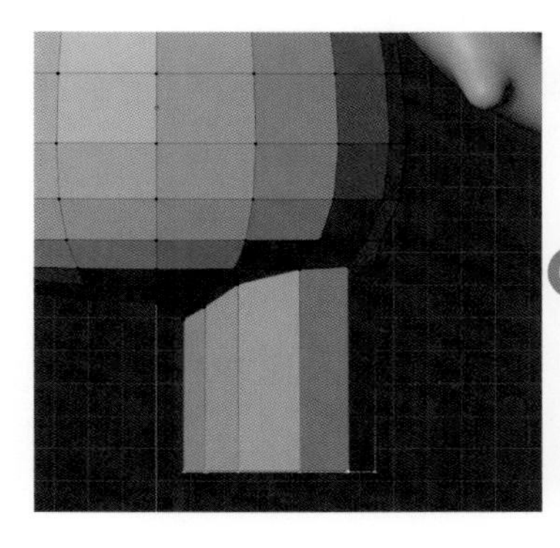

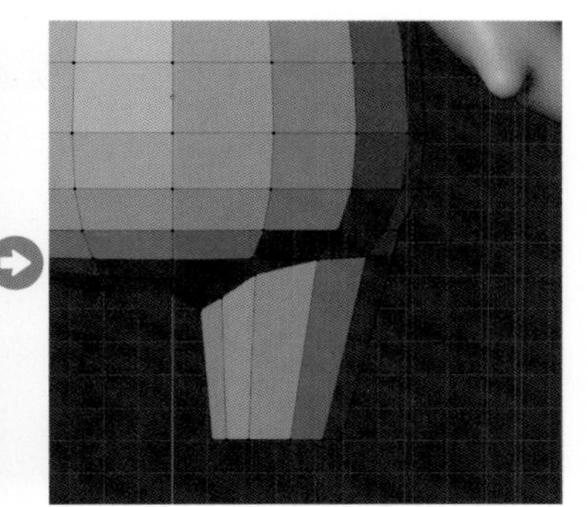

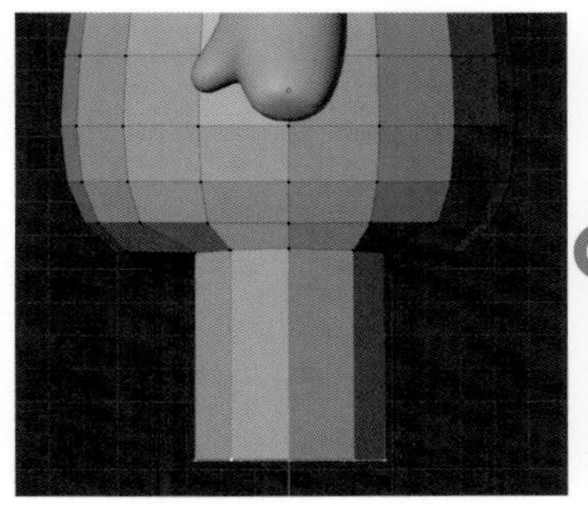

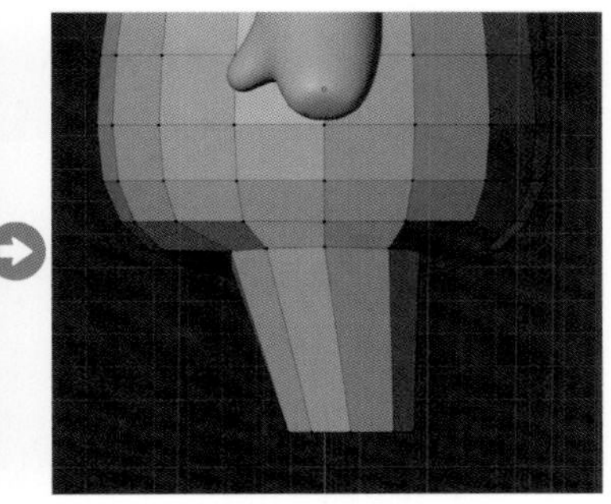

Ⓘ 脚の付け根部分が滑らかな表面になるようにメッシュの位置を下方向に移動（G キー）します。

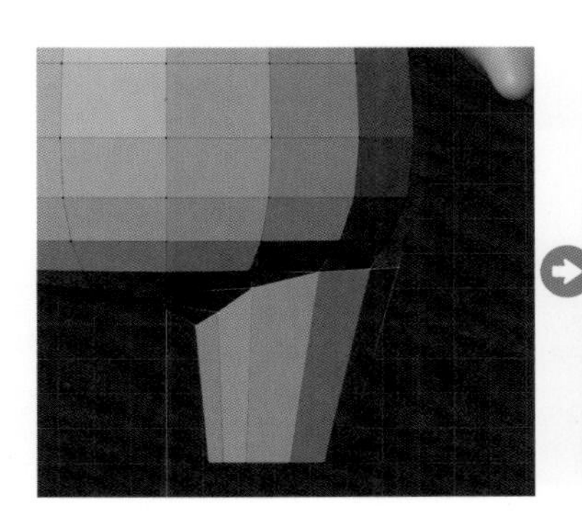

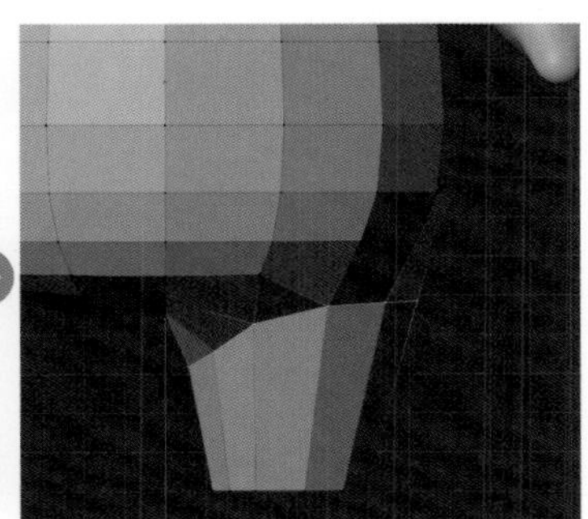

J 足首の頂点をループ状に選択（Alt＋左クリック）して、ツールバーの **[押し出し（領域）]** ツール❶を左クリックで有効にします。
白い円の内側（ライン先端の十字＋以外の部分）で、マウス左ボタンのドラッグを行いながら Z キーを押して下方向にメッシュを押し出します。

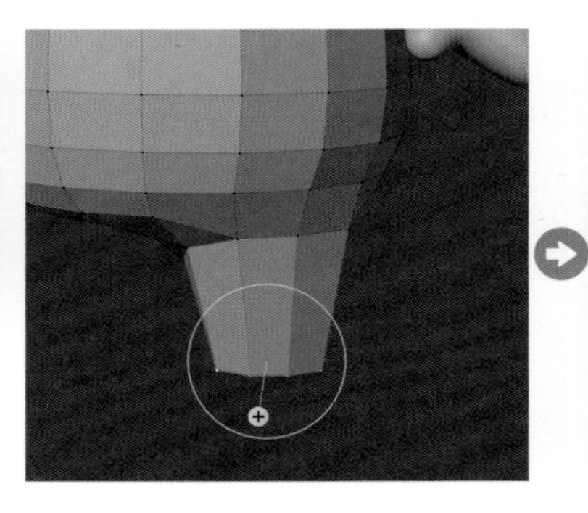
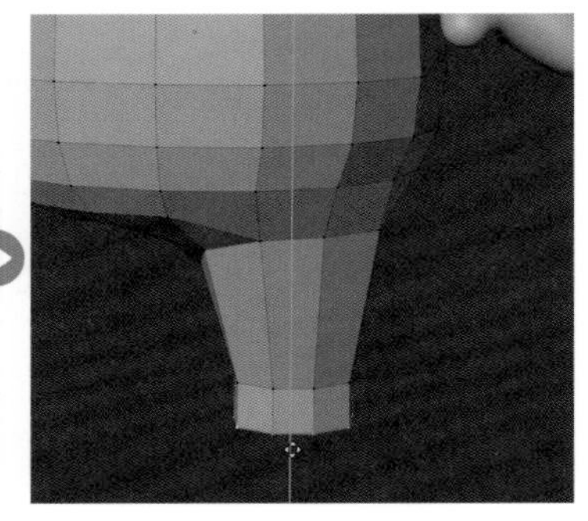

K 図のように押し出したメッシュの内、前方4枚の面を選択します。ツールバーの **[押し出し（領域）]** ツールを左クリックで有効にし、ライン先端の十字＋をマウス左ボタンでドラッグしてメッシュを前方に押し出します。

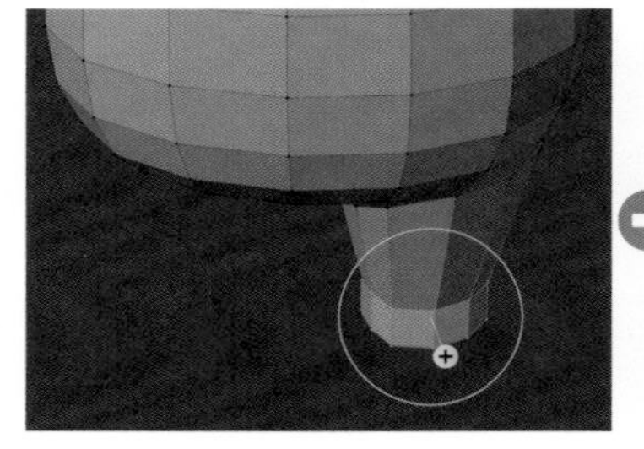
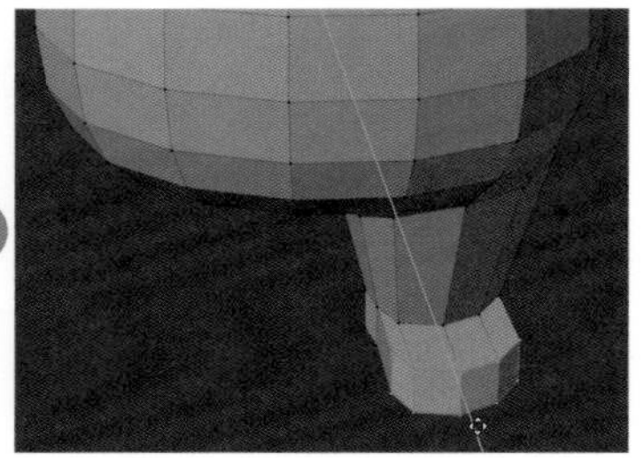

L 図のように3つの頂点を選択して足の裏のメッシュを削除（X キー）します。

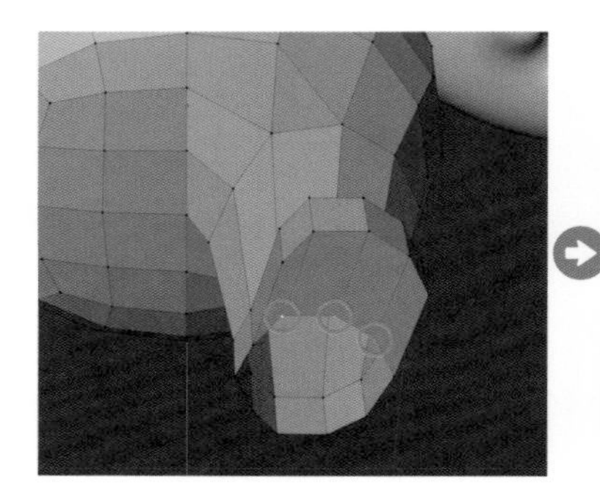
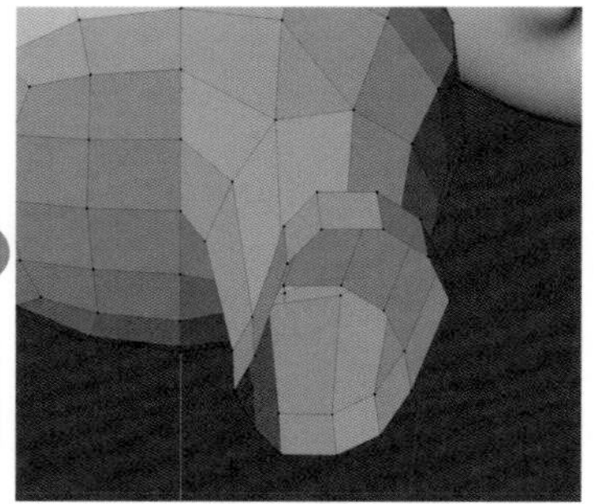

M 足の裏のメッシュをループ状に選択（Alt＋左クリック）し、3Dビューポートのヘッダーにある **[頂点]** から **[頂点から新規辺/面作成]**❶（F キー）を選択して面を作成します。

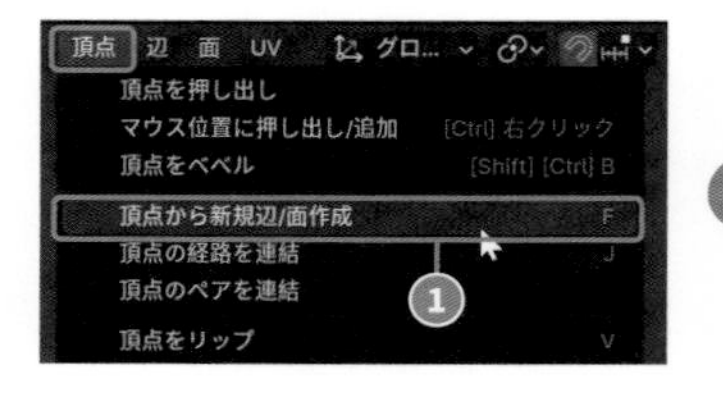

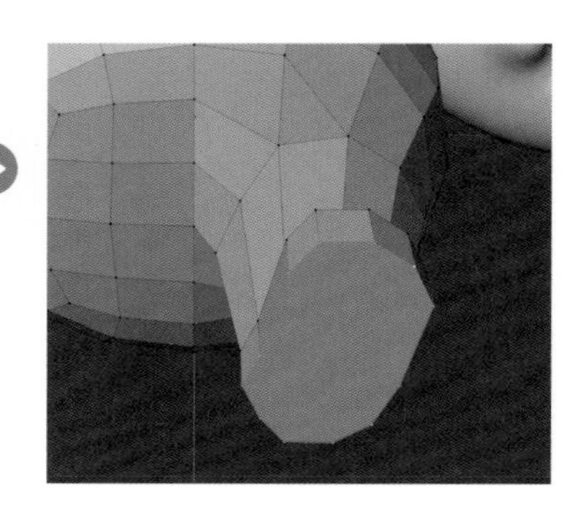

N それぞれ2つの頂点を選択し、3Dビューポートのヘッダーにある**[頂点]**から**[頂点の経路を連結]**❶（J キー）を選択して面を分割します。編集はひと組ずつ行います。

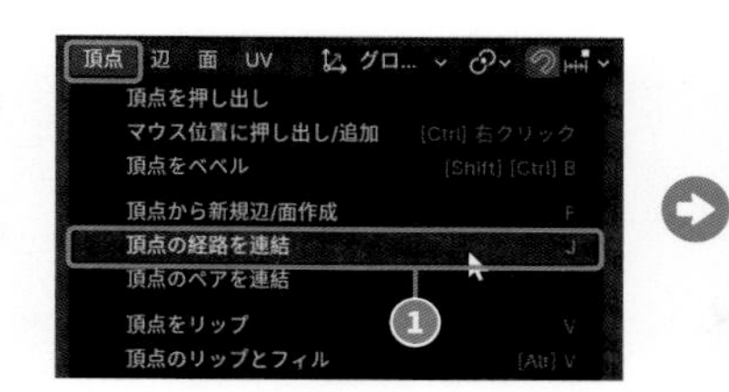

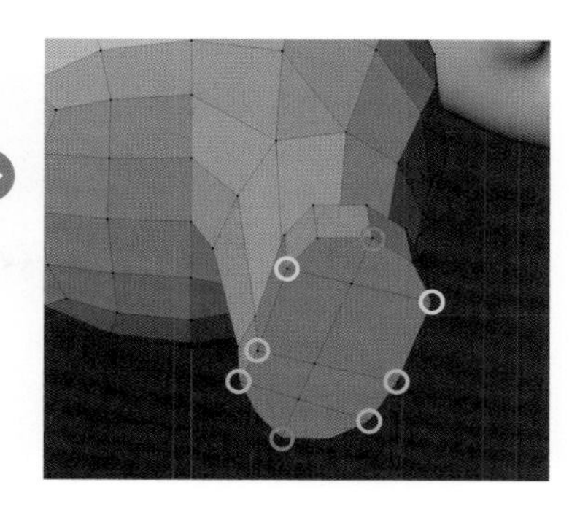

O 尻尾の位置にあたる頂点を選択します。3Dビューポートのヘッダーにある**[メッシュ]**から**[スナップ]** ➡ **[カーソル→選択物]**❶を選択して、選択した頂点の位置に3Dカーソルを移動します。

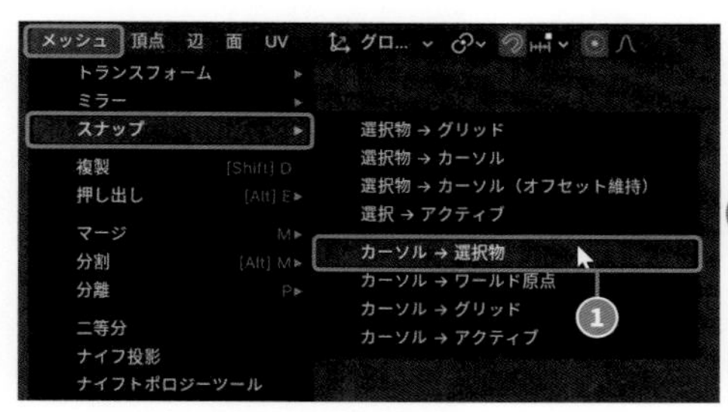

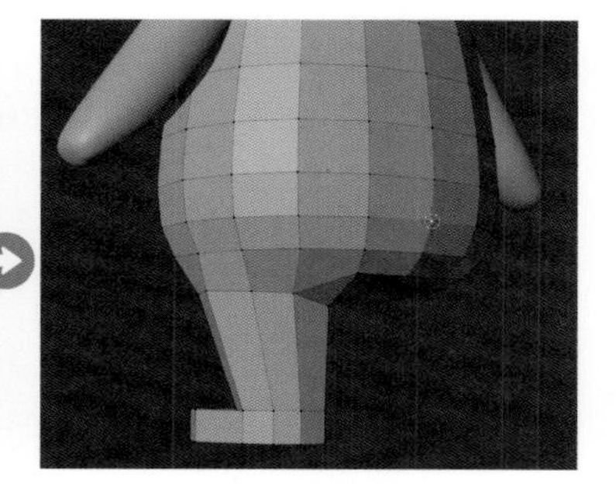

P 3Dビューポートのヘッダーにある**[追加]**（Shift ＋ A キー）から**[UV球]**❶を選択し、球体のメッシュを追加します。

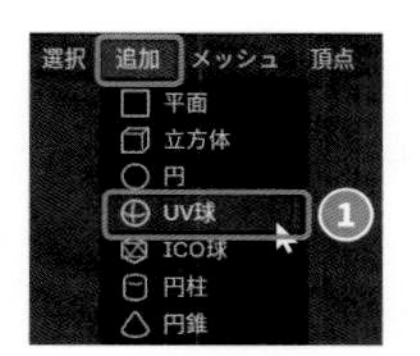

Q 3Dビューポート左下の「UV球を追加」パネルで**[セグメント]**を“**8**”❶、**[リング]**を“**4**”❷に設定します。
さらに**[半径]**の数値を変更して大きさを調整します。
ここでは、“**0.14m**”❸に設定します。

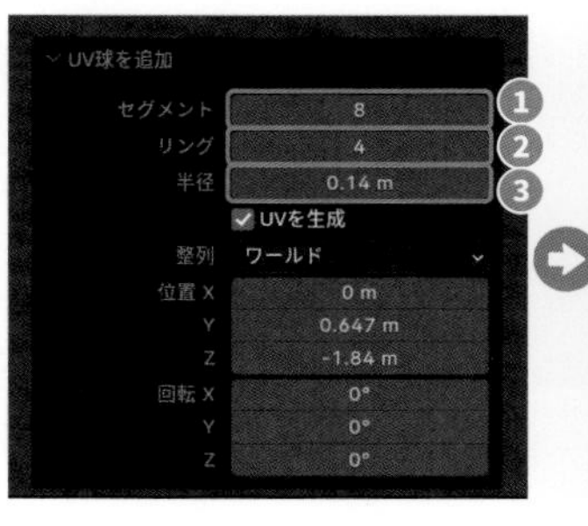

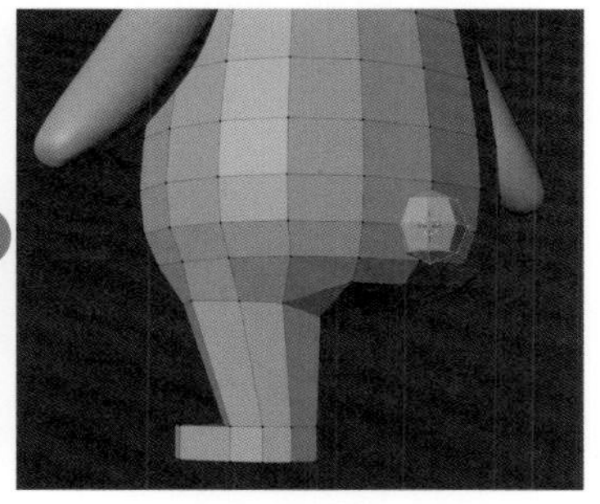

R 位置を微調整（G キー）します。編集の際は、視点をライト（テンキー 3）に切り替え、尻尾のメッシュが中心から外れないようにします。

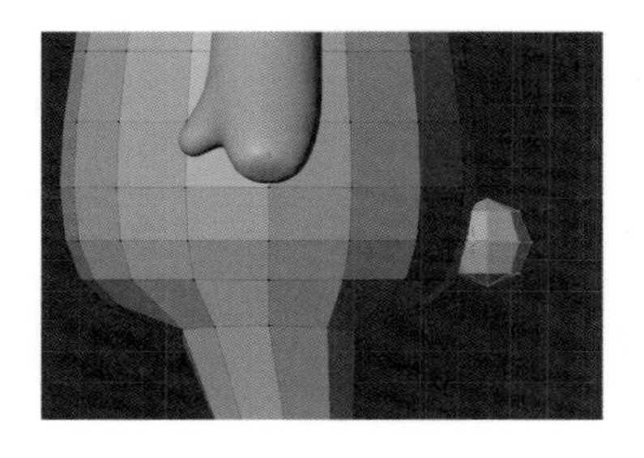

S 視点をフロント（テンキー[1]）に切り替えます。**[透過表示]**（[Alt]＋[Z]キー）を有効にし、図のように向かって左半分のメッシュを選択して削除（[X]キー）します。

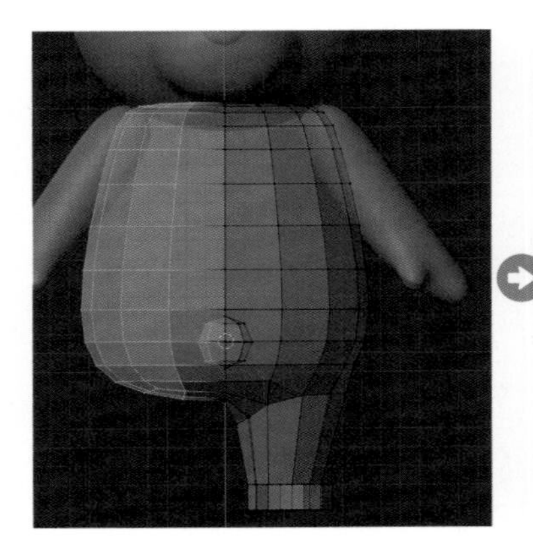

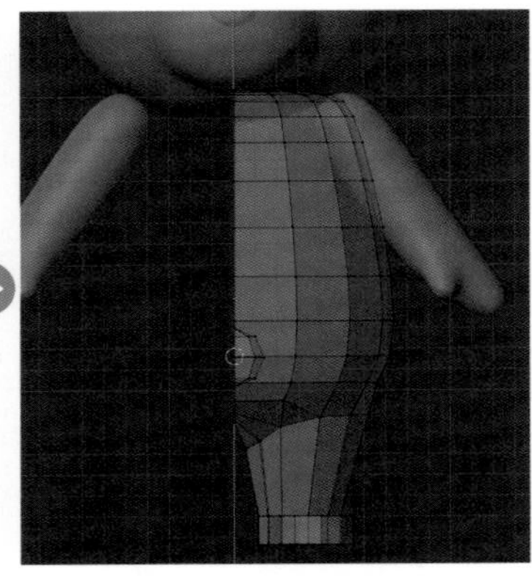

T プロパティ左側の「モディファイアー」❶を左クリックし、**[モディファイアーを追加]**❷を左クリックして**[生成]**から**[ミラー]**❸を選択します。

U オブジェクトモード（[Tab]キー）に切り替え、3Dビューポートのヘッダーにある**[オブジェクト]**から**[スムーズシェード]**❶を選択し、表面を滑らかに表示させます。

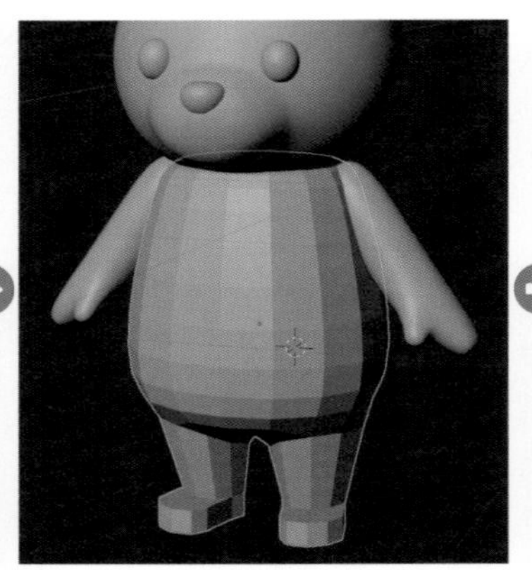

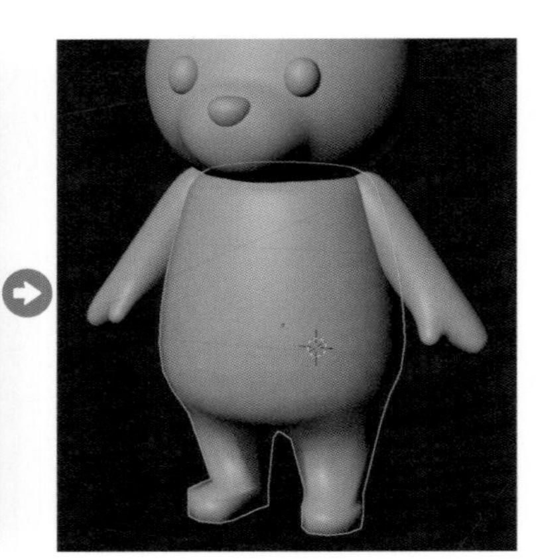

■ 原点の位置とオブジェクトの位置を調整する

制作の流れ

STEP 1 オブジェクトの統合

▼

STEP 2 オブジェクトの位置調整

STEP 1 オブジェクトの統合

Ⓐ 頭部、胴体、腕のオブジェクトを1つに統合します。
オブジェクトモードで頭部、胴体、腕のオブジェクトを複製選択します。このとき、頭部を最後に選択します。

頭部を最後に選択します

Ⓑ 3Dビューポートのヘッダーにある **[オブジェクト]** から **[統合]** ❶を選択します。統合する場合は、最後に選択したオブジェクトがベースになります。オブジェクト名やモディファイアーなどは、ベースのオブジェクトのものが活かされます。
そのため、**[サブディビジョンサーフェス]** モディファイアーを設定していない胴体にも頭部と同様に、統合した時点で **[サブディビジョンサーフェス]** モディファイアーが設定されます。

Ⓒ アウトライナーに表示されているオブジェクトをマウス左ボタンでダブルクリックし、オブジェクト名を変更します。ここでは、"**Bear**"❶と入力します。

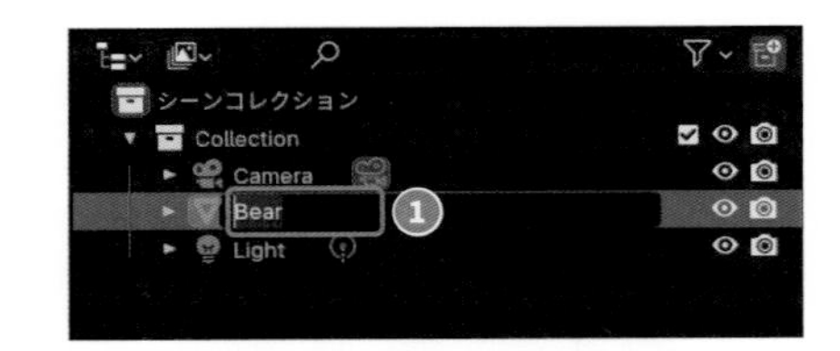

Ⓓ オブジェクト左側の三角▶❶を左クリックすると、メッシュ名が表示されます。マウス左ボタンでダブルクリックし、メッシュ名を変更します。ここではオブジェクト名と同様に、"**Bear**"❷と入力します。
現在はオブジェクトの数が少ないので特に問題ありませんが、管理が行いやすいようになるべくオブジェクト名（およびメッシュ名）を設定するようにしましょう。

STEP 2 オブジェクトの位置調整

Ⓐ キャラクターの足元が原点になるように設定します。
編集モード（Tabキー）に切り替え、足の裏のいずれかの頂点を選択します❶。
サイドバー（Nキー）を開き、「アイテム」タブ❷を左クリックします。「トランスフォーム」パネルの**[頂点：Z]**❸の数値をコピー（マウスカーソルを合わせてCtrl＋Cキー）します。

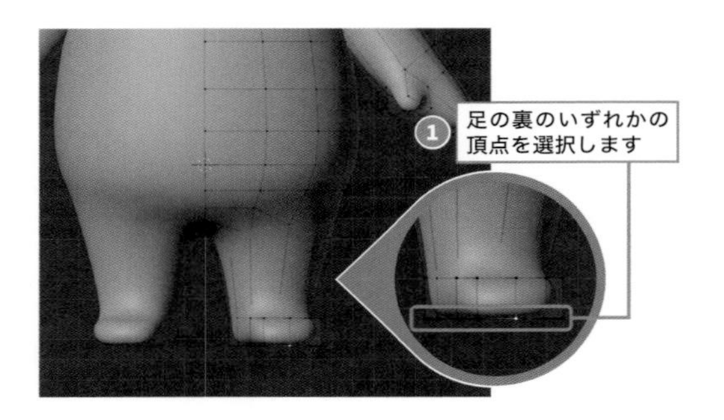

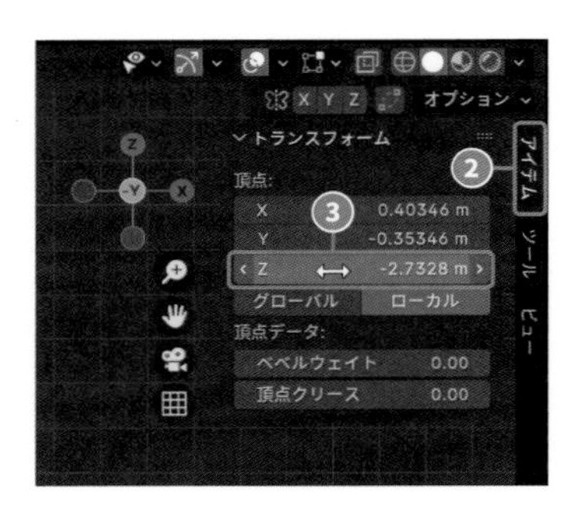

Ⓑ 「ビュー」タブ❶を左クリックして「3Dカーソル」パネルの**[位置：X]**を"**0m**"❷、**[位置：Y]**を"**0m**"❸と入力します。**[位置：Z]**に**[頂点：Z]**の数値をペースト❹（マウスカーソルを合わせてCtrl＋Vキー）して、3Dカーソルを足の裏のメッシュと同じ高さに移動します。

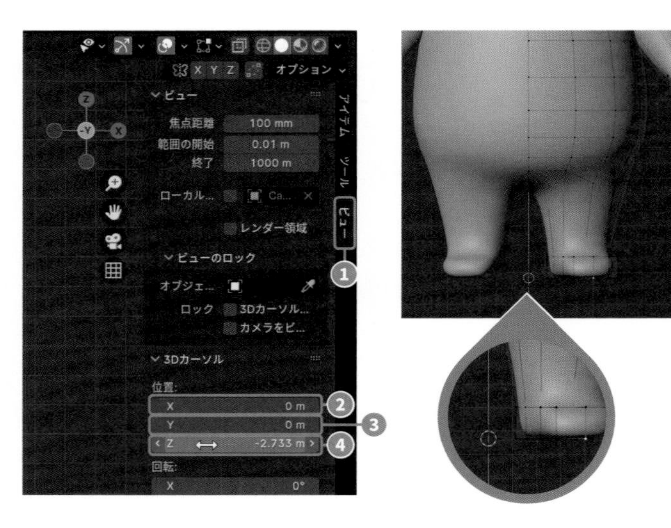

C オブジェクトモード（Tabキー）に切り替え、3Dビューポートのヘッダーにある**［オブジェクト］**から**［原点を設定］➡［原点を3Dカーソルへ移動］**❶を選択すると、3Dカーソルの位置に原点を表すオレンジ色の丸が表示されます❷。

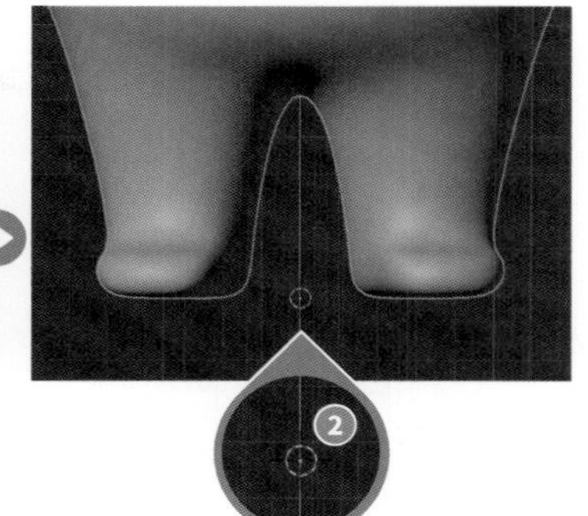

D サイドバー（Nキー）の「アイテム」タブ❶を左クリックし、「トランスフォーム」パネルの**［位置］**の数値すべてを“0m”❷に設定します。
作成したキャラクターの原点は、基本的に足元になるように設定しましょう。地面などその他のオブジェクトと組み合わせる際に調整が行いやすくなります。

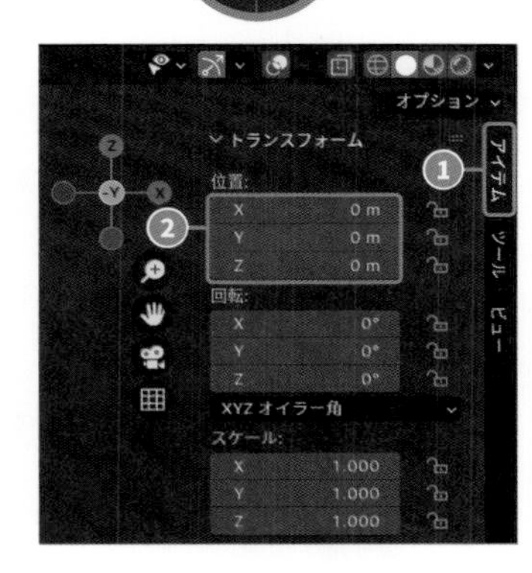

SECTION7-1a.blend

\SECTION/
7.2 マテリアル

クマのキャラクターに色を設定します。ここでは、1つのオブジェクトに対して複数のマテリアルを設定して色分けを行います。さらにランタンを用いて、質感の異なるマテリアルを設定します。光沢や透明度などを設定することで、さまざまな材質を表現します。

■ 色を設定する

STEP1 マテリアル名の変更

Ⓐ クマのキャラクターにマテリアルを設定します。該当のファイル（サンプルデータに収録の"SECTION7-1a.blend"）を開きます。
オブジェクトモードでクマのキャラクターのオブジェクト"Bear"を選択し、プロパティの左側にある「マテリアル」❶を左クリックします。

B 入力欄を左クリックしてマテリアル名を入力します。
ここでは、"Ocher" ❶ と入力します。

STEP 2 ベースカラーの設定

A 設定したマテリアルを3Dビューポートでプレビューできるようにします。
3Dビューポートのヘッダーにある **[シェーディング切り替え]** アイコンから **[マテリアルプレビュー]** ❶ を左クリックして、シェーディングを切り替えます。

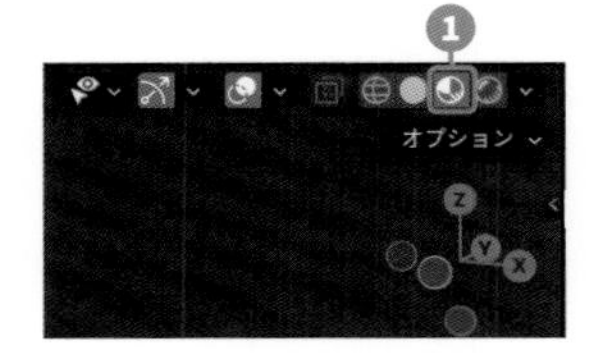

B プロパティの「サーフェス」パネルにある **[ベースカラー]** のカラーパレット❶を左クリックすると、カラーピッカー❷が表示されます。カラーピッカーから設定する色を左クリックで選択します❸。
ここでは、明るい茶色を設定します❹。

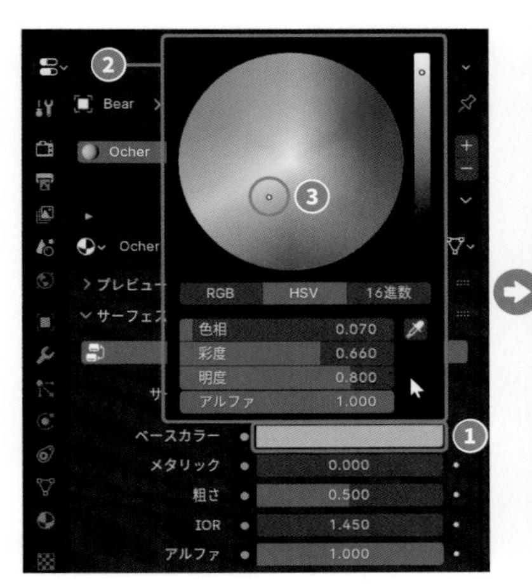

TIPS マテリアルの新規作成

デフォルトで配置されている立方体は、マテリアルが事前に設定されています。クマのキャラクターもデフォルトで配置されている立方体をベースに作成したため、すでにマテリアルが設定されていました。
デフォルトで配置されている立方体以外を用いてモデリングしたオブジェクトに、マテリアルを設定する場合は、マテリアルを新規作成する必要があります。

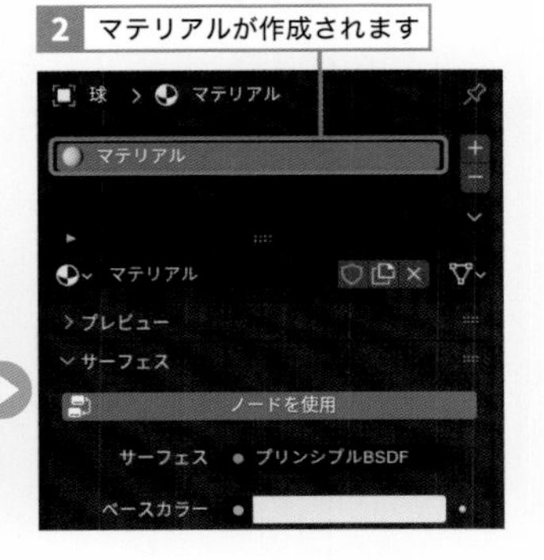

STEP 3 マテリアルの追加

A 耳の内側と口の周り、目と鼻、それぞれに異なる色のマテリアルを設定します。
マテリアルスロットの右側にある + ❶を左クリックし、続けて **[新規]** ❷を左クリックしてマテリアルを新規作成します。

B 入力欄を左クリックしてマテリアル名を入力します。
ここでは、"**Cream**" ❶と入力します。

C マテリアルスロットのマテリアル"**Cream**"が選択された状態で、「サーフェス」パネルにある **[ベースカラー]** のカラーパレット❶を左クリックし、カラーピッカーから左クリックで色を選択します❷。ここでは、クリーム色を設定します。

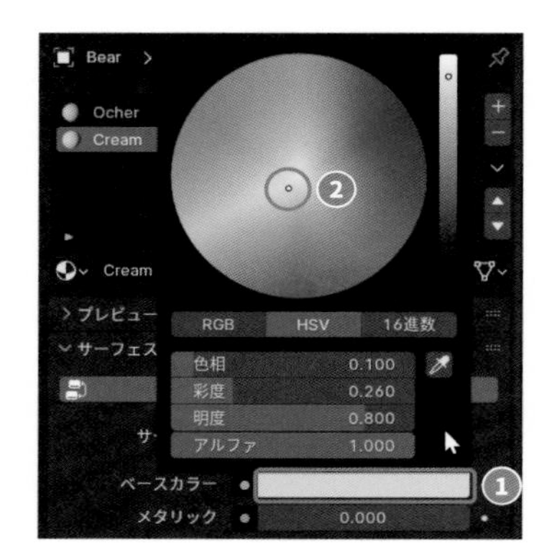

D 同様の手順で、マテリアル"**Brown**" ❶を新規作成し、**[ベースカラー]** を設定します。ここでは、暗い茶色を設定します。
暗い茶色は、まずカラーパレットで明るい茶色を選択し❷、右側のバーで明るさを調節します❸。

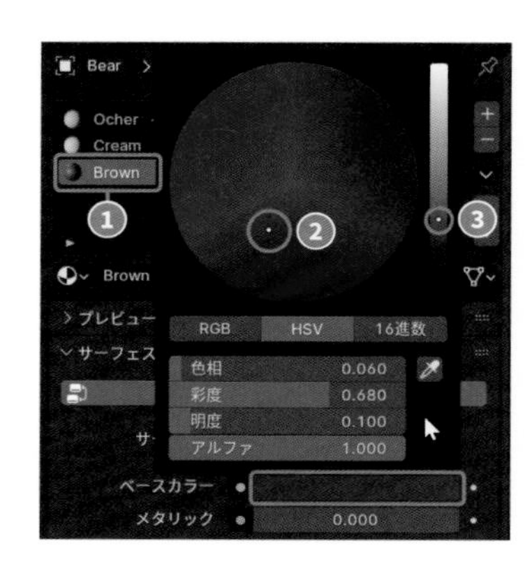

STEP 4 マテリアルの割り当て

A 編集モード（Tabキー）に切り替えます。面選択モード❶（3キー）に切り替え、図のように耳の内側と口の周りのメッシュを選択します❷。

POINT

［サブディビジョンサーフェス（細分化）］モディファイアーの影響でメッシュが選択しづらい場合は、編集モードでの表示を一旦オフにします。

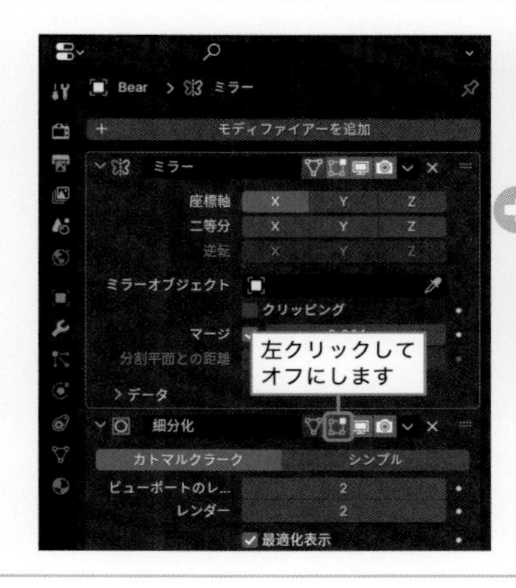

B プロパティのマテリアルスロットからマテリアル“**Cream**”❶を選択し、**［割り当て］**❷を左クリックすると、選択しているメッシュに指定したマテリアルが割り当てられます。

C 同様の手順で、目と鼻のメッシュにマテリアル“**Brown**”❶を割り当てます❷。

SECTION7-2a.blend

■ 質感を設定する

制作の流れ

STEP 1 艶の設定

STEP 2 金属の設定

STEP 3 ガラスの設定

STEP 4 発光の設定

STEP 1 艶の設定

A ランタンにマテリアルを設定します。該当のファイル（サンプルデータに収録の"**SECTION7-2b.blend**"）を開きます。
オブジェクト"**Lantern**"を選択し、プロパティの左側にある「マテリアル」❶を左クリックします。**[新規]**❷を左クリックし、入力欄を左クリックしてマテリアル名を入力します。
ここでは、"**Metal**"と入力します。

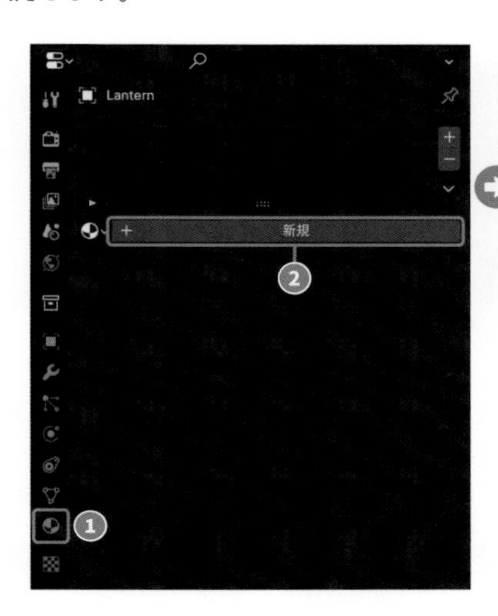

B 3Dビューポートのヘッダーにある**[シェーディング切り替え]**アイコンから**[マテリアルプレビュー]**❶を左クリックしてシェーディングを切り替えます。

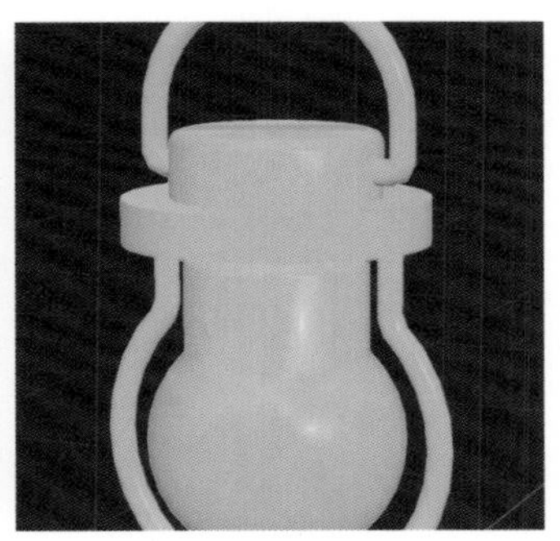

C プロパティの「サーフェス」パネルにある**[粗さ]**の数値を変更します。数値が小さいほど艶が出ます。
ここでは、"**0.200**"❶を設定します。

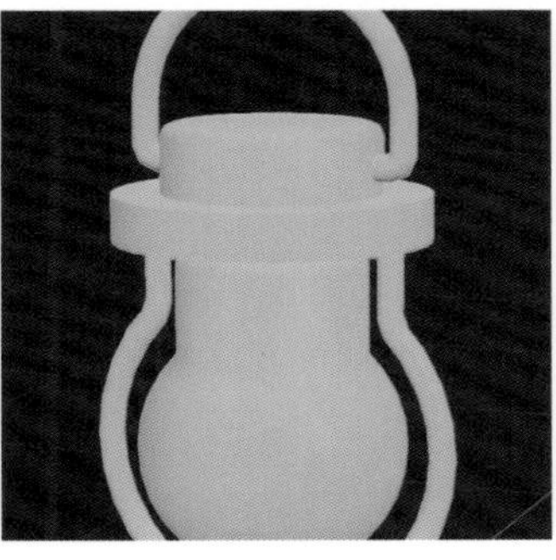

[粗さ]：0.500（デフォルト）

[粗さ]：0.200

STEP 2 金属の設定

A プロパティの「サーフェス」パネルにある **[メタリック]** の数値を変更します。数値を“**1.000**”❶に設定して金属を表現します。

B 3Dビューポートのヘッダーにある **[シェーディング切り替え]** アイコン右側のプルダウンメニュー ❶を開いてサムネイル❷を左クリックすると、数種類の「ライティング環境」❸が表示されます。「ライティング環境」を切り替えることで、設定したマテリアルの色合いや反射などを様々な環境で確認することができます。ここでは、左から4番目のライティング環境 **[interior]** に切り替えます。

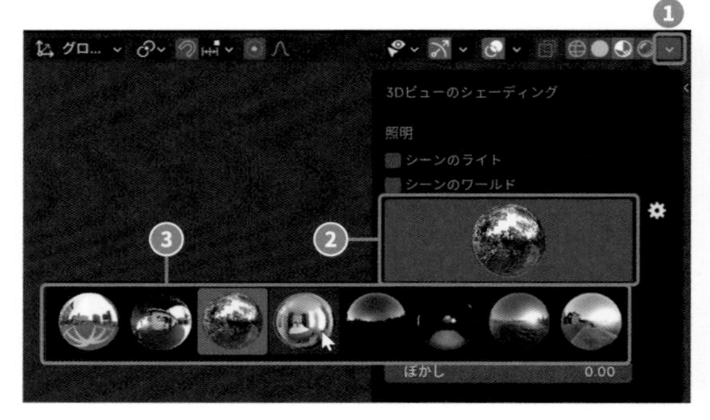

STEP 3 ガラスの設定

A マテリアルスロットの右側にある + ❶を左クリックします。続けて、**[新規]**❷を左クリックしてマテリアルを新規作成します。

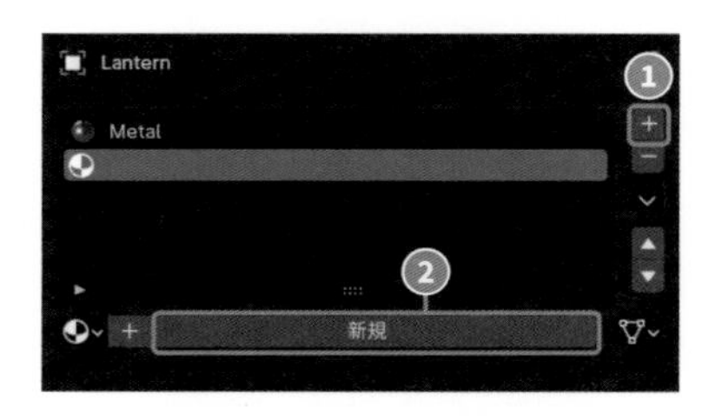

B 入力欄を左クリックしてマテリアル名を入力します。ここでは、“**Glass**”と入力します。

C 編集モード（Tab キー）に切り替え、図のように中央のメッシュを選択（マウスカーソルを合わせて L キー）します。

D プロパティのマテリアルスロットからマテリアル"**Glass**"❶を選択し、**[割り当て]**❷を左クリックします。

E プロパティの「サーフェス」パネルにある **[粗さ]** の数値を変更します。ここでは、"**0.100**"❶を設定します。さらに「伝播」左側の三角▶❶を左クリックし、**[ウェイト]** の数値を変更します。数値が大きいほど透明度が上がります。ここでは、"**1.000**"❸を設定します。

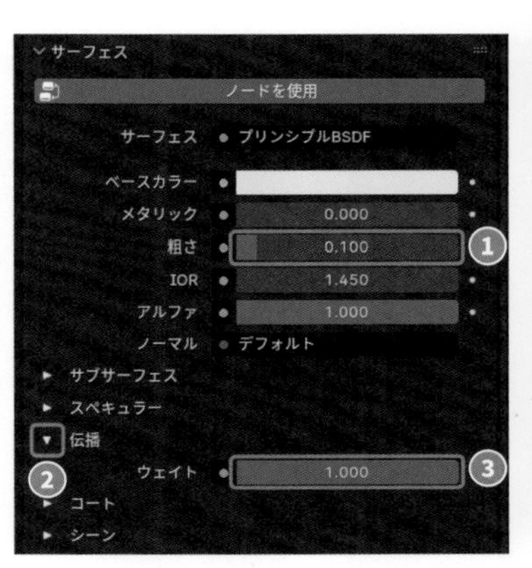

F プロパティの「サーフェス」パネルにある **[IOR]** の数値を変更して屈折率を設定します。
ここでは、ガラスの屈折率である"**1.51**"❶を設定します。

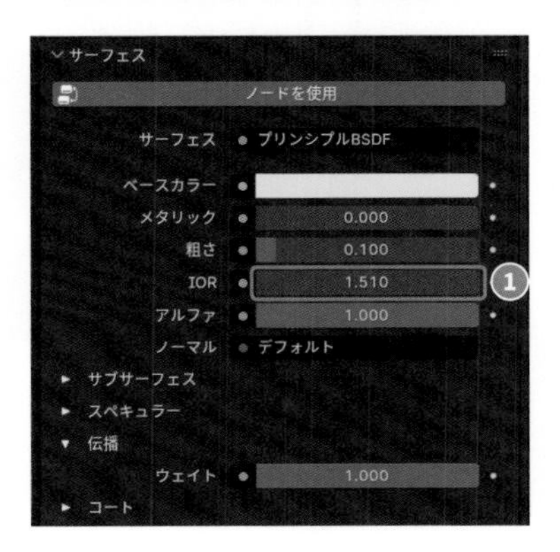

G 設定したマテリアルを確認するため、オブジェクトモード（Tabキー）に切り替えます。
3Dビューポートのシェーディング**[マテリアルプレビュー]**やレンダーエンジン「EEVEE」の場合、デフォルトでは、透明および屈折が正常に表示されないので、設定を変更します。
「サーフェス」パネルの下にある「設定」パネルの**[スクリーンスペース屈折]**①にチェックを入れて有効にします。

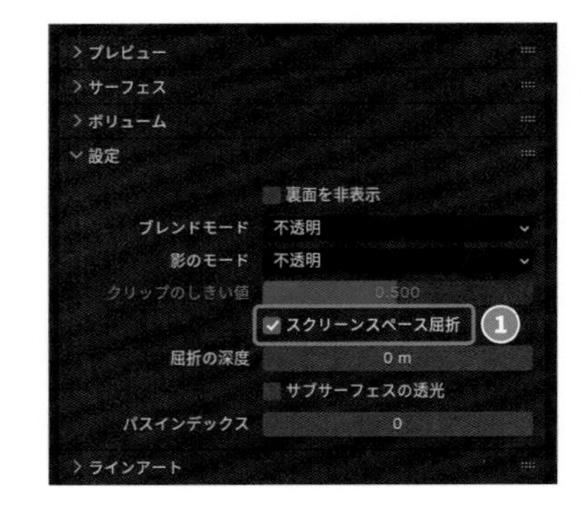

H プロパティの左側にある「レンダー」①を左クリックし、**[スクリーンスペース反射]**②とパネル内の**[屈折]**③にチェックを入れて有効にします。
ガラスの内側にあるオブジェクトが透けるようになりました。さらに上記の設定により、**[メタリック]**を設定した部分の反射（映り込み）も正常に表示されるようになったことが確認できます。

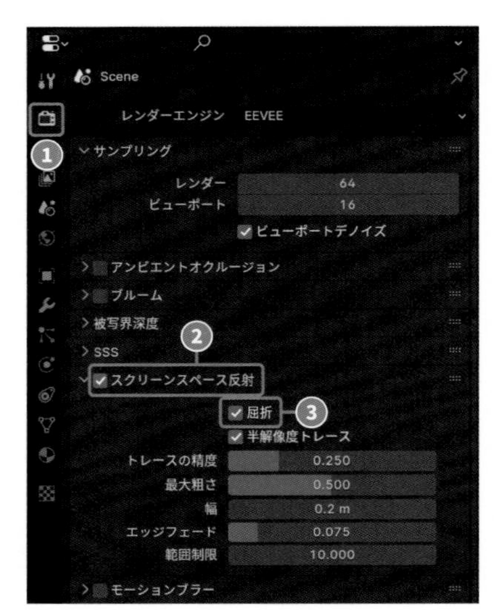

設定前

設定後

STEP 4 発光の設定

Ⓐ さらにマテリアルを追加します。プロパティの左側にある「マテリアル」❶を左クリックし、マテリアルスロットの右側にある ＋ ❷を左クリックします。続けて **[新規]** ❸を左クリックし、入力欄を左クリックしてマテリアル名を入力します。ここでは、"**Flame**" ❹と入力します。

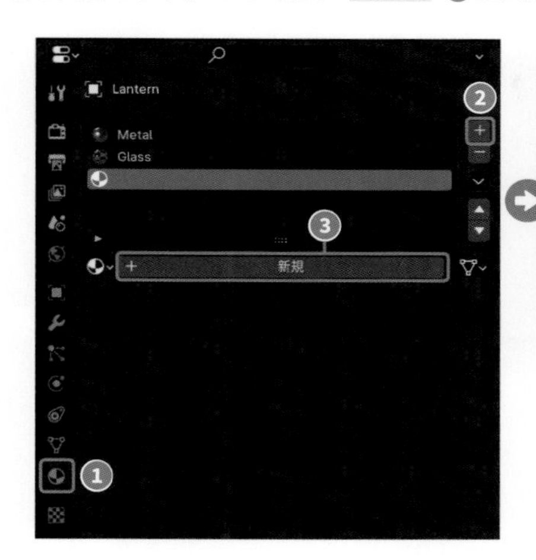

Ⓑ 編集モード（Tabキー）に切り替え、図のようにガラス部分のメッシュを選択（マウスカーソルを合わせてLキー）して、非表示（Hキー）にします。

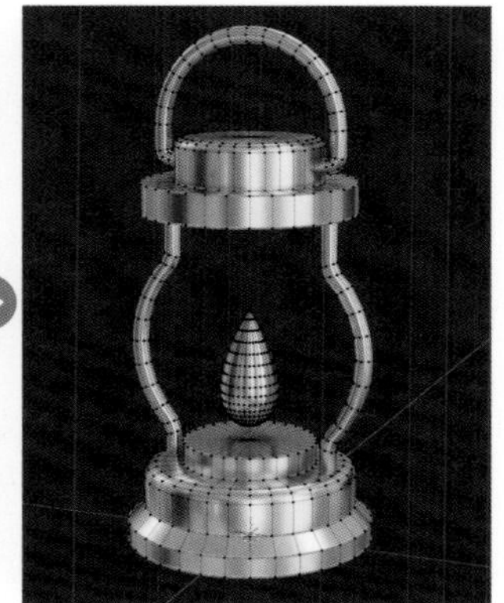

Ⓒ 滴状のメッシュを選択（マウスカーソルを合わせてLキー）します。プロパティのマテリアルスロットからマテリアル"**Flame**" ❶を選択し、**[割り当て]** ❷を左クリックします。

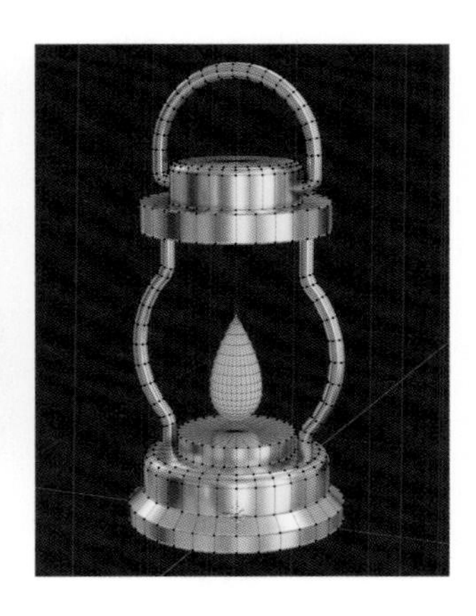

D プロパティの「サーフェス」パネルにある「放射」左側の三角▶❶を左クリックし、**[強さ]** の数値を変更します。
数値が大きいほど強く発光します。
ここでは、“**50.000**”❷を設定します。

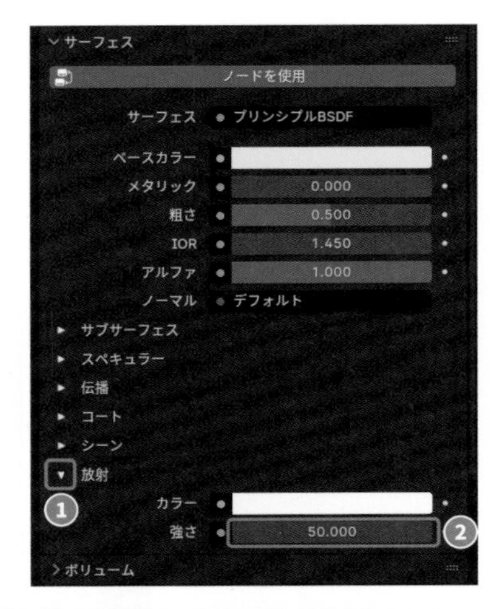

E 「放射」にある **[カラー]** のカラーパレット❶を左クリックし、カラーピッカーから左クリックで放射する光の色を選択❷します。
ここでは、オレンジ色を設定します。

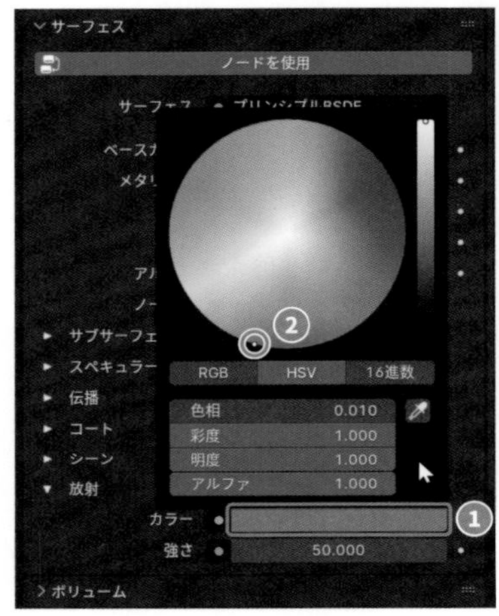

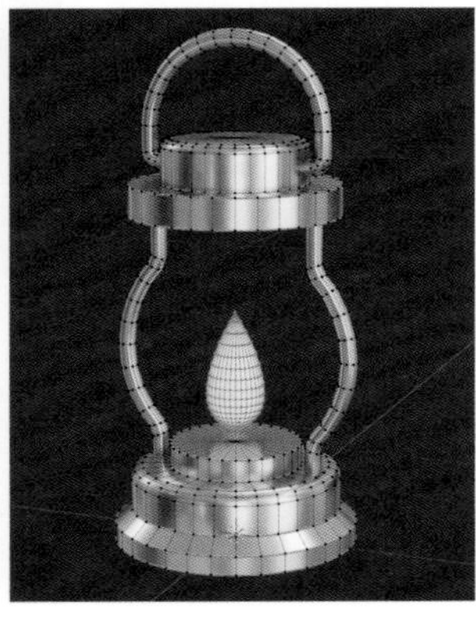

F 設定したマテリアルを確認するため、オブジェクトモード（Tab キー）に切り替えます。
また、3Dビューポートのヘッダーにある **[シェーディング切り替え]** アイコンから **[レンダー]** ❶を左クリックしてシェーディングを切り替えます。
アウトライナーで“**Light（ライトオブジェクト）**”を非表示❷すると分かるように、本来、光源が無くなると真っ暗になるはずが、「放射」を設定した部分とその周辺が明るく表示されています。

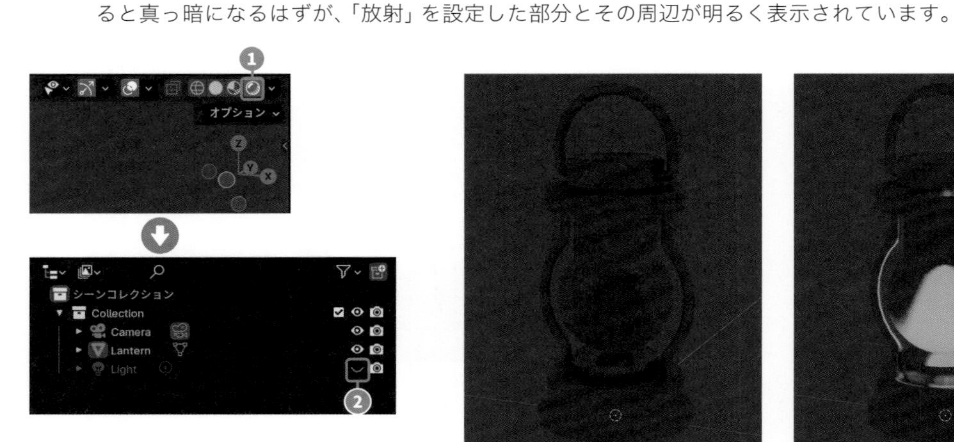

［放射の強さ］：0.000

［放射の強さ］：50.000

デフォルトの設定では、3Dビューポートのシェーディング **[マテリアルプレビュー]** やレンダーエンジン「EEVEE」の場合、「放射」による光は周辺に反射されません。
プロパティ「レンダー」の **[スクリーンスペース反射]** を有効にすることで、「放射」による光が周辺に反射されるようになります（すでに222ページの「ガラスの設定」で設定しているので、ここでは設定方法の記載は省略します）。

SECTION7-2c.blend

透明や屈折、表面の映り込みなどが設定されると、
一気に完成度が高まってテンションも上がるね！

現実世界には、ここで設定したマテリアル以外にも、
プラスチックやゴム、布など、いろいろな材質が存在するよネ。
それら身の回りにある材質の再現にも、ぜひチャレンジしてみてネ。

SECTION 7.3

テクスチャ

図のような風景の各オブジェクトにテクスチャを設定します。テクスチャを貼り付けるためのUV展開をはじめとして、絵柄を貼り付けるカラーマップ、凹凸を表現するバンプマップとノーマルマップ、部分的に透明にする透明マップ、それぞれの設定方法を紹介します。

■ UV展開する

制作の流れ

STEP 1 キリトリ線の設定
STEP 2 展開の実行
STEP 3 UV の編集
STEP 4 UV のエクスポート

STEP 1 キリトリ線の設定

A テントにテクスチャを設定します。テクスチャを設定するためには、立体的なオブジェクトを平面に展開する必要があります。まずは、展開するためのキリトリ線を設定します。該当のファイル（サンプルデータに収録の"**SECTION7-3a.blend**"）を開きます。
オブジェクト"**Tent**"を選択し、編集モードに切り替え（Tabキー）ます。
辺選択モード❶（2キー）に切り替え、図のように底面の4辺を選択します❷。
選択しづらい場合は、必要に応じて**[透過表示]**に切り替えます。

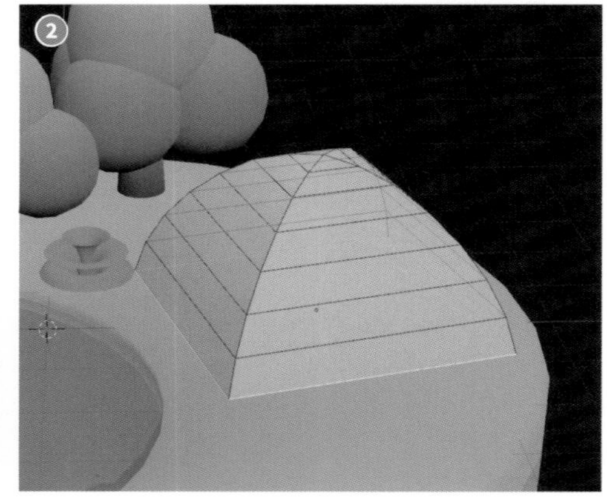

Ⓑ 3Dビューポートのヘッダーにある **[辺]** から **[シームをマーク]**❶を選択します。
キリトリ線となるシームが設定された辺は、赤色で表示されます❷。

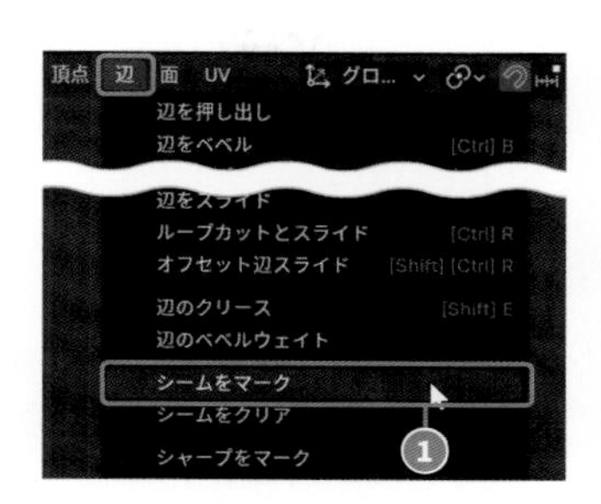

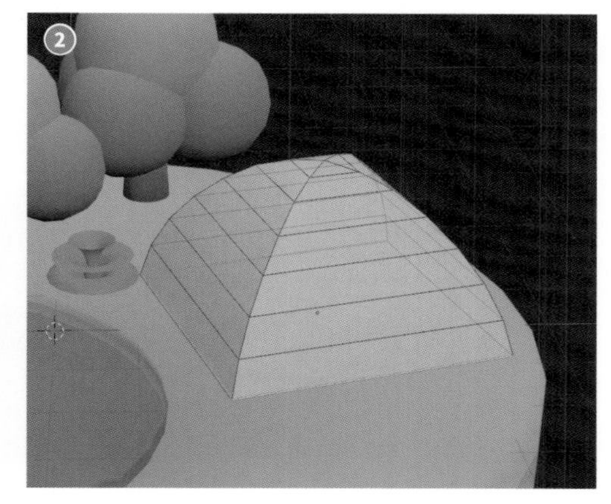

Ⓒ さらに図のように側面縦方向の辺を選択し、シームとして設定します。
キリトリ線の位置に決まりはありませんが、ここではすべての面が切り離されないように、一部の辺（2箇所）を選択しないで、シームとして設定されないようにします。

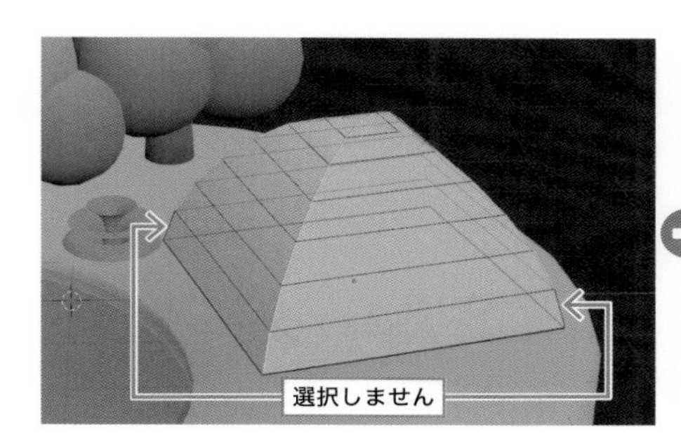

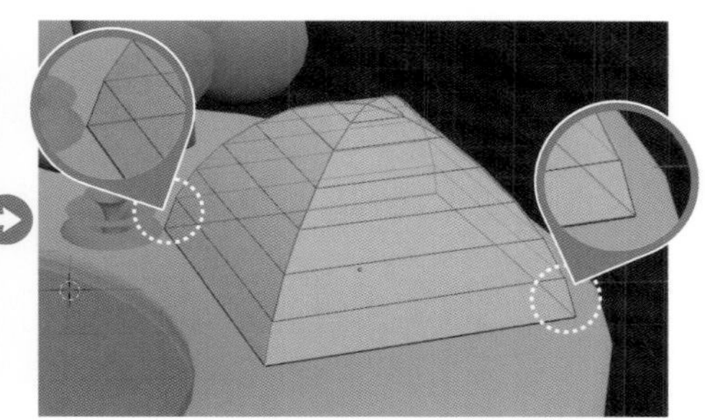

STEP 2 展開の実行

Ⓐ オブジェクト"Tent"が選択された状態で、ヘッダータブの **[UV編集（UV Editing）]**❶を左クリックしてUV編集に適した画面レイアウト（ワークスペース）に切り替わります。

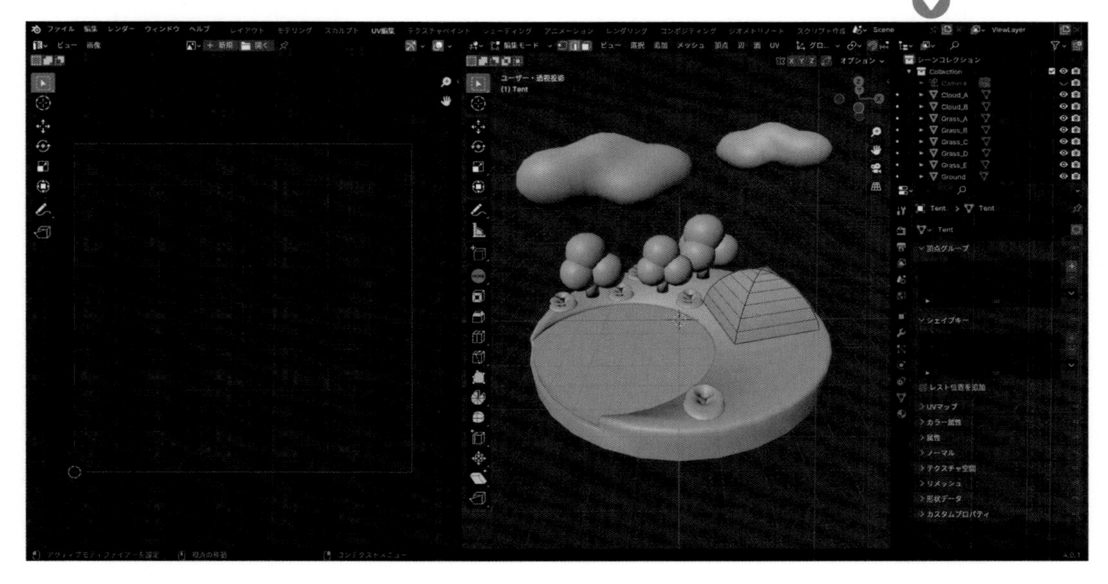

B 3Dビューポート（画面中央）の編集モードですべてのメッシュを選択します❶。
3Dビューポートのヘッダーにある **[UV]** から **[展開]**❷ を選択します。

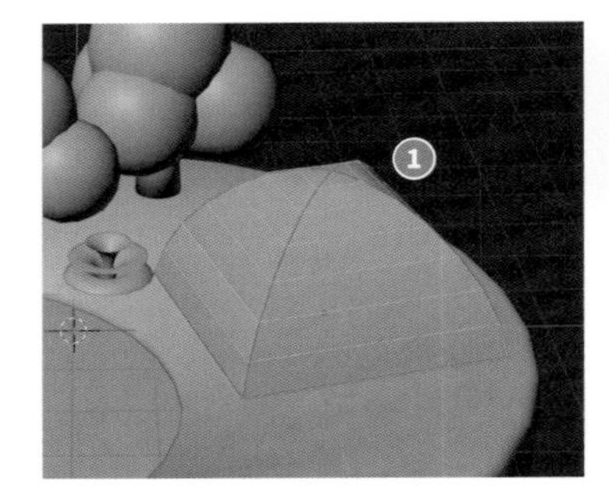

C 展開したUVは、画面左側のUVエディターに表示されます。図のようにシームを設定した辺をキリトリ線として、UV展開されます。
このUVエディターでは、展開したUVの編集を行います。

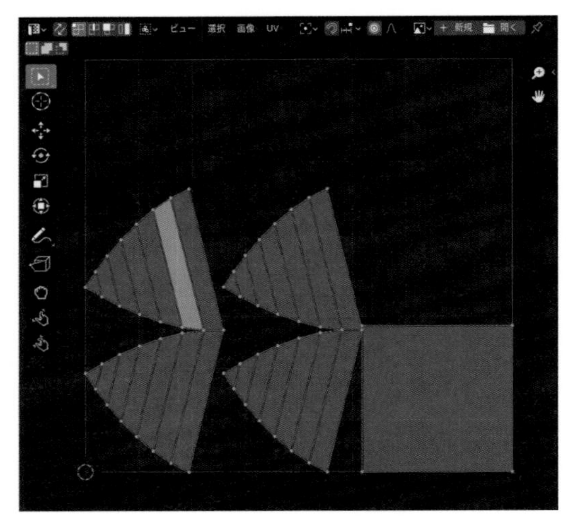

STEP 2 UVの編集

A 展開したUVは、そのまま使用することもできますが、垂直水平を整え、グリッド内に効率よく配置したり、各面の大きさを調整したり、テクスチャの制作を考慮して編集することをおすすめします。
UVエディターのヘッダーにある **[選択モード切り替え]** アイコンから **[アイランド選択]** モード❶（4キー）を選択し、底面を選択します❷。底面は基本的に見えなくなる部分なので、縮小（Sキー）して端に移動（Gキー）します❸。

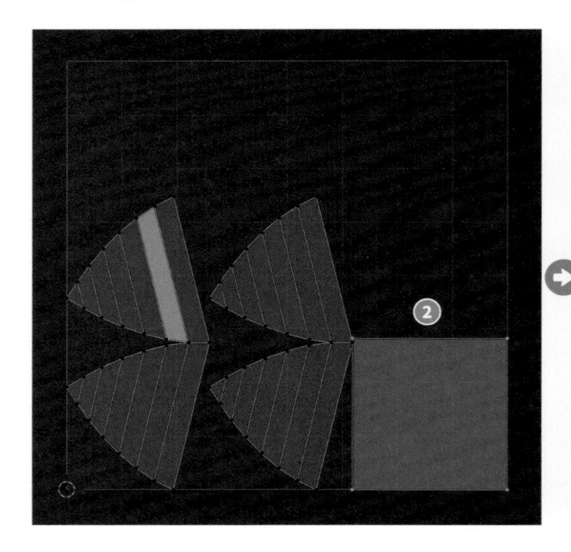

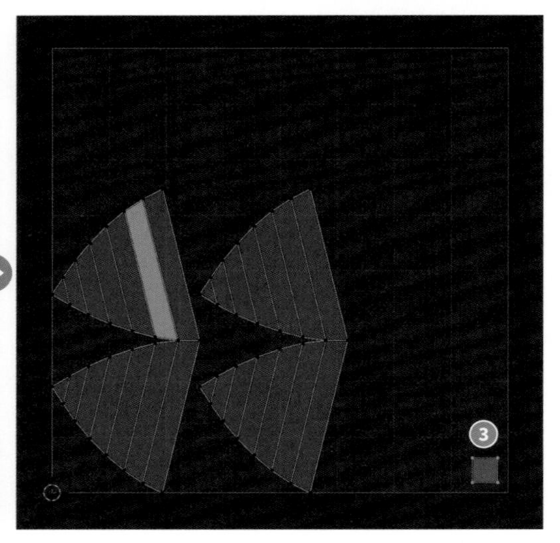

B UVエディターのヘッダーにある **[選択モード切り替え]** アイコンの左側にある **[UVの選択を同期]** ❶を左クリックで有効にすると、3Dビューポートと UVエディターで選択している箇所が同期されます。
3Dビューポートで面選択モード (3キー) に切り替え、図のように向かって右側側面のメッシュを選択します❷。その際に、マウスポインターを合わせて L キーを押すと、シームで区切られたすべてのメッシュを選択することができます。
3Dビューポートで選択したメッシュは、UVエディターでも同時に選択状態になります❸。

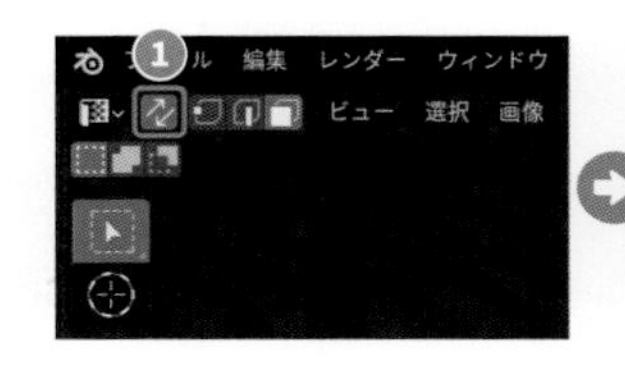

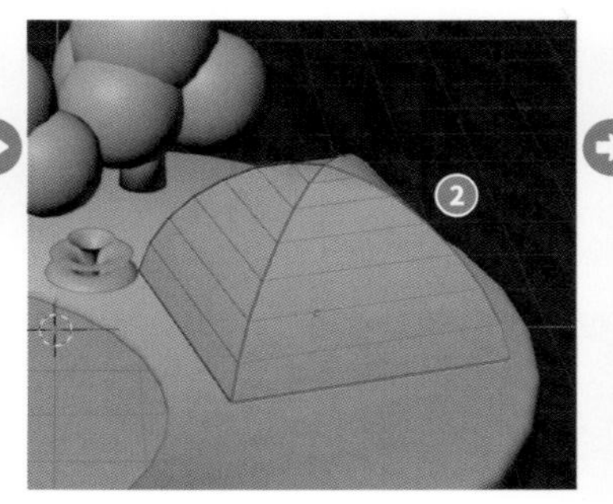
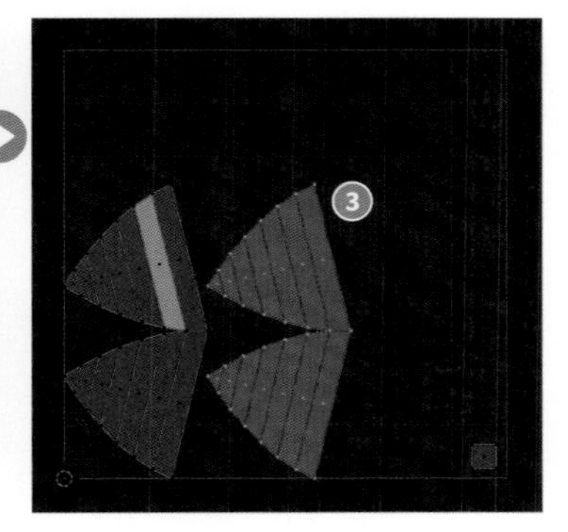

C UVエディターでUVを時計回りに90°回転 (R キー→"**90**") します。
編集するため、その他のUVと重ならい位置に移動 (G キー) します (後述で配置位置は調整するため、現時点はグリッドの外側でもかまいません)。

D ここからは頂点ごとの編集を行うため **[UVの選択を同期]** を無効にします。
[UVの選択を同期] が有効な状態で頂点を選択すると、UV展開で切り離された部分でも、3Dオブジェクトで同一の頂点であれば同時に選択されてしまうため、頂点を編集するときは無効にします❶。

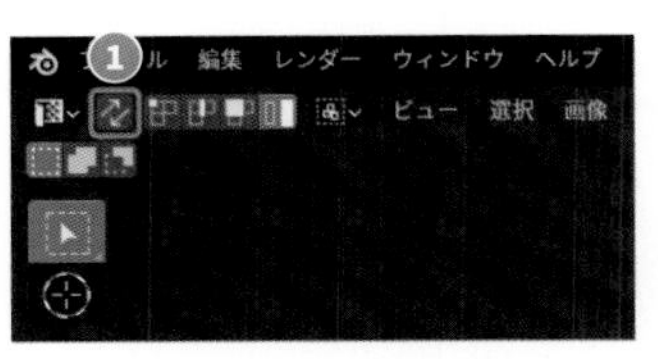

E 3Dビューポートですべてメッシュを選択(A キー)します❶。

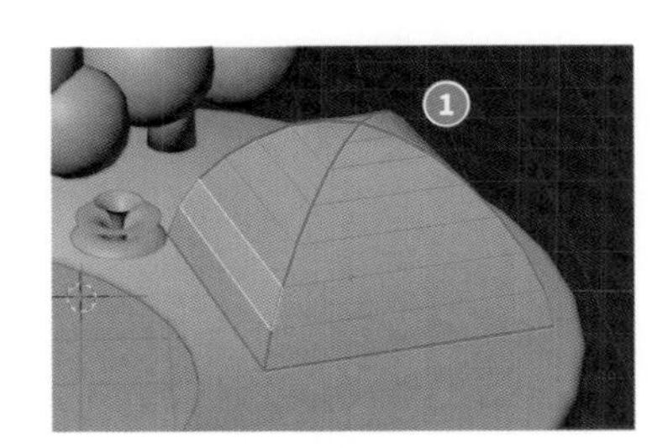

UVエディターのヘッダーにある **[選択モード切り替え]** アイコンから **[頂点選択]** モード ❷ (1キー) を選択し、図のように下部の頂点3点を選択します❸。
UVエディターのヘッダーにある **[UV]** から **[整列]** ➡ **[水平に整列]** ❹を選択し、頂点を水平に整列します❺。

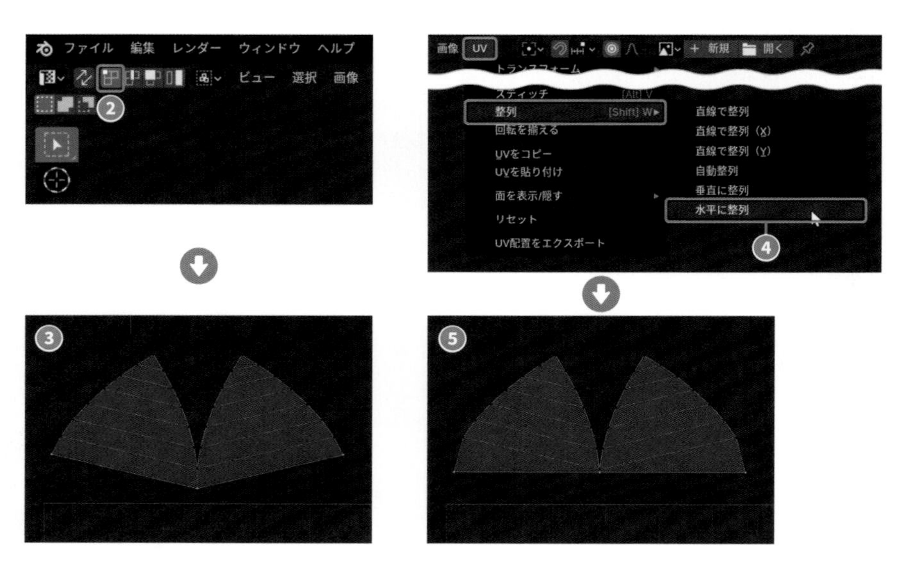

F もう一方の側面のUVも同様に時計回りに90°回転（Rキー→"**90**"）し、頂点3点を水平に整列します❶。

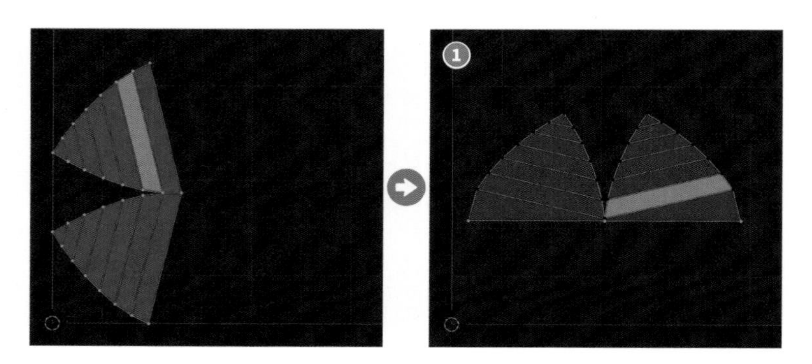

G 整列した頂点3点の二組と底面のUVを選択します❶。UVエディターのヘッダーにある **[UV]** から **[ピン留め]** ❷（Pキー）を選択します。ピン留めが設定された頂点は赤色で表示されます❸。

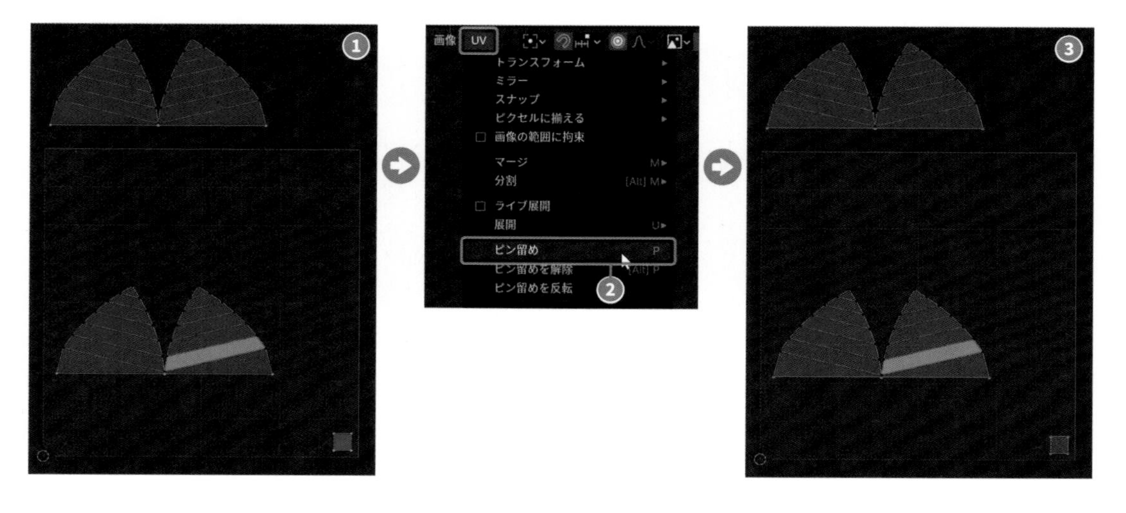

H すべてのUVを選択（A キー）し❶、UVエディターのヘッダーにある **[UV]** から **[展開]** ➡ **[展開]**❷を選択します。
ピン留めが設定された頂点は固定され、その位置に合わせてその他のUVが改めて展開されます❸。

I 位置（G キー）と大きさ（S キー）を調整してグリッド内に配置します。ここでは、3Dビューポートで向かって右側側面のUVを上部、向かって左側側面のUVをその下に配置します。

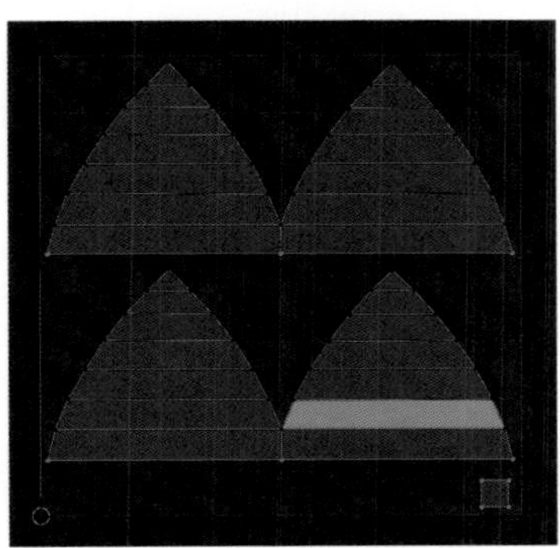

STEP 4 UVのエクスポート

A テクスチャを制作するためのガイドとして、編集したUVを書き出します。
UVエディターのヘッダーにある **[UV]** から **[UV配置をエクスポート]** を選択すると、「Blenderファイルビュー」が開きます。

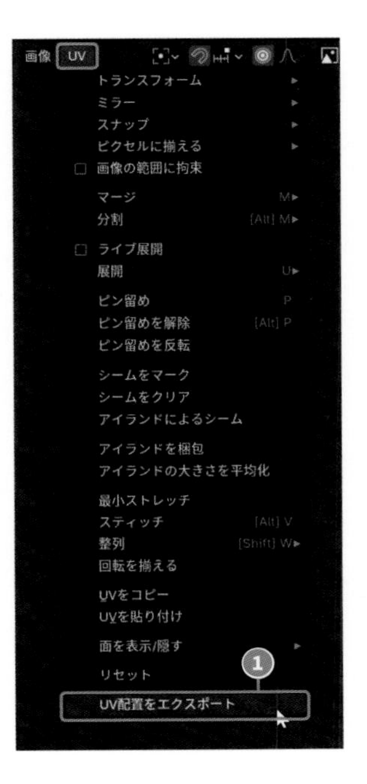

B ウィンドウ右側の「フォーマット」❶から書き出す画像の保存形式を選択します。「size」❷で画像の解像度／ピクセル数を指定します。「フィルの不透明度」❸でUVの透明度を設定します（ここではすべてデフォルトのままにします）。
保存先❹とファイル名❺を指定して **[UV配置をエクスポート]** ❻を左クリックすると、UVが書き出されます。書き出したUVをガイドとして、画像編集ソフトなどでテクスチャを作成します。

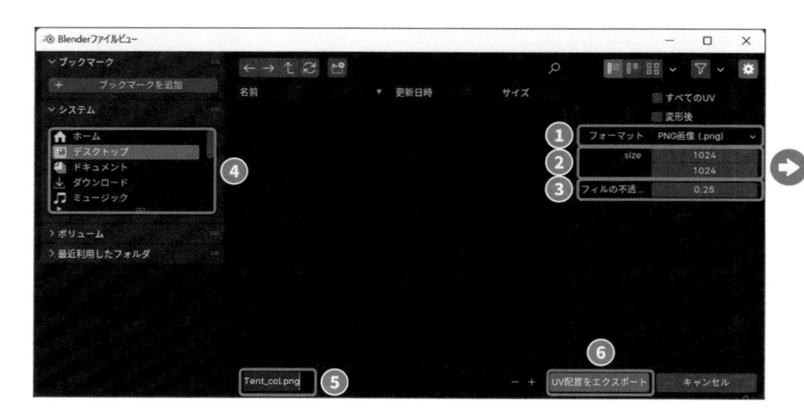

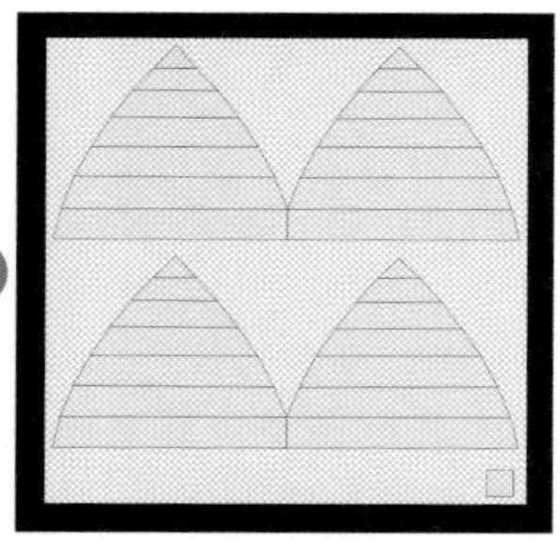

エクスポートされた画像

TIPS テクスチャに合わせて、UVを編集する

UVエディターのヘッダーにある［画像］を左クリックすると、「Blenderファイルビュー」が開きます。ここで画像を指定すると、その画像がUVエディターの背景に配置されます。

左クリックします

既存のテクスチャを使用する場合など、背景に画像を配置すれば、テクスチャに合わせてUVを編集することができるヨ。

■ テクスチャをマッピングする

制作の流れ

STEP 1 カラーマップの設定

STEP 2 バンプマップの設定

STEP 3 ノーマルマップの設定

STEP 4 透明マップの設定

STEP 1 カラーマップの設定

A ここでは、UV展開したテント（サンプルデータに収録の"**SECTION7-3b.blend**"）の表面に絵柄を表示するため、カラーマップを貼り付けます。
ヘッダータブの**[シェーディング(Shading)]** ❶を左クリックして、ワークスペースを切り替えます。

B 3Dビューポートでオブジェクト"**Tent**"を選択し❶、プロパティの左側にある「マテリアル」❷を左クリックします。**[新規]**❸を左クリックしてマテリアルを新規作成し、入力欄を左クリックしてマテリアル名を入力します。ここでは、"**Tent**"❹と入力します。

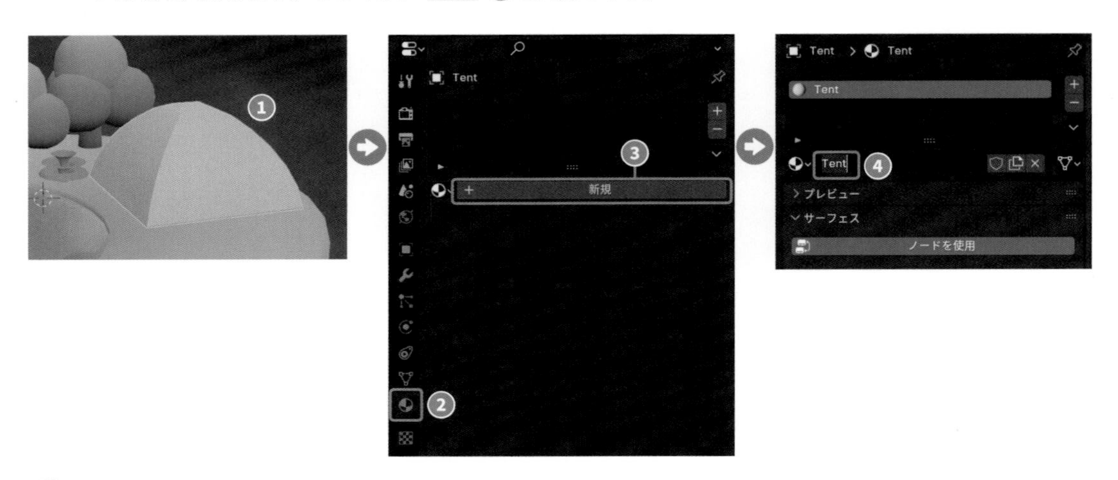

C マテリアルを作成すると画面中央下部のシェーダーエディターに「プリンシプルBSDF」ノード❶と「マテリアル出力」ノード❷が表示されます。
シェーダーエディターのヘッダーにある**[追加]**（Shift＋Aキー）から**[テクスチャ]➡[画像テクスチャ]**❸を選択し、「画像テクスチャ」ノード❹を追加します。

D 「画像テクスチャ」ノードの**[開く]**❶を左クリックすると、「Blenderファイルビュー」が開きます。
テクスチャとして貼り付ける画像（サンプルデータ"**Tent_col.png**"）を選択し❷、**[画像を開く]**❸を左クリックします。

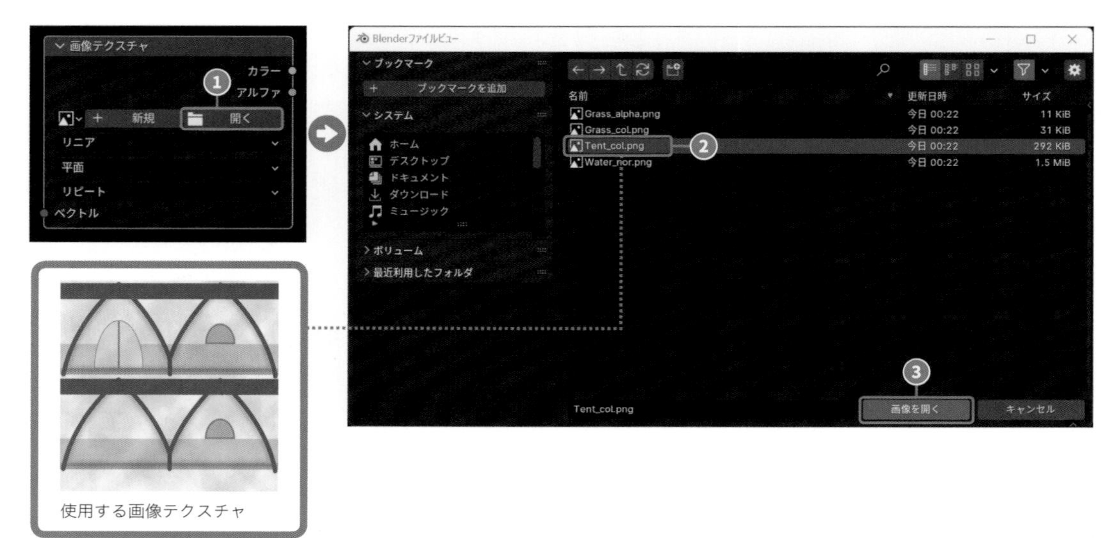

使用する画像テクスチャ

E 「画像テクスチャ」ノードの出力ソケット**[カラー]**❶をマウス左ボタンでドラッグし、「プリンシプルBSDF」ノードの入力ソケット**[ベースカラー]**❷でドロップすると、2つのノードが接続されて3Dビューポートのオブジェクトにカラーマップが反映されます❸。

ⓘ Blenderでは画像テクスチャを貼り付ける場合、デフォルトでUV座標が用いられます。そのため、特に設定を行わなくても展開したUVの位置（座標）でテクスチャがマッピングされます。
UV以外の座標を指定する場合の手順は、148ページを参照してください。

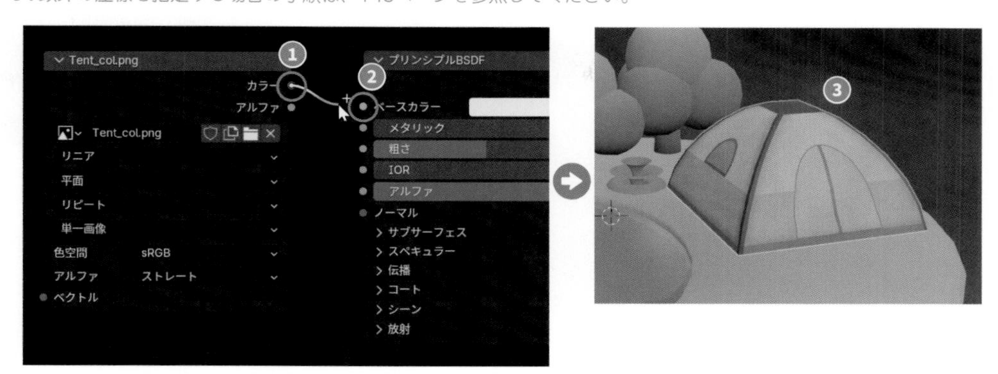

STEP 2 バンプマップの設定

A 木の葉部分にバンプマップを貼り付けて、オブジェクトの表面に凹凸を表現します。
3Dビューポートでオブジェクト"**Tree_A**"を選択します❶（このオブジェクトにはすでにマテリアルが設定されています）。
プロパティの左側にある「マテリアル」❷を左クリックし、マテリアルスロットから木の葉部分のマテリアル"**Leaf**"❸を選択します。

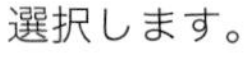

B シェーダーエディターのヘッダーにある**[追加]**（Shift＋Aキー）から**[ベクトル]➡[バンプ]**❶を選択して、「バンプ」ノードの出力ソケット**[ノーマル]**❷をマウス左ボタンでドラッグし、「プリンシプルBSDF」ノードの入力ソケット**[ノーマル]**❸でドロップして、2つのノードを接続します。

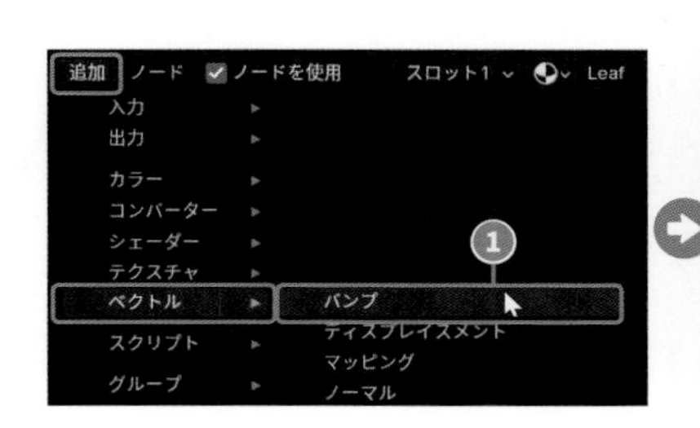

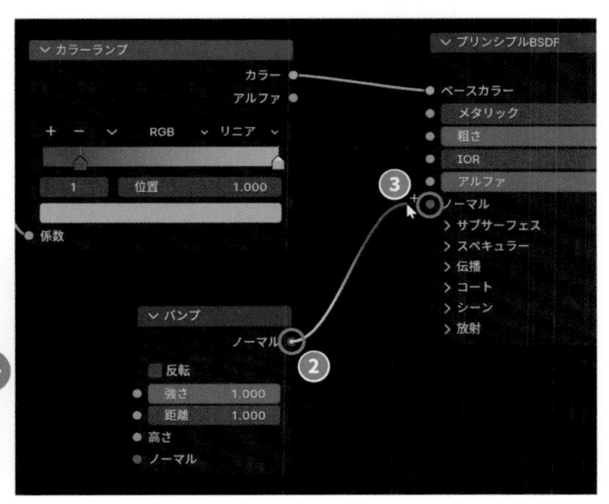

Ⓒ ここでは、バンプマップとしてプロシージャルテクスチャを使用します。
シェーダーエディターのヘッダーにある **[追加]**（Shift + A キー）から **[テクスチャ] ➡ [ノイズテクスチャ]**❶を選択します。

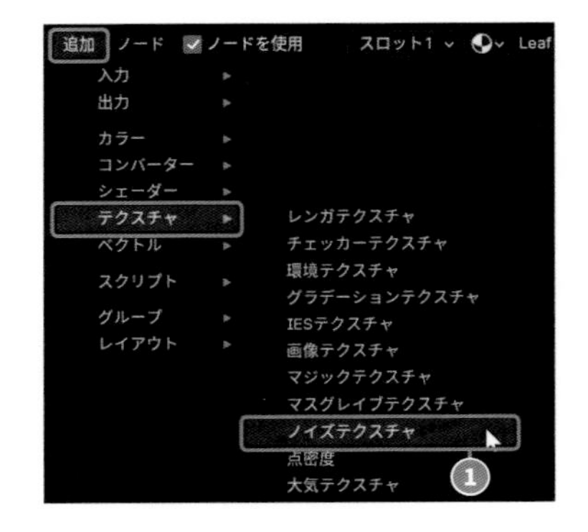

Ⓓ 「ノイズテクスチャ」ノードの出力ソケット **[カラー]**❶をマウス左ボタンでドラッグし、「バンプ」ノードの入力ソケット **[高さ]**❷でドロップすると、2つのノードが接続されて3Dビューポートのオブジェクトにバンプマップが反映されます。
「バンプ」ノードの **[強さ]** の数値を変更すると、凹凸の強弱を調整できます。ここでは、デフォルトのままにします。

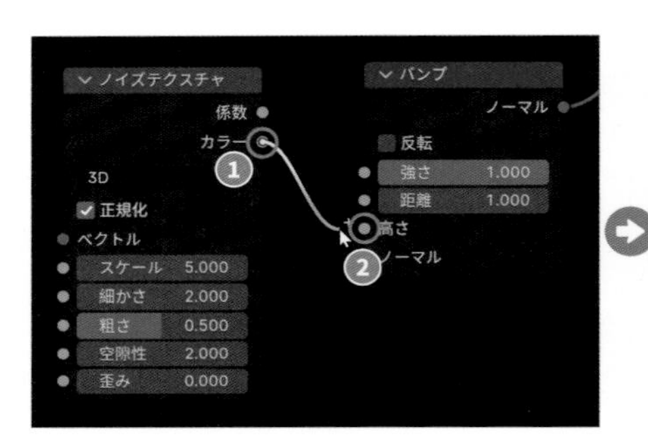

❗ 木のマテリアルはリンクしているため、いずれかのマテリアルを設定すると、すべてのマテリアルに反映されます。

❗ プロシージャルテクスチャのテクスチャ座標は、デフォルトで[生成]が用いられています。

STEP 3 ノーマルマップの設定

Ⓐ 池の水面にノーマルマップを貼り付けて、オブジェクトの表面に凹凸を表現します。
3Dビューポートでオブジェクト"Pond"❶を選択します（このオブジェクトには、すでにマテリアルおよびUV展開が設定されています）。
シェーダーエディターのヘッダーにある **[追加]**（Shift + A キー）から **[ベクトル] ➡ [ノーマルマップ]**❷を選択します。

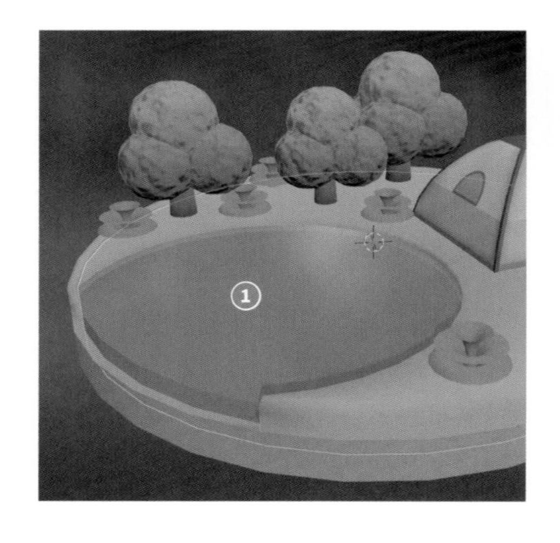

B 「ノーマルマップ」ノードの出力ソケット **[ノーマル]❶** をマウス左ボタンでドラッグし、「プリンシプルBSDF」ノードの入力ソケット **[ノーマル]❷** でドロップして、2つのノードを接続します。

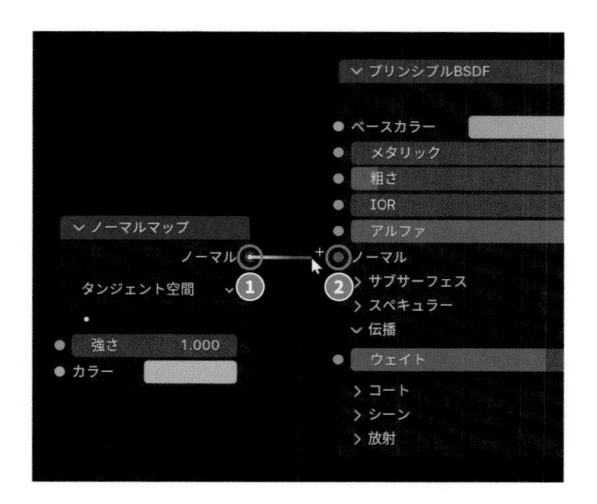

C シェーダーエディターのヘッダーにある **[追加]**（Shift＋Aキー）から **[テクスチャ]➡[画像テクスチャ]❶** を選択して、「画像テクスチャ」ノードの出力ソケット **[カラー]❷** をマウス左ボタンでドラッグし、「ノーマルマップ」ノードの入力ソケット **[カラー]❸** でドロップして、2つのノードを接続します。

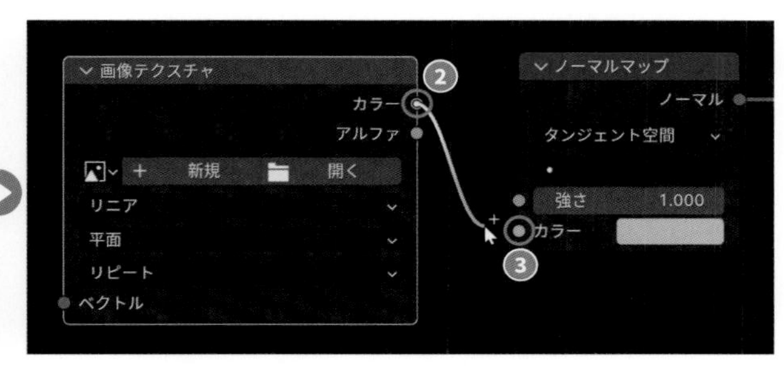

D 「画像テクスチャ」ノードの **[開く]❶** を左クリックすると、「Blender ファイルビュー」が開きます。テクスチャとして貼り付ける画像（サンプルデータ“Water_nor.png”）❷ を選択し、**[画像を開く]❸** を左クリックします。

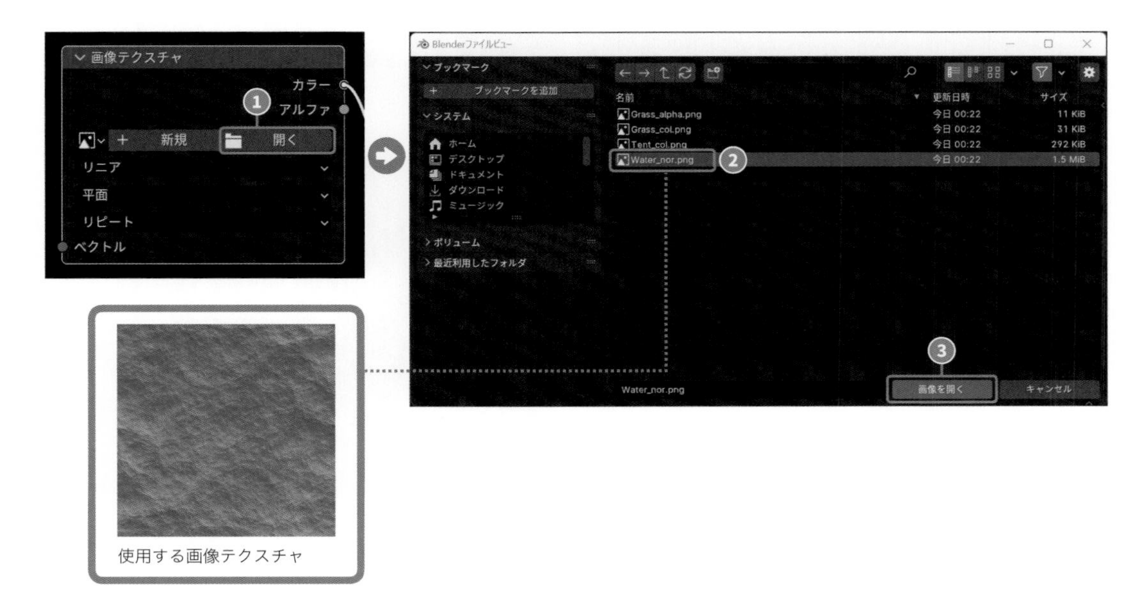

使用する画像テクスチャ

Ⓔ 「画像テクスチャ」ノードの「色空間」を **[sRGB]** から **[非カラー]**❶に変更します。
「ノーマルマップ」ノードの **[強さ]** の数値を変更すると、凹凸の強弱を調整できます。
ここでは、デフォルトのままにします。

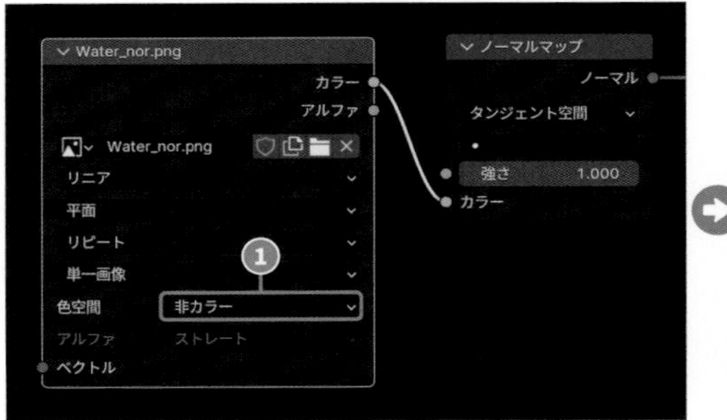

STEP 4 透明マップの設定

Ⓐ 草（現状はろうと形）に透明マップを貼り付けて、オブジェクトの表面を部分的に透明にします。
3Dビューポートでオブジェクト“Grass_A”❶を選択します（このオブジェクトにはすでにマテリアルおよびUV展開が設定されています）。
シェーダーエディターのヘッダーにある **[追加]**（Shift + A キー）から **[テクスチャ]** ➡ **[画像テクスチャ]**❷を選択します。

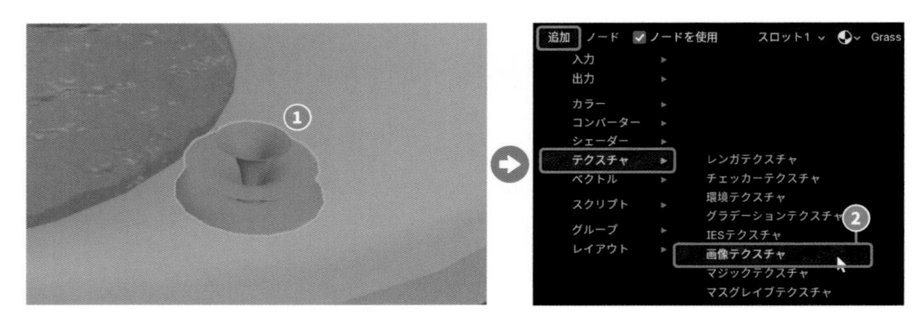

Ⓑ 「画像テクスチャ」ノードの出力ソケット **[カラー]**❶をマウス左ボタンでドラッグし、「プリンシプルBSDF」ノードの入力ソケット **[アルファ]**❷でドロップして、2つのノードを接続します。

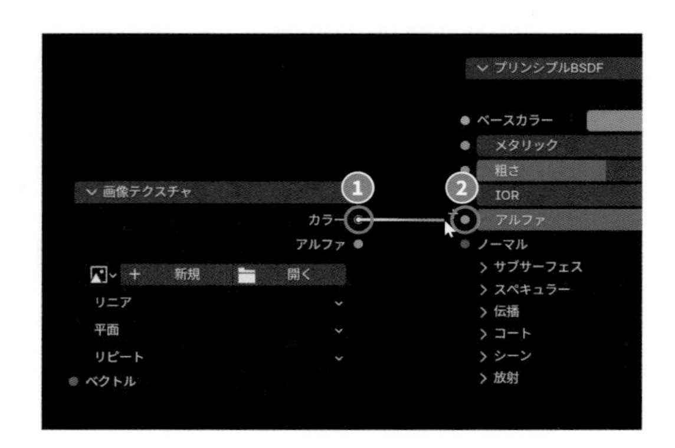

C 「画像テクスチャ」ノードの **[開く]**❶を左クリックすると、「Blender ファイルビュー」が開きます。テクスチャとして貼り付ける画像（サンプルデータ"**Grass_alpha**"）❷を選択し、**[画像を開く]**❸を左クリックします。

使用する画像テクスチャ

D 「画像テクスチャ」ノードの「色空間」を **[sRGB]** から **[非カラー]**❶に変更します。

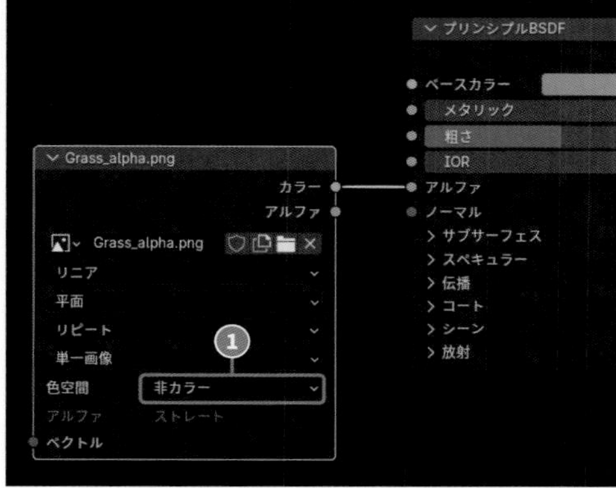

E プロパティの左側にある「マテリアル」❶を左クリックし、「設定」パネルの「ブレンドモード」と「影のモード」を **[不透明]** から **[アルファクリップ]**❷に変更します。
透明部分の境界にジャギーが発生する場合は、「設定」パネルの **[クリップのしきい値]**❸を調整します。

草のマテリアルはリンクしているため、いずれかのマテリアルを設定すると、すべてのマテリアルに反映されます。

SECTION7-3c.blend

Blenderファイルに含まれている画像テクスチャは、リンク状態になっています。画像の階層を変更するとリンク切れになるので、注意しましょう。

TIPS カラーマップと透明マップの併用

カラーマップと透明マップを一枚の画像で併用することができます。
用意する画像は、PNGやTIFFなどアルファチャンネル対応のファイル形式で、背景を透明にする必要があります。

ノードの構築は、まず通常どおりカラーマップを設定します。続いて「画像テクスチャ」ノードの出力ソケット［アルファ］をマウス左ボタンでドラッグし、「プリンシプルBSDF」ノードの入力ソケット［アルファ］でドロップします。
透明マップの設定と同様にプロパティの左側にある「マテリアル」を左クリックし、「設定」パネルの「ブレンドモード」と「影のモード」を変更すれば、透明部分が反映されます。

背景が透明な画像を用意します

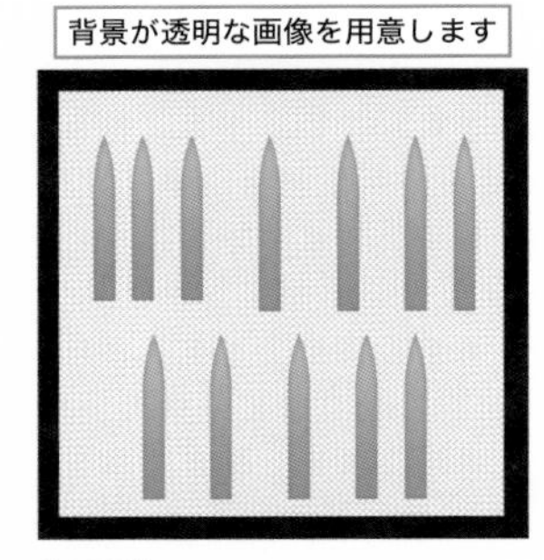

使用画像

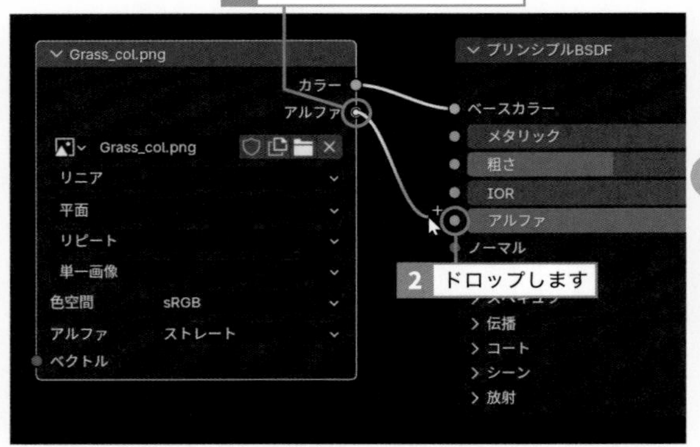

絵柄の修正が必要な場合、
一枚のテクスチャを編集すれば
イイので、おすすめだヨ。

SECTION
7.4 レンダリング

モデリングやマテリアル、テクスチャなど一所懸命に制作した作品を活かすもころすも最終工程となるレンダリング次第です。納得の仕上がりになるように一連の工程をしっかり理解しましょう。

■ レンダリングの設定を行う

制作の流れ

STEP 1 レンダーエンジンの切り替え

▼

STEP 2 画像サイズの設定

STEP 1 レンダーエンジンの切り替え

Ⓐ ここでは、モデリングからマテリアル、テクスチャの設定までが完了しているサンプルデータ"SECTION7-4a.blend"のレンダリングを行います。
プロパティの左側にある「レンダー」❶を左クリックします。
上部の「レンダーエンジン」メニューでレンダーエンジンを切り替えます。デフォルトでは、処理速度の早い「EEVEE」❷が設定されています。ここでは、処理には多少時間がかかりますが、クオリティを優先するため「Cycles」❸を選択します。

Ⓑ Blenderに対応のGPUが搭載されているパソコンをお使いの場合は、「デバイス」メニューから **[GPU演算]** ❶ を選択します。GPUによるレンダリングを行う場合は、事前に環境設定を行う必要があります（詳細については、19ページを参照してください）。

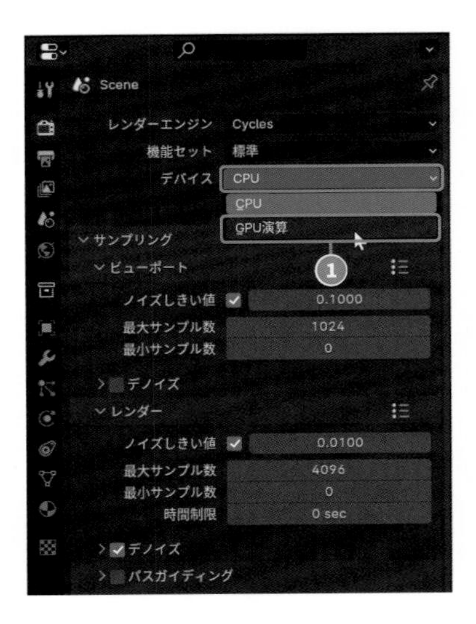

POINT

Blender対応のGPUについて詳しくは公式マニュアル（英語）をご覧ください。

https://docs.blender.org/manual/en/latest/render/cycles/gpu_rendering.html

STEP 2 画像サイズの設定

Ⓐ プロパティの左側にある「出力」❶を左クリックします。「フォーマット」パネルでレンダリングで書き出される画像の解像度を設定します。
ここでは、縦横2048ピクセルの正方形に設定します❷。

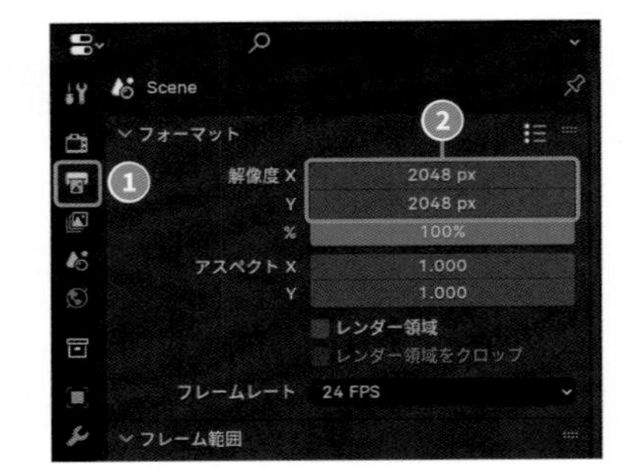

レンダーエンジン「Cycles」では、レンダリングに結構時間がかかるから失敗できないね。

一発で納得の出来に仕上げる方が難しいヨ。
そんなときは、いきなり仕上がりサイズでレンダリングせずに、「解像度X，Y」の下にあるパーセンテージを下げて、テストレンダリングすることをおすすめするヨ。

■ カメラの設定を行う

STEP 1 レンズの設定

Ⓐ カメラを選択して、プロパティの左側にある「データ」❶を左クリックします。
「レンズ」パネルにある **[焦点距離]** を設定します。
ここでは、「望遠」となる“200mm”❷に設定します。

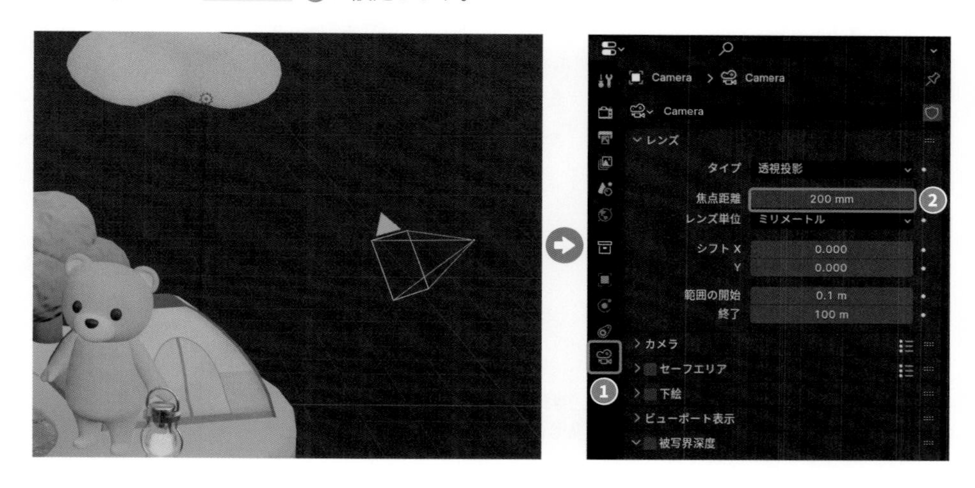

STEP 2 アングルの設定

Ⓐ 3Dビューポートのヘッダーにある **[ビュー]** から **[視点]** ➡ **[カメラ]** ❶（テンキーの 0 ）を選択して、カメラ視点に切り替えます。

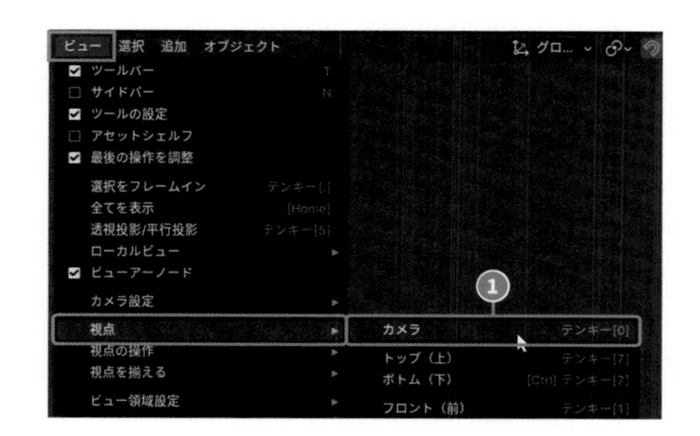

Ⓑ 3Dビューポートのヘッダーにある **[ビュー]** から **[サイドバー]** ❶（N キー）を選択してサイドバーを開き、「ビュー」タブ❷を左クリックします。「ビュー」パネルの **[カメラをビューに]** ❸にチェックを入れて有効にします。

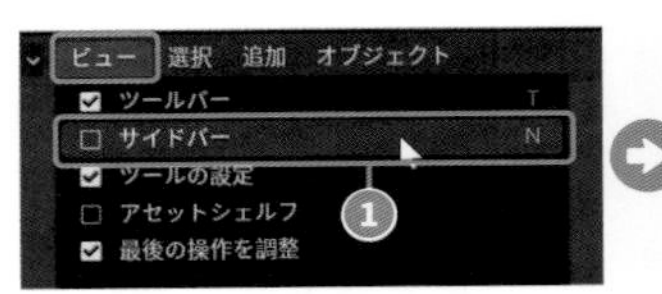

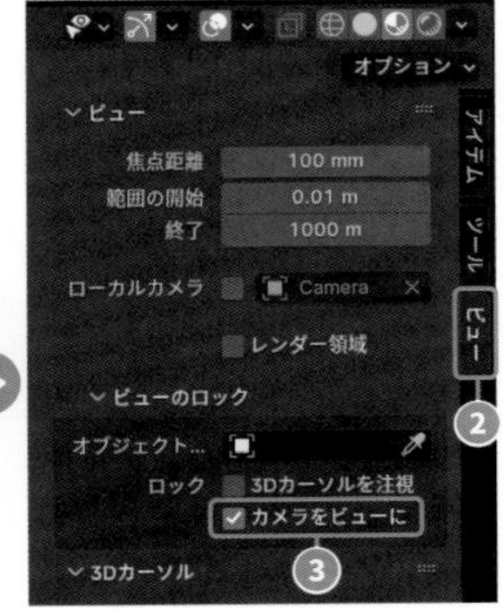

Ⓒ 通常の視点変更と同様に、マウス中央ボタンのドラッグで視点の回転、マウスホイールの回転でズームイン／ズームアウト、Shift キーを押しながらマウス中央ボタンをドラッグで視点の平行移動を行うことで、アングルを調整できます。
枠内がレンダリング範囲となるので、オブジェクトがおさまるようにアングルを調整します。調整が完了したら、**[カメラをビューに]** のチェックを外して無効にします。

アングルの設定方法は他にもあるから、
色々試してお気に入りの方法を見つけてネ。
詳しくは167ページを見てネ。

■ ライトの設定を行う

制作の流れ

- **STEP 1** ライトの種類を変更
- **STEP 2** ライトの位置や角度、光量の設定
- **STEP 3** 背景色の変更

STEP 1 ライトの種類を変更

A デフォルトでライトが1つ配置されています。ライトを選択して、プロパティの左側にある「データ」❶を左クリックすると、「ライト」パネルが表示されます。
柔らかく自然な陰影が生成されるように、ライトの種類を **[ポイント]** から **[エリア]** に変更します。「ライト」パネル上部の **[エリア]** ❷を左クリックします。

B **[エリア]** は面から光を放つ光源になります。
ここでは「ライト」パネルの「シェイプ」から **[正方形]** ❶を選択し、「サイズ」を"**6m**"❷に設定します。面が大きいほど柔らかい陰影が生成されます。

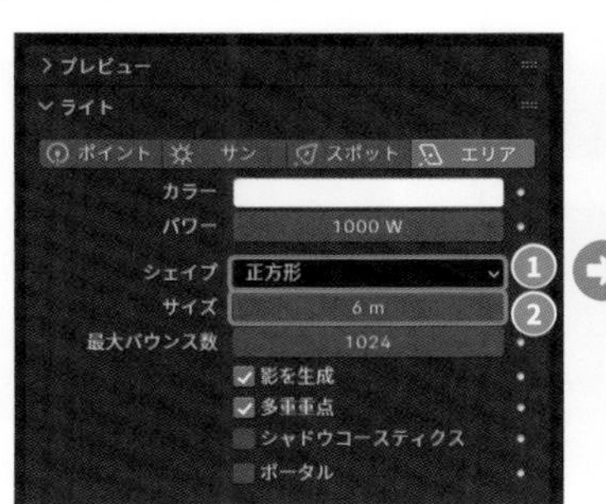

STEP 2 ライトの位置や角度、光量の設定

A ライトの設定を行うにあたり、ライトの効果が3Dビューポートでプレビューできるようにシェーディングを切り替えます。
3Dビューポートのヘッダーにある **[シェーディング切り替え]** アイコンから **[レンダー]** ❶を左クリックします。

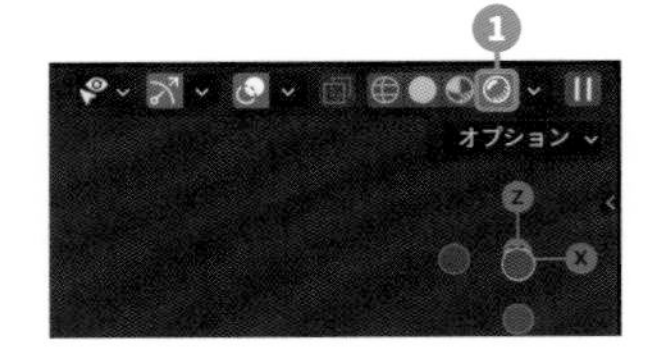

B ライトの位置を調整します。ここでは、向かって右斜め前の位置に移動（Gキー）します。

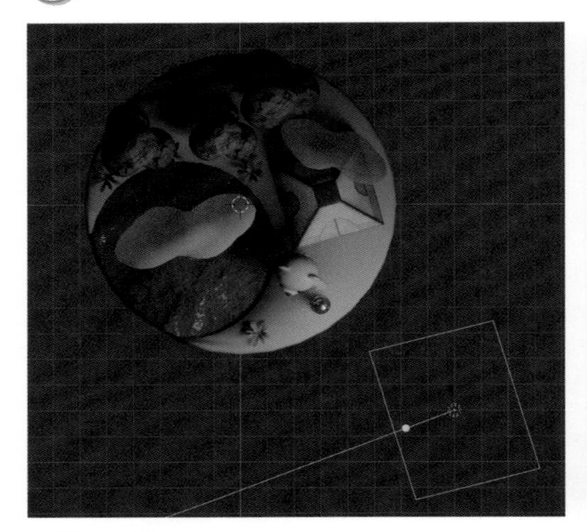

視点：トップ

視点：フロント

C **[ポイント]** は全方向に光を放ちますが、**[エリア]** を含めそれ以外のライトは特定の方向に向かって光を放ちます。そのため、角度を調整する必要があります。ライトから垂直に伸びるラインが、光を放つ方向になります。
通常の回転（Rキー）操作でも編集できますが、黄色い丸をマウス左ボタンでドラッグすることで、編集することもできます。ここでは、シーンの中央に向かって光を放つように調整します。
背景の中央（水面）が見えるように視点を変更します。黄色い丸 をマウス左ボタンでドラッグして、背景の中央でドロップすると、ドロップした位置のオブジェクトに合わせて、ライトの向きが変更されます。

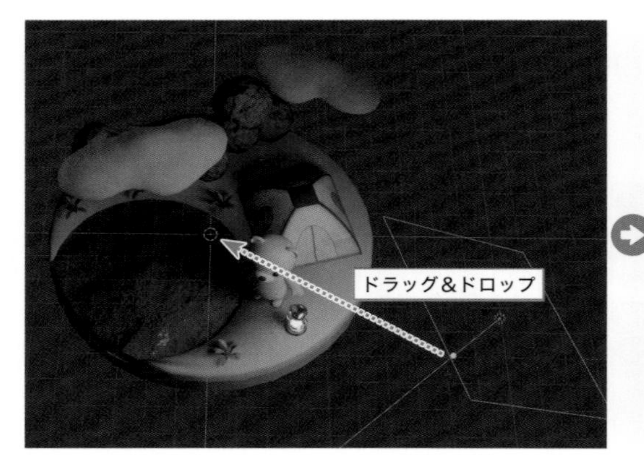

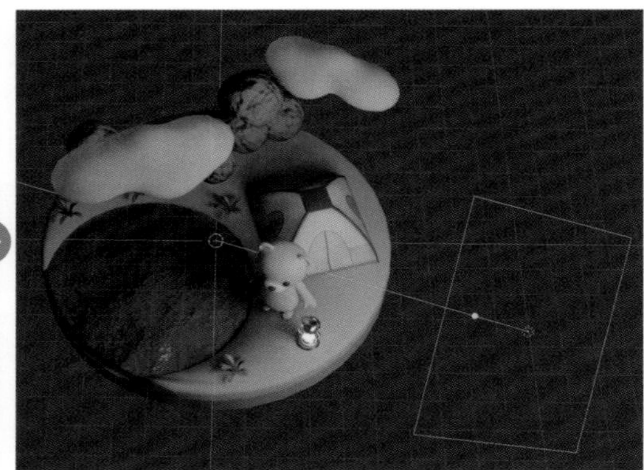

D ライトの光量は、プロパティの「ライト」パネルある「パワー」で調整します。
ここでは、デフォルトの“**1000W**”❶のままにします。

E ライトを追加します。
ライトを複製（Shift＋Dキー）して、向かって左斜め前の位置に配置します。
ここでは、1つ目のライトより少し高さを下げます。

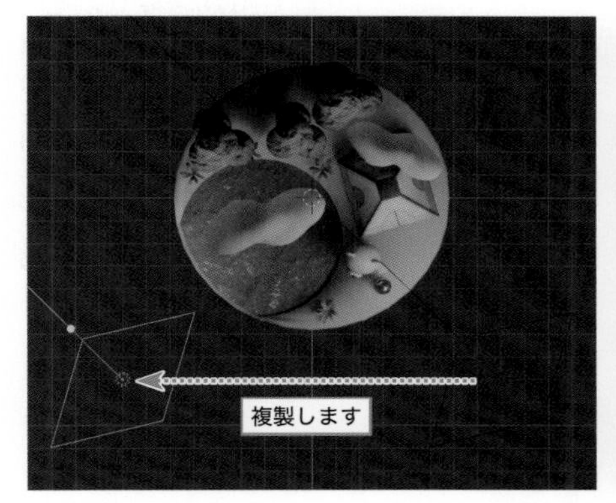

視点：トップ

視点：フロント

F さらにライトを複製（Shift＋Dキー）して、向かって左斜め後ろの位置に配置します。

視点：トップ

G 1つ目のライトと同様に、シーンの中央に向かって光を放つようにそれぞれのライトの角度を調整します。

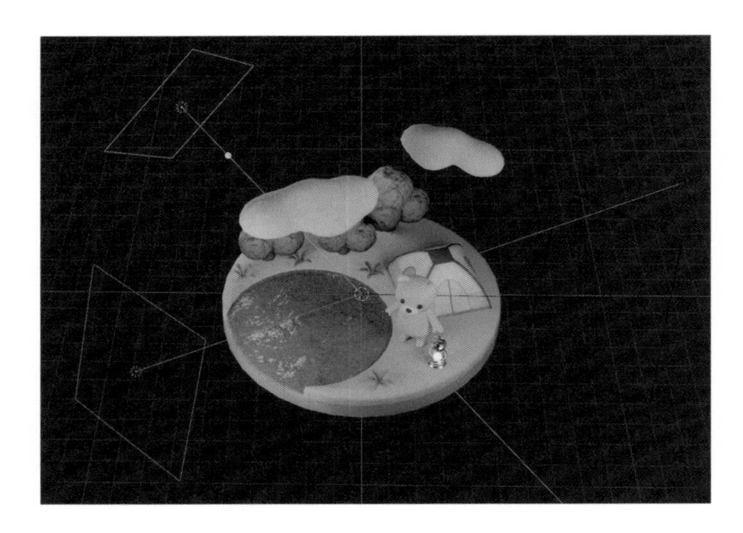

H ライトの光量を調整します。向かって左斜め前のライト❶は、右斜め前のライトだけでは光の届かず暗い部分ができてしまうので、それを補う役割となります。そのため、メインのライト（右斜め前）より「パワー」を小さくします。ここでは、"**500W**"❷に設定します。
左斜め後ろのライト❸は、後方から強い光を放って各オブジェクトの輪郭を強調し、立体感を出す役割となります。そのため、比較的「パワー」を大きくします。ここでは、"**1200W**"❹に設定します。

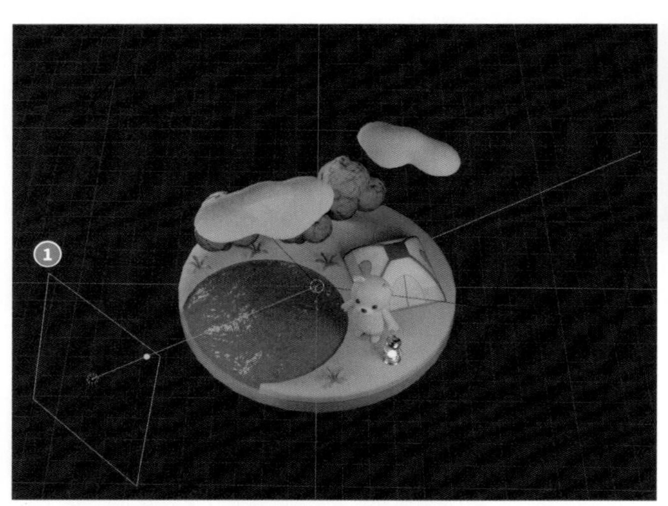

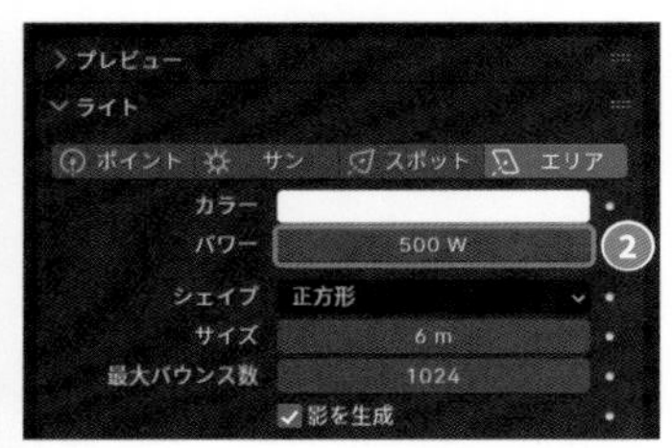

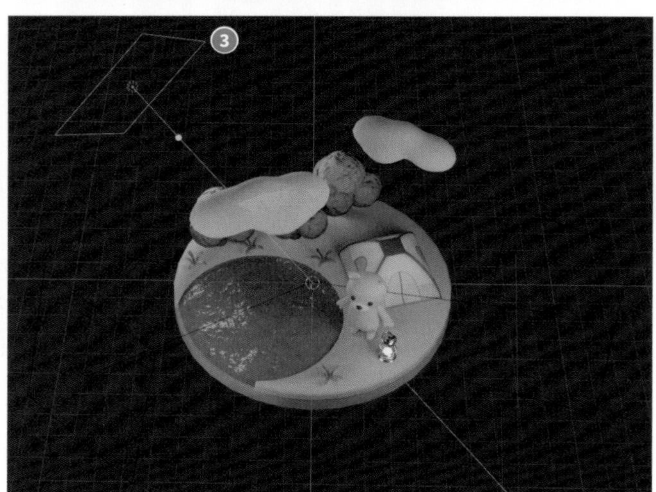

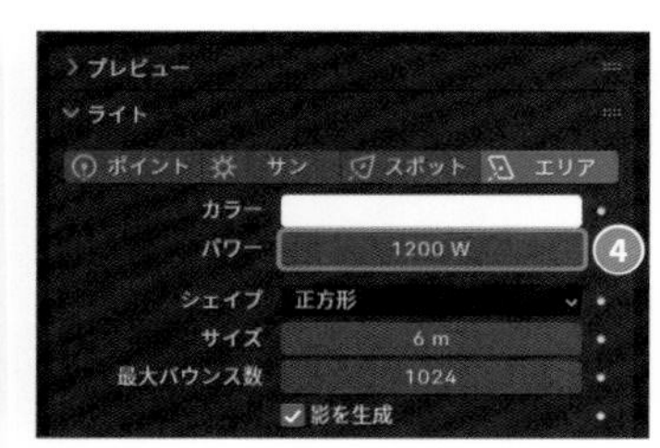

STEP 3 背景色の変更

A デフォルトでは、背景色はグレーに設定されています。全体的に暖かく優しい印象になるように背景色を変更します。
プロパティの左側にある「ワールド」❶を左クリックすると、「サーフェス」パネルが表示されます。「サーフェス」パネルにある「カラー」のカラーパレット❷を左クリックして表示されたカラーピッカーで色を選択します❸。さらに、右側のバー❹で色の明るさを調整します。ここでは、明るいオレンジ色に設定します。

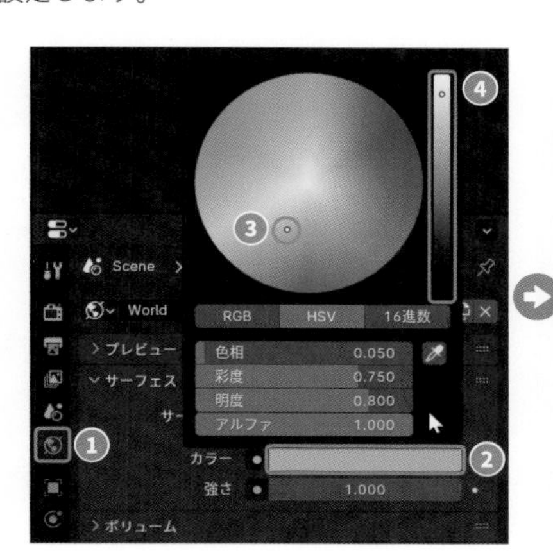

■ レンダリングを実行する

制作の流れ

STEP 1 ファイル形式の設定

▼

STEP 2 レンダリングの実行

STEP 1 ファイル形式の設定

A プロパティの左側にある「出力」❶を左クリックします。
「出力」パネルにある「ファイルフォーマット」メニューから画像のファイル形式を選択します。ここでは、デフォルトの **[PNG]**❷のままにします。
さらに、「カラー」❸から **[RGB]** または **[RGBA]** を選択します。レンダリングする画像に透明部分が含まれる場合は、アルファチャンネルが加わった **[RGBA]** を選択します（透明部分がない画像で **[RGBA]** を選択しても、特に問題はありません）。

STEP 2 レンダリングの実行

A ヘッダーメニューの「レンダー」から **[画像をレンダリング]** ❶（F12 キー）を選択すると、レンダリングが実行されます。
レンダリングを実行すると、「Blenderレンダー」ウィンドウが開き、レンダリングの結果が表示されます。
また、画面右下には進行状況が表示されます。進行状況の右側にある ☒ ❷ を左クリックすると、レンダリングがキャンセルされます。

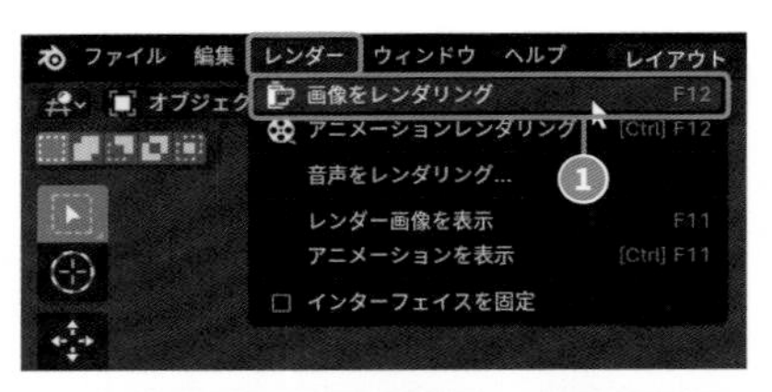

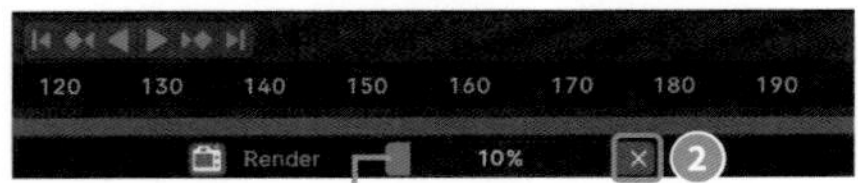

レンダリングの進行状況

B レンダリングが完了したら、画像を保存します。「Blenderレンダー」のヘッダーにある「画像」から **[保存]** ❶（Alt ＋ S キー）を選択します。

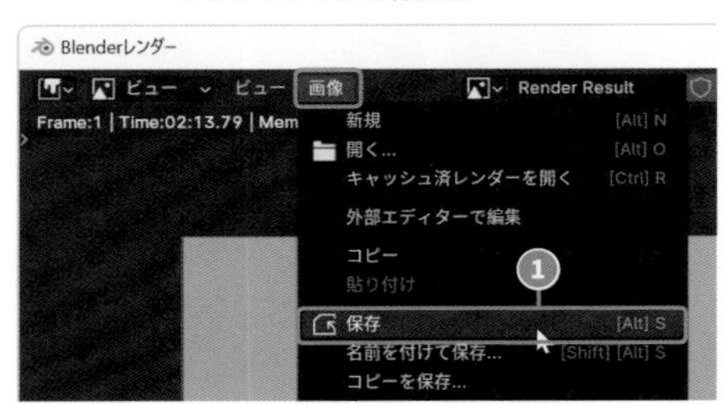

C 「Blenderファイルビュー」が開くので、保存先❶とファイル名❷を指定して **[画像を別名保存]** ❸を左クリックします。

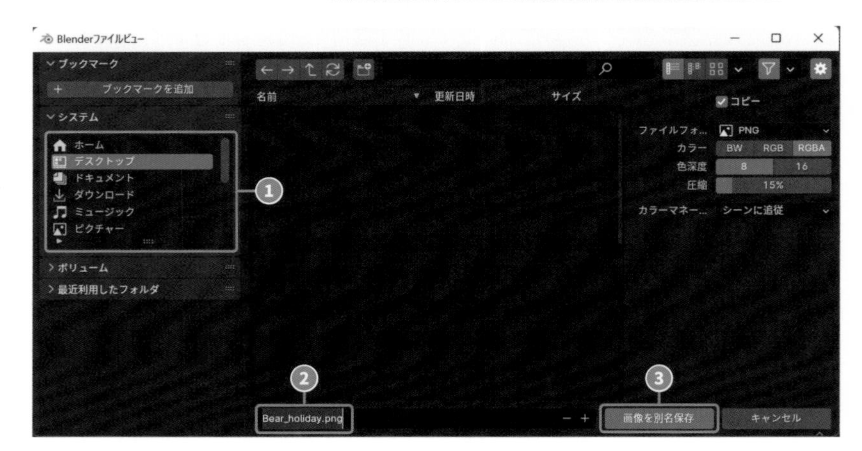

昼バージョン

SECTION7-4b.blend

Blenderファイルに含まれている画像テクスチャは、リンク状態になっています。
画像の階層を変更するとリンク切れになるので、注意しましょう。

TIPS アレンジしてレンダリング

ライティングを変更したり、背景に画像を配置したり（背景を透明にしてレンダリング→画像編集ソフトで合成）、アレンジしだいで仕上がりの雰囲気をガラッと変えることができます。色々と試してみましょう。

夜バージョン

SECTION7-4c.blend

お疲れさま、やっと完成だネ。

すこし自信も付いたし、これからいっぱい作品を作るぞ！

その意気だネ。ここで紹介した手順や方法が必ずしも正しいとは限らないからネ。たくさん作って早く自分のやり方を見つけてネ。素晴らしい作品ができあがるのを楽しみにしてるヨ。

主に使用するショートカットキー

Macの場合 Ctrl キー ➡ control キー（一部の機能は command キー）
Alt キー ➡ option キー

基本操作

操作内容	ショートカットキー
新規ファイルを開く	Ctrl + N
Blenderファイルを開く	Ctrl + O（アルファベット：オー）
保存	Ctrl + S
別名保存	Shift + Ctrl + S
Blenderの終了	Ctrl + Q
操作の取り消し	Ctrl + Z
操作のやり直し	Shift + Ctrl + Z
画像をレンダリング	F12
レンダリング画像の保存	Alt + S

画面操作

操作内容	ショートカットキー
ワークスペースの切り替え	Ctrl + Pageup ／ Ctrl + Pagedown
オブジェクトモードと編集モードの切り替え	Tab
四分割表示	Ctrl + Alt + Q
エリアの最大化	Ctrl + Space
ツールバー	T
サイドバー	N
3Dカーソルを原点へ移動	Shift + C
シェーディング・パイメニュー	Z
モード・パイメニュー	Ctrl + Tab

視点操作

操作内容	ショートカットキー
視点切り替え（フロント（前）ビュー）	テンキー 1
視点切り替え（ライト（右）ビュー）	テンキー 3
視点切り替え（トップ（上）ビュー）	テンキー 7
視点切り替え（バック（後）ビュー）	Ctrl ＋テンキー 1
視点切り替え（レフト（左）ビュー）	Ctrl ＋テンキー 3
視点切り替え（ボトム（下）ビュー）	Ctrl ＋テンキー 7
視点を下に15度回転	テンキー 2
視点を左に15度回転	テンキー 4
視点を右に15度回転	テンキー 6
視点を上に15度回転	テンキー 8

操作内容	ショートカットキー
視点を下に平行移動	Ctrl ＋テンキー 2
視点を左に平行移動	Ctrl ＋テンキー 4
視点を右に平行移動	Ctrl ＋テンキー 6
視点を上に平行移動	Ctrl ＋テンキー 8
視点を反時計回りに回転	Shift ＋テンキー 4
視点を時計回りに回転	Shift ＋テンキー 6
視点切り替え（カメラビュー）	テンキー 0
視点切り替え（選択中のオブジェクトを中心に表示）	テンキー .
平行投影と透視投影の切り替え	テンキー 5
ズームイン	テンキー +
ズームイン	テンキー −
ビュー・パイメニュー	@（アットマーク）

選択

操作内容	ショートカットキー
全選択	A
選択解除	Alt + A
ボックス選択	B
サークル選択	C
反転	Ctrl + I（アルファベット：アイ）
「選択」ツールの切り替え	W

操作内容	ショートカットキー
頂点選択	1
辺選択	2
面選択	3
ループ選択	Alt ＋左クリック
つながったメッシュの選択	Ctrl + L
ミラー選択	Shift + Ctrl + M

オブジェクトの編集など

操作内容	ショートカットキー
オブジェクトの追加	Shift + A
削除	X
非表示	H
再表示	Alt + H
移動	G
回転	R
拡大縮小	S
複製	Shift + D
リンク複製	Alt + D
ミラー(反転)	Ctrl + M
オブジェクトの統合	Ctrl + J
編集の適用	Ctrl + A
移動のクリア	Alt + G
回転のクリア	Alt + R
拡大縮小のクリア	Alt + S
オブジェクト名の変更	F12
オブジェクト名の一括変更	Ctrl + F12
座標系・パイメニュー	,(カンマ)
ピボットポイント・パイメニュー	.(ピリオド)

UVマッピング

操作内容	ショートカットキー
UV展開	U
ピン止め	P
ピンを外す	Alt + P
整列	Shift + W

メッシュの編集など

操作内容	ショートカットキー
収縮/膨張	Alt + S
押し出し	E
ループカット	Ctrl + R
ナイフ	K
ベベル	Ctrl + B
面を差し込む	I(アルファベット:アイ)
オブジェクトの分離	P
メッシュの分離	Y
マージ(メッシュの結合)	M
リップ(切り裂き)	V
頂点をスライド	Shift + V
辺/面の作成	F
頂点の連結	J
面を三角化	Ctrl + T
三角面を四角面に結合	Alt + J
フィル	Alt + F
面の向きを外側に揃える	Shift + N
面の向きを内側に揃える	Shift + Ctrl + N
プロポーショナル編集	O(アルファベット:オー)
プロポーショナル編集の減衰・パイメニュー	Shift + O(アルファベット:オー)
スナップ・パイメニュー	Shift + S

サンプルデータについて

以下のサポートサイトでは、本書の内容をより理解していただくために、作例で使用するBlenderファイルや各種データのアーカイブ(ZIP形式)をダウンロードできます。本書と合わせてご利用ください。

●本書のサポートページ

http://www.sotechsha.co.jp/sp/1334/

●解凍のパスワード

3DBlender4

※パスワードは半角英数字で入力

INDEX

拡張子

数字

アルファベット

あ行

か行

さ行

た行

な行

は行

ま行

ら行

わ行

著者紹介

Benjamin（ベンジャミン）

デザイン事務所、企業内デザイナーを経て、2003年にフリーランスとして独立。
ポスターやパンフレットなどの紙媒体およびWebサイトのアートディレクション、イラスト制作に従事。
3DCGを活かしたデザインやイラスト制作も行っている。
著書に「Blender 3D アバター メイキング・テクニック」「Blender 2.9 3DCG モデリング・マスター」「Blender 2.8 3DCG スーパーテクニック」（ソーテック社）などがある。

基礎からしっかり学べるBlender（ブレンダー） 3DCG（スリーディー・シージー）入門講座 バージョン4.x対応

2024年4月30日　初版　第1刷発行

著　者　Benjamin
カバー・本文イラスト　Benjamin
カバーデザイン　広田正康
発行人　柳澤淳一
編集人　久保田賢二
発行所　株式会社ソーテック社
〒102-0072　東京都千代田区飯田橋4-9-5　スギタビル4F
電話（注文専用）03-3262-5320　FAX03-3262-5326
印刷所　大日本印刷株式会社

ISBN978-4-8007-1334-6